国家精品课程配套教材

模拟电子技术基础教程

（第二版）

主　编　王友仁　游　霞

副主编　姚　睿　林　华　陈　燕

U0226310

科学出版社

北　京

内 容 简 介

本书根据"模拟电子技术"课程教学基本要求与学习特点,适应近年来模拟电子技术的发展,主要讨论模拟电子电路的基本概念、基本原理、基本电路和分析方法。全书共 8 章,内容包括半导体器件、放大电路基础、模拟集成运算放大器、模拟信号运算与处理电路、反馈放大电路、信号产生电路、功率放大电路和直流稳压电源。

本书可作为高等学校电气工程及其自动化、自动化、测控技术与仪器、探测制导与控制技术、生物医学工程等专业"模拟电子技术"课程的教材,也可供其他相关专业选用,还可供有关工程技术人员阅读。

图书在版编目(CIP)数据

模拟电子技术基础教程 / 王友仁,游霞主编. —2 版. —北京:科学出版社,2022.2

国家精品课程配套教材

ISBN 978-7-03-071249-3

Ⅰ.①模… Ⅱ.①王… ②游… Ⅲ.①模拟电路-电子技术-高等学校-教材 Ⅳ.①TN710.4

中国版本图书馆 CIP 数据核字(2021)第 274607 号

责任编辑:余 江 / 责任校对:王萌萌
责任印制:吴兆东 / 封面设计:迷底书装

科 学 出 版 社 出版

北京东黄城根北街 16 号
邮政编码:100717
http://www.sciencep.com

固安县铭成印刷有限公司印刷
科学出版社发行 各地新华书店经销
*

2011 年 2 月第 一 版 开本:787×1092 1/16
2022 年 2 月第 二 版 印张:22 1/4
2025 年 1 月第十一次印刷 字数:541 000

定价:79.00 元
(如有印装质量问题,我社负责调换)

前　言

本书第一版自 2011 年出版以来已有十年，电子技术发展日新月异，教材内容需适配模拟电子技术的快速发展。根据工科背景下"电子技术"课程教学改革目标，需着重培养学生学习并运用模拟电子技术基础理论与知识的能力，能够从工程的观点分析和设计有特定功能与指标要求的模拟电子电路。由此编者对第一版进行了修订，以保证教材的基础性、科学性与先进性。

第二版的主要变化内容包括：围绕模拟信号放大与处理，更加清楚地阐述模拟电子电路基本理论和分析设计方法，重点修订了半导体器件和放大电路基础部分。把理论与应用设计相结合，精炼调整了部分例题，设计更新了各章习题。各章中增加了模拟电子电路仿真设计分析实例与习题。考虑到当前"模拟电子技术"课程教学学时数和教材篇幅，编者精炼教材基础内容，去掉了第一版中状态变量滤波器、开关电容滤波器、窗口比较器、模拟乘法器、丁类功率放大器、开关直流稳压电路等内容。把视频、动画等资源用于模拟电子技术新形态教材建设，并在每一章中融入"课程思政"内容。

本书共 8 章，内容包括半导体器件、放大电路基础、模拟集成运算放大器、模拟信号运算与处理电路、反馈放大电路、信号产生电路、功率放大电路和直流稳压电源。基础教学内容包括半导体器件、放大电路基础、模拟集成运算放大器、模拟信号运算与处理电路、反馈放大电路、正弦波振荡电路、功率放大电路和线性直流稳压电源；可选教学内容有共基和共集放大电路的高频响应、非理想集成运放的典型运算电路误差分析、负反馈放大电路稳定性分析、锯齿波信号发生器、压控振荡器、变压器耦合推挽功率放大电路等。每章配备精选的例题和适量的习题，并给出与章节内容对应的思考题和本章小结。为便于教师教学与学生自学，编者同时编写了配套辅导书《模拟电子技术基础教程学习指导与习题解析》（第二版）。

参与本书编写与修订的人员包括游霞（第 1、2 章），王友仁（第 3、4、5、8 章），姚睿（第 6、7 章），林华（第 3、4、5、8 章的部分习题），陈燕（各章电路仿真的例题与习题）。王友仁负责全书的策划组织、大纲制定和统稿。

由于编者的能力和水平有限，书中可能存在疏漏之处，恳请各位读者批评指正。

编　者

2021 年 8 月于南京

本书主要符号说明

1. 符号表示的原则

(1) 电压和电流的符号表示

U_C, I_C 大写字母斜体，大写下标正体，表示直流量

U_{CQ}, I_{CQ} 大写字母斜体，大写下标正体加 Q，表示静态时的直流量

u_c, i_c 小写字母斜体，小写下标正体，表示交流量瞬时值

u_C, i_C 小写字母斜体，大写下标正体，表示总瞬时值

U_c, I_c 大写字母斜体，小写下标正体，表示交流量有效值

$\dot{U}_c, \dot{I}_c$ 大写字母上面加点，小写下标正体，表示正弦相量

$\Delta U_C, \Delta I_C$ 直流电压和电流的变化量

$\Delta u_C, \Delta i_C$ 总瞬时电压和电流的变化量

(2) 电阻的符号表示

R 电路中的电阻或等效电阻

r 器件内部的等效电阻

(3) 角标的含义

i 输入量(如 u_i)或电流量(如电流放大倍数 A_i)

o 输出量，如输出电压 u_o

u 电压量，如电压放大倍数 A_u

L 负载量，如负载电阻 R_L

f 反馈量，如反馈电压放大倍数 A_{uf}

s 信号源量，如信号源电压 u_s

2. 基本符号

(1) 放大倍数

A_i, A_u 电流、电压放大倍数

A_{us} 源电压放大倍数

$\dot{A}_{usl}$ 低频源电压放大倍数复数量

$\dot{A}_{usm}$ 中频源电压放大倍数复数量

$\dot{A}_{ush}$ 高频源电压放大倍数复数量

A_r, A_g 互阻、互导增益

A_{ud} 差模电压放大倍数(或差模电压增益)

A_{uc} 共模电压放大倍数(或共模电压增益)

$A_{if}, A_{uf}, A_{rf}, A_{gf}$ 分别表示反馈放大器的电流、电压、互阻、互导增益

(2) 电压

U_D 二极管端电压或场效应管漏极电位

U_{RM} 二极管最大反向工作电压

$U_{BR(CEO)}$ 基极开路时，双极型三极管集电极和发射极之间的反向击穿电压

U_T 温度电压当量(热力学电压)

$U_{CE(sat)}, U_{CES}$ 双极型三极管 c-e 之间的饱和电压

$U_{GS(th)}$ 增强型 MOSFET 的开启(阈值)电压

$U_{GS(off)}$ 结型 FET、耗尽型 MOSFET 的夹断电压(或关断电压)

$U_{BQ}, U_{CQ}, U_{EQ}, U_{GQ}, U_{DQ}, U_{SQ}$ 分别指三极管相应电极的直流工作点电位

$U_{BEQ}, U_{CEQ}, U_{DSQ}, U_{GSQ}$ 分别指三极管相应电极间的直流工作点电压

$u_{BE}, u_{CE}, u_{DS}, u_{GS}$ 分别指三极管相应电极间的总瞬时电压

$u_i, u_o, u_{be}, u_{ce}, u_{ds}, u_{gs}$ 分别指输入、输出和三极管相应电极间的交流电压分量

$\dot{U}_s, \dot{U}_i, \dot{U}_o, \dot{U}_{be}, \dot{U}_{ce}, \dot{U}_{ds}, \dot{U}_{gs}$ 分别指对应交流分量的复数值

$U_{om(max)}, U_{ommax}$ 在没有饱和失真与截止失真前提下的最大输出正弦电压幅度

$U_{ommax(max)}$ 在没有饱和失真与截止失真前提下通过调整静态工作点所能得到的最大输出正弦电压幅度

$U_{D(th)}, U_{D(on)}$ 分别表示二极管的死区电压和导通电压

U_Z 稳压管稳定电压

U_φ　接触电位差(或 PN 结的内建电位差)

$U_{(BR)}, U_{BR}$　三极管的击穿电压

$U_{(BR)DS}$　场效应管漏源之间的击穿电压

U_{REF}　参考(基准)电压

$V_{CC}, V_{DD}, +V_S$　正直流电源电压

$-V_{EE}, -V_{SS}, -V_S$　负直流电源电压

u_s, U_s　信号源电压及其有效值

U_{IO}　集成运放的输入失调电压

u_{id}　差模输入电压

u_{ic}　共模输入电压

u_{od}　在差模输入信号作用下的输出电压

u_{oc}　在共模输入信号作用下的输出电压

U_{om}　输出正弦电压幅值

U_{TH}　比较器的门限电平或阈值电压

(3) 电流

I, i　电流通用符号

I_S　PN 结的反向饱和电流

I_Z　稳压管处于稳压状态时的工作电流

I_{BN}　电子在基区与空穴复合形成的基区复合电流

I_{DM}　场效应管的最大漏极电流

I_{EN}　发射极电子扩散电流

$I_{EQ}, I_{BQ}, I_{CQ}, I_{DQ}$　分别指射、基、集、漏极的直流工作点电流

i_C, i_B, i_E, i_D　分别指集、基、射、漏极的总瞬时电流

I_{CM}　双极型三极管的集电极最大允许电流

I_{IB}　集成运放的输入偏置电流

I_{IO}　集成运放的输入失调电流

i_s　(交流)信号源电流

i_i　放大器的(交流)输入电流

i_o　放大器的(交流)输出电流

I_{FM}　二极管最大整流电流

I_D　二极管电流, FET 的漏极电流

I_{Zmin}, I_{Zmax}　稳压管能稳压时允许工作电流的最小值、最大值

I_{CN}　发射极发射的电子被集电区收集的部分所形成的电流

I_{DSS}　在 $u_{GS} = 0$ 时结型 FET、耗尽型 FET 的漏极饱和电流

I_{EP}　发射极空穴扩散电流

I_{DO}　增强型场效应管 $u_{GS} = 2U_{GS(th)}$ 时的漏极电流

I_{CBO}　发射极开路时的集电结反向饱和电流

I_{CEO}　基极开路时的穿透电流

I_F, I_R　分别表示正向电流、反向电流

(4) 电阻

R_B　基极直流偏置电阻

R_C　集电极直流偏置电阻

R_E　发射极直流偏置电阻

$R_F(R_f)$　反馈电阻

R_s　信号源内阻

R_G　栅极直流偏置电阻

R_{GS}　场效应管的(等效)直流输入电阻

R_D　二极管直流电阻、漏极直流偏置电阻

R_L　负载电阻

$R_{IC}(R_{ic}), R_{ID}(R_{id})$　共模、差模输入电阻

$R_{OC}(R_{oc}), R_{OD}(R_{od})$　共模、差模输出电阻

R_i, R_o　放大器的交流输入和输出电阻

R_{if}, R_{of}　反馈放大器的交流输入和输出电阻

r_d　二极管的交流电阻

r_e　双极型三极管发射结动态电阻, PN 结动态电阻

r_D　二极管分段线性模型等效时的导通电阻

r_Z　稳压管的动态电阻

$r_{bb'}$　双极型三极管的基区体电阻

$r_{b'c}$　双极型三极管的等效集电结电阻

$r_{b'e}$　双极型三极管的发射结微变等效电阻, 即发射结电阻 r_e 折算到基极的等效电阻

r_{be}　双极型三极管 b-e 之间的微变等效电阻

r_{ce}　双极型三极管 c-e 之间的微变等效电阻

r_{ds}　场效应管 d-s 之间的微变等效输出电阻

r_{gs}　FET 的(等效)交流输入电阻

(5) 电容与电感

C_B, C_D, C_J　分别指 PN 结的势垒电容、扩散电容和等效结电容

$C_{b'e}, C_{b'c}$　分别指双极型三极管的发射结电容、集电结电容

C_μ', C_μ''　双极型三极管的集电结电容分别折合到

b'-e、c-e 之间的等效电容

C_{dg}, C_{gs}, C_{ds} 分别指 FET 的等效极间电容

C_π, C_μ 工程上常用于表示双极型三极管 BJT 的发射结电容、集电结电容

C_φ 相位补偿电容

C' 发射结电容 $C_{b'e}$ 和 C_μ' 并联的总等效电容

L 电感通用符号

(6) 频率

f 频率

f_α, f_β 分别指 BJT 在共基和共射组态时的电流放大倍数的截止频率

f_M 最高工作频率

f_0, f_o 振荡频率、谐振频率

f_T 双极型三极管的(电流放大倍数)特征频率

f_H 上限(−3dB)频率，$\omega_H = 2\pi f_H$

f_L 下限(−3dB)频率，$\omega_L = 2\pi f_L$

f_{Hi} 第 i 级放大电路的上限频率

f_{Li} 第 i 级放大电路的下限频率

(7) 功率

P_Z 稳压管的额定功耗

P_C BJT 的集电极耗散功率

P_{CM} BJT 的集电极最大允许功耗

P_{DM} 场效应管最大耗散功率

P_T BJT 或 FET 的管耗

P_V 直流电源供给功率

P_o 功率放大电路或直流稳压电路的输出功率

P_{omax} 功率放大电路或直流稳压电路的最大输出功率

(8) 载流子浓度

n_i 本征半导体中电子浓度

p_i 本征半导体中空穴浓度

n 杂质半导体中电子浓度

p 杂质半导体中空穴浓度

N_A 受主原子的浓度

N_D 施主原子的浓度

p_P P 区空穴的浓度

n_N N 区电子的浓度

(9) 稳压电路参数

S_r 稳压系数

S_i 电流调整率

S_T 输出电压的温度系数

S_u 电压调整率

S_{rip} 纹波抑制比

C_{TV} 稳压管稳定电压的温度系数

3. 元器件及引脚名称

E,e 双极型三极管的发射极

B,b 双极型三极管的基极

C,c 双极型三极管的集电极

S, s 场效应管的源极

G, g 场效应管的栅极

D, d 场效应管的漏极

D 二极管

D_Z 稳压管

P P 型半导体

N N 型半导体

T 双极型三极管，场效应管

T_r 变压器

4. 其他符号

$\alpha, \bar\alpha$ 双极型三极管的共基交流、直流电流传输系数

α_0, β_0 中低频时双极型三极管的共基、共射交流电流放大系数

$\beta, \bar\beta$ 双极型三极管的共射交流、直流电流放大系数

$\dot\alpha, \dot\beta$ 双极型三极管共基、共射交流电流放大系数复数量

k 玻尔兹曼常数

k_T 双极型三极管 I_{CBO} 的温度系数

$\dot K$ 电路的传递函数

K_{CMR} 共模抑制比

g_m 低频跨导

h_{ie} 双极型三极管输出交流短路时的输入电阻

h_{re} 双极型三极管输入交流开路时的反向电压传输比

h_{fe} 双极型三极管输出交流短路时的正向电流传输比，或电流放大系数

h_{oe}　双极型三极管输入交流开路时的输出电导

T　温度，周期

t　时间

φ　相位角

φ_m　相位裕量

ω, Ω　角频率

X, x　电抗

Y, y　导纳

Z, z　阻抗

F　反馈系数

S_R　集成运算放大器的转换速率

E, ε　能量，电场强度

E_{go}　半导体的禁带宽度

W/L　MOS 管的宽长比

D　非线性失真系数

$BW_{0.7}, BW$　3dB 带宽、通频带宽度

G_m　增益裕量

Q　品质因数

η　效率

目　录

前言

本书主要符号说明

第1章　半导体器件 ················· 1

1.1　半导体基础知识 ··············· 1

　1.1.1　半导体特性 ··············· 1

　1.1.2　本征半导体 ··············· 1

　1.1.3　杂质半导体 ··············· 2

　1.1.4　PN 结形成 ················ 5

　1.1.5　PN 结单向导电性 ········· 6

　1.1.6　PN 结电容特性 ·········· 9

1.2　半导体二极管 ··············· 11

　1.2.1　二极管结构 ··············· 11

　1.2.2　二极管特性曲线 ········· 11

　1.2.3　二极管主要参数 ········· 13

　1.2.4　二极管等效模型 ········· 14

　1.2.5　二极管应用电路 ········· 16

　1.2.6　特殊二极管 ··············· 17

1.3　双极型三极管 ··············· 21

　1.3.1　三极管结构 ··············· 21

　1.3.2　三极管工作原理 ········· 21

　1.3.3　三极管特性曲线 ········· 24

　1.3.4　三极管主要参数 ········· 28

　1.3.5　三极管等效模型 ········· 29

1.4　场效应晶体管 ··············· 34

　1.4.1　结型场效应管 ··········· 34

　1.4.2　绝缘栅型场效应管 ····· 38

　1.4.3　场效应管主要参数 ····· 44

　1.4.4　场效应管等效模型 ····· 46

　1.4.5　场效应管与双极型三极管的比较

　　　　　 ························· 47

1.5　二极管应用电路 Multisim 仿真

　　　 ····························· 47

本章小结 ························· 50

习题 ····························· 51

第2章　放大电路基础 ············· 55

2.1　放大电路的概念与技术指标 ····· 55

　2.1.1　放大电路的概念 ········· 55

　2.1.2　放大电路主要技术指标 ··· 56

2.2　共射放大电路 ··············· 58

　2.2.1　共射放大电路的组成及工作原理

　　　　　 ························· 58

　2.2.2　放大电路分析方法 ····· 61

　2.2.3　分压式偏置共射放大电路 ····· 70

2.3　共基和共集放大电路 ······· 74

　2.3.1　共基放大电路 ··········· 74

　2.3.2　共集放大电路 ··········· 76

　2.3.3　三种组态三极管放大电路的比较

　　　　　 ························· 78

2.4　场效应管放大电路 ········· 79

　2.4.1　场效应管偏置电路 ····· 79

　2.4.2　共源放大电路 ··········· 81

　2.4.3　共漏放大电路 ··········· 82

　2.4.4　共栅放大电路 ··········· 83

　2.4.5　三种组态场效应管放大电路的

　　　　　比较 ···················· 85

2.5　多级放大电路 ··············· 86

　2.5.1　级间耦合方式 ··········· 86

　2.5.2　多级放大电路分析 ····· 89

2.6　放大电路频率响应 ········· 93

　2.6.1　频率响应概念 ··········· 94

　2.6.2　RC 电路频率响应及伯德图表示 ··· 95

　2.6.3　三极管的频率参数 ····· 99

　2.6.4　共射放大电路频率响应 ··· 101

　2.6.5　共基和共集放大电路高频响应 ··· 108

　2.6.6　多级放大电路频率响应 ··· 109

2.7　基本放大电路 Multisim 仿真 ···· 112

本章小结 ························· 119

习题 ····························· 121

第3章　模拟集成运算放大器 …………129
3.1　电流源电路 …………………………130
3.2　差动放大电路 ………………………137
　3.2.1　双极型三极管差动放大电路 ……137
　3.2.2　场效应管差动放大电路 …………144
　3.2.3　差动放大电路传输特性 …………146
3.3　双极型集成运算放大器 ……………150
　3.3.1　集成运算放大器的基本组成 ……150
　3.3.2　典型BJT集成运算放大器 ………152
3.4　场效应管型集成运算放大器 ………154
　3.4.1　BiFET集成运算放大器 …………154
　3.4.2　CMOS集成运算放大器 …………155
3.5　集成运算放大器的主要技术
　　　参数 ………………………………156
3.6　差动放大电路Multisim仿真 ………162
本章小结 ……………………………………165
习题 …………………………………………166

第4章　模拟信号运算与处理电路 …………170
4.1　基本运算电路 ………………………170
　4.1.1　比例运算电路 ……………………170
　4.1.2　求和运算电路 ……………………174
　4.1.3　积分和微分运算电路 ……………177
　4.1.4　对数和反对数运算电路 …………179
　4.1.5　典型集成运放运算电路误差分析
　　　　　………………………………181
4.2　有源滤波器 …………………………186
　4.2.1　滤波电路的作用与分类 …………186
　4.2.2　一阶有源滤波器 …………………187
　4.2.3　二阶有源滤波器 …………………188
4.3　电压比较器 …………………………195
　4.3.1　单门限比较器 ……………………195
　4.3.2　迟滞比较器 ………………………197
　4.3.3　集成电压比较器 …………………200
4.4　模拟信号处理电路Multisim
　　　仿真 ………………………………202
本章小结 ……………………………………205
习题 …………………………………………206

第5章　反馈放大电路 ………………………212
5.1　反馈的基本概念与分类 ……………212

5.1.1　反馈的基本概念 …………………212
5.1.2　反馈的分类与判断 ………………212
5.1.3　反馈放大电路的方框图表示及其
　　　　一般表达式 ……………………220
5.2　负反馈对放大电路性能的影响 ……222
　5.2.1　提高放大电路稳定性 ……………222
　5.2.2　减小非线性失真 …………………223
　5.2.3　扩展通频带 ………………………223
　5.2.4　抑制反馈环内噪声 ………………225
　5.2.5　对输入电阻和输出电阻的影响 …226
5.3　深度负反馈放大电路的分析
　　　计算 ………………………………229
　5.3.1　深度负反馈的特点 ………………230
　5.3.2　深度负反馈放大电路计算 ………230
5.4　负反馈放大电路稳定性分析 ………235
　5.4.1　自激振荡与稳定条件分析 ………235
　5.4.2　常用的频率补偿方法 ……………238
5.5　负反馈放大电路Multisim仿真
　　　………………………………………241
本章小结 ……………………………………244
习题 …………………………………………245

第6章　信号产生电路 ………………………250
6.1　正弦波振荡电路 ……………………250
　6.1.1　正弦波振荡电路的基本工作
　　　　原理 ……………………………250
　6.1.2　RC正弦波振荡电路 ………………252
　6.1.3　LC正弦波振荡电路 ………………257
　6.1.4　石英晶体正弦波振荡电路 ………264
6.2　非正弦波信号发生器 ………………266
　6.2.1　矩形波信号发生器 ………………267
　6.2.2　三角波信号发生器 ………………270
　6.2.3　锯齿波信号发生器 ………………272
　6.2.4　压控振荡器 ………………………273
6.3　集成多功能信号发生器 ……………274
6.4　信号产生电路Multisim仿真
　　　………………………………………276
本章小结 ……………………………………280
习题 …………………………………………280
第7章　功率放大电路 ………………………286

7.1　功率放大电路的一般问题 ······ 286
　　7.1.1　功率放大电路的特点 ········· 286
　　7.1.2　提高功放电路效率的主要途径··· 287
7.2　互补推挽功率放大电路 ······· 289
　　7.2.1　乙类互补对称功率放大电路 ···· 289
　　7.2.2　甲乙类互补对称功率放大电路 ··· 296
　　7.2.3　准互补对称功率放大电路 ······· 297
　　7.2.4　单电源互补对称功率放大电路 ··· 298
　　7.2.5　变压器耦合推挽功率放大电路 ··· 299
7.3　典型集成功率放大器 ·········· 300
7.4　功率器件的使用和保护 ········ 302
7.5　功率放大电路 Multisim 仿真 ··· 305
本章小结 ················· 308

习题 ··················· 309
第8章　直流稳压电源 ··············· 314
8.1　整流与滤波电路 ·················· 315
　　8.1.1　整流电路 ················· 315
　　8.1.2　滤波电路 ················· 316
8.2　线性直流稳压电路 ············· 320
　　8.2.1　串联型线性直流稳压电路 ······· 321
　　8.2.2　线性集成稳压器 ·············· 327
8.3　线性直流稳压电源 Multisim
　　　仿真 ·················· 335
本章小结 ················· 338
习题 ··················· 339
参考文献 ··················· 342

第1章 半导体器件

【内容提要】 首先介绍半导体的基础知识，包括本征半导体、杂质半导体、PN 结形成、PN 结单向导电性和 PN 结电容特性。接着分别阐述半导体二极管、双极型三极管、场效应晶体管的结构、工作原理、特性曲线、主要参数和等效模型。从而为后续各章讨论由半导体器件构成的电子电路打下基础。

1.1 半导体基础知识

1.1.1 半导体特性

按照导电能力的不同，自然界的物质可以分为导体、绝缘体和半导体三类。导体具有很强的导电能力，常见的导体有铜、铝、铁、银等；绝缘体不导电，如塑料、陶瓷、石英、橡胶等；半导体的导电能力介于导体和绝缘体之间，如硅、锗、砷化镓等。常温下，半导体的导电能力很弱，温度升高或者掺入杂质可以提高其导电能力。

1.1.2 本征半导体

纯净的没有掺入杂质的半导体称为本征半导体。最常见的半导体材料是硅和锗，其原子结构如图 1.1.1(a) 所示，最外层都是四个价电子。研究半导体导电性能时，常用价电子与惯性核组成的简化模型来表示原子，如图 1.1.1(b) 所示，惯性核由原子核和内层电子组成，带 4 个单位的正电荷。

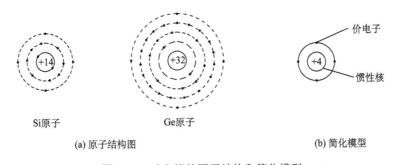

Si原子　　　　　Ge原子

(a) 原子结构图　　　　　　　　(b) 简化模型

图 1.1.1　硅和锗的原子结构和简化模型

1. 本征激发和复合

在本征硅半导体中，每个硅原子的四个价电子，与周围的硅原子形成四个共价键，如图 1.1.2 所示。价电子由于受到共价键的束缚，很难变成自由电子，因此在热力学温度 $T = 0\text{K}$ 时，本征硅半导体中没有自由移动的载流子，因而不能导电。

在受热或者外加电场的作用下，价电子的能量增加，少量价电子挣脱共价键的束缚变成自由电子。价电子从共价键中跑出后，会在原来的位置上留下一个空位，也称为**空穴**。

每产生一个自由电子，就会形成一个空穴，所以自由电子和空穴总是成对产生的，称为**自由电子-空穴对**。形成自由电子-空穴对的过程，称为**本征激发**，也称为**热激发**。

若在本征半导体两端外加一定的电压，自由电子将按照一定的方向产生定向运动，形成电子电流。另外，价电子受到电场的作用，其能量增加，从而可以挣脱共价键的束缚，填补空穴，而在原来的位置上留下一个新的空位，如图1.1.3所示。价电子依次填补空穴的运动与空穴向相反方向运动的效果相当，因此，可以把空穴视为带一个单位正电荷的载流子。所以，本征半导体中，存在两种载流子：自由电子和空穴。

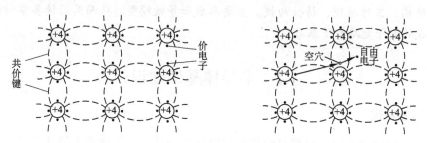

图 1.1.2 晶体的共价键结构   图 1.1.3 本征激发时，自由电子和空穴的产生与移动

由于本征激发，不断产生自由电子-空穴对，将使载流子浓度增加。同时，自由电子在运动过程中，也会与空穴相遇释放能量，自由电子和空穴成对消失，这一过程称为**复合**。

2. 热平衡载流子浓度

从宏观上看，本征半导体呈电中性，自由电子和空穴数量相等。在一定温度下，本征激发和复合会在某一载流子浓度上达到平衡状态，用 n_i 和 p_i 分别表示一定温度下的本征半导体中自由电子和空穴的浓度，则有

$$n_i = p_i \tag{1.1.1}$$

本征半导体中载流子浓度和温度的关系为

$$n_i(T) = p_i(T) = A T^{\frac{3}{2}} e^{-\frac{E_{go}}{2kT}} \tag{1.1.2}$$

式中，A 是与半导体材料、载流子有效质量、载流子能级相关的常量，硅材料 $A = 3.87 \times 10^{16} \, cm^{-3} \cdot K^{-3/2}$；锗材料 $A = 1.76 \times 10^{16} \, cm^{-3} \cdot K^{-3/2}$；$T$ 为热力学温度；k 为玻尔兹曼常数 $8.63 \times 10^{-5} \, eV/K$；$E_{go}$ 为 $T = 0K$ 时，破坏共价键所需的能量，又称禁带宽度（forbidden gap），硅材料 $E_{go} = 1.21eV$，锗材料 $E_{go} = 0.785eV$。

可以看出，$T = 0K$ 时，载流子浓度为 0，本征半导体中无自由运动的载流子。温度升高，自由电子和空穴浓度增大，本征半导体导电能力相应增强。

$T = 300K$ 时，本征硅半导体中载流子浓度为 $n_i = p_i = 1.43 \times 10^{10} \, cm^{-3}$，本征锗半导体中载流子浓度为 $n_i = p_i = 2.5 \times 10^{13} \, cm^{-3}$。两种半导体中载流子浓度和原子密度（约为 $10^{22} \, cm^{-3}$ 量级）相比是微不足道的，所以本征半导体导电能力很弱，不能直接用来制作半导体器件。

1.1.3 杂质半导体

在本征半导体中，掺入少量杂质，可显著提高半导体的导电性能。掺入杂质的半导体称为**杂质半导体**。根据掺杂元素的不同，杂质半导体可以分为 N 型半导体和 P 型半导体。

1. N 型半导体

在本征半导体中，掺入五价的杂质元素(如磷、砷、锑等)构成 **N 型半导体**。五价杂质原子在与周围的硅原子形成共价键时，会多余一个电子，这个多余的电子不受共价键的束缚，在热激发或其他条件下，很容易挣脱原子核的束缚，变成自由电子。杂质原子由于失去一个电子而变成带一个单位正电荷的杂质离子。N 型半导体结构示意图如图 1.1.4(a)所示。由于杂质原子能够提供电子，所以称其为施主原子。在 N 型半导体中，除了掺杂产生自由电子外，由于本征激发，也会形成少量的自由电子-空穴对。掺入五价杂质，使得自由电子浓度提高，与此同时，掺杂形成的自由电子会和空穴相遇而发生复合现象，使得空穴浓度进一步降低。所以，N 型半导体中，自由电子是多数载流子，简称多子，空穴是少数载流子，简称少子。N 型半导体可用图 1.1.4(b)简化表示。

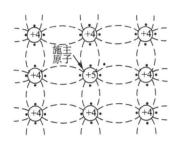

(a) N型半导体结构示意图

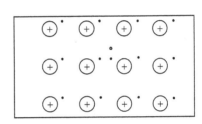

(b) N型半导体的简化表示

图 1.1.4　N 型半导体结构示意图和简化表示

N 型半导体中，自由电子主要由掺杂产生，此外，本征激发也产生了少量的自由电子。若用 n_N 表示 N 型半导体中自由电子的浓度，p_N 表示 N 型半导体中空穴的浓度，N_D 表示施主原子的浓度，由于整块半导体必定满足**电中性条件**，因此三者有如下关系：

$$n_N = p_N + N_D \tag{1.1.3}$$

式(1.1.3)表明：N 型半导体中，自由电子浓度等于空穴浓度与施主原子的浓度之和，整个半导体呈电中性。

通常，$N_D \gg p_N$，则 $n_N \approx N_D$，表明自由电子浓度近似等于施主原子的浓度，与温度无关。

理论可以证明，一定温度下，两种载流子浓度的乘积恒等于本征载流子浓度值 n_i 的平方，即

$$p_N \cdot n_N = n_i^2 \tag{1.1.4}$$

可见，一定温度下，N 型半导体中，空穴浓度与自由电子浓度成反比。因此，随着掺杂浓度增加，自由电子浓度增加，空穴浓度则相应减小。当温度升高时，本征载流子浓度 n_i 会随温度增加，多子(自由电子)的浓度由掺杂决定，基本不受温度影响，少子(空穴)的浓度会随着温度的升高而增加。

2. P 型半导体

在本征半导体中，掺入三价的杂质元素(如硼、铝等)则构成 **P 型半导体**。三价杂质原子在与周围的硅原子形成共价键时，由于缺少一个电子，从而在共价键中留下一个空位(空

穴)，邻近共价键中的电子很容易受到激发来填补这个空位。杂质原子由于得到一个电子而变成带一个单位负电荷的杂质离子。P 型半导体结构示意图如图 1.1.5(a) 所示。由于杂质原子能够接受电子，因此称其为受主杂质。在 P 型半导体中，由于本征激发，会形成少量的自由电子-空穴对。掺入三价杂质，使得空穴浓度提高，与此同时，掺杂形成的空穴会和自由电子相遇而发生复合现象，使得自由电子浓度进一步降低。所以，P 型半导体中，空穴是多数载流子，简称多子；自由电子是少数载流子，简称少子。P 型半导体可用图 1.1.5(b) 简化表示。

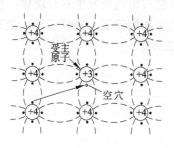

(a) P型半导体结构示意图

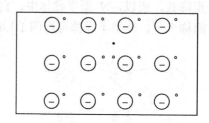

(b) P型半导体的简化表示

图 1.1.5　P 型半导体结构示意图和简化表示

若用 n_P 表示 P 型半导体中自由电子的浓度，p_P 表示 P 型半导体中空穴的浓度，N_A 表示受主原子的浓度，类似于 N 型半导体浓度的分析，对于 P 型半导体，有

$$p_P = n_P + N_A \approx N_A \tag{1.1.5}$$

$$p_P \cdot n_P = n_i^2 \tag{1.1.6}$$

可见，一定温度下，P 型半导体中，多子空穴浓度由掺杂浓度决定，自由电子浓度与空穴浓度成反比。因此，随着掺杂浓度增加，空穴浓度增加，自由电子浓度则相应减小。当温度升高时，本征载流子浓度 n_i 会随温度增加，多子(空穴)的浓度由掺杂决定，基本不受温度影响，少子(自由电子)的浓度会随着温度的升高而增加。

【例 1.1.1】　一块 N 型硅半导体，已知掺杂浓度为 $N_D = 5 \times 10^{14}\,\mathrm{cm}^{-3}$，室温 $T = 300\mathrm{K}$ 时，本征载流子浓度 $n_i = 1.43 \times 10^{10}\,\mathrm{cm}^{-3}$，试求该温度下，杂质半导体中自由电子和空穴的浓度。

解：N 型半导体中，自由电子的浓度约等于施主原子的浓度

$$n_N = p_N + N_D \approx N_D = 5 \times 10^{14}\,\mathrm{cm}^{-3}$$

自由电子和空穴浓度的乘积恒等于本征载流子浓度值 n_i 的平方，故

$$p_N = \frac{n_i^2}{n_N} = \frac{(1.43 \times 10^{10})^2}{5 \times 10^{14}} = 4.09 \times 10^5 (\mathrm{cm}^{-3})$$

可见，掺杂可以大大改变半导体内载流子的浓度。掺杂浓度决定了多子的浓度，掺杂使多子浓度提高了 10^4 量级，温度对其影响很小；掺杂使得少子浓度大大降低，如果温度发生变化，本征载流子浓度 n_i(p_i)随之变化，少子浓度会有显著的变化。

1.1.4 PN 结形成

将本征硅（或锗）半导体的一侧掺杂为 P 区，另一侧掺杂为 N 区，则 P 区和 N 区的交界面上将形成正负离子集中的薄层，称为 **PN 结**。

在 P 型和 N 型半导体交界面两侧，电子和空穴的浓度截然不同。P 区空穴浓度高，N 区自由电子浓度高。交界面两侧存在浓度差，P 区的多子空穴、N 区的多子自由电子会向对方扩散，如图 1.1.6(a) 所示。多子一边扩散一边复合，交界面两侧留下正、负离子集中的薄层，如图 1.1.6(b) 所示，称为**空间电荷区**，也称为 **PN 结**。空间电荷区将形成从正电荷指向负电荷的电场 $E_内$，称作内电场，其方向从 N 区指向 P 区。由于空间电荷区没有自由移动的载流子，因此也称为**耗尽层**。多子由于浓度差而向对方扩散的运动，称为扩散运动。扩散运动的结果使得空间电荷区变宽，内电场增强。空间电荷区的内电场将阻碍多子进一步向对方扩散，所以空间电荷区又称为**阻挡层**。内电场形成以后，P 区的少子自由电子、N 区的少子空穴将在电场的作用下向对方运动。少子在电场作用下向对方的运动，称为漂移运动。漂移过来的少子，将中和空间电荷区的正负离子，使得空间电荷区变窄，内电场减弱。最终，扩散运动和漂移运动达到动态平衡，空间电荷区的宽度保持不变。

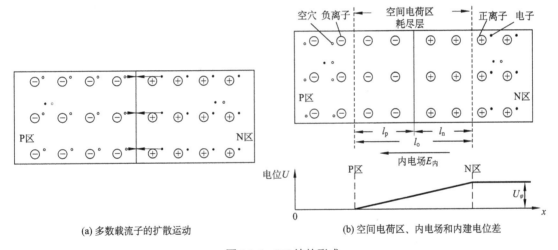

(a) 多数载流子的扩散运动 (b) 空间电荷区、内电场和内建电位差

图 1.1.6　PN 结的形成

达到动态平衡的 PN 结，内电场从 N 区指向 P 区，说明 N 区的电位比 P 区高，交界面两侧存在一定的电位差，称为接触电位差 U_φ。所以，空间电荷区也是电势累积的区域，故也称为**势垒区**。接触电位差的大小由式 (1.1.7) 决定。

$$U_\varphi = U_T \cdot \ln\left(\frac{p_P \cdot n_N}{n_i^2}\right) \approx U_T \cdot \ln\left(\frac{N_A \cdot N_D}{n_i^2}\right) \tag{1.1.7}$$

式中，p_P、n_N 分别为 P 区空穴的浓度和 N 区电子的浓度；U_T 为温度的电压当量，由式 (1.1.8) 计算。

$$U_T = \frac{kT}{q} \tag{1.1.8}$$

式中，q 为一个电子的电荷量，$q = 1.6 \times 10^{-19}$C。常温 $T = 300$K 时，$U_T = 26$mV。U_φ 的大小一般为零点几伏。$T = 300$K 时，硅的 U_φ 为 0.6～0.8V，锗的 U_φ 为 0.2～0.3V。

当 P 区和 N 区的掺杂浓度相同时，空间电荷区在两个区域的宽度相等，称为**对称 PN 结**。当 P 区和 N 区的掺杂浓度不等时，空间电荷区主要向掺杂浓度低的一侧扩展，浓度高的一侧的宽度较小，这样的 PN 结称为**不对称 PN 结**，如图 1.1.7 所示。

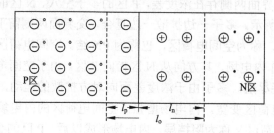

图 1.1.7 不对称 PN 结示意图

1.1.5 PN 结单向导电性

PN 结单向导电性

PN 结的单向导电性是指外加不同极性电压时，PN 结的导电能力会表现出巨大的反差。单向导电性是 PN 结的基本特性。

1. PN 结正偏

将 PN 结的 P 区接电源的正端，N 区接电源的负端，这种接法称为 PN 结正向偏置，简称**PN 结正偏**。

如图 1.1.8 所示，PN 结正偏时，外加电场的方向从 P 区指向 N 区，外加电场将促进多子向对方的扩散运动，多子向空间电荷区运动，会中和一部分正、负离子，从而使得空间电荷区变窄。外加电场方向与内电场方向相反，削弱了内电场的作用，使得多子扩散运动

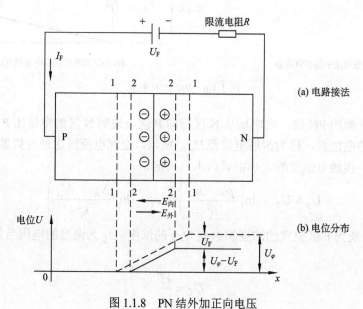

图 1.1.8 PN 结外加正向电压

增强，而少子漂移运动减弱。由于多子浓度比较高，所以外加不太大的正向电压，就可以形成很大的正向电流 I_F，PN 结表现为一个很小的电阻。为了防止正向电流过大烧坏 PN 结，在电路中串入一个限流电阻 R。

2. PN 结反偏

将 PN 结的 P 区接电源的负端，N 区接电源的正端，这种接法称为 PN 结反向偏置，简称 **PN 结反偏**。

如图 1.1.9 所示，PN 结反偏时，外加电场的方向从 N 区指向 P 区，外加电场阻碍多子向对方的扩散运动，多子在电场作用下，将进一步远离 PN 结，空间电荷区变宽。外加电场与内电场方向相同，增强了内电场的作用，进一步阻碍多子的扩散运动，而促进少子的漂移运动。但由于少子浓度很低，所以外加反向电压，只能形成很小的反向电流 I_R，PN 结表现为一个很大的电阻。在一定温度、一定掺杂浓度下，由于本征激发而产生的少数载流子的数量一定，反向电流 I_R 几乎不随反向电压增大而增大，趋于恒定，该电流称为反向饱和电流 I_S。PN 结反偏时，尽管正常工作时，反向电流很小，但为防止发生反向击穿时，PN 结发热严重，所以在电路中同样串入一个限流电阻 R。

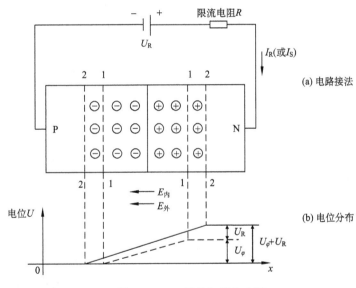

图 1.1.9　PN 结外加反向电压

总之，PN 结正偏时，呈现的电阻很小；PN 结反偏时，呈现的电阻很大，这就是 PN 结的**单向导电性**。

📖 **方法论：外因和内因**

PN 结的单向导电性，其外因是外加电压的极性，内因是半导体内载流子的运动。

唯物辩证法认为外因是变化的条件，内因是变化的根据，外因通过内因而起作用。

内外因方法论要求我们在观察事物、分析问题时，既要看到内因，又要看到外因，坚持内外因相结合。对内因要给予充分的重视，对外因要做"一分为二"的分析。忽视内因在事物变化中的根本作用而一味强调外因的重要性，或者片面强调内因的决定作用而忽视外部条件在事物变化中的作用都是不正确的。

对于个人的成长成才而言，周围环境是外因，个人努力是内因，外因通过内因起作用，周围环境是人成功的辅助因素，但不是决定因素。所以，我们要把周围环境同个人努力辩证结合起来，让其充分发挥作用。英国细菌学专家弗莱明前期数年的研究是他发现青霉素的决定力量，而他的机遇，在于他没有将发霉的培养液随手倒掉，而是拿到显微镜下去观察，从而发现了青霉素。机遇总是留给有准备的人。我们应积极做好知识、能力、素养的储备，及时发现并把握机遇。

3. PN 结方程

由理论分析可知，PN 结两端的外加电压 u 和流过 PN 结的电流 i 满足以下关系：

$$i = I_S \left(e^{\frac{u}{U_T}} - 1 \right) \tag{1.1.9}$$

PN 结的伏安特性如图 1.1.10 所示。当电压 $u > 0$ 时，PN 结电压 u 和电流 i 的关系曲线，称为正向特性；当电压 $U_{BR} < u < 0$ 时，PN 结电压 u 和电流 i 的关系曲线称为反向特性。

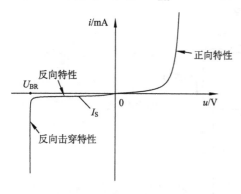

图 1.1.10　PN 结的伏安特性

当 PN 结正偏，且 $u \gg U_T$ 时，$i \approx I_S e^{\frac{u}{U_T}}$，即 i 随 u 近似按 e 指数规律变化。

当 PN 结反偏，且 $|u| \gg U_T$ 时，$i \approx -I_S$，即 i 是与反向电压大小无关的常数，其中负号表示电流方向与设定正方向相反。

4. PN 结的反向击穿特性

当 PN 结反向电压增大到一定值时，反向电流会急剧增大，这种现象称为反向击穿现象。发生击穿时的反向电压称为反向击穿电压 U_{BR}。按产生的机理不同，击穿现象可分为齐纳击穿和雪崩击穿。

齐纳击穿：在高浓度掺杂的情况下，PN 结很窄，外加不太大的反向电压就能在空间电荷区形成很强的电场，从而直接破坏共价键，把价电子从共价键中拉出来，产生自由电子-空穴对，使得反向电流迅速增大，发生击穿，这种击穿称为齐纳击穿。温度升高时，由于价电子本身具有的能量增加，把价电子从共价键中拉出来所需的外加电压减小。所以，齐纳击穿具有负的温度系数，即随着温度升高，发生齐纳击穿的击穿电压 U_{BR} 减小。

雪崩击穿：在低浓度掺杂的情况下，PN 结较宽，需要更高的电压才能在空间电荷区形成很强的电场，使得少子漂移运动受到更大的加速，当它们与共价键中的价电子碰撞时，会把价电子撞出共价键，产生自由电子-空穴对，这一现象称为"碰撞电离"。新产生的自由电子-空穴对在强电场作用下，又被加速，撞击其他共价键中的价电子，产生越来越多的自由电子-空穴对。载流子数目像雪崩一样剧增，使得反向电流急剧增加，导致二极管被击穿，这种击穿称为雪崩击穿。温度升高时，晶体中原子的热运动加剧，被加速的少子在与价电子碰撞前，与原子发生"摩擦"的机会增加，损耗一部分能量，需要更高的反向电压才能发生雪崩击穿。所以，雪崩击穿具有正的温度系数，即随着温度升高，发生雪崩击穿

的击穿电压 U_{BR} 增大。

对于硅材料的 PN 结,反向击穿电压在 4V 以下为齐纳击穿,7V 以上为雪崩击穿,在 4～7V,则两种击穿均有可能发生。

齐纳击穿和雪崩击穿都属于电击穿,只要限制击穿时流过 PN 结的反向电流,使得 PN 结不因发热严重而烧坏,则当减小反向电压时,PN 结又可以恢复正常工作(即具有正常的伏安特性)。若发生电击穿后,继续增大反向电压,反向电流随之增大,将导致 PN 结过热而永久烧坏,这种击穿称为热击穿。

> 📖 **价值观:责任与担当**
>
> 　　法国著名思想家伏尔泰说:"雪崩时,没有一片雪花是无辜的。"在雪崩的时候,没有一片雪花愿意承认自己是雪崩的罪魁祸首。但如果没有雪花,何来雪崩呢?
>
> 　　公共秩序的遵守、公共安全的维护,不少人认为那都是别人的事,和自己没有关系。一旦出了问题,都觉得不是自己的环节引起的,常常推卸责任,但其实很多时候,身在其中,事事都是关己的,在悲剧面前,谁都逃避不了责任。当前,人类正处在大发展、大变革、大调整时期,同时,也正处在一个挑战层出不穷、风险日益增多的时代。人类是一个命运共同体,在各种风险、挑战面前,每个人都要有强烈的责任感和使命感,要勇于担当、敢于作为,尽心尽力维护国家安全和社会安定。世界上没有从天而降的英雄,只有挺身而出的凡人。我们大多数人都生而平凡,但却不可或缺,每个人都要立足岗位,兢兢业业,不负时代,不负韶华。

1.1.6　PN 结电容特性

当外加电压变化时,PN 结耗尽层内的空间电荷量和耗尽层外的载流子数目都会跟着变化,这种现象称为 PN 结的电容效应。按产生机理不同,可以分为扩散电容和势垒电容。

1. 扩散电容

PN 结外加正向电压时,扩散运动占主导地位。P 区的多子空穴、N 区的多子自由电子将向对方扩散,一边扩散一边复合,结果是靠近 PN 结边界处的少子浓度高,远离 PN 结边界的少子浓度低。当外加电压增加时,从 P 区扩散到 N 区的空穴、从 N 区扩散到 P 区的自由电子的浓度会相应增加。反之,若外加正向电压减小,两种载流子的浓度会相应减小。这种耗尽层外载流子数目随外加电压变化所呈现的电容效应,称为扩散电容,用 C_D 表示。扩散到 P 区的自由电子浓度分布曲线如图 1.1.11 所示。当外加电压变化 ΔU 时,若自由电子浓度和空穴浓度的变化量分别为 ΔQ_n 和 ΔQ_p,则扩散电容 C_D 为

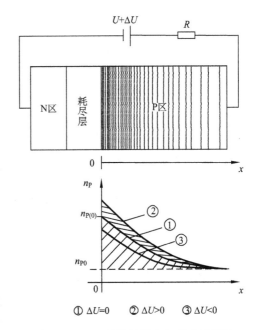

图 1.1.11　PN 结的扩散电容形成示意图

$$C_D = \frac{\Delta Q}{\Delta U} = \frac{\Delta Q_n + \Delta Q_p}{\Delta U} \tag{1.1.10}$$

PN 结外加反向电压时，会阻碍扩散运动，所以扩散到对方区域的载流子数目很少，扩散电容很小，可以忽略不计。

2. 势垒电容

当 PN 结外加电压（主要是反向电压）变化时，耗尽层内的空间电荷量也会跟着变化，这种势垒区电荷量随外加电压变化所呈现的电容效应称为势垒电容，用 C_B 表示。当外加反向电压增加时，P 区的多子空穴和 N 区的多子电子进一步远离 PN 结，使得耗尽层变宽，空间电荷区的电荷量相应增加，如图 1.1.12(a) 所示。反之，当反向电压减小时，空间电荷区的电荷量相应减少。类似于平板电容器充放电时两极板上电荷的变化，所不同的是势垒电容随外加电压呈非线性变化。

PN 结的 C_B 随外加电压的变化关系如图 1.1.12(b) 所示。利用 PN 结的结电容随外加反向电压增大而减小的特性，可以制作变容二极管。

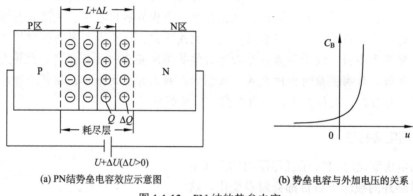

(a) PN结势垒电容效应示意图   (b) 势垒电容与外加电压的关系

图 1.1.12   PN 结的势垒电容

势垒电容 C_B 和扩散电容 C_D 都并联在 PN 结上，所以总的结电容 C_J 为两者之和，即 $C_J = C_B + C_D$。

PN 结正偏时，$C_D \gg C_B$，$C_J \approx C_D$，其值为几十皮法至几百皮法；PN 结反偏时，$C_B \gg C_D$，$C_J \approx C_B$，其值为几皮法至几十皮法。PN 结反偏时，结电容虽然很小，但此时 PN 结的结电阻很大，当工作频率升高时，结电容的容抗降低，对 PN 结单向导电性的影响很大。

由于 PN 结的结电容很小，在低频时，结电容容抗很大，可以看作开路，不需要考虑其影响。但在高频时，结电容的容抗很小，不能看作开路，必须考虑其对电路性能的影响。

思考题

1.1.1　杂质半导体中，多子和少子的浓度主要取决于什么？

1.1.2　阐述 PN 结的形成过程。

1.1.3　PN 结正偏和反偏时，P 区和 N 区分别应如何接电源？

1.1.4　什么是 PN 结的单向导电性？

1.1.5　PN 结的电容效应包括哪两个方面？PN 结正偏和反偏时，分别是哪种电容效应起主要作用？

1.2 半导体二极管

将 PN 结的两端各引出一根电极引线并封装在管壳中可构成半导体二极管，简称**二极管**。

1.2.1 二极管结构

二极管按 PN 结面积大小不同，可分为点接触型、面接触型。

点接触型二极管由一根金属丝经过特殊工艺与半导体表面相接形成 PN 结，如图 1.2.1(a)所示。由于 PN 结面积小，只能流过很小的电流。但其结电容小，工作频率可达到 100MHz 以上。因此，点接触型二极管可用于高频、小电流电路。例如，2AP1 是点接触型二极管，最大整流电流为 16mA，最高工作频率为 150MHz。

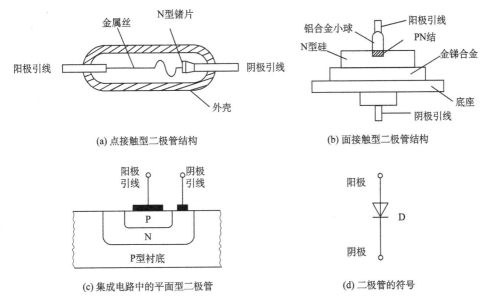

(a) 点接触型二极管结构 (b) 面接触型二极管结构

(c) 集成电路中的平面型二极管 (d) 二极管的符号

图 1.2.1 二极管的结构及符号

面接触型二极管采用合金法或扩散法制成，其结构如图 1.2.1(b)所示。由于 PN 结面积大，可以流过较大的电流。但其结电容大，只能在较低频率下工作。因此，面接触型二极管可用于低频、大电流电路。例如，2CP1 是面接触型二极管，最大整流电流为 400mA，最高工作频率仅为 3kHz。

在集成电路中，二极管通常采用硅工艺平面型结构，如图 1.2.1(c)所示。PN 结的面积有大有小，结面积大的可用于大电流电路，结面积小的可用于高频电路或开关电路中。

二极管的符号如图 1.2.1(d)所示，正向电流的参考方向定义为从阳极流向阴极。

1.2.2 二极管特性曲线

1. 二极管的伏安特性

二极管 2CP10(硅管)和 2AP10(锗管)的伏安特性如图 1.2.2 所示。可见，二极管的伏安特性和 PN 结的伏安特性基本相同。但由于半导体体电阻和引线电阻的影响，外加正向电压时，二极管的电流小于 PN 结的电流；由于二极管表面漏电流的存在，外加反向电压时，二极管的反向电流大于 PN 结的电流。在近似分析时，仍可用 PN 结的电流方程来描述二极管的伏安特性，故二极管的伏安特性方程为

$$i_{\mathrm{D}} = I_{\mathrm{S}}\left(\mathrm{e}^{\frac{u_{\mathrm{D}}}{U_{\mathrm{T}}}} - 1 \right) \tag{1.2.1}$$

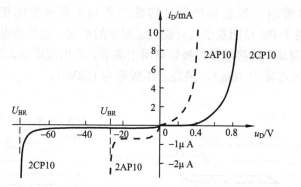

图 1.2.2　二极管 2CP10 和 2AP10 的伏安特性曲线

1) 正向特性

不论硅二极管还是锗二极管，当外加正向电压较小时，正向电流几乎为 0，当正向电压大于某一数值时，正向电流明显增加，正向特性上的这一数值通常称为死区电压 $U_{\mathrm{D(th)}}$。硅管的死区电压为 0.5V 左右，锗管的死区电压为 0.1V 左右。

正向电压大于死区电压以后，随着电压的升高，正向电流将迅速增大，电流随电压按 e 指数规律变化。硅管的导通电压 $U_{\mathrm{D(on)}}$ 为 0.6～0.8V，锗管的导通电压 $U_{\mathrm{D(on)}}$ 为 0.1～0.3V。

2) 反向特性

当外加反向电压时，二极管的反向电流很小，这是由于少数载流子浓度很低。当反向电压比较大时，反向电流不再增大，趋于饱和。一般硅管的反向饱和电流比锗管小。

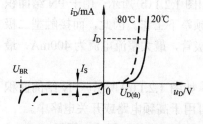

图 1.2.3　温度对二极管伏安特性的影响

3) 反向击穿特性

当反向电压过大时，反向电流急剧增大，二极管发生反向击穿，反向击穿电压用 U_{BR} 表示。

2. 温度对二极管伏安特性的影响

图 1.2.3 给出了两种温度下二极管的伏安特性。由于温度升高时，价电子本身的能量增加，使其挣脱共价键所需的外加电压减小，产生同样的正向电流 I_{D} 所需的 U_{D} 减小，因此正向特性将向左移。由于温度升高时，少子的浓度会相应增加，因此反向饱和电流增大，反向特性将向下移动。在室温附近，温度每升高 1℃，正向电压减小 2～2.5mV；温度每升高 10℃，反向电流 I_{S} 约增大一倍。

1.2.3　二极管主要参数

二极管的参数是正确选择和使用二极管的依据。

1. 直流电阻 R_D

R_D 定义为二极管两端所加直流电压 U_D 与产生的直流电流 I_D 之比。

$$R_D = \frac{U_D}{I_D} \tag{1.2.2}$$

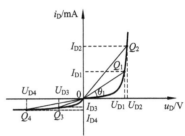

图 1.2.4　二极管直流电阻 R_D 的几何意义

R_D 不是常数，其大小随工作点 $Q(U_D, I_D)$ 的不同而不同。R_D 数值上等于工作点和坐标原点连线与横轴夹角的余切。在正向特性区，U_D 增大，夹角增大，其余切值减小，即 R_D 随 U_D 增加而减小；在未击穿的反向特性区，$|U_D|$ 增大，夹角减小，其余切值增大，即 R_D 随 $|U_D|$ 增加而增大，如图 1.2.4 所示。

2. 交流电阻 r_d

r_d 定义为二极管在直流工作点 $Q(U_D, I_D)$ 处电压的微小变化量与电流的微小变化量之比。

$$r_d = \frac{\mathrm{d}u_D}{\mathrm{d}i_D}\bigg|_Q = \frac{\Delta u_D}{\Delta i_D}\bigg|_Q \tag{1.2.3}$$

r_d 的几何意义如图 1.2.5(a) 所示，为伏安特性曲线上 Q 点处切线斜率的倒数。当二极管处于正向偏置时，如果在较大的直流偏置电压 U_D 基础上再加上一个微小的交流信号 Δu_D（即电压 u_D 发生微小变化），则二极管的电流也将产生微小变化 Δi_D，此时，二极管可用图 1.2.5(b) 所示的交流小信号电路来等效。

二极管正向导通，且 $u_D \gg U_T$ 时，$i_D \approx I_S \mathrm{e}^{\frac{u_D}{U_T}}$，$i_D$ 对 u_D 求导得

$$\frac{\mathrm{d}i_D}{\mathrm{d}u_D}\bigg|_Q = I_S(\mathrm{e}^{\frac{u_D}{U_T}}) \cdot \frac{1}{U_T}\bigg|_Q \approx \frac{I_{DQ}}{U_T} \tag{1.2.4}$$

所以

$$r_d \approx \frac{U_T}{I_{DQ}} \tag{1.2.5}$$

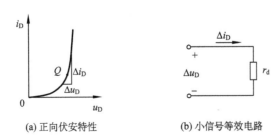

(a) 正向伏安特性　　　　(b) 小信号等效电路

图 1.2.5　二极管交流电阻 r_d 的几何意义及小信号等效电路模型

可见，r_d 的大小与直流工作点电流成反比，工作点 Q 越高，r_d 的数值越小。此外，r_d 也与温度有关。

3. 最大整流电流 I_{FM}

I_{FM} 定义为二极管长期运行时，允许通过的最大正向平均电流。I_{FM} 由 PN 结的结面积和外界的散热条件决定。电流流过 PN 结时会引起二极管发热，电流过大，发热严重，二极管就容易烧坏。

4. 最大反向工作电压 U_{RM}

U_{RM} 为二极管安全工作时，允许外加的最大反向电压。超过此值，二极管有可能发生反向击穿现象。为防止二极管反向击穿，手册上通常取 U_{RM} 为反向击穿电压 U_{BR} 的一半。

5. 反向电流 I_R

I_R 为二极管未击穿时的反向电流。I_R 越小，二极管的单向导电性能越好。温度升高，少子浓度会相应增加，反向电流会跟着增大，使用二极管时要注意温度的影响。

6. 结电容 C_J

C_J 是反映二极管中 PN 结电容效应的参数，其大小等于扩散电容 C_D 和势垒电容 C_B 之和。在高频或者开关状态应用时，必须考虑结电容的影响。

7. 最高工作频率 f_M

f_M 由 PN 结的结电容大小决定。结电容 C_J 越大，允许的最高工作频率 f_M 越低。当工作频率高于 f_M 时，二极管单向导电性变差。

1.2.4　二极管等效模型

二极管的电压和电流呈非线性关系，给二极管电路的分析带来了一定的困难。为了便于分析，常用简化电路模型来代替二极管。下面介绍几种常用的二极管的电路模型。

1. 理想模型

图 1.2.6(a)中虚线为二极管的实际伏安特性曲线，粗实线表示理想二极管的伏安特性曲线。图 1.2.6(b)为理想二极管的符号。由图 1.2.6(a)可见，理想二极管加正向电压时，二极管导通且压降为 0，相当于导线；加反向电压时，二极管截止且电流为 0，可看作开路。理想二极管正向偏置和反向偏置等效电路分别如图 1.2.6(c)、(d)所示。当电源电压远远大于二极管的导通电压时，可以用理想模型来近似实际的二极管。

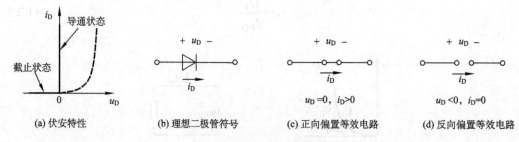

(a) 伏安特性　　　　(b) 理想二极管符号　　　　(c) 正向偏置等效电路　　　　(d) 反向偏置等效电路

图 1.2.6　二极管的理想模型

2. 恒压降模型

如果考虑二极管导通所需的压降，当外加电压大于导通压降时，二极管导通，且导通

后其两端电压为 $U_{D(on)}$，典型值为 0.7V (Si 管)、0.2V (Ge 管)；当外加电压小于导通压降时，二极管截止，这样得到的模型称为恒压降模型。恒压降模型下，二极管的伏安特性及等效电路如图 1.2.7 所示。

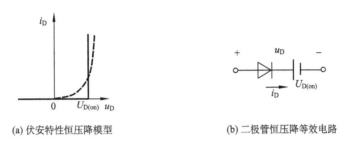

(a) 伏安特性恒压降模型　　　　　　　　　(b) 二极管恒压降等效电路

图 1.2.7　二极管的恒压降模型

3. 分段线性模型

如果考虑二极管的导通压降和导通电阻，二极管的伏安特性可用两段直线来近似。当外加电压大于死区电压时，二极管导通，且导通后其电压随电流的增加而线性增加；当外加电压小于死区电压时，二极管截止，这样得到的模型称为分段线性模型。相应的伏安特性如图 1.2.8(a) 所示。二极管的分段线性模型用理想二极管、电压源和导通电阻 r_D 串联来近似，如图 1.2.8(b) 所示。

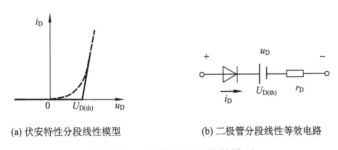

(a) 伏安特性分段线性模型　　　　　　　　(b) 二极管分段线性等效电路

图 1.2.8　二极管的分段线性模型

电压源的电压值对应二极管的死区电压 $U_{D(th)}$ (Si 管为 0.5V，Ge 管为 0.1V)。导通电阻 r_D 的值可以这样确定，如当 Si 管电流为 1mA 时，测得其两端电压为 0.8V，则 r_D 的值可计算如下：

$$r_D = \frac{0.8V - 0.5V}{1mA} = 300\Omega$$

以上三种模型，将二极管电压、电流之间的非线性关系近似为两段直线关系。这样，只要判断二极管工作于哪一段直线上，就可以用线性电路的分析方法来分析含有二极管的电路了。

【例 1.2.1】　如图 1.2.9 所示电路中，电源电压 $V_{DD} = 10V$，电阻 $R = 10k\Omega$，二极管为 Si 管，导通压降 $U_{D(on)} = 0.7V$，死区电压 $U_{D(th)} = 0.5V$，导通电阻 $r_D = 300\Omega$。试用理想模型、恒压降模型和分段线性模型分别计算电

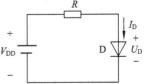

图 1.2.9　例 1.2.1 的二极管应用电路

流 I_D 和电压 U_D。

解：（1）理想模型：

$$U_D = 0V，\quad I_D = \frac{V_{DD}}{R} = \frac{10V}{10k\Omega} = 1mA$$

（2）恒压降模型：

$$U_D = U_{D(on)} = 0.7V，\quad I_D = \frac{V_{DD} - U_{D(on)}}{R} = \frac{(10-0.7)V}{10k\Omega} = 0.93mA$$

（3）分段线性模型：

$$I_D = \frac{V_{DD} - U_{D(th)}}{R + r_D} = \frac{(10-0.5)V}{(10+0.3)k\Omega} \approx 0.92mA，\quad U_D = U_{D(th)} + I_D r_D = 0.776V$$

1.2.5　二极管应用电路

利用二极管的单向导电性，可以构成整流电路、限幅电路等。

1. 整流电路

整流电路是将交流电变成单方向脉动的直流电的电路。

【例1.2.2】　电路如图 1.2.10(a) 所示，已知 $u_i = 5\sin(\omega t)$ (V)，试用理想模型分析 u_o 的波形。

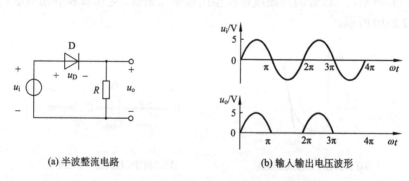

(a) 半波整流电路　　　　　　　　(b) 输入输出电压波形

图 1.2.10　半波整流电路及输入输出电压波形

解：当 u_i 为正半周时，二极管导通，其导通压降为 0，此时，$u_o = u_i$；当 u_i 为负半周时，二极管截止，相当于开关断开，此时，$u_o = 0$。输入输出电压波形如图 1.2.10(b) 所示。

该电路把输入的交流电压转化为单方向脉动的直流电压，而且输出只有半个周期有波形，所以称为**半波整流电路**。

2. 限幅电路

限幅电路是当输入信号在一定范围内变化时，输出随之变化，而当输入信号超出一定范围时，输出保持不变的电路。限幅电路也称为削波电路。根据输出波形被削去部位的不同，限幅电路可分为上限幅（上部被削去）、下限幅（下部被削去）和双向限幅电路（上部、下部被削去，中间保留）。

【例1.2.3】　图 1.2.11(a) 所示的限幅电路，二极管为硅二极管，$U_{D(on)} = 0.7V$，输入电压 $u_i = 5\sin(\omega t)$ (V)，直流电源电动势 $E = 2V$。试分别用二极管的理想模型和恒压降模型求输出电压 u_o，并画出其波形。

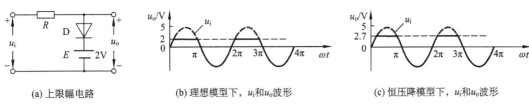

(a) 上限幅电路　　　　　(b) 理想模型下，u_i 和 u_o 波形　　　　　(c) 恒压降模型下，u_i 和 u_o 波形

图 1.2.11　上限幅电路及输出波形

解：(1) 理想模型：

当 $u_i < 2\text{ V}$ 时，二极管截止，电阻 R 上的电流为 0，输出电压 $u_o = u_i$；

当 $u_i \geqslant 2\text{ V}$ 时，二极管导通，输出电压 $u_o = 2\text{V}$。

(2) 恒压降模型：

当 $u_i < 2.7\text{ V}$ 时，二极管截止，电阻 R 上的电流为 0，输出电压 $u_o = u_i$；

当 $u_i \geqslant 2.7\text{ V}$ 时，二极管导通，输出电压 $u_o = 2.7\text{V}$。

理想模型和恒压降模型下，输出 u_o 的波形分别如图 1.2.11(b)、(c) 所示，两种模型下均将输出电压波形的上部削去，所以该限幅电路是上限幅电路。

若将图 1.2.11(a) 电路中的二极管反向，电源电动势 E 也反向，可以构成图 1.2.12(a) 所示的下限幅电路。假设二极管的导通压降 $U_{D(on)} = 0.7\text{V}$，则输出电压 u_o 的下限幅值为 -2.7V，如图 1.2.12(b) 所示。

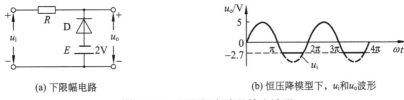

(a) 下限幅电路　　　　　　　　　(b) 恒压降模型下，u_i 和 u_o 波形

图 1.2.12　下限幅电路及输出波形

若将图 1.2.11、图 1.2.12 中的限幅电路输出端并联使用，将得到图 1.2.13 的双向限幅电路。采用恒压降模型分析可得：$-2.7\text{V} < u_i < 2.7\text{ V}$ 时，二极管 D_1、D_2 均截止，输出电压 $u_o = u_i$；当 $u_i \geqslant 2.7\text{ V}$ 时，D_1 导通、D_2 截止，输出电压 u_o 保持 2.7V 不变；当 $u_i \leqslant -2.7\text{ V}$ 时，D_1 截止、D_2 导通，输出电压 u_o 保持 -2.7 V 不变。

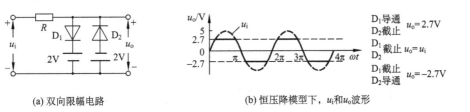

二极管限幅电路

(a) 双向限幅电路　　　　　　　　(b) 恒压降模型下，u_i 和 u_o 波形

图 1.2.13　双向限幅电路及输出波形

1.2.6　特殊二极管

除普通二极管外，还有一些特殊二极管，如稳压二极管、发光二极管、光电二极管、激光二极管等。

1. 稳压二极管

稳压二极管（简称为稳压管）在直流稳压电源中有着广泛的应用。稳压二极管的符号及伏安特性如图 1.2.14 所示。其伏安特性与普通二极管相似，差别在于反向击穿后，特性曲线更陡峭。稳压管工作于反向击穿区。稳压管发生反向击穿后，电流在一定范围内变化时，其端电压几乎不变，呈稳压特性。

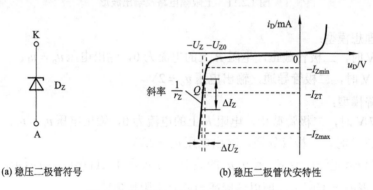

(a) 稳压二极管符号　　　　　(b) 稳压二极管伏安特性

图 1.2.14　稳压二极管符号及伏安特性

稳压二极管的主要参数如下：

1）稳定电压 U_Z

U_Z 是稳压管击穿后，其两端的稳定电压，它是在特定的测试电流 I_{ZT} 下得到的电压值。由于器件参数的分散性，即使同一型号的稳压管，其 U_Z 也存在一定的差别。例如，2CW15 型稳压管，稳定电压为 7～8.5V。但就某一只管子而言，其 U_Z 为定值。

2）稳定电流 I_Z

I_Z 是稳压管工作于稳压状态时的参考电流。当稳压管工作电流小于 I_{Zmin} 时，其稳压性能将变差；若稳压管工作电流大于 I_{Zmax}，则稳压管可能由于流过的电流过大，发热严重而烧坏。

3）额定功耗 P_Z

P_Z 为稳压管两端稳定电压 U_Z 和流过它的电流 I_{ZM}（也记作 I_{Zmax}）的乘积，即 $P_Z = U_Z I_{ZM}$。额定功耗取决于稳压管的允许温升。

4）动态电阻 r_Z

r_Z 为稳压管工作于击穿区时，其电压变化量和电流变化量之比，即

$$r_Z = \frac{\Delta U_Z}{\Delta I_Z}$$

稳压管 r_Z 越小，电流变化时，电压的变化越小，稳压特性越好。对于不同型号的稳压管，r_Z 值为几欧到几十欧不等。对于同一只稳压管，工作电流越大，r_Z 越小。通常手册上给出的 r_Z 是在规定工作电流时测得的。

5）温度系数 C_{TV}

C_{TV} 表示温度变化 1℃，稳压管稳定电压 U_Z 变化的百分比。一般地，$U_Z < 4V$ 的稳压管，其击穿为齐纳击穿，具有负的温度系数，即温度升高，其稳定电压值将减小。$U_Z > 7V$

的稳压管，其击穿为雪崩击穿，具有正的温度系数，即温度升高，稳压值相应增大。$4V \leqslant U_Z \leqslant 7V$ 的稳压管，齐纳击穿和雪崩击穿都有，其稳定电压受温度的影响比较小，性能比较稳定。

图 1.2.15 为稳压管组成的稳压电路，输入电压 $U_I > U_Z$，电路结构具有以下特点：

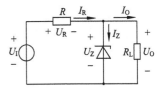

（1）稳压管的阴极接电源的正端，阳极接电源的负端，使得稳压管工作于反向击穿区；

（2）稳压管和负载 R_L 并接，负载上得到的电压即稳定电压；

图 1.2.15　稳压二极管应用电路

（3）电路中必须串接限流电阻，使得 $I_{Zmin} < I_Z < I_{Zmax}$。

输出电压稳定的工作原理为：当电源电压波动引起 U_I 升高时，输出电压 U_O 即稳压管的稳定电压 U_Z 随着增大，U_Z 增大将引起稳压管电流 I_Z 大幅度增加，R 上的电压降 U_R 随之增大，因为 $U_O = U_I - U_R$，从而抵消了 U_I 增加导致 U_O 增大的趋势，使得输出电压 U_O 保持稳定。

> 📖 **价值观：人尽其才，物尽其用**
>
> 在使用普通二极管时，要避免使二极管工作于反向击穿区而烧坏。而稳压二极管恰恰利用了反向击穿时，二极管两端的电压基本不变的特性来实现稳压。
>
> 人尽其才，物尽其用。我们应当让每个人的才华和能力都得以发挥，让每样东西的可用之处得以尽量利用。刘邦知人善任，用张良运筹帷幄，萧何抚慰百姓，韩信率军打仗，从而力挫群雄建立了西汉王朝。造船剩下的木屑和竹头，看似没用的废料，东晋名将陶侃却将其作用发挥到了极致。木屑被铺在雪后湿滑的土地上防滑，竹头被做成竹钉又重新用于造船。这些看似没用的物料之所以有了很好的用途，在于陶侃对它们有清晰的定位。

【**例 1.2.4**】　图 1.2.15 所示稳压电路中，已知稳压管的稳定电压为 U_Z，设 U_I 的最大值为 U_{Imax}，最小值为 U_{Imin}；R_L 的最大值为 R_{Lmax}，最小值为 R_{Lmin}。试计算限流电阻 R 的取值范围。

解：（1）当 $U_I = U_{Imax}$，$R_L = R_{Lmax}$ 时，稳压管电流 I_Z 最大，应满足

$$I_Z = \frac{U_{Imax} - U_Z}{R} - \frac{U_Z}{R_{Lmax}} < I_{Zmax}$$

得

$$R > \frac{U_{Imax} - U_Z}{I_{Zmax} + U_Z/R_{Lmax}} = R_{min}$$

（2）当 $U_I = U_{Imin}$，$R_L = R_{Lmin}$ 时，稳压管电流 I_Z 最小，应满足

$$I_Z = \frac{U_{Imin} - U_Z}{R} - \frac{U_Z}{R_{Lmin}} > I_{Zmin}$$

得

$$R < \frac{U_{Imin} - U_Z}{I_{Zmin} + U_Z/R_{Lmin}} = R_{max}$$

可见，限流电阻 R 的取值范围为

$$R_{min} < R < R_{max}$$

2. 发光二极管

发光二极管(Light-Emitting Diode，LED)通过电流时会发出光，这是电子与空穴直接复合而放出能量的结果。发光二极管也具有单向导电性，只有当外加正向电压使得正向电流足够大时，发光二极管才发出光来。发光二极管的工作电流一般在几毫安至几十毫安之间，发光二极管的符号如图 1.2.16 所示。发光二极管发出光的颜色由其制作材料决定，通常用元素周期表中Ⅲ、Ⅴ族元素的化合物制成，如砷化镓、磷化镓等。发光二极管常用作显示器件，除单个使用外，也常制成七段显示器、大型电子屏。

在光电传输系统中，可以利用发光二极管将电信号转换成光信号，通过光缆传输，然后用光电二极管将光信号转换成电信号。

3. 光电二极管

光电二极管是一种将光转换为电的二极管，可用来测量光的强弱或用于光纤通信。光电二极管的符号如图 1.2.17(a)所示。光电二极管可通过管壳上的玻璃窗口接收外部光照，且工作在反向偏置状态下。其伏安特性如图 1.2.17(b)所示，在第三象限内，反向电流随照度的增强而增大，两者成正比关系。

发光二极管应用

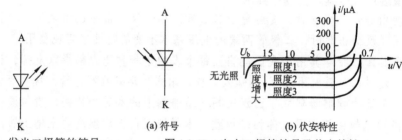

图 1.2.16　发光二极管的符号　　　　(a) 符号　　　　(b) 伏安特性

　　　　　　　　　　　　　　　　　图 1.2.17　光电二极管符号及伏安特性

4. 激光二极管

如图 1.2.18 所示，激光二极管的结构是在发光二极管的结间安置一层具有光活性的半

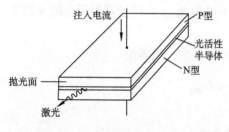

图 1.2.18　激光二极管的结构示意图

导体，其端面经过抛光后具有部分反射功能，从而形成一个光谐振腔。在正向偏置电压下，PN 结发射出光来并与光谐振腔相互作用，从而进一步激励从结上发射出单波长的光。同时，光在光谐振腔中产生振荡并被放大，形成激光。激光二极管发射的光主要是红外线，激光二极管的符号与发光二极管的符号相同。激光二极管在小功率光电设备中得到广泛应用，如 DVD 播放机、计算机上的光盘驱动器、激光打印机中的打印头等。

1.2.1　为什么点接触型二极管的正向平均电流 I_F 小，而最高工作频率大？

1.2.2　如何用万用表的欧姆挡来辨别二极管的阳极和阴极？

1.2.3　工程实践中，为什么硅二极管比锗二极管应用更广泛？

1.2.4　二极管有哪几种常用的等效电路模型？

1.2.5　普通二极管的伏安特性是怎样的？

1.2.6　稳压二极管工作在什么状态？在该状态工作时，需要加什么保护措施？

1.3　双极型三极管

双极型三极管(Bipolar Junction Transistor，BJT)又称半导体三极管，是一种电流控制电流型的三端器件。其内部自由电子和空穴两种极性的载流子同时参与导电。按照所用的材料不同，双极型三极管可分为硅管和锗管；按照工作频率，可以分为高频管和低频管；按照功率大小，可以分为大、中、小功率管；按照结构，可以分为 NPN 型和 PNP 型三极管。

下面介绍双极型三极管的结构、工作原理、特性曲线、主要参数和电路模型等。

1.3.1　三极管结构

双极型三极管的结构如图 1.3.1(a)、(b)所示。一块半导体硅(或锗)片，将其中间掺杂为 P 区(或 N 区)，两侧掺杂为两个 N 区(或 P 区)，将构成 NPN 型或 PNP 型三极管。三个杂质半导体区域分别称为发射区、基区、集电区。从三个区各引出一个电极，分别称为发射极、基极、集电极。三个杂质半导体区域会形成两个 PN 结，发射区和基区交界面的 PN 结称为发射结，集电区和基区交界面的 PN 结称为集电结。双极型三极管结构上的特点是：①基区很薄(微米量级)，且掺杂浓度很低；②发射区和集电区掺杂为同类型的杂质半导体，发射区的掺杂浓度高于集电区；③集电区的面积比发射区大。因此，尽管发射区和集电区掺杂类型相同，但由于其掺杂浓度、面积存在差异，所以不能互换使用。NPN型和 PNP 型三极管的符号如图 1.3.1(c)、(d)所示，发射极上箭头的指向为发射结正偏时电流的流向。无论 NPN 型三极管，还是 PNP 型三极管，发射结正偏时，电流都应从 P 型区流向 N 型区。所以，NPN 型三极管中发射极电流流出管子，PNP 型三极管发射极电流流向则相反。

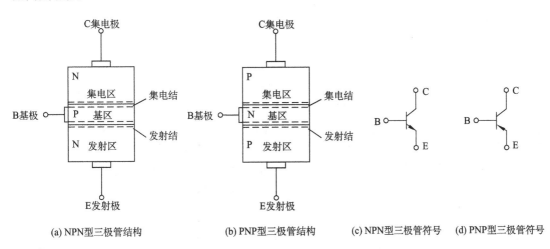

(a) NPN型三极管结构　　　　(b) PNP型三极管结构　　　(c) NPN型三极管符号　　(d) PNP型三极管符号

图 1.3.1　双极型三极管的结构及符号

1.3.2　三极管工作原理

双极型三极管有三个电极，使用时，通常一个电极作为输入端，一个电极作为输出端，剩下的电极作为输入回路和输出回路的公共端。按照公共端的不同，三极管可组成共射、共基和共集三种组态。不管哪种组态，三极管实现放大作用的条件是：其外加电压都要使得发射结正偏，集电结反偏。下面以 NPN 型共基放大电路为例，分析双极型三极管内部载流子的传输过程和电流分配关系。

1. 三极管内部载流子的传输过程

共基放大电路如图 1.3.2(a)所示，外加电压 V_{BB}、V_{CC} 的极性如图所示，保证三极管发射结正偏、集电结反偏。在该偏置状态下，三极管内部的载流子传输过程示意图如图 1.3.2(b) 所示。

NPN 管载流子传输

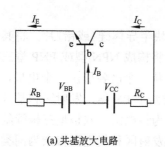

(a) 共基放大电路

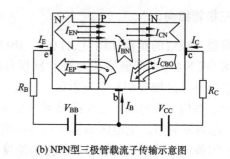

(b) NPN 型三极管载流子传输示意图

图 1.3.2　NPN 型三极管共基放大电路及载流子传输示意图

1)发射区向基区发射多子

发射结外加正向电压，发射区的多子自由电子将会向基区扩散，形成发射极电子扩散电流 I_{EN}，基区的多子空穴将会向发射区扩散，形成扩散电流 I_{EP}，由于发射区是高浓度掺杂的 N 区(用 N^+ 表示)，基区是低浓度掺杂的 P 区，所以由自由电子扩散所形成的电流 I_{EN} 远远大于空穴扩散所形成的电流 I_{EP}。I_{EN} 与 I_{EP} 流向相同，共同构成了三极管的发射极电流 I_E，即

$$I_E = I_{EN} + I_{EP} \approx I_{EN} \tag{1.3.1}$$

2)扩散到基区的自由电子一小部分与基区的空穴复合

发射区的多子自由电子扩散到基区后，发射结附近的浓度较高，离发射结越远浓度越低。浓度差使得扩散到基区的自由电子继续向集电结方向扩散。在扩散过程中，由于基区很薄且掺杂浓度低，仅有一小部分自由电子与基区的空穴复合，形成基区复合电流 I_{BN}，大部分自由电子继续扩散到达集电结边界。基区被复合的空穴由电源 V_{BB} 来补充，其实质是 V_{BB} 的正极不断从基极拉走自由电子，这就相当于向基区补充空穴。

3)集电区收集电子

由于集电结外加反向电压，扩散到集电结边界的自由电子在电场作用下漂移通过集电结，被集电区收集，形成电流 I_{CN}。同时，在集电结反偏电压作用下，基区的少子自由电子和集电区的少子空穴在电场作用下形成反向饱和电流，用 I_{CBO} 表示。I_{CBO} 的大小取决于基区和集电区少子的浓度，一般数值很小，但受温度的影响很大。

2. 电流分配关系

从载流子的传输过程可知，在发射结正偏，集电结反偏电压的作用下，发射区发射的多子自由电子,一小部分与基区的空穴复合,绝大部分继续扩散到达集电结边界,在集电结电场作用下被集电区收集。在三极管制成后,被集电极收集的电子数(形成电流 I_{CN})与发射区发射的电子数(形成电流 I_{EN})的比例也就确定了,这个载流子传输比例称为**共基直流电流放大系数**,用 $\bar{\alpha}$ 表示,即

$$\bar{\alpha} = \frac{I_{CN}}{I_{EN}} \tag{1.3.2}$$

$\bar{\alpha}$ 的取值范围一般为 $0.98 < \bar{\alpha} < 1$。三极管制成后,$\bar{\alpha}$ 基本保持不变。

由载流子传输过程示意图有

$$I_C = I_{CN} + I_{CBO} \tag{1.3.3}$$

联立式(1.3.1)~式(1.3.3)得

$$I_C = \bar{\alpha} I_{EN} + I_{CBO} \approx \bar{\alpha} I_E + I_{CBO} \tag{1.3.4}$$

I_{CBO} 由少子漂移形成,其数值一般很小,可以忽略,从而有

$$I_C \approx \bar{\alpha} I_E \tag{1.3.5}$$

$\bar{\alpha}$ 近似为常数,I_C 与 I_E 成正比。I_E 的改变控制了 I_C 的变化,所以三极管是一种电流控制电流型器件。

根据图1.3.2(b),将三极管看成一个广义的节点,其三个电极的电流满足

$$I_E = I_B + I_C \tag{1.3.6}$$

将上式代入式(1.3.4),有

$$I_C = \frac{\bar{\alpha}}{1-\bar{\alpha}} I_B + \frac{1}{1-\bar{\alpha}} I_{CBO} \tag{1.3.7}$$

定义 $\bar{\beta} = \dfrac{\bar{\alpha}}{1-\bar{\alpha}}$,称为**共射直流电流放大系数**,则有

$$I_C = \bar{\beta} I_B + (1+\bar{\beta}) I_{CBO} = \bar{\beta} I_B + I_{CEO} \tag{1.3.8}$$

I_{CEO} 称为穿透电流,表示基极开路($I_B = 0$)时,集电极和发射极之间的反向饱和电流。I_{CEO} 的数值一般很小,当它忽略不计时,有

$$I_C \approx \bar{\beta} I_B \tag{1.3.9}$$

式(1.3.9)反映了基极电流对集电极电流的控制作用。三极管制成后,$\bar{\beta}$ 也是常数,其值一般为几十到几百。

注意:

(1)尽管上述电流分配关系由共基组态得到,但由于共射和共集组态的放大电路要工作于放大状态,其外加电压同样应使得发射结正偏,集电结反偏,三极管内部载流子的运动过程和电流分配关系与共基组态相同。所以,电流分配关系对三种组态放大电路都成立。

(2)上述电流分配关系,对 PNP 型三极管同样适用,只是 PNP 型三极管的外加电压极性和各电极的电流流向与 NPN 型三极管相反,读者可自行分析放大状态时 PNP 型三极管内部载流子的传输过程。

📖 **方法论：类推法**

上述两个注意点均是运用类比推理方法(简称类推法)得出的结论。后续场效应管工作原理、特性曲线的阐述也会用到类推法。

类推法是通过不同事物的某些相似性类推出其他的相似性，从而预测出它们在其他方面存在类似可能的方法。当两个或两类研究对象之间有部分属性相同或相似时，我们可以通过类推解决问题，得出结论。

类比推理可以带给人们广阔的创造性思维，对科学技术的发展有着重要意义，在科学发明尤其是仿生学中有着很好的体现。"鲁班造锯"就是鲁班利用类比推理获得的思路。类似地，飞机、潜水艇、声呐、叩诊法等发明的逻辑理论基础，也正是类比推理。

类比推理也被应用于学习和工作中，帮助人们迅速地掌握各种知识和技术。对于一些类似的知识，我们可以利用类比推理的思维方式，从而达到举一反三、触类旁通、事半功倍的效果。

进行类比推理时，要注意避免犯"机械类比"的错误，切忌依据对象的表面相似或偶然相似进行类比，从而得出荒谬的结论。

1.3.3　三极管特性曲线

下面以 NPN 型三极管的共射接法为例，讨论三极管的输入和输出特性曲线。为了描述三极管极间电压和电流之间的关系，将三极管看作一个双口网络，如图 1.3.3 所示。其中，u_{BE} 和 i_B 分别为输入端的电压和电流，u_{CE} 和 i_C 分别为输出端的电压和电流。

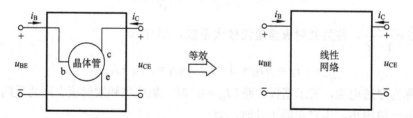

图 1.3.3　用线性双口网络等效三极管

1. 输入特性

输入特性是当输出电压 u_{CE} 为某一数值(即 u_{CE} 为参变量)时，输入基极电流 i_B 与发射结电压 u_{BE} 之间的关系，即 $i_B = f(u_{BE})\big|_{u_{CE}=常数}$。用三极管特性图示仪测得某 NPN 型三极管的输入特性曲线如图 1.3.4 所示。

(1) $u_{CE} = 0$ 时，三极管的集电极和发射极短接，相当于两个并联的二极管，其特性曲线与二极管的伏安特性曲线的形状相似；

(2) u_{CE} 增大时，若 u_{BE} 一定，由于 $u_{BC} = u_{BE} - u_{CE}$，集电结将由正偏逐渐变成反偏，收集电子的能力增强，与此同时，集电结反偏增强，使得集电结变宽，基区实际宽度减小，从而发射区发射的电子更多地被集电区收集，在基区复合的数目减小，i_B 减小，输入特性曲线向右移动；

（3）$u_{CE} \geqslant 1V$ 时，加反向电压的集电结内电场足够强，已经能够把绝大部分电子收集到集电区。即使 u_{CE} 继续增大，i_B 也基本不再减小。因此，$u_{CE} \geqslant 1V$ 时，所有输入特性曲线基本重合。

2. 输出特性

输出特性是当输入电流 i_B 为某一数值（即 i_B 为参变量）时，集电极电流 i_C 与输出电压 u_{CE} 之间的关系，即 $i_C = f(u_{CE})\big|_{i_B=常数}$。用晶体管特性图示仪测得某 NPN 型三极管的输出特性如图 1.3.5 所示。

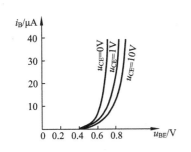
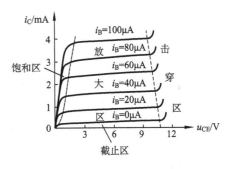

NPN 管输出特性

图 1.3.4　典型硅材料 NPN 型三极管输入特性曲线　　图 1.3.5　典型硅材料 NPN 型三极管输出特性曲线

输出特性曲线可分为四个区域：放大区、饱和区、截止区和击穿区。

1）放大区

当发射结正偏，集电结反偏时，双极型三极管工作在放大区。在放大区内，输出特性的特点是各条曲线几乎与横轴平行，i_C 主要受 i_B 控制，满足电流分配关系 $i_C \approx \bar{\beta} i_B$。$i_B$ 一定时，i_C 随 u_{CE} 增大略有增大，表现在输出特性上，随 u_{CE} 增大输出特性曲线略有上翘。

若基极电流 i_B 有微小变化量 Δi_B，将引起集电极电流 i_C 产生较大变化量 Δi_C，这种变化电流控制能力用**共射交流电流放大系数** β 表示，即

$$\beta = \frac{\Delta i_C}{\Delta i_B} \tag{1.3.10}$$

β 和 $\bar{\beta}$ 物理意义不同，但当三极管输出特性间距基本相等，并忽略 I_{CBO}、I_{CEO} 时，交流和直流电流放大系数近似相等，即 $\beta \approx \bar{\beta}$。因此，在后续分析中，不再加以区分，都用 β 来表示。

2）饱和区

当发射结正偏，集电结也正偏时，三极管工作于饱和区。当 u_{CE} 较小（约 0.3V 以下）时，集电结正偏，$u_{BC} = u_{BE} - u_{CE} > 0$，除发射区发射的电子被集电区收集形成集电极电流外，还存在集电区电子注入基区而形成的集电极电流，其方向与前一电流的方向相反，显然，i_C 和 i_B 不再呈比例关系，$i_C < \beta i_B$。随着 u_{CE} 增大时，集电结正偏电压减小，发射区发射的电子更多地被集电区收集，同时集电区电子注入基区而形成的集电极电流减小，结果是 i_C 随 u_{CE} 增大而增大。

由于饱和区 u_{CE} 很小，一般近似为三极管的饱和压降，用 $U_{CE\,(sat)}$ 或 U_{CES} 表示，其大小约为硅管 0.3V，锗管 0.1V。

图 1.3.5 中饱和区和放大区的分界线，称为临界饱和线。曲线上各点满足 $u_{BC} = u_{BE} - u_{CE} = 0$，集电结处于零偏置状态。

3）截止区

当发射结反偏，集电结也反偏时，三极管工作在截止区。发射极电流 $i_E = 0$ 以下的区域为截止区。当 $i_E = 0$ 时，$i_C = I_{CBO}$，$i_B = -I_{CBO}$。由于 I_{CBO} 很小，在工程上，通常将基极电流 $i_B = 0$ 以下的区域称为截止区。

4）击穿区

当 u_{CE} 足够大时，三极管会发生集电结反向击穿，引起 i_C 迅速增大，破坏了三极管的安全工作状态。

在模拟信号放大电路中，三极管必须工作在放大区；而在数字逻辑电路中，三极管通常工作在截止区或者饱和区。在任何情况下，三极管不允许工作于击穿区。

3. 温度对三极管输入与输出特性的影响

1）温度对输入特性的影响

温度升高时，三极管输入特性将向左移动，如图 1.3.6（a）所示。这与温度对二极管的伏安特性的影响类似。温度升高时，价电子能量增加，形成同样基极电流 I_B 所需的 U_{BE} 减小。温度每升高 1℃，U_{BE} 减小 2～2.5mV。换言之，温度升高时，若 U_{BE} 不变，I_B 将增大。

2）温度对输出特性的影响

（1）温度对电流放大系数 β 的影响。

温度升高时，注入基区的载流子的扩散速度加快，在基区复合的数目减小，被集电区收集的数目增多，共射电流放大系数 β 增大。实验证明，温度每升高 1℃，β 增加 0.5% ～ 1%。

（2）温度对反向饱和电流 I_{CBO} 的影响。

当温度升高时，集电区和基区的少子浓度升高，引起反向饱和电流 I_{CBO} 上升。已知温度 T，有

$$I_{CBO} = I_{CBO\,(T_0=300K)} \cdot e^{k_T(T-T_0)} \tag{1.3.11}$$

式中，$I_{CBO\,(T_0=300K)}$ 表示室温下的反向饱和电流；k_T 为 I_{CBO} 的温度系数，硅管 $k_T \approx 0.12\,/\,℃$，锗管 $k_T \approx 0.08\,/\,℃$。虽然硅管的温度系数比锗管大，但由于硅管的反向饱和电流比锗管小很多，因此，硅管的热稳定性更好。

由于温度升高时，三极管的电流放大系数 β 和反向饱和电流 I_{CBO} 均增加，而三极管的集电极电流

$$I_C = \beta I_B + (1+\beta) I_{CBO} \tag{1.3.12}$$

因此，对于同样的基极电流 I_B，温度升高时，集电极电流 I_C 增加，输出特性曲线向上移动，如图 1.3.6（b）所示。

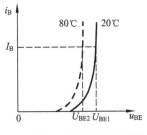 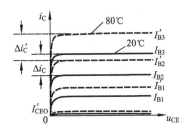

(a) 温度对三极管输入特性的影响　　　　　　(b) 温度对三极管输出特性的影响

图 1.3.6　温度对三极管输入与输出特性的影响

根据式 (1.3.12)，忽略 $(1+\beta)I_{\mathrm{CBO}}$ 可得，一定温度下，当基极电流变化 Δi_{B} 时，集电极电流的变化量为

$$\Delta i_{\mathrm{C}} = \beta \Delta i_{\mathrm{B}} \tag{1.3.13}$$

温度升高时，β 增大，所以对于同样的基极电流变化量 Δi_{B}，集电极电流的变化量 Δi_{C} 更大，反映在输出特性曲线上，对于同样的 Δi_{B}，温度升高时，输出特性曲线间隔增大。

综上所述，温度升高时，产生同样的 I_{B} 所需的 U_{BE} 减小，输入特性曲线向左移动。温度升高时，电流放大系数 β 和反向饱和电流 I_{CBO} 均增加，输出特性曲线向上移动，曲线间隔增大。

【例 1.3.1】　已知三极管工作在线性放大区，并测得其各极电位如图 1.3.7(a)、(b) 所示。试画出三极管的电路符号，并分别说明是硅管还是锗管。

解：三极管工作于线性放大区时，必须有发射结正偏，集电结反偏。

对于 NPN 管，有 $u_{\mathrm{BE}} > 0$，$u_{\mathrm{BC}} < 0$，三个电极的电位大小关系为 $u_{\mathrm{E}} < u_{\mathrm{B}} < u_{\mathrm{C}}$。

对于 PNP 管，有 $u_{\mathrm{BE}} < 0$，$u_{\mathrm{BC}} > 0$，三个电极的电位大小关系为 $u_{\mathrm{C}} < u_{\mathrm{B}} < u_{\mathrm{E}}$。

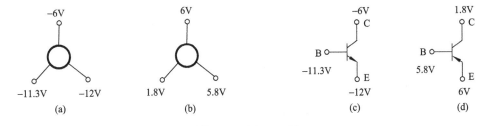

图 1.3.7　例 1.3.1 图

所以，无论管型为 NPN 还是 PNP，电位居中的均为基极。

由于发射结正偏，导通后 $|u_{\mathrm{BE}}|$ 为常数，对于硅管 $|u_{\mathrm{BE}}| \approx 0.7\mathrm{V}$，对于锗管 $|u_{\mathrm{BE}}| \approx 0.2\mathrm{V}$，因此，与基极电位相差 0.7V 或者 0.2V 左右的为发射极，剩下的一个电极为集电极。

若 $u_{\mathrm{BE}} > 0$，则三极管为 NPN 型；若 $u_{\mathrm{BE}} < 0$，则三极管为 PNP 型。

图 1.3.7(a) 中，电位居中为基极，所以 -11.3V 对应的引脚为基极，与其电位相差 0.7V 的 -12V 对应的引脚为发射极，-6V 对应的引脚为集电极。由于 $u_{\mathrm{BE}} = -11.3 - (-12) = 0.7 > 0$，该三极管为 NPN 型 Si 管。电路符号如图 1.3.7(c) 所示。

图 1.3.7(b) 中，电位居中为基极，所以 5.8V 对应的引脚为基极，与其电位相差 0.2V 的

6V 对应的引脚为发射极，1.8V 对应的引脚为集电极。由于 $u_{BE} = 5.8 - 6 = -0.2 < 0$，该三极管为 PNP 型 Ge 管。电路符号如图 1.3.7(d)所示。

1.3.4 三极管主要参数

1. 电流放大系数

三极管的电流放大系数有直流和交流两种。

共基和共射直流电流放大系数 $\bar{\alpha}$ 和 $\bar{\beta}$ 分别定义为

$$\bar{\alpha} = \frac{I_C - I_{CBO}}{I_E} \approx \frac{I_C}{I_E} \tag{1.3.14}$$

$$\bar{\beta} = \frac{I_C - I_{CEO}}{I_B} \approx \frac{I_C}{I_B} \tag{1.3.15}$$

共基和共射交流电流放大系数 α 和 β 分别定义为

$$\alpha = \frac{\Delta i_C}{\Delta i_E}\bigg|_Q \tag{1.3.16}$$

$$\beta = \frac{\Delta i_C}{\Delta i_B}\bigg|_Q \tag{1.3.17}$$

可见，直流电流放大系数反映直流电流之比，交流电流放大系数反映工作点上电流变化量之比。一般可认为 $\alpha \approx \bar{\alpha}$，$\beta \approx \bar{\beta}$。

2. 极间反向饱和电流

1）反向饱和电流 I_{CBO}

I_{CBO} 是发射极开路时，集电极和基极之间的反向饱和电流，其大小取决于温度和少数载流子的浓度。测量 I_{CBO} 的电路如图 1.3.8 所示。在一定温度下，I_{CBO} 为一个很小的常数，小功率硅管的 I_{CBO} 一般小于 1 μA，锗管 I_{CBO} 的典型值为 10 μA。

2）穿透电流 I_{CEO}

I_{CEO} 是基极开路时，由集电区穿过基区流向发射区的反向饱和电流，所以称为穿透电流。测量 I_{CEO} 的电路如图 1.3.9 所示。$I_{CEO} = (1 + \beta)I_{CBO}$，小功率硅管的 I_{CEO} 约为几微安，锗管的 I_{CEO} 约为几十至几百微安。通常把 I_{CEO} 作为判断管子质量的重要依据，选用三极管时，希望极间反向饱和电流尽可能小些，以减小温度对三极管性能的影响。

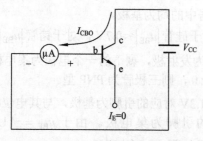

图 1.3.8 I_{CBO} 测量电路图

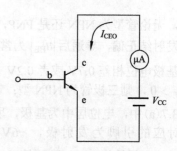

图 1.3.9 I_{CEO} 测量电路

3. 极限参数

1) 集电极最大允许电流 I_{CM}

I_{CM} 是三极管集电极允许流过的最大电流。i_C 过大时，三极管的共射电流放大系数 β 会下降，β 值下降到额定值的 2/3 所对应的 i_C 定义为 I_{CM}。

2) 集电极最大允许功耗 P_{CM}

P_{CM} 表示集电结上允许功率的最大值。事实上，双极型三极管的两个 PN 结都会消耗功率，一般情况下，集电结的电压降远大于发射结的电压降，与发射结相比，集电结上的功率要大得多，它将使集电结发热，温度上升，当结温超过最高允许温度(硅管150℃，锗管70℃)时，三极管性能下降，甚至会烧坏，所以 $P_C=i_C u_{CE}$ 应小于 P_{CM}。对于确定型号的三极管，P_{CM} 为一定值，在输出特性坐标平面上为双曲线的一支，曲线右上方为过损耗区。

3) 反向击穿电压 $U_{BR(CEO)}$

$U_{BR(CEO)}$ 是基极开路时，集电极和发射极之间的反向击穿电压。此时，集电结承受反向电压。$U_{BR(CEO)}$ 的大小与穿透电流 I_{CEO} 有关。当 u_{CE} 增加到一定值时，I_{CEO} 明显增大，集电结发生雪崩击穿。

为了确保三极管安全工作，使用时应满足 $i_C \leqslant I_{CM}$，$P_C \leqslant P_{CM}$，$u_{CE} \leqslant U_{BR(CEO)}$，上述三个极限参数限定的区域如图 1.3.10 所示，称为三极管的安全工作区。

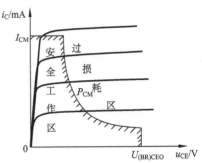

图 1.3.10　典型硅材料三极管的安全工作区

【例 1.3.2】　设某三极管的极限参数 P_{CM}=150mW，I_{CM}=100mA，$U_{BR(CEO)}$=30V。试问：

(1) 若工作电压 U_{CE}=10V，则工作电流 I_C 最大不得超过多少？

(2) 若工作电压 U_{CE}=1V，则工作电流 I_C 最大不得超过多少？

(3) 若工作电流 I_C=1mA，则工作电压 U_{CE} 最大不得超过多少？

解：(1) 三极管工作时，应满足 $I_C U_{CE} \leqslant P_{CM}$ 且 $I_C \leqslant I_{CM}$。

代入参数得：$I_C \times 10V \leqslant 150mW$ 且 $I_C \leqslant 100mA$，所以 $I_C \leqslant 15mA$。

(2) 三极管工作时，应满足 $I_C U_{CE} \leqslant P_{CM}$ 且 $I_C \leqslant I_{CM}$。

代入参数得：$I_C \times 1V \leqslant 150mW$ 且 $I_C \leqslant 100mA$，所以 $I_C \leqslant 100mA$。

(3) 三极管工作时，应满足 $I_C U_{CE} \leqslant P_{CM}$ 且 $U_{CE} \leqslant U_{BR(CEO)}$。

代入参数得：$1mA \times U_{CE} \leqslant 150mW$ 且 $U_{CE} \leqslant 30V$，所以 $U_{CE} \leqslant 30V$。

1.3.5　三极管等效模型

1. H 参数模型

由三极管的输入、输出特性曲线可见，三极管是一个非线性器件，无法用分析线性电路的方法来分析计算三极管组成的放大电路。但在输入信号变化幅度很小的情况下，三极管在直流工作点附近小范围的特性曲线可以看作线性的。这时，具有非线性特性的三极管可以用一个线性化的微变等效模型来等效。

1)H 参数模型的推导

如图 1.3.11(a)所示，三极管可看成一个双口网络，有输入电压 u_{BE}、输入电流 i_B、输出电压 u_{CE} 和输出电流 i_C 四个参量。取 i_B 和 u_{CE} 作为自变量，u_{BE} 和 i_C 作为参变量，其端口特性可用下列函数表示：

$$\begin{cases} u_{BE} = f_1(i_B, u_{CE}) \\ i_C = f_2(i_B, u_{CE}) \end{cases} \tag{1.3.18}$$

式中，u_{BE}、u_{CE}、i_B、i_C 代表电压或者电流的直流分量和交流分量的叠加。

$$\begin{cases} u_{BE} = U_{BE} + u_{be} \\ u_{CE} = U_{CE} + u_{ce} \\ i_B = I_B + i_b \\ i_C = I_C + i_c \end{cases} \tag{1.3.19}$$

式中，U_{BE}、U_{CE}、I_B、I_C 代表电压或者电流的直流分量；u_{be}、u_{ce}、i_b、i_c 代表电压或者电流的交流分量。

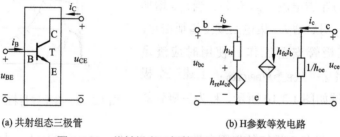

(a) 共射组态三极管　　　　　　　　　　(b) H参数等效电路

图 1.3.11　共射组态三极管及 H 参数等效电路

为研究低频小信号作用下三极管中各变量之间的关系，对式(1.3.18)求全微分可得

$$\begin{cases} du_{BE} = h_{ie}di_B + h_{re}du_{CE} \\ di_C = h_{fe}di_B + h_{oe}du_{CE} \end{cases} \tag{1.3.20}$$

三极管电压、电流的微小变化量就是其交流分量，则有

$$\begin{cases} u_{be} = h_{ie}i_b + h_{re}u_{ce} \\ i_c = h_{fe}i_b + h_{oe}u_{ce} \end{cases} \tag{1.3.21}$$

由式(1.3.21)可得 H 参数的等效电路如图 1.3.11(b)所示。

2)H 参数模型中各参数的几何意义

$h_{ie} = \left. \dfrac{\partial u_{BE}}{\partial i_B} \right|_{U_{CE}}$ 是输出交流短路时的输入电阻，其量纲为电阻的量纲。其几何意义如

图 1.3.12(a)所示，是 $u_{CE} = U_{CE}$ 这条输入特性曲线上 Q 点处切线斜率的倒数。小信号作用时，$h_{ie} = \partial u_{BE} / \partial i_B = \Delta u_{BE} / \Delta i_B$ 表示 b-e 间的动态电阻，记作 r_{be}。

$h_{re} = \left. \dfrac{\partial u_{BE}}{\partial u_{CE}} \right|_{I_B}$ 是输入交流开路时的反向电压传输比，无量纲。其几何意义如图 1.3.12(b)

所示，是 $i_B = I_B$ 时 u_{CE} 变化所引起的输入特性左右平移的变化率。$h_{re} = \partial u_{BE} / \partial u_{CE}$ $= \Delta u_{BE} / \Delta u_{CE}$，当 $U_{CE} \geqslant 1V$ 时，输入特性基本重合，所以 $\Delta u_{BE} \approx 0$，h_{re} 很小，可忽略。

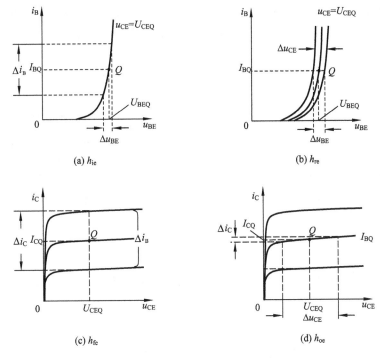

图 1.3.12　三极管 H 参数的几何意义

$$h_{fe} = \left. \frac{\partial i_C}{\partial i_B} \right|_{U_{CE}}$$ 是输出交流短路时的正向电流传输比，或电流放大系数，无量纲。其几何意

义如图 1.3.12 (c) 所示，是 $u_{CE} = U_{CE}$ 时 i_C 的变化量和 i_B 的变化量之比。$h_{fe} = \partial i_C / \partial i_B = \Delta i_C / \Delta i_B$，

即三极管的电流放大系数 β。

$$h_{oe} = \left. \frac{\partial i_C}{\partial u_{CE}} \right|_{I_B}$$ 是输入交流开路时的输出电导，单位为 S。其几何意义如图 1.3.12 (d) 所示，

是 $i_B = I_B$ 时 i_C 的变化量和 u_{CE} 的变化量之比。$h_{oe} = \partial i_C / \partial u_{CE} = \Delta i_C / \Delta u_{CE}$，$h_{oe}$ 反映了输出特

性曲线上翘的程度。当三极管工作在放大区时，其输出特性曲线和横轴基本平行，所以 h_{oe}

很小。常称 $1/h_{oe} = \Delta u_{CE} / \Delta i_C$ 为三极管 c-e 间的动态电阻 r_{ce}，通常 r_{ce} 大于几百千欧。

　　由于三极管四个参数量纲不同，因此称图 1.3.11 (b) 为 H (hybrid) 参数模型。

　　3) 简化 H 参数模型

　　通常情况下，输入回路中，h_{re} 很小，可以忽略，故双极型三极管的输入回路近似等

效为一个动态电阻 r_{be}。输出回路中，h_{oe} 很小，即 r_{ce} 很大，可以看作开路，所以双极型

三极管的输出回路等效为一个受控电流源，受控电流的大小 $i_c = \beta i_b$。简化的 H 参数模型

如图 1.3.13 所示。

　　注意：在 H 参数模型中，由于 i_B 增加时，i_C 相应增加，i_B 减小时，i_C 相应减小，因此

在微变等效模型中，若 i_b 的方向指向发射极，受控电流源 βi_b 的方向也应指向发射极，两

者也可都标成相反方向。此外，该模型对于 NPN 型三极管和 PNP 型三极管都适用。

　　4) 简化 H 参数模型中参数的确定

　　简化 H 参数模型中，电流放大系数 β 可以通过实验测得。r_{be} 由式 (1.3.23) 计算得到。

双极型三极管的内部等效交流电阻示意图如图 1.3.14 所示，图中 $r_{bb'}$ 为基区体电阻，r_e 为发射结电阻，r_e' 为发射区体电阻。由于发射区掺杂浓度高，因此发射区体电阻 r_e' 很小，与发射结电阻 r_e 相比可以忽略不计。

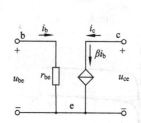

图 1.3.13　简化 H 参数模型

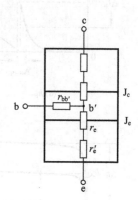

图 1.3.14　双极型三极管内部等效交流电阻示意图

输入回路 b-e 间的电压为

$$u_{be} = i_b r_{bb'} + (1+\beta)\ i_b r_e = i_b r_{bb'} + (1+\beta)\ i_b \frac{U_T}{I_{EQ}} \tag{1.3.22}$$

所以

$$r_{be} = \frac{u_{be}}{i_b} = r_{bb'} + (1+\beta)\frac{U_T}{I_{EQ}} = r_{bb'} + (1+\beta)\frac{26\text{mV}}{I_{EQ}} = r_{bb'} + \beta\frac{26\text{mV}}{I_{CQ}} \tag{1.3.23}$$

对于低频小功率管，$r_{bb'} \approx 200\sim300\Omega$，$(1+\beta)r_e$ 是发射结电阻 r_e 折算到基极的等效电阻，常记作 $r_{b'e}$。式 (1.3.23) 表明，工作点越高，r_{be} 越小。

H 参数等效电路中的参数都是在工作点附近求偏导数得到的，只有在输入信号很小，且工作在特性曲线线性度比较好的区域时，三极管用该模型近似时误差才比较小。此外，模型中没有考虑结电容的影响，所以该模型称为三极管的低频微变等效模型。

2. 三极管的高频微变等效模型

当三极管工作于高频时，结电容的影响必须考虑，所以不能用 H 参数模型分析放大电路高频时的性能。为了分析放大电路的高频特性，应引入一种考虑三极管结电容的微变等效电路。

图 1.3.15 (a) 为三极管的结构示意图，其中 $r_{bb'}$ 为基区体电阻，$r_{b'e}$、$r_{b'c}$ 分别为发射结和集电结电阻，$C_{b'e}$、$C_{b'c}$ 分别为发射结和集电结等效电容。

根据三极管结构示意图，可得三极管高频微变等效模型，也称为混合 π 型等效电路，如图 1.3.15 (b) 所示。其中，$\dot{U}_{b'e}$ 为发射结电压，受控电流源 $g_m \dot{U}_{b'e}$ 体现了发射结电压对集电极电流的控制作用。g_m 是电压控制电流源的控制系数，称为跨导。由于集电结反偏，因此 $r_{b'c}$ 很大，可以视为开路。所以，在混合 π 型等效电路中，将电阻 $r_{b'c}$ 忽略。

在中低频电路中，三极管的结电容可以看作开路，不需要考虑其对放大电路性能指标的影响，此时，简化的混合 π 型等效电路如图 1.3.16 (a) 所示，该电路和图 1.3.16 (b) 的简化

H 参数等效电路应该是完全等同的。图 1.3.16(b) 中，β_0 为中低频时三极管的交流电流放大系数。对比两个等效电路，可以得出混合 π 型等效电路与 H 参数等效电路参数之间的对应关系。

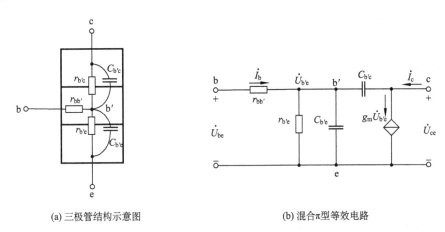

(a) 三极管结构示意图　　　　　　　　(b) 混合π型等效电路

图 1.3.15　三极管的结构示意图和混合 π 型等效电路

图 1.3.16(a) 和图 1.3.16(b) 中，b-e 间电阻、受控电流源应分别对应相等，则有

$$r_{bb'} + r_{b'e} = r_{be} = r_{bb'} + (1+\beta_0)\frac{26(\mathrm{mV})}{I_{EQ}(\mathrm{mA})}$$

$$g_m \dot{U}_{b'e} = g_m \dot{I}_b r_{b'e} = \beta_0 \dot{I}_b$$

可得

$$r_{b'e} = (1+\beta_0)\frac{26(\mathrm{mV})}{I_{EQ}(\mathrm{mA})} \tag{1.3.24}$$

$$g_m = \frac{\beta_0}{r_{b'e}} = \frac{\beta_0}{(1+\beta_0)\dfrac{26(\mathrm{mV})}{I_{EQ}(\mathrm{mA})}} \approx \frac{I_{EQ}(\mathrm{mA})}{26(\mathrm{mV})} \tag{1.3.25}$$

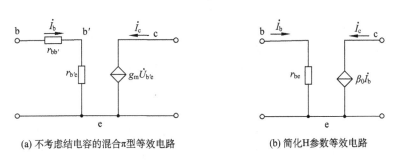

(a) 不考虑结电容的混合π型等效电路　　　　　(b) 简化H参数等效电路

图 1.3.16　混合 π 型等效电路与 H 参数等效电路之间的对应关系

由式 (1.3.24) 和式 (1.3.25) 可见，混合 π 型等效电路中的参数 $r_{b'e}$、g_m 均与 I_{EQ} 有关。I_{EQ} 越大，则 $r_{b'e}$ 越小，g_m 越大。

在混合 π 型等效电路中，集电结电容 $C_{b'c}$ 可由器件手册直接查得，发射结电容 $C_{b'e}$ 可先由器件手册查得特征频率 f_T，再由下式估算得到。

$$C_{b'e} \approx \frac{g_m}{2\pi f_T} \tag{1.3.26}$$

其中，f_T 为频率升高使得三极管共射电流放大系数 β 下降为 1 时所对应的频率。

思考题

1.3.1 如何用万用表判别三极管的三个电极 E、B、C？

1.3.2 试画出 PNP 型三极管工作于放大区时，内部载流子的传输示意图。

1.3.3 工作于放大区时，三极管的特性曲线为何近似水平，略有上翘？

1.3.4 温度升高时，三极管的输入、输出特性曲线将如何变化？

1.3.5 三极管的安全工作区由哪几个参数确定？

1.3.6 三极管 H 参数模型中，若 i_b 的方向指向发射极，受控电流源 βi_b 的方向为何也应指向发射极？

1.4 场效应晶体管

场效应晶体管（Field Effect Transistor，FET）简称场效应管，是一种利用电场效应来控制电流的三端器件，场效应管中仅多数载流子参与导电，所以又称为单极型三极管。

场效应管分为两大类：一类是结型场效应管（Junction Field Effect Transistor，JFET），另一类是绝缘栅型场效应管（Insulated Gate Field Effect Transistor，IGFET）。

本节介绍两类场效应管的结构、工作原理、特性曲线、主要参数、微变等效模型等。

1.4.1 结型场效应管

1. 结构

根据导电沟道的不同，结型场效应管可以分为 N 沟道 JFET 和 P 沟道 JFET。N 沟道结型场效应管的结构示意图如图 1.4.1(a) 所示。它是在一块 N 型半导体的两侧，掺杂两个高浓度的 P 区，此时，P 区和 N 区的交界面将形成 PN 结。将两侧的 P 区连接起来，引出一个电极，称为栅极 G，从 N 型半导体的两端各引出一个电极，分别称为源极 S 和漏极 D。N 沟道结型场效应管的电路符号如图 1.4.1(b) 所示。符号中箭头的指向从 P 区指向 N 区，对于 N 沟道 JFET，箭头指向沟道。

P 沟道结型场效应管是在一块 P 型半导体两侧掺杂两个高浓度的 N 区，其结构示意图如图 1.4.2(a) 所示，符号如图 1.4.2(b) 所示，符号中箭头的指向仍从 P 区指向 N 区，对于 P 沟道 JFET，箭头的指向背离沟道。

2. 工作原理

对于 N 沟道结型场效应管，外加电压的极性为 $u_{GS} < 0$，$u_{DS} > 0$。G-S 之间应加反偏电压 u_{GS}，改变 u_{GS} 的大小，即可改变 PN 结的宽度，从而改变 D-S 之间导电沟道电阻的大小。D-S 之间所加电压应使源极能够发射多子，漏极能够收集多子，对于 N 沟道，其多子为自由电子，所以外加电压 $u_{DS} > 0$。在该正向电压作用下，电子将从源极发射而被漏极收集，形成的漏极电流 i_D 的实际方向为从漏极流向源极。由于 i_D 的参考方向规定为从漏极流向源极，因此 N 沟道场效应管 $i_D > 0$。

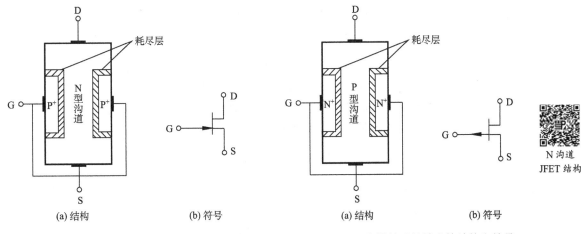

图 1.4.1　N 沟道结型场效应管结构和符号　　　　图 1.4.2　P 沟道结型场效应管结构和符号

下面分三种情况，阐述 N 沟道结型场效应管的工作原理。

(1) $u_{DS} = 0$ 时，u_{GS} 对导电沟道的控制作用。

当 $u_{GS} = 0$ 时，PN 结很窄，导电沟道较宽，如图 1.4.3(a) 所示。

反偏电压 $|u_{GS}|$ 增大时，PN 结变宽，导电沟道变窄，如图 1.4.3(b) 所示，D-S 间沟道电阻增大。

反偏电压增至 $U_{GS(off)}$ 时，两侧的耗尽层靠到一起，沟道被夹断，如图 1.4.3(c) 所示。$U_{GS(off)}$ 称为夹断电压，N 沟道结型场效应管的 $U_{GS(off)} < 0$。

可见，反偏电压 $|u_{GS}|$ 增大时，沟道电阻增大。此时，由于 $u_{DS} = 0$，因此 $i_D = 0$。

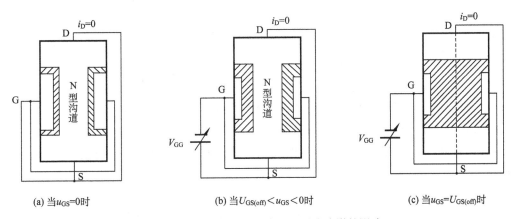

(a) 当$u_{GS}=0$时　　　　　(b) 当$U_{GS(off)}<u_{GS}<0$时　　　　　(c) 当$u_{GS}=U_{GS(off)}$时

图 1.4.3　$u_{DS} = 0$，u_{GS} 变化对导电沟道的影响

(2) u_{GS} 为一定值（$u_{GS} = 0$）时，u_{DS} 对漏极电流 i_D 的影响。

$u_{DS} = 0$ 时，虽然存在导电沟道，但沟道电流 $i_D = 0$，如图 1.4.3(a) 所示。

$u_{DS} > 0$ 时，开始产生漏极电流 i_D。沟道各点电位从漏极到源极逐渐降低，沟道各点与栅极的电位差不再相等，漏极与栅极的反偏电压最大，源极与栅极间的电压为 0，从而靠近漏极的 PN 结最宽，靠近源极的 PN 结最窄，从漏极到源极，导电沟道不等宽，如图 1.4.4(a)

所示。u_{DS} 继续增大时，电流 i_D 随之近似线性增大。

当 u_{DS} 增加至 $\left|U_{GS(off)}\right|$，使得 $u_{GD}=u_{GS}-u_{DS}=U_{GS(off)}$ 时，导电沟道在靠近漏极处发生预夹断，如图 1.4.4(b) 所示，此时的漏极电流称为漏极饱和电流，用 I_{DSS} 表示。

预夹断后，随着 u_{DS} 增大，夹断区向源极延伸，如图 1.4.4(c) 所示。电子在强电场的作用下，仍能通过夹断区，形成漏极电流。此时，沟道电阻的增大将抵消电压 u_{DS} 增大的作用，i_D 几乎不再随 u_{DS} 的增大而增大，基本维持恒定。

(3) u_{GS} 为固定值且 $u_{GS(off)}<u_{GS}<0$ 时，u_{DS} 对漏极电流 i_D 的影响。

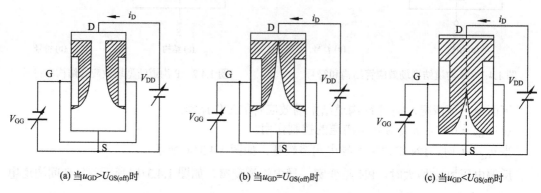

(a) 当 $u_{GD}>U_{GS(off)}$ 时　　　　　　(b) 当 $u_{GD}=U_{GS(off)}$ 时　　　　　　(c) 当 $u_{GD}<U_{GS(off)}$ 时

图 1.4.4　$u_{GS}=0$，u_{DS} 变化对导电沟道的影响

$u_{GS}<0$ 时，耗尽层变宽，沟道电阻增大。随着 u_{DS} 增大，i_D 近似线性增大，但由于沟道电阻比 $u_{GS}=0$ 时大，因此，电流 i_D 增加的速度较 $u_{GS}=0$ 时缓慢。当 u_{DS} 增加至使得 $u_{GD}=u_{GS}-u_{DS}=U_{GS(off)}$ 时，沟道发生预夹断，预夹断后电流 i_D 几乎不再增加。

u_{GS} 反偏越强，耗尽层越宽，沟道电阻越大，同样 u_{DS} 下形成的电流越小。但 i_D 随 u_{DS} 变化的规律与 $u_{GS}=0$ 时相同，仍然是 i_D 先随 u_{DS} 增大近似线性增大，当 u_{DS} 增大使得沟道发生预夹断后，i_D 基本保持不变。

综上分析，N 沟道结型场效应管有以下特点：

(1) 栅极和沟道之间加反偏电压，因此，栅极电流为 0，输入电阻很大。

(2) u_{DS} 增加至使得 $u_{GD}=u_{GS}-u_{DS}=U_{GS(off)}$ 时，沟道发生预夹断。

(3) 预夹断前，i_D 和 u_{DS} 近似呈线性关系；预夹断后，i_D 基本不随 u_{DS} 变化，呈恒流特性。

3. 输出特性和转移特性

通常用输出特性和转移特性来描述场效应管的电流和电压之间的关系。

1) 输出特性

输出特性曲线描述当栅源电压为常数时，漏极电流 i_D 与漏源电压 u_{DS} 之间的关系，即

$$i_D=f(u_{DS})\big|_{u_{GS}=\text{常数}}$$

N 沟道结型场效应管的输出特性曲线如图 1.4.5(a) 所示，它与双极型三极管的输出特性曲线很相似。但二者之间有一个重要区别，即场效应管的输出特性曲线以栅源电压 u_{GS} 作为参变量，而双极型三极管输出特性曲线的参变量是基极电流 i_B。图 1.4.5(a) 中场效应管的输

出特性曲线可分为四个区域：可变电阻区、恒流区(饱和区)、击穿区和截止区。

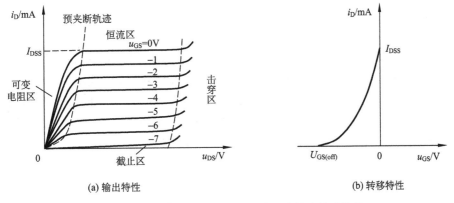

(a) 输出特性　　　　　　　　　　(b) 转移特性

图 1.4.5　N 沟道结型场效应管的输出特性和转移特性

(1)可变电阻区。

u_{GS} 取值一定时，该区域 i_D 随 u_{DS} 增大近似线性增加。u_{GS} 反偏越强，PN 结越宽，沟道越窄，沟道电阻越大，电流 i_D 随 u_{DS} 增加越缓慢，场效应管的特性呈现为一个由 u_{GS} 控制的可变电阻，所以以该区域称为**可变电阻区**。工作在该区域时，导电沟道未发生预夹断。N 沟道结型场效应管在该区域时，电压偏置满足 $U_{GS(off)} < u_{GS} \leqslant 0$，$u_{GD} > U_{GS(off)}$。

(2)恒流区(饱和区)。

u_{GS} 取值一定时，该区域 i_D 随 u_{DS} 增大基本恒定不变，达到饱和状态，因此称为**恒流区**，也称为**饱和区**。饱和区和可变电阻的分界线称为临界饱和线。临界饱和线上各点电压满足 $u_{GD} = u_{GS} - u_{DS} = U_{GS(off)}$，沟道发生预夹断。在恒流区，$i_D$ 的值主要决定于 u_{GS}，u_{GS} 反偏越强，i_D 越小。工作在该区域时，存在导电沟道，且靠近漏极处的沟道发生了夹断。N 沟道结型场效应管在该区域时，电压偏置满足 $U_{GS(off)} < u_{GS} \leqslant 0$，$u_{GD} < U_{GS(off)}$。

(3)击穿区。

在输出特性的最右侧部分为击穿。u_{DS} 增大到某数值时，场效应管中靠近漏极的 PN 结发生反向击穿，i_D 迅速增大，该区域称为**击穿区**。将开始击穿时的 u_{DS} 称为击穿电压，用 $U_{BR(DS)}$ 表示。由于 $u_{GD} = u_{GS} - u_{DS}$，因此 u_{GS} 越大，发生击穿时的 u_{DS} 越大，如图 1.4.5(a)所示。

(4)截止区。

该区域沟道完全被夹断，场效应管不能导电，漏极电流 $i_D \approx 0$，称为**截止区**。N 沟道结型场效应管在截止区时，电压满足 $u_{GS} \leqslant U_{GS(off)}$。

2)转移特性

转移特性曲线描述场效应管工作在恒流区(饱和区)，且漏源电压 u_{DS} 为常数时，漏极电流 i_D 与栅源电压 u_{GS} 之间的关系，即

$$i_D = f(u_{GS})\big|_{u_{DS}=\text{常数}}$$

转移特性描述了栅源之间电压 u_{GS} 对漏极电流 i_D 的控制作用。N 沟道结型场效应管的转移特性如图 1.4.5(b)所示。由图可见，当 $u_{GS} = 0$ 时，i_D 最大；u_{GS} 反偏越强，i_D 越小。

当 $U_{\text{GS(off)}} \leqslant u_{\text{GS}} \leqslant 0$ 时，转移特性曲线可近似用以下公式表示：

$$i_D = I_{\text{DSS}} \left(1 - \frac{u_{\text{GS}}}{U_{\text{GS(off)}}} \right)^2 \tag{1.4.1}$$

场效应管的上述两组特性曲线是有联系的。转移特性曲线可由输出特性在恒流区 u_{DS} 取一定值来得到，在输出特性上，过 $u_{\text{DS}} = 15\text{V}$ 作一直线与横轴垂直，如图 1.4.6 所示，该直线与输出特性相交于一系列的点，根据这些交点，可得到不同 u_{GS} 对应的 i_D 的值。在转移特性坐标中标出这些点并连线，即得转移特性曲线。可见，场效应管工作在恒流区时，漏极电流 i_D 由栅源电压 u_{GS} 决定，是一种电压控制电流型的器件。

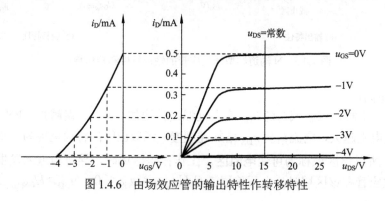

图 1.4.6　由场效应管的输出特性作转移特性

P 沟道结型场效应管的工作原理与 N 沟道结型场效应管类似，栅源之间加反偏电压，漏源之间所加电压的极性要能使得多子空穴从源极向漏极运动，所以，其外加电压 u_{GS}、u_{DS} 的极性均与 N 沟道结型场效应管相反。由于空穴从源极向漏极运动，因此漏极电流的实际方向为从漏极流出。漏极电流 i_D 的参考方向仍定义为流入漏极，所以，P 沟道结型场效应管 $i_D \leqslant 0$。可见，N 沟道结型场效应管 $u_{\text{DS}} \geqslant 0$，$i_D \geqslant 0$，输出特性位于第一象限；P 沟道结型场效应管 $u_{\text{DS}} \leqslant 0$，$i_D \leqslant 0$，输出特性位于第三象限。后续介绍的绝缘栅型场效应管，也有同样的结论。

在结型场效应管中，栅极和沟道之间的 PN 结处于反向偏置状态，所以栅极电流近似为 0，其输入电阻可达 $10^7 \Omega$ 以上。

1.4.2　绝缘栅型场效应管

绝缘栅型场效应管由金属、氧化物和半导体构成，所以也称为金属-氧化物-半导体场效应管，简称 MOS（Metal Oxide Semiconductor）场效应管。由于 MOS 场效应管的栅极被绝缘层隔离，因此，其输入电阻更高，可达 $10^9 \Omega$ 以上。按照导电沟道的不同，MOS 场效应管可分为 N 沟道和 P 沟道两种类型。每种沟道，按照栅源之间未加电压时是否存在导电沟道，又可以分为增强型和耗尽型两种。本节以 N 沟道增强型场效应管为主介绍它们的结构、工作原理和特性曲线。

1. N 沟道增强型 MOS 管

1）结构

N 沟道增强型 MOS 管的结构示意图如图 1.4.7(a) 所示。在一块低浓度掺杂的 P 型半导体基片上扩散两个高浓度掺杂的 N 区，然后在 P 型硅的表面生长一层很薄的二氧化硅绝缘层。在两个 N 区的表面各引出一个铝电极，分别称为源极 S 和漏极 D，在二氧化硅的表面制作一层金属铝，并引出一个电极称为栅极 G。从衬底引出一个电极引线 B，场效应管使用时，源极和衬底通常连在一起。图 1.4.7(b) 是 N 沟道增强型 MOS 管的符号，图中，虚线代表沟道，表示在栅源之间未加电压时，漏源之间不存在导电沟道。

2) 工作原理

MOS 场效应管利用半导体表面电场效应，由 u_{GS} 控制导电沟道载流子的数量，漏源之间电压 u_{DS} 控制 i_D 按照一定的规律变化。

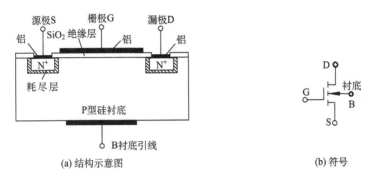

(a) 结构示意图　　　　　　　　　　　　　(b) 符号

图 1.4.7 N 沟道增强型 MOS 管的结构示意图和符号

(1) 当 $u_{GS} = 0$ 时，无导电沟道。

当 $u_{GS} = 0$ 时，在漏极和源极的两个 N 区之间是 P 型衬底，漏极和源极之间相当于两个反向串接的 PN 结，无论外加电压 u_{DS} 极性如何，都不能形成电流，即 $i_D = 0$，如图 1.4.8(a) 所示。

(2) 当 $u_{GS} > U_{GS(th)}$ 时，产生电子为主的 N 型导电沟道。

栅极和源极之间加正向电压，如图 1.4.8(b) 所示，则栅极和 P 型衬底相当于电容器的两个极板，二氧化硅充当介质。当 $u_{GS} > 0$ 时，介质中形成由栅极指向衬底的电场，该电场使得 P 型半导体中的空穴向下运动，从而留下不能移动的负离子，形成耗尽层。同时，P 型衬底中的电子会向上运动，被吸引到耗尽层与绝缘层之间。当 u_{GS} 增至开启电压 $U_{GS(th)}$ 时，吸引过来的电子足够多，从而在 P 型半导体表面形成一个电子导电的 N 型薄层，称为反型层。当 $u_{DS} = 0$ 时，$i_D = 0$。

(3) u_{GS} 为一定值 ($u_{GS} > U_{GS(th)}$) 时，i_D 随 u_{DS} 的变化规律。

对于 N 沟道 MOS 管，为使源极发射多子电子，其外加电压 $u_{DS} > 0$。一开始，i_D 随 u_{DS} 增加而近似线性增加，呈线性电阻特性。由于 u_{DS} 增加，漏极电位升高，栅极和漏极之间的电位差减小，而栅极和源极之间的电位差不变，结果使得靠近漏极的反型层变窄，导电沟道呈楔形，如图 1.4.8(c) 所示，当 u_{DS} 增加至使得 $u_{GD} = u_{GS} - u_{DS} = U_{GS(th)}$ 时，靠近漏极的反型层消失，沟道发生预夹断，如图 1.4.8(d) 所示。预夹断后，u_{DS} 再增加，将使得夹断区向源极延伸，沟道电阻增大，增加的电压几乎全部用于抵消沟道电阻增大的作用。因此，u_{DS} 增加，i_D 基本保持不变，呈恒流特性。可见，当 u_{GS} 一定时，i_D 随 u_{DS} 的变化规律为先近似线性上升，沟道预夹断后，i_D 趋于饱和。

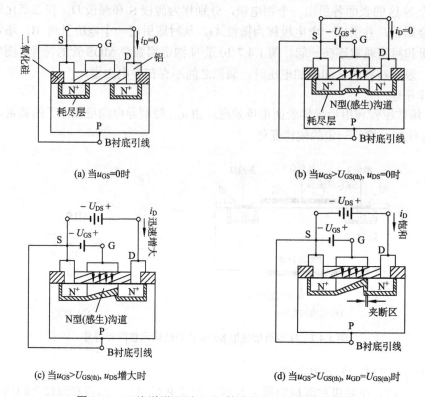

(a) 当 $u_{GS}=0$ 时　　　　　　　　(b) 当 $u_{GS}>U_{GS(th)}$，$u_{DS}=0$ 时

(c) 当 $u_{GS}>U_{GS(th)}$，u_{DS} 增大时　　　(d) 当 $u_{GS}>U_{GS(th)}$，$u_{GD}=U_{GS(th)}$ 时

图 1.4.8　N 沟道增强型 MOS 管的基本工作原理示意图

改变 u_{GS} 的值，u_{GS} 越大，吸引过来的电子越多，导电沟道越宽，沟道电阻越小，同样 u_{DS} 下，产生的电流 i_D 越大。从而，可得到一簇 i_D 随 u_{DS} 变化的曲线。

3）特性曲线

图 1.4.9 给出了典型 N 沟道增强型 MOS 管的输出特性和转移特性。

图 1.4.9（a）输出特性分为可变电阻区、恒流区（饱和区）和截止区。可变电阻区与恒流区之间的虚线表示预夹断轨迹。该轨迹上各点满足 $u_{GD}=u_{GS}-u_{DS}=U_{GS(th)}$。由于管子的开启电压 $U_{GS(th)}$ 一定，所以 u_{GS} 越大，发生预夹断时的 u_{DS} 也越大。

图 1.4.9（b）为 N 沟道增强型 MOS 的转移特性。由图可见，当 $u_{GS}<U_{GS(th)}$ 时，导电沟道尚未形成，$i_D=0$；当 $u_{GS}=U_{GS(th)}$ 时，开始形成导电沟道，产生微小电流 i_D；当 $u_{GS}>U_{GS(th)}$ 时，随着 u_{GS} 增大，导电沟道变宽，沟道电阻减小，漏极电流 i_D 增大。

恒流区工作时的转移特性可用式（1.4.2）表示：

$$i_D=I_{DO}\left(\frac{u_{GS}}{U_{GS(th)}}-1\right)^2,\qquad u_{GS}\geqslant U_{GS(th)} \tag{1.4.2}$$

式中，I_{DO} 为 $u_{GS}=2U_{GS(th)}$ 时的漏极饱和电流。

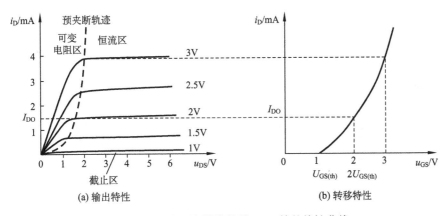

图 1.4.9　典型 N 沟道增强型 MOS 管的特性曲线

2. N 沟道耗尽型 MOS 管

N 沟道耗尽型 MOS 管的结构与 N 沟道增强型 MOS 管基本相同。不同之处在于耗尽型 MOS 管在制作时就在二氧化硅绝缘层中掺入了一些正离子，因此，即使 $u_{GS} = 0$，这些正离子产生的电场也能在 P 型衬底的表面感应出 N 型导电沟道。N 沟道耗尽型 MOS 管的结构如图 1.4.10(a) 所示。对于 N 沟道耗尽型 MOS 管，由于栅源之间未加电压，漏源之间就已经存在导电沟道，所以其符号中，沟道用实线表示，如图 1.4.10(b) 所示。

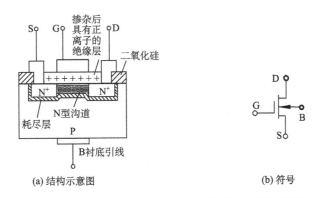

图 1.4.10　N 沟道耗尽型 MOS 管的结构示意图和符号

当 $u_{GS} = 0$ 时，只要漏源之间加上电压 u_{DS} 就会产生漏极电流 i_D，且 i_D 随 u_{DS} 的变化规律与 N 沟道增强型 MOS 管相同，先近似线性增加，当 u_{DS} 增加到使沟道发生预夹断时，i_D 趋向饱和。当 u_{GS} 正向增加时，沟道变宽，同样 u_{DS} 下，产生的电流 i_D 增大；当 u_{GS} 减小时，沟道变窄，同样 u_{DS} 下，产生的电流 i_D 减小。当 u_{GS} 减小至一定值时，漏源之间的导电沟道消失，$i_D = 0$。沟道消失时，所对应的 u_{GS} 为其夹断电压 $U_{GS(off)}$。

典型的 N 沟道耗尽型 MOS 管输出特性和转移特性分别如图 1.4.11(a)、(b) 所示，由图 1.4.11(a) 可见，输出特性位于第一象限，u_{DS}、i_D 均大于 0，这是所有 N 沟道场效应管的共同特点。由图 1.4.11(b) 可见，N 沟道耗尽型 MOS 管的夹断电压与 N 沟道结型场效应管一样为一负值，但其 u_{GS} 的取值可正可负。转移特性可近似用式(1.4.3)表示：

$$i_D = I_{DSS}\left(1 - \frac{u_{GS}}{U_{GS(off)}}\right)^2, \quad u_{GS} \geqslant U_{GS(off)} \tag{1.4.3}$$

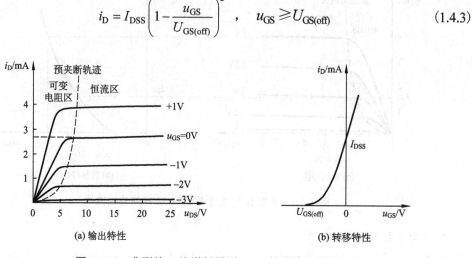

(a) 输出特性   (b) 转移特性

图 1.4.11 典型的 N 沟道耗尽型 MOS 管的特性曲线

3. P 沟道增强型和耗尽型 MOS 管

P 沟道 MOS 管的结构和工作原理均与 N 沟道类似，但其导电载流子为空穴，且 u_{DS} 和 i_D 的极性与 N 沟道 MOS 管相反，此处不再赘述。其符号也与 N 沟道 MOS 管类似，但沟道上的箭头方向相反。各种场效应管的符号和特性曲线列于表 1.4.1 中。

表 1.4.1 六种场效应管的符号和特性曲线

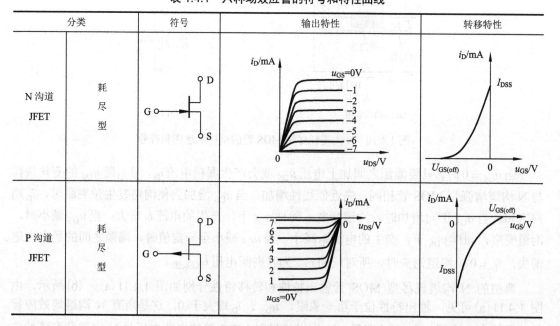

分类	符号	输出特性	转移特性
N 沟道 JFET	耗尽型		
P 沟道 JFET	耗尽型		

续表

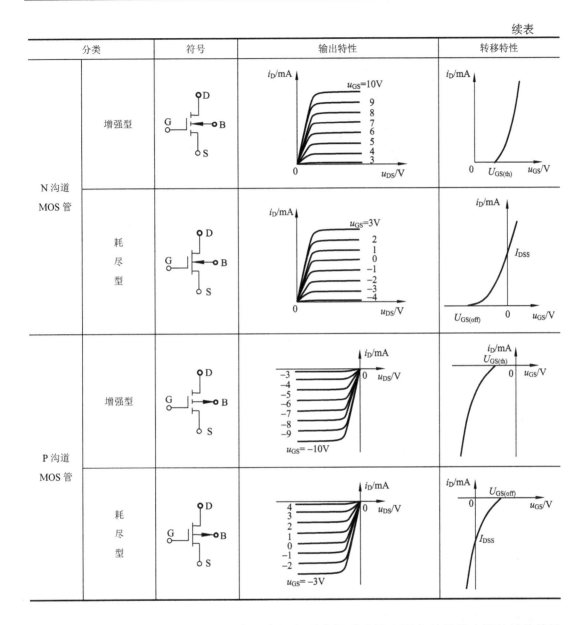

分类	符号	输出特性	转移特性
N 沟道 MOS 管 增强型			
N 沟道 MOS 管 耗尽型			
P 沟道 MOS 管 增强型			
P 沟道 MOS 管 耗尽型			

为便于比较和记忆，图 1.4.12 在一个四象限坐标系中绘出了六种场效应管的转移特性和输出特性，由图 1.4.12 可以看出，六种场效应管特性曲线有以下特点：

(1)N 沟道场效应管 $i_D \geqslant 0$，特性曲线都在横轴的上方，P 沟道场效应管则相反。

(2)结型场效应管工作于恒流区时，$u_{GS} = 0$，$|i_D|$ 最大，u_{GS} 反偏增强，电流 $|i_D|$ 减小。

(3)增强型 MOS 管 u_{GS} 达到开启电压 $U_{GS(th)}$ 时，才开始形成导电沟道，产生漏极电流。其 u_{GS} 的取值范围为大于某一正值(N 沟道)或者小于某一负值(P 沟道)。

(4)耗尽型 MOS 管 u_{GS} 可正可负，N 沟道 $U_{GS(off)}$ 为负值，P 沟道 $U_{GS(off)}$ 为正值。

据 FET 特性曲线判管型

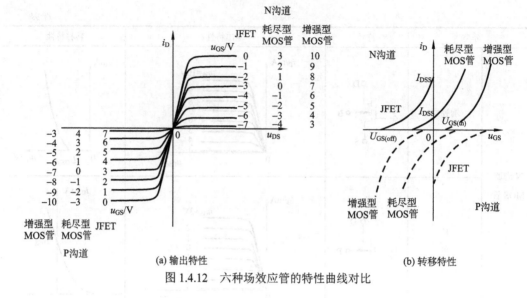

(a) 输出特性　　　　　　　　　　　　　　　(b) 转移特性

图 1.4.12　六种场效应管的特性曲线对比

1.4.3　场效应管主要参数

1. 直流参数

1) 漏极饱和电流 I_{DSS}

I_{DSS} 为 $u_{GS} = 0$ 时，沟道发生预夹断时的漏极电流。I_{DSS} 是结型和耗尽型 MOS 管的参数。结型场效应管和耗尽型 MOS 管一样，当 $u_{GS} = 0$ 时，就存在导电沟道，栅源极之间加上一定反偏电压，可以使得沟道消失，沟道载流子被耗尽，所以通常把结型场效应管归类为耗尽型。因此，I_{DSS} 是耗尽型场效应管的一个重要参数。

2) 夹断电压 $U_{GS(off)}$

其定义是当 u_{DS} 为某一定值(如 10V)时，使 i_D 减小到某一微小电流(如 50μA)所对应的 u_{GS}。$U_{GS(off)}$ 是耗尽型场效应管的一个重要参数。

3) 开启电压 $U_{GS(th)}$

其定义是当 u_{DS} 为某一定值(如 10V)时，使 i_D 达到某一微小电流(如 50μA)所对应的 u_{GS}。$U_{GS(th)}$ 是增强型场效应管的一个重要参数。

4) 直流输入电阻 R_{GS}

R_{GS} 等于栅源之间所加电压与产生的栅极电流之比。由于结型场效应管栅源之间加反偏电压，MOS 场效应管栅源之间存在 SiO_2 绝缘层，因此场效应管的栅极电流几乎为零，其输入电阻很高。结型场效应管的 R_{GS} 一般在 $10^7 \Omega$ 以上，MOS 场效应管的输入电阻更高，一般大于 $10^9 \Omega$。

2. 交流参数

1) 低频跨导 g_m

g_m 是描述工作点上栅源电压 u_{GS} 对漏极电流 i_D 控制作用的一个参数。其定义为

$$g_m = \frac{\partial i_D}{\partial u_{GS}}\bigg|_Q \tag{1.4.4}$$

g_m 为转移特性上静态工作点 Q 处切线的斜率，单位为 S（西门子）。g_m 的大小与直流工作点 Q 的位置有关。

2）交流输出电阻 r_{ds}

r_{ds} 描述工作点上，漏源电压 u_{DS} 对漏极电流 i_D 的影响。其定义为

$$r_{ds} = \frac{\partial u_{DS}}{\partial i_D}\bigg|_Q \tag{1.4.5}$$

r_{ds} 为输出特性上静态工作点 Q 处切线斜率的倒数。在饱和区，r_{ds} 数值很大，一般为几百千欧以上。

3. 极限参数

1）最大漏极电流 I_{DM}

I_{DM} 是管子正常工作时，允许的漏极电流 i_D 的最大值。

2）漏源击穿电压 $U_{(BR)DS}$

$U_{(BR)DS}$ 是漏极附近 PN 结发生雪崩击穿时的 u_{DS}。

3）最大耗散功率 P_{DM}

FET 的耗散功率等于 u_{DS} 和 i_D 的乘积，即 $P_D = u_{DS}i_D$。耗散功率将使得管子的温度升高，为防止 FET 烧坏，就要限制其 $P_D < P_{DM}$。P_{DM} 取决于管子最高工作温度和外界散热条件。

上述极限参数限定了场效应管的安全工作区。

【例 1.4.1】　已知场效应管各极电位如图 1.4.13 所示，设各管的 $\left|U_{GS(off)}\right|$ 或 $\left|U_{GS(th)}\right|$ 为 2V，试判断场效应管的类型，画出各管的转移特性示意图，并判断场效应管的工作区（可变电阻区、临界饱和状态、饱和区、截止区或不能正常工作）。

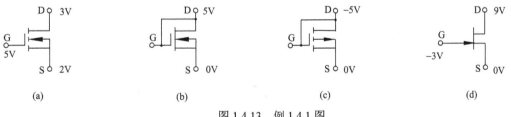

FET 工作区判断

图 1.4.13　例 1.4.1 图

解：图 1.4.13（a）为 N 沟道增强型 MOS 管，其转移特性如图 1.4.14（a）所示。因为 $U_{GS} = 3V > U_{GS(th)} = 2V$，所以漏源之间可形成导电沟道，不在截止区。因为 $U_{GD} = 2V = U_{GS(th)}$，所以沟道在靠近漏极处发生预夹断，该场效应管工作于临界饱和状态。

图 1.4.13（b）为 N 沟道耗尽型 MOS 管，其转移特性如图 1.4.14（b）所示。因为 $U_{GS} = 5V > U_{GS(off)} = -2V$，所以漏源之间可形成导电沟道，不在截止区。因为 $U_{GD} = 0V > U_{GS(off)}$，沟道发生预夹断时 U_{GD} 应小于 $U_{GS(off)}$，所以沟道未发生预夹断，该场效应管工作于可变电阻区。

图 1.4.13（c）为 P 沟道增强型 MOS 管，其转移特性如图 1.4.14（c）所示。因为 $U_{GS} = -5V < U_{GS(th)} = -2V$，所以漏源之间可形成导电沟道，不在截止区。因为 $U_{GD} = 0V > U_{GS(th)}$，所以沟道发生夹断，该场效应管工作于饱和区。

图 1.4.13(d) 为 N 沟道 JFET，其转移特性如图 1.4.14(d) 所示。因为 $U_{GS}=-3\text{V}<U_{GS(off)}=-2\text{V}$ ，所以漏源之间沟道完全夹断，该场效应管工作于截止区。

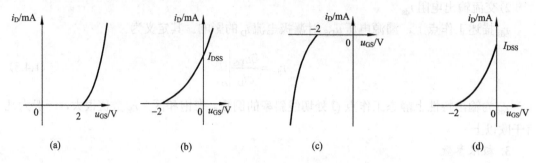

图 1.4.14　例 1.4.1 各场效应管对应转移特性

1.4.4　场效应管等效模型

场效应管与双极型三极管一样，也是一种非线性器件。当场效应管工作在饱和区，输入信号微小变化时，场效应管的特性曲线可以看成近似线性的。类似于双极型三极管（小信号）微变等效电路的推导方法，可以得出场效应管的微变等效电路。将场效应管也看成一个双口网络，栅极和源极之间看成输入端口，漏极和源极之间看成输出端口。由于结型场效应管栅极和源极之间加反偏电压，MOS 管栅极和源极之间存在二氧化硅绝缘层，所以栅极电流可以看成 0。而漏极电流 i_D 是栅源电压 u_{GS} 和漏源电压 u_{DS} 的函数，即

$$i_D = f(u_{GS}, u_{DS}) \tag{1.4.6}$$

对式(1.4.6)求全微分得

$$i_d = \frac{\partial i_D}{\partial u_{GS}}\bigg|_Q \mathrm{d}u_{GS} + \frac{\partial i_D}{\partial u_{DS}}\bigg|_Q \mathrm{d}u_{DS} = g_m u_{gs} + \frac{u_{ds}}{r_{ds}} \tag{1.4.7}$$

从而可得到中低频交流信号下的场效应管微变等效模型，如图 1.4.15(a) 所示。场效应管的输入电阻极高，栅源极之间看作开路。受控电流源 $g_m u_{gs}$ 反映了 u_{GS} 对 i_D 的控制作用。由于 u_{GS} 增加时，i_D 相应增加，u_{GS} 减小时，i_D 相应减小，因此微变等效模型中若 u_{gs} 的方向指向源极，受控电流源 $g_m u_{gs}$ 的方向也指向源极，两者也可都标成相反方向。漏极和源极之间的动态电阻 r_{ds} 往往很大，常将其看作开路，此时，可以使用图 1.4.15(b) 所示的简化微变等效模型来分析放大电路。高频时，需要考虑场效应管极间电容 C_{gs}、C_{gd} 和 C_{ds} 的影响，其高频微变等效模型如图 1.4.15(c) 所示。

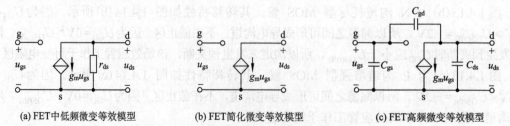

(a) FET 中低频微变等效模型　　　(b) FET 简化微变等效模型　　　(c) FET 高频微变等效模型

图 1.4.15　FET 管低频和高频微变等效模型

1.4.5　场效应管与双极型三极管的比较

场效应管与双极型三极管比较，具有以下特点：

(1)场效应管是电压控制电流型器件，双极型三极管是电流控制电流型器件。

(2)场效应管又称为单极型器件，仅多数载流子参与导电，温度稳定性好；双极型三极管中，多子和少子同时参与导电，温度稳定性较差。

(3)作为放大器件时，场效应管工作于恒流区(饱和区)，双极型三极管工作于放大区。

(4)作为放大器件时，结型场效应管 PN 结反偏，MOS 场效应管有绝缘层，输入电阻都很大；双极型三极管，输入端 PN 结正偏，输入电阻较小。

(5)MOS 场效应管制造工艺简单，便于集成，适合制造大规模集成电路。

(6)场效应管的栅极 G、源极 S 和漏极 D 分别与双极型三极管的基极 B、发射极 E 和集电极 C 相对应。从原理上来说，场效应管的漏极和源极可以互换使用，互换后特性变化不大。 但双极型三极管的发射极和集电极互换后特性变化很大，一般不允许互换使用，偶尔会在特殊需要时互换，呈倒置状态。

思考题

1.4.1　P 沟道结型场效应管工作于恒流区时，u_{GS} 和 u_{DS} 的极性是怎样的？

1.4.2　N 沟道结型场效应管输出特性中，为何 u_{GS} 越大，发生预夹断时的 u_{DS} 也越大？

1.4.3　为何 N 沟道场效应管的输出特性位于第一象限，而 P 沟道的输出特性位于第三象限？

1.4.4　试在一个四象限坐标系中画出六种场效应管的转移特性曲线。

1.4.5　在场效应管微变等效模型中，受控电流源 $g_m u_{gs}$ 的电流方向与 u_{gs} 方向之间的关系如何？

1.5　二极管应用电路 Multisim 仿真

1. Multisim 简介

随着计算机技术和集成电路技术的飞速发展，电子电路和电子系统的分析、设计方法发生了巨大的变化，电子设计自动化(EDA)技术已在电子设计领域得到广泛的应用。Multisim 是美国国家仪器(NI)公司推出的功能强大的 EDA 工具，是用于电子电路和电子系统的计算机仿真设计与分析的专业软件。

Multisim 把电路原理图的输入、电路仿真和分析结合起来，能实现模拟和数字混合电路的分析与设计。Multisim 提供集成的一体化设计环境，具有图形化界面，提供按钮式工具栏，操作方便，易学易用。

Multisim 包含电源/信号源库、基本元器件库、二极管库、晶体管库、模拟元器件库、TTL 元器件库、CMOS 元器件库、集成数字芯片库、数模混合元器件库等 18 个元器件模型参数库，提供万用表、函数信号发生器、功率计、示波器、伯德图仪、伏安特性分析仪、失真度分析仪、频谱分析仪、网络分析仪、探针等多种虚拟仪器仪表，支持直流工作点分析、交流扫描分析、瞬态分析、直流扫描分析、参数扫描分析、噪声分析、蒙特卡罗分析、失真分析、温度扫描分析等多种电路分析方法，可模拟实验室内的操作进行各种实验仿真分析。

本书选用 Multisim 14 作为基本工具，进行模拟电子电路仿真分析。

2. 二极管应用电路的 Multisim 仿真

【例 1.5.1】 图 1.2.10(a)所示二极管半波整流电路中，二极管型号为 1N4148，输入电压 $u_i = 2\sqrt{2}\sin(2\pi \times 100t)$V，$R$=1kΩ，用 Multisim 进行电路仿真，要求：

(1) 用伏安特性分析仪(IV Analyzer)测量二极管的伏安特性；

(2) 搭建仿真电路，观察输出电压 u_o 及二极管上电压 u_D 的波形。

解：(1) 伏安特性分析仪(IV Analyzer)是 Multisim 中专门用于测量元器件伏安特性的虚拟仪器。如图 1.5.1 所示，在 Multisim 中搭建二极管伏安特性测量电路。双击伏安特性分析仪，在弹出的仪器操作面板右侧的 Components 下拉列表中选择 Diode。单击 Simulate param. 按钮，设置如图所示伏安特性分析仪仿真参数。启动仿真，即可得到伏安特性曲线。移动游标，可以读出管压降及其对应的电流值，图中游标所示位置显示电压为 597.761mV 时，电流为 1.023mA。

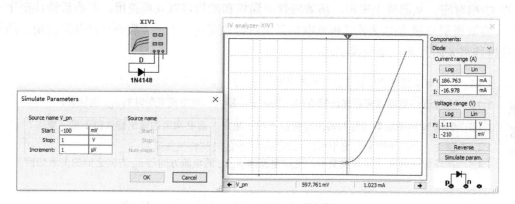

图 1.5.1　二极管伏安特性测试

由结果可知，当二极管电流 i_D>1mA 后，电流很快增大，可以认为二极管导通，二极管的折线模型能更加准确地描述其伏安特性。

(2) 二极管半波整流仿真电路如图 1.5.2(a)所示，虚拟示波器 XSC1 的 A、B 通道分别显示输入电压 u_i 和输出电压 u_o 的波形，虚拟示波器 XSC2 的 A、B 通道分别显示输入电压 u_i 和二极管上电压 u_D 的波形。

图 1.5.2(b)为二极管半波整流电路的输入电压和输出电压波形。由波形可知，在输入电压的负半周，二极管反向偏置，输出电压几乎为零，体现了二极管的单向导电性。

图 1.5.2(c)为二极管半波整流电路的输入电压和二极管上的电压波形。由波形可知，在输入电压的正半周，二极管正向偏置，其导通压降并不为零。

【例 1.5.2】 图 1.2.15 所示稳压管组成的典型稳压电路中，稳压管型号为 1N4733A，其稳压值为 5.1V，额定功率为 1W，稳定电流的最小值为 1mA，稳定电流的最大值约为 187mA。假设输入电压正常为 15V，限流电阻 R=100Ω，负载电阻 R_L=500Ω。用 Multisim 进行电路仿真，要求：

(1) 测量输入电压正常时及上下浮动 10%时限流电阻 R 的端电压 U_R、稳压管电流 I_Z 及输出电压 U_o，观察电路的稳压特性；

(2) 在输入电压正常为 15V 时，减小负载电阻阻值，观察电路的稳压特性。

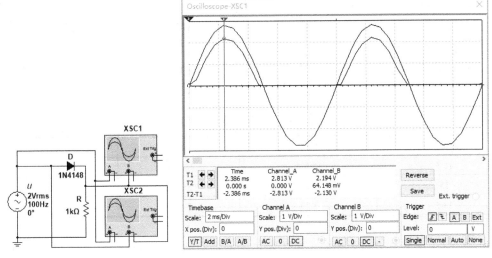

(a) 二极管半波整流仿真电路　　　　　　(b) 二极管半波整流电路输入和输出电压波形

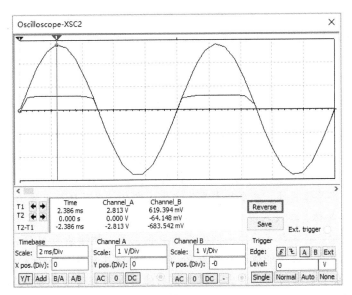

(c) 二极管半波整流电路的输入电压和二极管电压波形

图 1.5.2　二极管半波整流仿真电路及仿真结果

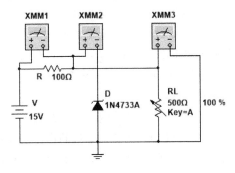

图 1.5.3　仿真稳压电路

解：（1）仿真稳压电路如图 1.5.3 所示。数字万用表 XMM1 选择直流电压挡，测量限流电阻 R 的端电压 U_R；XMM2 选择直流电流挡，测量稳压管电流 I_Z；XMM3 选择直流电压挡，测量输出电压 U_o。

分别测量输入电压值为 16.5V（上浮 10%）、15V、13.5V（下浮 10%）时限流电阻 R 的端电压 U_R、稳压管电流 I_Z 及输出电压 U_o，结果如表 1.5.1 所示。

表 1.5.1　稳压电路仿真结果

输入电压/V	U_R/V	I_Z/mA	U_o/V
16.5	11.381	103.568	5.119
15	9.885	88.617	5.115
13.5	8.39	73.674	5.11

由表 1.5.1 中数据看出，当输入电压在正常波动范围内（±10%）时，输出电压基本上保持恒定。

（2）减小负载电阻阻值，当 R_L=100Ω 时，稳压管电流 I_Z 约为 48.3mA，输出电压为稳压值 5.1V；继续减小 R_L，当 R_L=50Ω 时，稳压管电流 I_Z 约为 1mA，输出电压约为 5V，已基本失去稳压作用。

本 章 小 结

1. 半导体材料是构成半导体器件的基础，常用的半导体材料有硅和锗。半导体中存在两种载流子：电子和空穴。在一定温度下，本征激发和复合在某一热平衡载流子浓度上达到平衡。温度升高，载流子浓度相应增大。本征半导体中载流子浓度与原子密度相比很低，其导电性差，不能直接用来制造半导体器件。在本征半导体中掺入杂质，半导体导电能力大大增强。掺入五价杂质构成 N 型半导体，掺入三价杂质构成 P 型半导体。N 型半导体中多子为自由电子，P 型半导体中多子为空穴。将本征半导体一侧掺杂为 P 区，另一侧掺杂为 N 区，则 P 区和 N 区的交界面上将形成正负离子集中的薄层，称为 PN 结。PN 结具有单向导电性。

2. 二极管是将 PN 结两端各引出一根电极引线并封装在管壳中制成的，其伏安特性与 PN 结的伏安特性类似。硅二极管正向导通压降约为 0.7V，锗二极管约为 0.2V。未发生反向击穿时，二极管的反向电流很小，硅二极管的反向电流小于锗二极管，其单向导电性更好，应用也更广泛。二极管的电路模型有理想模型、恒压降模型、分段线性模型等。利用二极管可构成整流电路、限幅电路等。稳压二极管是一种特殊二极管，工作在反向击穿区时，可实现稳压作用。此时，即使流过管子的电流变化较大，管子两端的电压降也基本保持不变。稳压管工作时，需加限流电阻，使得 $I_{Zmin} < I_Z < I_{Zmax}$。

3. 双极型三极管分为 NPN 型和 PNP 型，均包含两个 PN 结：发射结和集电结。双极型三极管是电流控制电流型器件。一般用输入特性、输出特性来描述双极型三极管的特性。双极型三极管的输出特性可以划分为四个区：放大区、饱和区、截止区和击穿区。在放大电路中，双极型三极管工作于放大区。双极型三极管实现放大作用的内部条件是：发射区掺杂浓度很高；基区掺杂浓度最低，且做得很薄；集电区掺杂浓度低于发射区，面积较大。实现放大作用的外部条件是：外加电压应保证发射结正向偏置，集电结反向偏置。双极型三极管输出特性是非线性的，在放大区，当输入为中低频小信号时，双极型三极管可用简化 H 参数模型来等效；当输入为高频小信号时，应采用考虑双极型三极管结电容的高频微变等效模型。

4. 场效应管分为结型和绝缘栅型(MOS 型)两大类，每种类型都有 N 沟道和 P 沟道之分。对于绝缘栅型场效应管，每种沟道又有增强型和耗尽型之分，而结型场效应管只有耗尽型。通常用输出特性和转移特性描述场效应管的特性。场效应管的输出特性可以划分为四个区：可变电阻区、恒流区(饱和区)、截止区和击穿区。在放大电路中，场效应管工作于饱和区。场效应管利用栅源电压 u_{GS} 控制漏极电流 i_D 的大小，是一种电压控制电流型器件。场效应管也是非线性器件，在饱和区，当输入为中低频小信号时，场效应管可用其低频简化微变等效模型来等效；当输入为高频小信号时，应采用其高频微变等效模型来等效。

习　题

1.1 在 P 型硅半导体中，已知掺杂浓度为 $N_A = 2 \times 10^{15} / \text{cm}^3$，室温 $T = 300\text{K}$ 时，本征载流子浓度 $n_i = 1.43 \times 10^{10} / \text{cm}^3$，试求该温度下，杂质半导体中自由电子和空穴的浓度。

1.2 试说明 PN 结的形成过程，为什么 PN 结具有单向导电性？

1.3 在常温 $T = 300\text{K}$ 下，已知 PN 结反向饱和电流为 2mA，如果要求流过 PN 结的电流 $i = 2\text{A}$，求所需外加电压 u；若外加的正向电压 $u = 0.2\text{V}$，求相应的 PN 结电流 i。

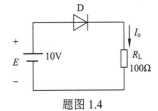
题图 1.4

1.4 二极管电路如题图 1.4 所示，$E = 10\text{V}$，$R_L = 100\Omega$。要求：

(1)二极管为理想二极管，计算流过负载 R_L 的电流为多少？

(2)采用恒压降模型，并设二极管的导通电压 $U_{D(on)} = 0.7\text{V}$，计算流过负载 R_L 的电流为多少？

(3)采用分段线性模型，并设二极管的死区电压 $U_{D(th)} = 0.5\text{V}$，$r_D = 40\Omega$，计算流过负载的电流是多少？

1.5 设题图 1.5 所示二极管电路的所有二极管均为理想二极管，试判断图中各二极管的状态，并求各输出电压。

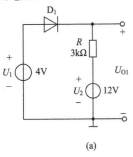 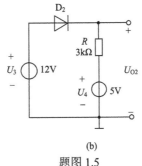 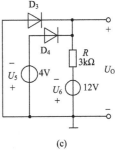

(a)	(b)	(c)

题图 1.5

1.6 设题图 1.6 所示二极管电路中，二极管 D 为理想二极管，试判断各电路中二极管的状态。

1.7 在图 1.2.15 所示并联型稳压电路中，设稳压管的稳压值 $U_Z = 6\text{V}$，最大允许功耗 $P_m = 360\text{mW}$，最小稳定电流 $I_{Zmin} = 5\text{mA}$，负载电阻的最小值 $R_{Lmin} = 300\Omega$，若直流输入电压 U_I 在 12～15V 内波动，求输出电压 U_o 及限流电阻的最大值 R_{max} 和最小值 R_{min}。

1.8 题图 1.8 所示电路中的二极管为理想器件，稳压管的稳压值 $U_Z = 6\text{V}$，稳压管正向压降 $U_{DZ(on)} = 0.6\text{V}$，忽略稳压管反向导通电流。若 $u_i = 10\sin(\omega t)$ (V)，试画出各输出电压波形。

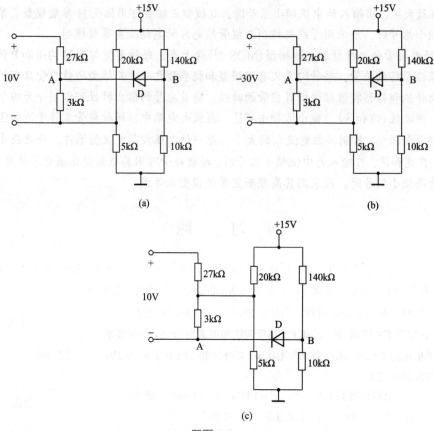

题图 1.6

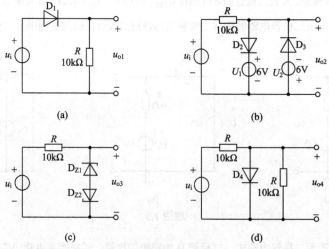

题图 1.8

1.9　工作于放大区的三极管，测得其各电极的电位如题图 1.9 所示。试判断各管的电极名称、管型及材料。

1.10　工作于放大状态的三极管，测得其两个电极的电流如题图 1.10 所示，试：

(1) 标出另一个电极的电流的实际方向及其大小；

(2) 标出三个电极的名称及三极管的管型；

(3)计算三极管的共射电流放大系数 β 。

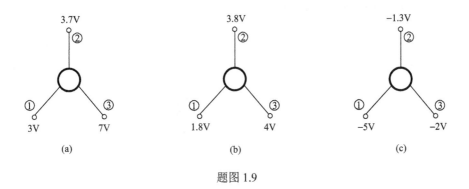

题图 1.9

1.11 某三极管的输出特性如题图 1.11 所示,已知三极管 $P_{CM} = 40mW$,$I_{CM} = 6mA$,$U_{(BR)CEO} = 20V$ 。

要求:

(1)计算该三极管的 β ;

(2)当 $U_{CE} = 5V$ 时,工作电流 I_C 最大不得超过多少?

(3)当 $U_{CE} = 20V$ 时,工作电流 I_C 最大不得超过多少?

(4)当 $I_C = 1mA$ 时,工作电压 U_{CE} 最大不得超过多少?

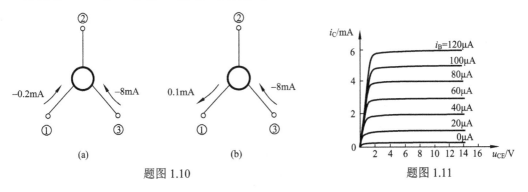

题图 1.10   题图 1.11

1.12 场效应管输出特性如题图 1.12 所示。试分别判断各场效应管的类型,画出管子的符号,并求出漏极饱和电流和夹断电压(或开启电压)的数值。

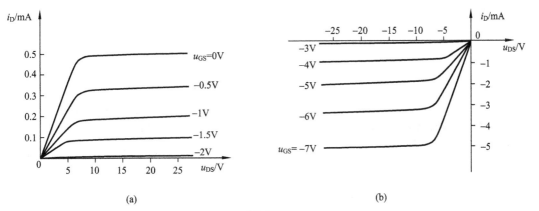

题图 1.12

1.13　场效应管转移特性如题图 1.13 所示。试分别判断场效应管的类型，画出管子的符号，并求出漏极饱和电流和夹断电压（或开启电压）的数值。

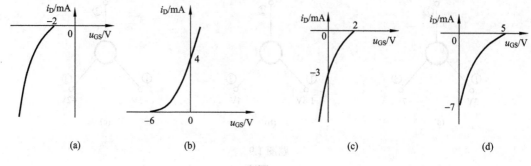

题图 1.13

1.14　已知场效应管各极电位如题图 1.14 所示，设各管的 $\left|U_{GS(off)}\right|$ 或 $\left|U_{GS(th)}\right|$ 为 2V，试画出各管的转移特性示意图，并判断场效应管的工作区（可变电阻区、临界饱和状态、饱和区、截止区或不能正常工作）。

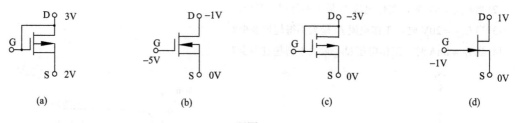

题图 1.14

1.15　题图 1.15 为二极管 1N4148 组成的桥式整流电路，输入电压 $u_i = 5\sin(2\pi \times 100t)$ (V)，$R = 1\text{k}\Omega$。用 Multisim 进行电路仿真，观察输入电压和输出电压波形，以及二极管 D_1 和 D_2 的端电压波形。

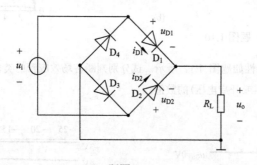

题图 1.15

1.16　二极管组成的限幅电路如图 1.2.11(a) 所示，二极管型号为 1N4148，输入电压 $u_i = 10\sin(2\pi \times 1000t)$ (V)，$R = 1\text{k}\Omega$，直流电源 $E = 4\text{V}$。用 Multisim 进行电路仿真，观察输入电压和输出电压波形，并将输出结果与使用二极管的理想模型和恒压降模型的理论分析结果进行比较。

第2章 放大电路基础

【内容提要】 首先给出放大器的概念和技术指标。接着阐述共射放大电路组成与工作原理，介绍放大电路的两种基本分析方法——图解法和微变等效电路法，并分析共基和共集放大电路。然后对场效应管偏置电路，共源、共漏和共栅放大电路进行分析。再进一步介绍多级放大器的级间耦合方式，给出多级放大电路电压放大倍数、输入电阻、输出电阻的分析方法。最后，主要分析共射放大电路频率响应，并讨论多级放大电路的频率特性。

2.1 放大电路的概念与技术指标

2.1.1 放大电路的概念

放大电路是基本的电子电路，在广播、通信、测量、控制等领域有着广泛的应用。所谓"放大"，从表面上看，是将信号的幅度由小放大。在电子电路中，放大的本质是**能量的控制**，即用能量比较小的输入信号来控制电源能量转换，从而在负载上得到能量比较大的输出信号，且信号的变化规律与输入信号一致。例如，从收音机天线接收到的信号，其能量非常微弱，需要经过放大和处理，才能驱动扬声器发出声音。能从扬声器听到什么样的声音，取决于天线上接收到的输入信号，而功率很大的输出音量，其能量来源于向放大电路供电的直流电源。这种小能量对大能量的控制就是放大的实质。

根据放大电路级数的多少，放大电路可分为单级和多级放大电路。对于双极型三极管构成的单级放大电路，可分为共射、共基、共集三种组态；对于场效应管构成的单级放大电路，可分为共源、共栅、共漏三种组态。单级放大电路组成框图如图 2.1.1 所示，包含以下几个部分：输入信号源、输入耦合电路、有源器件（双极型三极管或场效应管）、输出耦合电路、负载以及直流电源和相应的偏置电路。有源器件是放大电路的核心元件；直流电源和相应的偏置电路为有源器件提供合适的静态工作点，以保证双极型三极管工作在放大区或场效应管工作在饱和区；输入信号源是待放大的输入信号；输入耦合电路将输入信号送到有源器件的输入端，输出耦合电路将放大后的信号传递给负载。

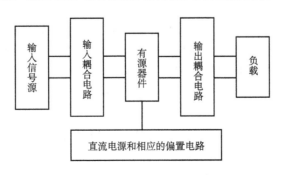

图 2.1.1 单级放大电路组成框图

2.1.2　放大电路主要技术指标

放大电路的技术指标用于定量描述放大电路的有关性能。放大电路技术指标测试示意图如图 2.1.2 所示,测试时,通常在放大电路的输入端施加一个正弦测试电压信号,然后测量电路中相关电量。下面介绍放大电路的主要技术指标。

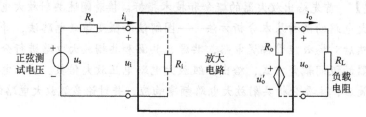

图 2.1.2　放大电路技术指标测试示意图

1. 放大倍数

放大倍数又称为**增益**,是描述放大电路放大能力的指标。其中,电压放大倍数定义为输出电压变化量和输入电压变化量之比。当输入信号为正弦交流电压时,也可以用输出电压与输入电压的瞬时值之比来表示,即

$$A_{\mathrm{u}} = \frac{u_{\mathrm{o}}}{u_{\mathrm{i}}} \tag{2.1.1}$$

源电压放大倍数定义为输出电压变化量和输入信号源电压变化量之比。当信号源为正弦交流电压时,也可以用输出电压与信号源电压的瞬时值之比来表示,即

$$A_{\mathrm{us}} = \frac{u_{\mathrm{o}}}{u_{\mathrm{s}}} \tag{2.1.2}$$

类似地,电流放大倍数定义为输出电流与输入电流的变化量之比,同样也可用二者的瞬时值之比来表示,即

$$A_{\mathrm{i}} = \frac{i_{\mathrm{o}}}{i_{\mathrm{i}}} \tag{2.1.3}$$

必须注意,以上放大倍数表达式只有在输出电压和输出电流基本上也是正弦波,即输出信号没有明显失真的情况下才有意义。

2. 输入电阻

从放大电路的输入端看进去的交流等效电阻称为放大电路的输入电阻。在中频段,从放大电路输入端看,放大电路对信号源而言,可以等效为一个纯电阻 R_{i},输入电阻 R_{i} 的大小等于外加正弦输入电压与相应的输入电流之比,即

$$R_{\mathrm{i}} = \frac{u_{\mathrm{i}}}{i_{\mathrm{i}}} \tag{2.1.4}$$

当输入信号源为电压源时, R_{i} 越大,放大电路从信号源得到的电压越大,放大电路输入端得到的电压 u_{i} 越接近信号源电压 u_{s} 。

3. 输出电阻

对负载而言，放大电路相当于等效的交流信号源(交流电压源或者电流源)。等效交流信号源的内阻即放大电路的输出电阻 R_o。

输出电阻 R_o 可用以下两种方法来确定：

(1) 分析法。分析法求输出电阻的电路如图 2.1.3 所示，将输入信号源短路置零，在输出端将负载开路，加上电压源 u，从而产生电流 i，二者之比就是输出电阻，即

$$R_o = \frac{u}{i}\bigg|_{\substack{u_s=0 \\ R_L=\infty}} \tag{2.1.5}$$

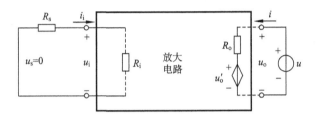

图 2.1.3　分析法求放大电路的输出电阻

(2) 实验法。电路如图 2.1.2 所示。首先，在输入端加上正弦信号，测得负载开路时的电压 u_o'；再接上已知阻值的负载 R_L，测得负载上的输出电压 u_o。则有

$$R_o = \left(\frac{u_o'}{u_o} - 1\right) \cdot R_L \tag{2.1.6}$$

R_o 的大小反映了放大器带负载的能力。当输出信号取电压时，R_o 越小，负载上得到的电压越接近于开路输出电压 u_o'，放大电路带负载的能力越强。

4. 最大输出电压幅度

通常是指在输入单一频率的正弦波信号且输出信号波形没有明显失真的情况下，放大电路能够提供给负载的最大(正弦)输出电压的幅值，用 U_{ommax} 或 $U_{om(max)}$ 表示。

5. 非线性失真系数

由于放大器件输入、输出特性的非线性，放大电路输出波形不可避免地存在一定的非线性失真。当输入单一频率的正弦波信号时，输出电压波形除了基波成分外，还将含有一定数量的谐波成分。谐波成分总量和基波成分之比定义为非线性失真系数 D，即

$$D = \frac{\sqrt{U_2^2 + U_3^2 + \cdots}}{U_1} \tag{2.1.7}$$

式中，$U_1, U_2, U_3, \cdots$ 分别表示输出电压信号中的基波、二次谐波、三次谐波等的有效值。

6. 通频带

由于放大器件本身存在极间电容，放大电路中通常也接有一些电抗性元件，因此，放大电路的放大倍数将随着输入信号频率的变化而变化。一般情况下，如图 2.1.4 所示，在中频段，由于

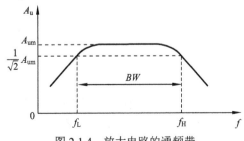

图 2.1.4　放大电路的通频带

各种电抗性元件的影响可以忽略，故放大倍数基本不变；当信号频率升高或者降低时，需考虑电抗性元件的影响，放大倍数将减小。通常，将频率升高和降低导致放大倍数下降为中频时的 $1/\sqrt{2}$（约为 0.707）所对应的频率点，分别称为上限频率 f_H 和下限频率 f_L，两者之间的频率范围定义为放大电路的通频带，用符号 BW 或 $BW_{0.7}$ 表示。

$$BW = f_H - f_L \tag{2.1.8}$$

通频带越宽，表明放大电路对信号频率变化具有越强的适应能力。

2.1.1 放大电路中，小信号放大的实质是什么？

2.1.2 单级放大电路由哪几部分组成？

2.1.3 放大电压信号时，电路的输入、输出电阻分别应该越大越好，还是越小越好？为什么？

2.1.4 如何用分析法确定放大电路的输出电阻？

2.1.5 最大输出电压幅度是指什么？

2.1.6 通频带的定义是什么？通频带宽，有什么好处？

2.2 共射放大电路

单级放大电路是构成各种复杂放大电路的基础。本节以双极型三极管构成的共射放大电路为例，介绍单级放大电路的组成、工作原理、分析方法等。

2.2.1 共射放大电路的组成及工作原理

1. 组成

在图 2.2.1 所示电路中，输入信号加在三极管的基极 b 和发射极 e 之间，输出信号从集电极 c 和发射极 e 之间取出，输入回路和输出回路共用发射极，所以称其为共射放大电路。

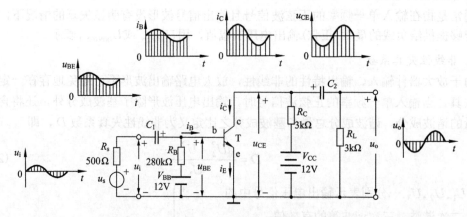

图 2.2.1　共射放大电路

图 2.2.1 中，NPN 型三极管是实现放大的核心元件，直流电源 V_{BB} 和基极偏置电阻 R_B 保证三极管发射结正偏，直流电源 V_{CC} 和集电极偏置电阻 R_C 保证三极管集电结反偏，从而三极管工作于放大区。u_s 和 R_s 为输入电压源及其内阻，电容 C_1、C_2 为耦合电容，又称隔直电容，其容量足够大，对于中、高频交流信号近似短路，在电路中用来隔断直流、传送交

流。输入耦合电容 C_1 将待放大的输入信号加到三极管的发射结上，输出耦合电容 C_2 将三极管 u_{CE} 的变化量输出给负载。若电路的参数取值合适，u_o 的变化幅度将比 u_i 大得多，且两者变化规律相同，从而达到了成比例放大的目的。

2. 工作原理

设图 2.2.1 中的输入信号为正弦电压，放大电路中的电压和电流既包含直流成分，又有交流成分。电路中各部分电压和电流的总响应是静态直流量和交流输入引起的变化量的叠加。

1）静态工作状态

当输入电压 $u_i = 0\text{V}$ 时，放大电路的工作状态称为静态或直流工作状态。双极型三极管工作于放大区时，发射结处于正偏状态，对于硅材料制成的 NPN 型三极管，其 $U_{BE} \approx 0.7\text{V}$。在输入回路中，由直流电源 V_{BB} 和基极电阻 R_B 的大小可计算基极电流 I_B。集电极电流根据 $I_C = \beta I_B$ 也可确定。在输出回路中，由直流电源 V_{CC} 和集电极电阻 R_C 的大小，可计算出三极管集电极和发射极之间的压降 U_{CE}。

为了强调静态工作时，电压、电流不随时间变化的特点，可将静态时的电压、电流加一后缀 Q（quiescent 的首字母）来表示。静态时，基极与发射极之间的电压、基极电流、集电极电流、集电极与发射极之间的电压常记作 U_{BEQ}、I_{BQ}、I_{CQ}、U_{CEQ}，称为放大电路的静态工作点。

2）动态工作状态

当输入电压信号 u_i 不为 0 时，放大电路的工作状态称为动态。此时，各物理量的波形如图 2.2.1 所示，双极型三极管各电极电流和极间电压都将在静态值的基础上随输入信号 u_i 作相应的变化。交流信号 u_i 经 C_1 耦合，近似全部加在三极管的发射结上，三极管 b-e 之间的电压 u_{BE} 为

$$u_{BE} = U_{BEQ} + u_{be} = U_{BEQ} + u_i \qquad (2.2.1)$$

在 u_{BE} 作用下，基极电流 i_B 为

$$i_B = I_{BQ} + i_b \qquad (2.2.2)$$

基极电流将在静态值 I_{BQ} 的基础上叠加上交流分量 i_b。

若在输入正弦电压信号 u_i 整个周期内，三极管都工作在放大区，则集电极电流为

$$i_C = \beta i_B = \beta(I_{BQ} + i_b) = \beta I_{BQ} + \beta i_b = I_{CQ} + i_c \qquad (2.2.3)$$

集电极电流将在静态值 I_{CQ} 的基础上叠加上交流分量 i_c。

由于输出电容 C_2 近似对交流短路，集电极电流的变化量 i_c 将流过并联电阻 R_C 和 R_L，引起三极管集电极和发射极之间的电压发生变化，则交流输出电压 u_{ce} 为

$$u_{ce} = -i_c(R_C /\!/ R_L) \qquad (2.2.4)$$

三极管 c-e 之间的电压 u_{CE} 为

$$u_{CE} = U_{CEQ} + u_{ce} = U_{CEQ} - i_c(R_C /\!/ R_L) \qquad (2.2.5)$$

由式（2.2.3）和式（2.2.5）可见，u_{CE} 的变化量和 i_c 的变化量反相。例如，当 $i_c > 0$ 时，i_C 增大，而 u_{CE} 将减小。

因为电容 C_2 的隔直通交作用，所以输出 u_o 为电压 u_{CE} 的变化量：

$$u_o = u_{ce} \tag{2.2.6}$$

通常 u_o 比 u_i 大得多，从而实现了电压放大。

可见，工作于放大区的双极型三极管的各电压和电流均包含两个分量：一是静态分量 U_{BEQ}、I_{BQ}、I_{CQ}、U_{CEQ}，二是由交流输入电压信号引起的交流分量 u_{be}、i_b、i_c、u_{ce}。由于电容 C_2 的隔直通交作用，放大电路的输出电压 u_o 只有交流成分。

3）设置静态工作点的必要性

既然放大的对象是交流信号，为什么要设置合适的工作点呢？

不妨假设静态时，$U_{BE} = 0$，$I_B = 0$，当输入正弦信号时，如图 2.2.2（a）所示，由于三极管存在死区电压，在输入信号幅度小于死区电压时，三极管截止，基极电流 i_B 为 0，则基极电流波形出现严重失真，因而输出电压必然失真。只有当静态工作点 Q 的位置合适且输入信号幅度较小时，如图 2.2.2（b）所示，基极电流 i_B 才是完整的正弦波形。

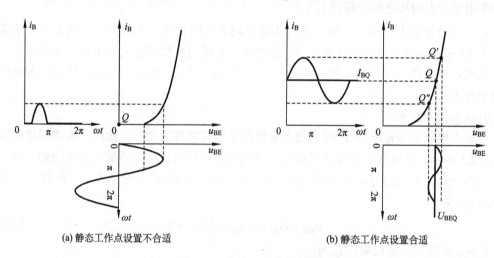

(a) 静态工作点设置不合适　　　　　　　　(b) 静态工作点设置合适

图 2.2.2　静态工作点的设置

静态工作点 Q 不仅决定放大电路能否正常放大，还会影响放大电路的放大倍数 A_u、R_i、R_o 等性能指标。

综上所述，放大电路要正常放大，其组成应满足以下原则：

（1）外加直流电源的极性和偏置电阻的阻值，应使双极型三极管的发射结正向偏置、集电结反向偏置，以保证三极管工作在放大状态。此时，集电极电流与基极电流满足放大关系，即 $i_C = \beta i_B$。

（2）输入回路的接法应使输入电压的变化能够传递到三极管的输入回路，并使得基极电流随着输入信号产生相应的变化。

（3）输出回路的接法应使集电极电流的变化能够转化为集电极电压的变化，并能将电压的变化量传送给负载。

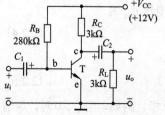

图 2.2.3　阻容耦合的共射放大电路

图 2.2.1 所示的共射放大电路需要两个直流电源 V_{BB} 和 V_{CC}，既不经济也不方便。一般采用单电源供电，常用的阻容耦合共射放大电路如图 2.2.3 所示。

2.2.2　放大电路分析方法

放大电路的分析方法包括图解法和微变等效电路法。分析步骤都是先进行静态分析,再进行动态分析。静态分析确定三极管的静态工作点 Q,即直流电压和电流(U_{BEQ}、I_{BQ}、I_{CQ}、U_{CEQ}),动态分析确定放大电路的放大倍数 A_u、R_i、R_o 等动态指标。

由于放大电路存在电抗性元件,所以直流成分和交流成分流经的通路是不同的。在进行放大电路的静态分析和动态分析时,需要首先画出放大电路的直流通路和交流通路。

1. 直流通路和交流通路

直流通路是输入交流信号为零时,在直流电源作用下的直流电流所流经的通路。电容对直流信号的阻抗为无穷大,可以看作开路;电感对直流信号的阻抗为 0,可以看作短路。直流通路用于对电路进行静态分析,如静态工作点的计算等。

交流通路是输入交流信号时,交流电流在放大电路中所流经的通路。当耦合电容的容值足够大时,其对交流信号的容抗很小,可看作短路。对于电感,当感抗足够大时,可将其看作开路。由于直流电源的变化量等于零,交流通路中应将理想直流电压源短路、理想直流电流源开路。交流通路主要用于电路动态分析,如求电压放大倍数、输入电阻和输出电阻等。

图 2.2.3 共射放大电路的直流通路和交流通路如图 2.2.4 所示。画直流通路时,耦合电容 C_1、C_2 开路处理。画交流通路时,直流电压源短路,耦合电容 C_1、C_2 短路。

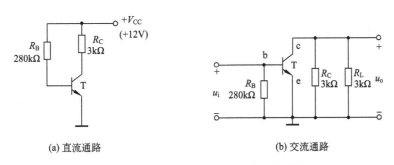

　　　　(a) 直流通路　　　　　　　　　　　　　　　　(b) 交流通路

图 2.2.4　共射放大电路的直流和交流通路

2. 图解法

图解法就是在三极管的输入和输出特性曲线上,采用作图的方法来求解放大电路工作状态。图解法可对放大电路进行静态分析和动态分析。

共射电路
图解法

1) 静态分析

利用图解法能确定放大电路的静态工作点,求出 I_{BQ}、I_{CQ} 和 U_{CEQ} 的值。

静态分析的步骤如下。

第一步:画出直流通路。将图 2.2.3 电路中的耦合电容开路,得到放大电路的直流通路如图 2.2.4(a)所示。

第二步:由输入回路计算基极电流 I_{BQ}。由于器件手册通常未给出三极管的输入特性曲线,且输入特性也不易准确地测得,故一般不在输入特性曲线上采用作图的方法求 I_{BQ},而是由输入回路采用近似估算的方法计算 I_{BQ}。

$$I_{BQ} = \frac{V_{CC} - U_{BEQ}}{R_B} \approx 40\mu A \tag{2.2.7}$$

式中，U_{BEQ} 为三极管发射结导通压降，取 $U_{BEQ} = 0.7V$。

第三步：在三极管输出特性曲线上作直流负载线。

如图 2.2.5（a）所示，输出回路中，电压、电流关系由式（2.2.8）确定：

$$U_{CE} = V_{CC} - I_C R_C \tag{2.2.8}$$

式（2.2.8）对应一条直线，画于图 2.2.5（b）中。该直线过点 $N(V_{CC}, 0)$ 和点 $M(0, \frac{V_{CC}}{R_C})$，

斜率为 $-\frac{1}{R_C}$，其数值由集电极电阻 R_C 的大小决定，通常称这条直线 MN 为直流负载线。

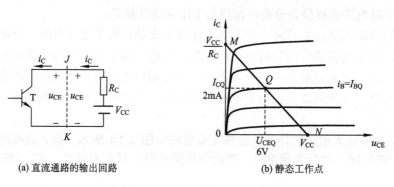

(a) 直流通路的输出回路　　　　　　　(b) 静态工作点

图 2.2.5　根据输出特性和直流负载线求解静态工作点

第四步：求解静态工作点 Q。

三极管工作时，U_{CE} 和 I_C 的关系既要满足 $i_B = I_{BQ} = 40\mu A$ 的输出特性曲线，同时又要满足直流负载线方程，因此，静态工作点在两者的交点上。由图 2.2.5 可知 $U_{CEQ} = 6V$，$I_{CQ} = 2mA$。

2）动态分析

下面利用图解法进行放大电路的动态分析，确定放大电路的电压放大倍数 A_u。

动态分析的步骤如下。

第一步：画出交流通路。将电容短接，直流电压源短路，可得放大电路的交流通路，如图 2.2.4（b）所示。

第二步：根据 u_i 在输入特性曲线上作出 i_B 的变化曲线。设放大器的输入电压 $u_i = 0.02\sin(\omega t)(V)$，三极管 b-e 之间的总电压将在静态值 U_{BEQ} 上叠加上交流信号 u_i，如图 2.2.6（a）所示，u_{BE} 随时间周期变化时，可得相应 i_B 的波形。

第三步：在输出特性曲线上过 Q 点作交流负载线。在交流通路中，输出回路电压与电流的关系为

$$u_{ce} = -i_c(R_C /\!/ R_L) = -i_c R_L' \tag{2.2.9}$$

即

$$u_{CE} - U_{CEQ} = -(i_C - I_{CQ})R_L' \tag{2.2.10}$$

　　由式(2.2.10)可得过 Q 点的直线 AB，其斜率为 $-1/R_L'$，$R_L' = R_C // R_L$ 为交流负载电阻。所以，直线 AB 称为**交流负载线**。

　　交流负载线的画法：由图 2.2.6(b)可以计算出交流负载线与横坐标的交点 A 的坐标为（$U_{CEQ} + I_{CQ}R_L'$, 0），连接 A、Q 两点并延长就得到交流负载线 AB。

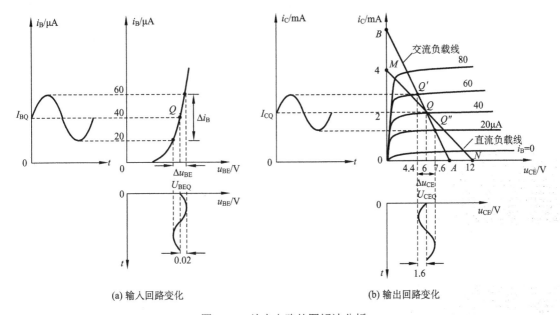

(a) 输入回路变化　　　　　　　　　　　　　　　(b) 输出回路变化

图 2.2.6　放大电路的图解法分析

　　第四步：由 i_B 的变化在输出特性曲线上求 i_C 和 u_{CE}。

　　i_C、u_{CE} 的波形如图 2.2.6(b)所示。在 u_i 正半周，i_B 由 40μA 增大到 60μA 再回到 40μA，放大器的动态工作点由 Q 移动到 Q' 再回到 Q，相应地，i_C 由 I_{CQ} 增加到最大值再回到 I_{CQ}，而 u_C 从 U_{CEQ} 减小到最小值再回到 U_{CEQ}。在 u_i 负半周，i_B 由 40μA 减小至 20μA 再回到 40μA，放大器的动态工作点由 Q 移动到 Q'' 再回到 Q，相应地，i_C 由 I_{CQ} 减小到最小值再回到 I_{CQ}，而 u_C 从 U_{CEQ} 增加到最大值再回到 U_{CEQ}。线段 $Q'Q''$ 是交流工作点移动的轨迹，称为**动态范围**。

　　从图 2.2.6(b)中可以读出，u_o 波形的幅值为 1.6V。当 $u_i = 0.02$V 时，输出交流电压 $u_o = -1.6$V，该放大电路的电压放大倍数为

$$A_u = \frac{u_o}{u_i} = -80 \tag{2.2.11}$$

式中，放大倍数为负值，表示输出电压和输入电压的相位相反，共射放大电路为反相放大器。

　　利用图解法对共射放大电路进行动态分析，可以得出以下结论：

　　(1)当静态工作点设置合适时，若输入小信号正弦电压，三极管的各极电压和电流波形将在静态值基础上叠加上一个正弦交流成分。

　　(2)输入电压为微小变化量，输出端将得到一个放大的反相电压变化量，即共射放大电路具有反相放大作用。

3) 截止失真与饱和失真分析

如果放大电路的静态工作点 Q 设置不当，将使得输出电压信号产生严重的非线性失真。

以 NPN 型三极管组成的共射放大电路为例，如图 2.2.7 所示，若 Q 点偏低，由 NPN 型三极管的输入特性曲线可见，在 u_i 负半周，随着 u_i 减小，发射结截止，i_B 的底部产生失真。相应地，在三极管的输出特性曲线上，i_C 的底部和 u_{CE} 的顶部也产生失真。由于三极管截止而产生的失真称为**截止失真**。发生截止失真时，输出电压 u_o 的波形将出现顶部失真。

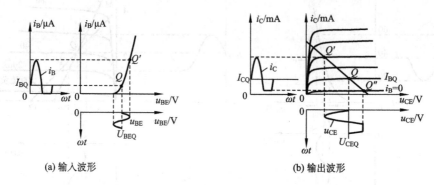

(a) 输入波形　　　　　　　　　　　　　　(b) 输出波形

图 2.2.7　NPN 管工作于截止失真

如图 2.2.8 所示，若 Q 点偏高，由 NPN 型三极管的输入特性曲线可见，在 u_i 整个周期，i_B 的波形不会产生失真。但在输出特性曲线上，由于 i_B 增大，三极管工作在饱和区，i_C 的顶部和 u_{CE} 的底部将产生失真。由于三极管饱和而产生的失真称为**饱和失真**。发生饱和失真时，输出电压 u_o 的波形将出现底部失真。

4) 最大输出电压幅度分析

最大输出电压幅度是指在输出波形没有明显失真的情况下，放大电路能输出的最大电压幅值 U_{ommax}。

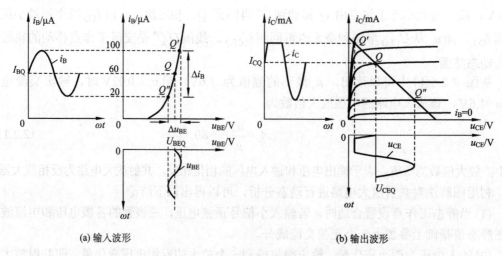

(a) 输入波形　　　　　　　　　　　　　　(b) 输出波形

图 2.2.8　NPN 管工作于饱和失真

如图 2.2.9 所示，当放大电路输入交流正弦信号时，工作点将围绕 Q 点沿交流负载线 AB 上下移动。当工作点向上移动超过 J 点时，将进入饱和区，输出电压波形将发生饱和失真。当工作点向下移动超过 K 点时，将进入截止区，输出电压波形将发生截止失真。要使得输出电压波形不出现饱和失真或截止失真，工作点应在整个正弦波周期内位于放大区，由此，可得 Q 点一定时的最大输出正弦波电压幅值为

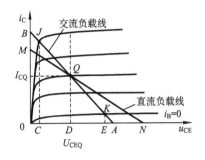

图 2.2.9　最大输出正弦波电压幅值的估算

$$U_{\text{ommax}}=\min\{U_{\text{CD}},U_{\text{DE}}\}$$

由于三极管 $i_B=0$ 对应的输出特性曲线和横轴非常接近，故有 $U_{\text{DE}}\approx U_{\text{DA}}=I_{\text{CQ}}R'_{\text{L}}$。且 $U_{\text{CD}}=U_{\text{CEQ}}-U_{\text{CE(sat)}}$。因此，最大输出正弦波电压幅值为

$$U_{\text{ommax}}=\min\{U_{\text{CEQ}}-U_{\text{CE(sat)}},I_{\text{CQ}}R'_{\text{L}}\} \tag{2.2.12}$$

若 Q 点设置在放大区内交流负载线（即 JK）的中点上，则有 $(U_{\text{CEQ}}-U_{\text{CE(sat)}})=I_{\text{CQ}}R'_{\text{L}}$，此时，$U_{\text{ommax}}$ 可达到最大值。

5）电路参数对 Q 点的影响分析

当改变电路参数 R_B、R_C、V_{CC} 或 β 时，Q 点将发生变化。

静态工作点位于 $i_B=I_{\text{BQ}}$ 这条输出特性曲线和直流负载线的交点上，计算 I_{BQ} 和直流负载线的方程分别如下：

$$I_{\text{BQ}}=\frac{V_{\text{CC}}-U_{\text{BEQ}}}{R_B} \tag{2.2.13}$$

$$I_{\text{C}}=\frac{V_{\text{CC}}-U_{\text{CE}}}{R_C} \tag{2.2.14}$$

（1）当保持其他参数不变，仅增大基极电阻 R_B 时，I_{BQ} 将减小，而直流负载线不变，Q 点沿直流负载线向右下方移动，靠近截止区，如图 2.2.10（a）所示。反之，如果减小基极电阻 R_B，Q 点将沿直流负载线向左上方移动，靠近饱和区。

（2）当保持其他参数不变，仅增大集电极电阻 R_C 时，I_{BQ} 取值不变。直流负载线在纵轴上的截距 V_{CC}/R_C 将减小，而横轴上的截距仍为 V_{CC} 不变，故直流负载线将更平坦。Q 点向左侧移动，靠近饱和区，如图 2.2.10（b）所示。反之，如果减小集电极电阻 R_C，直流负载线将更陡峭，Q 点向右侧移动，靠近截止区。

（3）当保持其他参数不变，仅增大直流电源 V_{CC} 时，I_{BQ} 将增大，直流负载线斜率仍为 $-1/R_C$ 不变，但在横轴、纵轴上的截距 V_{CC}、V_{CC}/R_C 将增大，直流负载线将向右平移，Q 点向上移动，如图 2.2.10（c）所示，放大电路的动态工作范围增大。反之，若 V_{CC} 减小，直流负载线将向左平移，Q 点将向下移动，放大电路的动态工作范围减小。

（4）当保持其他参数不变，更换电流放大系数 β 较大的三极管时，三极管的输出特性曲线如图 2.2.10（d）中的虚线所示。电流放大系数 β 增大时，虽然 I_{BQ} 保持不变，但由于此时同样 I_{BQ} 所对应的输出特性曲线上移，Q 点沿直流负载线向左上方移动，靠近饱和区。反之，

若换用电流放大系数 β 较小的三极管，Q 点将沿直流负载线向右下方移动，靠近截止区。

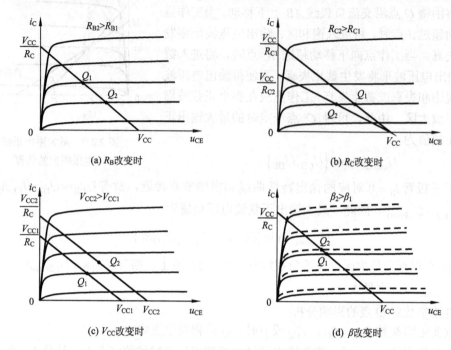

(a) R_B 改变时

(b) R_C 改变时

(c) V_{CC} 改变时

(d) β 改变时

图 2.2.10　电路参数对静态工作点的影响

综上，图解法可用于求解静态工作点、电压放大倍数，分析输出电压波形的饱和失真和截止失真，估算最大输出正弦电压幅度，以及分析电路参数对 Q 点的影响。

3. 微变等效电路法

微变等效电路法是当三极管工作于放大区，且输入交流信号很小时，将具有非线性特性的三极管用小信号微变等效模型来等效，这样，整个放大电路就成为线性电路，可用分析线性电路的方法来计算其动态指标。

下面采用微变等效电路法分析图 2.2.3 所示阻容耦合共射放大电路，与图解法一样，采用微变等效电路法分析放大电路时，也是先静态分析，再动态分析。

共射电路
微变等效
法

1) 静态分析

第一步：画出直流通路。图 2.2.3 所示电路的直流通路如图 2.2.4(a) 所示。

第二步：由输入回路方程、电流放大关系、输出回路方程，求解静态工作点 I_{BQ}、I_{CQ} 和 U_{CEQ}。

根据输入回路，放大电路静态工作时的基极电流为

$$I_{BQ} = \frac{V_{CC} - U_{BEQ}}{R_B} \qquad (2.2.15)$$

根据三极管的电流放大关系，对其集电极电流进行近似估算，可得静态工作时的集电极电流为

$$I_{CQ} = \beta I_{BQ} \qquad (2.2.16)$$

根据输出回路，放大电路静态工作时集电极和发射极之间的电压为

$$U_{CEQ} = V_{CC} - I_{CQ}R_C \tag{2.2.17}$$

第三步：计算微变等效模型参数 r_{be}。

$$r_{be} = r_{bb'} + (1+\beta) \times \frac{26\text{mV}}{I_{EQ}} \tag{2.2.18}$$

其中，$r_{bb'} \approx 200 \sim 300\Omega$。

2) 动态分析

第一步：画出交流通路。共射放大电路的交流通路如图 2.2.4(b) 所示。

第二步：画出微变等效电路。将交流通路中三极管用简化 H 参数等效电路代替，可得放大电路的微变等效电路如图 2.2.11 所示。

第三步：由微变等效电路，求 A_u、R_i、R_o 等参数。

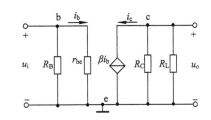

图 2.2.11　基本共射放大电路微变等效电路

假设在放大电路输入端加上一个微小的正弦交流电压 u_i，由图 2.2.11 可得 $u_i = i_b r_{be}$，$u_o = -i_c(R_C /\!/ R_L)$，由此可得共射放大电路的电压放大倍数为

$$A_u = \frac{u_o}{u_i} = -\frac{\beta(R_C /\!/ R_L)}{r_{be}} = -\frac{\beta R_L'}{r_{be}} \tag{2.2.19}$$

式中，$R_L' = R_C /\!/ R_L$，负号表示 u_o 和 u_i 反相。

根据输入电阻的定义，可得共射放大电路的输入电阻为

$$R_i = \frac{u_i}{i_i} = R_B /\!/ r_{be} \tag{2.2.20}$$

根据输出电阻的定义，可得共射放大电路的输出电阻为

$$R_o = R_C \tag{2.2.21}$$

有时，还需计算放大电路的源电压放大倍数 A_{us}，若信号源电压为 u_s，内阻为 R_s，则 A_{us} 为

$$A_{us} = \frac{u_o}{u_s} = \frac{u_o}{u_i} \cdot \frac{u_i}{u_s} = A_u \cdot \frac{R_i}{R_i + R_s} \tag{2.2.22}$$

4. 两种分析方法的比较

(1) 图解法比较直观，可分析三极管大信号工作状态，但作图不够精确。此外，对于复杂的电路，图解法不再适用。

(2) 微变等效电路法比较方便，可分析三极管小信号电路，也可分析复杂放大电路，但不够形象直观。

📖 **方法论：等效法**

　　当双极型三极管工作于放大区，且输入交流信号很小时，采用微变等效电路法将具有非线性特性的三极管用其微变等效模型来等效，可将放大电路转换为线性电路，便于分析其交流性能指标。

　　等效是由于不同的物理现象、模型、过程等在物理意义、作用效果或物理规律方面是相同的，因此它们之间可以相互替代，而保证结论不变。等效的应用实例有很多，

例如，"曹冲称象"中用石块等效替换大象，研究力学问题时引入力的分解、力的合成等，电学中电阻的串并联等效、有源二端网络的戴维南定理和诺顿定理等，运用等效法可以化生为熟、化繁为简、化难为易，使所要研究的问题简单化、直观化。

【例 2.2.1】 某放大电路的直流通路和三极管输出特性如图 2.2.12 所示，已知 $U_{BEQ}=0.7V$，$U_{CES}=0.3V$。试：

(1)采用图解法，求静态工作点 I_{BQ}、I_{CQ} 和 U_{CEQ}；

(2)采用近似估算法，判断三极管的工作区，并计算静态工作点 I_{BQ}、I_{CQ} 和 U_{CEQ}；

(3)若将 R_B 调小为53kΩ，其他参数不变，重复问题(2)。

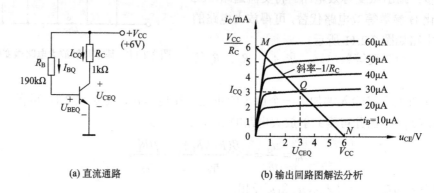

(a) 直流通路　　　　　(b) 输出回路图解法分析

图 2.2.12　三极管直流工作状态分析

解： (1)图解法分析 Q 点。

由输入回路得到

$$I_{BQ} = \frac{V_{CC} - U_{BEQ}}{R_B} = \frac{6 - 0.7}{190} mA \approx 0.03mA = 30\mu A$$

由输出回路得到

$$U_{CE} = V_{CC} - I_C R_C$$

上式对应的直流负载线，画于图 2.2.12 (b) 中。该直线过点 $M(0, \frac{V_{CC}}{R_C})$ 和点 $N(V_{CC}, 0)$，斜率为 $-1/R_C$。

由于 $I_{BQ} = 30\mu A$，因此三极管工作时，U_{CE} 和 I_C 的关系既要满足 $I_{BQ} = 30\mu A$ 那条输出特性曲线，同时又要满足直流负载线方程，因此，静态工作点在两者的交点上。由图 2.2.12 (b) 可读出：$U_{CEQ} = 3V$，$I_{CQ} = 3mA$。

(2)采用近似估算法分析。

由输入回路得

$$I_{BQ} = \frac{V_{CC} - U_{BEQ}}{R_B} = \frac{6 - 0.7}{190} mA \approx 0.03mA = 30\mu A$$

由于 $I_{BQ}=30\mu A>0$，因此三极管不工作于截止区。假设三极管工作于放大状态，由图

2.2.12(b)所示的输出特性曲线可知，当 $I_B = 20\mu A$ 时， $I_C = 2mA$ ；当 $I_B = 30\mu A$ 时， $I_C = 3mA$ 。因此

$$\beta = \Delta i_C / \Delta i_B = 100, \quad I_{CQ} = \beta I_{BQ} = 3mA$$

由输出回路，可得

$$U_{CEQ} = V_{CC} - I_{CQ}R_C = 6 - 3 \times 1 = 3(V)$$

由于 $U_{CEQ} = 3V > U_{CES} = 0.3V$ ，因此三极管确实工作于放大状态，上述计算结果有效。即基极电流、集电极电流、集电极和发射极之间的电压分别为 $I_{BQ} = 30\mu A$ ， $I_{CQ} = 3mA$ ， $U_{CEQ} = 3V$ 。

(3)当 $R_B = 53k\Omega$ 时，采用近似估算法分析。

由输入回路得

$$I_{BQ} = \frac{V_{CC} - U_{BEQ}}{R_B} = \frac{6 - 0.7}{53}mA = 0.1mA = 100\mu A$$

由于 $I_{BQ} = 100\mu A > 0$ ，因此三极管不工作于截止区。假设三极管工作于放大状态，由图 2.2.12(b)所示的输出特性曲线已求得 $\beta = 100$ ，则有

$$I_{CQ} = \beta I_{BQ} = 10mA$$

由输出回路，可得

$$U_{CEQ} = V_{CC} - I_{CQ}R_C = 6 - 10 \times 1 = -4(V)$$

由于 $U_{CEQ} = -4V < U_{CES} = 0.3V$ ， U_{CEQ} 值不合理，可见，假设错误。实际上三极管并不工作于放大状态，而是工作于饱和状态。三极管处于饱和状态时，集电极和发射极之间的电压满足：

$$U_{CEQ} = U_{CES} = 0.3V$$

由输出回路，重新计算集电极电流为

$$I_{CQ} = \frac{V_{CC} - U_{CEQ}}{R_C} = \frac{6 - 0.3}{1}mA = 5.7mA$$

因此，基极电流、集电极电流、集电极和发射极之间的电压的正确结果为 $I_{BQ} = 100\mu A$ ， $I_{CQ} = 5.7mA$ ， $U_{CEQ} = 0.3V$ 。

【例 2.2.2】 如图 2.2.13 所示 PNP 管组成的共射放大电路中，三极管 $\beta = 100$ ， $U_{BEQ} = -0.2V$ ， $r_{bb'} = 200\Omega$ 。试：

(1)估算静态工作点 I_{BQ} 、 I_{CQ} 和 U_{CEQ} ；

(2)画出微变等效电路，计算 A_u 、 R_i 、 R_o 。

解： (1)画出直流通路如图 2.2.14 所示。

由输入回路，可得

$$-I_{BQ}R_B + U_{BEQ} = -V_{CC}$$

$$I_{BQ} = \frac{V_{CC} + U_{BEQ}}{R_B} = \frac{10 - 0.2}{490}mA = 20\mu A$$

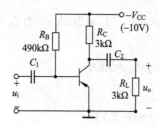

图 2.2.13　例 2.2.2 电路图

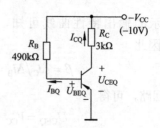

图 2.2.14　例 2.2.2 的直流通路

$$I_{CQ} = \beta I_{BQ} = 2\text{mA}$$

由输出回路，可得

$$-V_{CC} = -I_{CQ}R_C + U_{CEQ}$$

$$U_{CEQ} = -V_{CC} + I_{CQ}R_C = -10 + 2 \times 3 = -4(\text{V})$$

（2）共射放大电路的交流通路及微变等效电路，如图 2.2.15 所示。

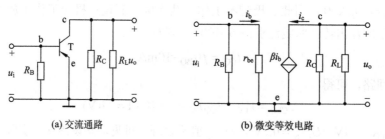

(a) 交流通路　　　　　　　　　　　(b) 微变等效电路

图 2.2.15　交流通路及微变等效电路

$$r_{be} = r_{bb'} + (1+\beta)\frac{26\text{mV}}{I_{EQ}} \approx r_{bb'} + \beta\frac{26\text{mV}}{I_{CQ}} = \left(200 + 100 \times \frac{26}{2}\right)\Omega = 1.5\text{k}\Omega$$

$$A_u = \frac{u_o}{u_i} = -\frac{\beta(R_C // R_L)}{r_{be}} = -\frac{100 \times 1.5}{1.51} \approx -100$$

$$R_i = \frac{u_i}{i_i} = R_B // r_{be} = 490 // 1.5 \approx 1.5(\text{k}\Omega)$$

$$R_o = R_C = 3\text{k}\Omega$$

2.2.3　分压式偏置共射放大电路

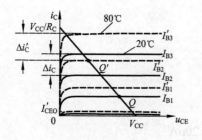

图 2.2.16　温度升高对静态工作点的影响

1. 温度对静态工作点的影响

对于图 2.2.3 的基本共射放大电路，当温度变化时，三极管的静态工作点将发生变化。例如，当温度升高时，一方面，三极管的输入特性曲线将左移，三极管的导通压降 U_{BEQ} 减小，由于 $I_{BQ} = \dfrac{V_{CC} - U_{BEQ}}{R_B}$，$I_{BQ}$ 将增大（从 I_{B1} 变为 I_{B2}）。另一方面，温度升高，三极管的输出特性曲线将向上移动（从 I_{B2} 曲线变为 I'_{B2} 曲线），如图 2.2.16 所示，对应于同样 I_{BQ} 的 I_{CQ} 增大。因此，当温度升高时，将引起三极管的静态工作点向上移动（从 Q 变为 Q'），靠近饱和区，容易产生饱和失真。

为了保证放大电路的性能稳定，必须从电路结构上采取适当措施，使得温度变化时，静态工作点能够保持稳定。分压式偏置的共射放大电路能够较好地稳定静态工作点。

2. 电路结构及工作原理

图 2.2.17 为能够稳定静态工作点的共射放大电路，此电路与基本共射放大电路的差别在于发射极接有电阻 R_E 和旁路电容 C_E，并且直流电源 V_{CC} 经电阻 R_{B1}、 R_{B2} 分压后加至三极管的基极，故通常称为分压式工作点稳定电路。

下面分析该电路稳定静态工作点的原理，图 2.2.17 电路的直流通路如图 2.2.18 所示。

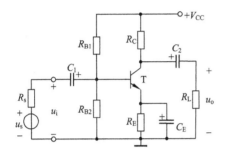　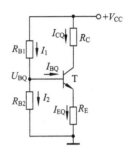

图 2.2.17　分压式偏置的共射放大电路　　　　图 2.2.18　直流通路

在设计分压式偏置电路时，参数选择要满足 $I_1 \gg I_{BQ}$，从而可忽略 I_{BQ}，则 $I_1 \approx I_2$，基极电位 U_{BQ} 可看作由 R_{B1}、 R_{B2} 分压得到，近似由式（2.2.23）求得

$$U_{BQ} \approx \frac{R_{B2}}{R_{B1} + R_{B2}} V_{CC} \tag{2.2.23}$$

可以认为，当温度变化时，U_{BQ} 基本不变。

当温度升高引起 I_{CQ} 增大时，电阻 R_E 上的压降增大，三极管发射极电位 $U_{EQ} = I_{EQ}R_E$ 升高，由于 U_{BQ} 基本不变，所以，发射结电压 $U_{BEQ} = U_{BQ} - U_{EQ}$ 减小，I_{BQ} 随之减小，故 I_{CQ} 减小。上述自动调节过程，使得 I_{CQ} 趋于稳定。

静态工作点稳定的调节过程可表示为

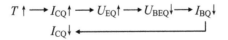

Q 点稳定过程

图 2.2.17 的共射放大电路实际上是通过发射极电阻 R_E 的负反馈作用，将温度变化引起的 I_{CQ} 变化反馈至输入回路来影响 U_{BEQ}，进而抵消 I_{CQ} 的变化，使得 Q 点保持稳定。

3. 静态与动态分析

1）静态分析

分压式偏置共射放大电路的静态工作点，可先由式（2.2.23）估算三极管的基极电位 U_{BQ}。

静态时集电极电流为

$$I_{CQ} \approx I_{EQ} = \frac{U_{BQ} - U_{BEQ}}{R_E} \tag{2.2.24}$$

基极静态电流为

$$I_{BQ} = I_{CQ}/\beta \tag{2.2.25}$$

三极管集电极–发射极间的静态电压为

$$U_{CEQ} = V_{CC} - I_{CQ}R_C - I_{EQ}R_E \approx V_{CC} - I_{CQ}(R_C + R_E) \tag{2.2.26}$$

三极管微变等效模型参数 r_{be} 为

$$r_{be} = r_{bb'} + (1+\beta)\frac{26\text{mV}}{I_{EQ}} \tag{2.2.27}$$

2)动态分析

将耦合电容 C_1、C_2 和旁路电容 C_E 短接，得放大电路的交流通路如图2.2.19所示。

将交流通路中的三极管用微变等效模型替换，得放大电路的微变等效电路如图 2.2.20 所示。

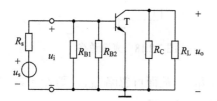

图 2.2.19　交流通路

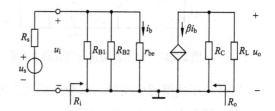

图 2.2.20　微变等效电路

由微变等效电路，计算动态参数如下。

电压放大倍数为

$$A_u = \frac{u_o}{u_i} = -\frac{\beta i_b(R_C//R_L)}{i_b r_{be}} = -\frac{\beta(R_C//R_L)}{r_{be}} \tag{2.2.28}$$

输入电阻为

$$R_i = R_{B1}//R_{B2}//r_{be} \tag{2.2.29}$$

输出电阻为

$$R_o = R_C \tag{2.2.30}$$

【例 2.2.3】　图 2.2.21 所示的放大电路中，三极管 $\beta = 50$，$U_{BEQ} = 0.7\text{V}$，$r_{bb'} = 200\Omega$。

试：

(1)计算静态工作点的 I_{BQ}、I_{CQ}、U_{CEQ}；

(2)画出放大电路的微变等效电路；

(3)计算 A_u、A_{us}、R_i 和 R_o；

(4)去掉电容 C_E，重新画出微变等效电路，计算 A_u 和 R_i。

解：(1)画出直流通路如图 2.2.22 所示。

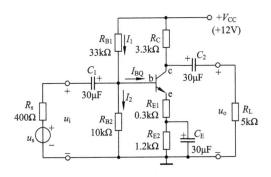
图 2.2.21　一种分压式偏置共射放大电路

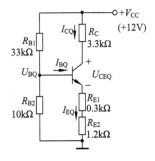
图 2.2.22　直流通路

$$U_{BQ} = \frac{R_{B2}}{R_{B1} + R_{B2}} V_{CC} = \frac{10}{33 + 10} \times 12 = 2.79(V)$$

$$I_{CQ} \approx I_{EQ} = \frac{U_{BQ} - U_{BEQ}}{R_{E1} + R_{E2}} = \frac{2.79 - 0.7}{0.3 + 1.2} = 1.39(mA)$$

$$I_{BQ} = I_{CQ} / \beta = 27.8\mu A$$

$$U_{CEQ} = V_{CC} - I_{CQ}(R_C + R_{E1} + R_{E2}) = 12 - 1.39 \times (3.3 + 0.3 + 1.2) = 5.33(V)$$

$$r_{be} = r_{bb'} + (1 + \beta)\frac{26mV}{I_{EQ}} = 200 + 51 \times \frac{26}{1.39} = 1154(\Omega) \approx 1.15(k\Omega)$$

(2) 画出微变等效电路如图 2.2.23 所示。

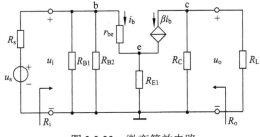
图 2.2.23　微变等效电路

(3) 计算有关的放大电路性能参数。

$$A_u = \frac{u_o}{u_i} = -\frac{\beta(R_C // R_L)}{r_{be} + (1 + \beta)R_{E1}} = -\frac{50(3.3 // 5)}{1.15 + 51 \times 0.3} = -6.05$$

$$R_i = R_{B1} // R_{B2} // [r_{be} + (1 + \beta)R_{E1}] = 5.23k\Omega$$

$$A_{us} = A_u \cdot \frac{R_i}{R_i + R_s} = -6.05 \times \frac{5.23}{5.23 + 0.4} = -5.62$$

$$R_o = R_C = 3.3k\Omega$$

(4) 去掉电容 C_E，微变等效电路如图 2.2.24 所示，重新计算 A_u 和 R_i。

$$A_u = \frac{u_o}{u_i} = -\frac{\beta(R_C // R_L)}{r_{be} + (1 + \beta)(R_{E1} + R_{E2})} = -\frac{50(3.3 // 5)}{1.15 + 51 \times 1.5} = -1.28$$

$$R_i = R_{B1} // R_{B2} // [r_{be} + (1 + \beta)(R_{E1} + R_{E2})] = 6.98k\Omega$$

可见，去掉旁路电容 C_E 后，放大电路的放大能力下降，但输入电阻增大。

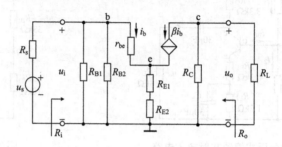

图 2.2.24　去掉 C_E 的微变等效电路

思考题

2.2.1　以三极管基极电流为例，说明如何表示其直流分量、交流分量、交直流总量。

2.2.2　共射放大电路中，u_i、i_b、i_c、u_{ce} 和 u_o 这 5 个量的频率和相位满足什么关系？

2.2.3　放大电路为何要设置合适的静态工作点？

2.2.4　共射放大电路要能够正常放大输入交流信号，其电路组成应满足什么原则？

2.2.5　直流负载线和交流负载线分别表示哪两个变量之间的关系？何种情况下，交、直流负载线重合？

2.2.6　如何画放大电路的直流通路和交流通路？

2.2.7　阐述采用微变等效电路法分析放大电路的步骤。

2.2.8　阐述分压式偏置共射放大电路静态工作点稳定的原理。

2.3　共基和共集放大电路

根据输入回路和输出回路的公共端的不同，双极型三极管除可构成共射放大电路外，还可以构成共基和共集放大电路。本节将分别介绍共基和共集放大电路，并对双极型三极管构成的三种组态放大电路的特点加以比较。

2.3.1　共基放大电路

共基放大电路如图 2.3.1 所示。交流信号从发射极输入，从集电极输出，基极为输入、输出回路的公共端。电源 V_{CC} 经基极偏置电阻 R_{B1}、R_{B2} 分压得到基极电位，保证三极管发射结正偏，同时，集电极电阻 R_C 取值合适，保证了集电结反偏，使得三极管工作于放大区。

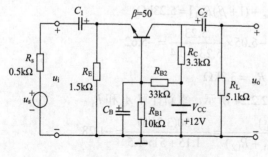

图 2.3.1　共基放大电路

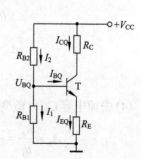

图 2.3.2　共基放大电路的直流通路

1. 静态分析

断开耦合电容 C_1、C_2 和旁路电容 C_B，可得共基放大电路的直流通路如图 2.3.2 所示。可见，其结构与分压式偏置共射放大电路的直流通路结构相同。如果静态时三极管的基极电流很小，相对于 R_{B1}、R_{B2} 回路中的电流可以忽略，则静态工作点的计算如下：

$$U_{BQ} = \frac{R_{B1}}{R_{B1} + R_{B2}} V_{CC} = 2.79\text{V} \tag{2.3.1}$$

$$I_{CQ} \approx I_{EQ} = \frac{U_{BQ} - U_{BEQ}}{R_E} = 1.39\text{mA} \tag{2.3.2}$$

$$I_{BQ} = I_{CQ} / \beta = 27.8\mu\text{A} \tag{2.3.3}$$

$$U_{CEQ} = V_{CC} - I_{CQ}R_C - I_{EQ}R_E \approx V_{CC} - I_{CQ}(R_C + R_E) = 5.33\text{V} \tag{2.3.4}$$

微变等效模型参数 r_{be} 为

$$r_{be} = r_{bb'} + (1 + \beta)\frac{26\text{mV}}{I_{EQ}} = 1.15\text{k}\Omega \tag{2.3.5}$$

式中，$r_{bb'}$ 取 200Ω。

2. 动态分析

首先画出共基放大电路的交流通路。直流电源 V_{CC} 短接置零，耦合电容 C_1、C_2 和旁路电容 C_B 短接，得交流通路如图 2.3.3 所示。

将交流通路中的三极管用微变等效模型代替，得共基放大电路的微变等效电路如图 2.3.4 所示。下面分别计算共基放大电路的电压放大倍数、输入电阻和输出电阻。

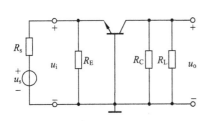
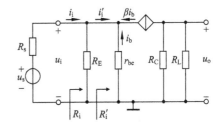

图 2.3.3 共基放大电路的交流通路　　图 2.3.4 共基放大电路的微变等效电路

1）电压放大倍数

$$A_u = \frac{u_o}{u_i} = \frac{-\beta i_b(R_C // R_L)}{-i_b r_{be}} = \frac{\beta(R_C // R_L)}{r_{be}} = 86.96 \tag{2.3.6}$$

可见，放大倍数大于 0，说明共基放大电路是同相放大器，交流输出电压和输入电压同相。

2）输入电阻

由于电流 i_i 的大小无法直接看出，而电流 $i_i' = -(1+\beta)i_b$，所以可以先计算电阻 R_E 右侧看进去的输入电阻：

$$R_i' = \frac{u_i}{i_i'} = \frac{-i_b r_{be}}{-(1+\beta)i_b} = \frac{r_{be}}{1+\beta} \tag{2.3.7}$$

再计算共基放大电路的输入电阻:

$$R_i = R_E // R_i' = R_E // \frac{r_{be}}{1+\beta} = 22.22\Omega \qquad (2.3.8)$$

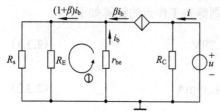

图 2.3.5　共基放大电路输出电阻求解

可见，共基放大电路的输入电阻比共射放大电路小。

3) 输出电阻

根据输出电阻的定义，将信号源置零(即电压源 u_s 短接)，负载 R_L 开路，外加电压 u，产生电流 i，则外加电压和产生电流之比即输出电阻。求输出电阻的电路如图 2.3.5 所示。

列出回路①的 KVL 方程，有

$$i_b r_{be} + (1+\beta)i_b \cdot (R_E // R_s) = 0$$

即

$$i_b \cdot \left[r_{be} + (1+\beta) \cdot (R_E // R_s) \right] = 0$$

由于 $r_{be} + (1+\beta) \cdot (R_E // R_s) \neq 0$，因此 $i_b = 0$，受控电流源电流 $\beta i_b = 0$，相当于开路状态。

$$R_o = \frac{u}{i} = R_C = 3.3k\Omega \qquad (2.3.9)$$

2.3.2　共集放大电路

共集放大电路如图 2.3.6 所示。交流信号从基极输入，从发射极输出，集电极为输入、输出回路的公共端。

1. 静态分析

将耦合电容 C_1、C_2 开路，画出共集放大电路的直流通路如图 2.3.7 所示。

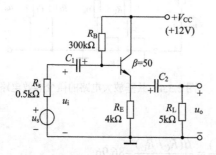

图 2.3.6　共集放大电路

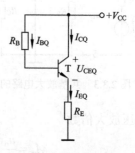

图 2.3.7　共集放大电路的直流通路

根据输入回路方程，有

$$I_{BQ}R_B + U_{BEQ} + (1+\beta)I_{BQ}R_E = V_{CC} \qquad (2.3.10)$$

可得基极电流为

$$I_{BQ} = \frac{V_{CC} - U_{BEQ}}{R_B + (1+\beta)R_E} = 22.42\mu A \qquad (2.3.11)$$

集电极电流为

$$I_{CQ} = \beta I_{BQ} = 1.12mA \qquad (2.3.12)$$

集电极-发射极间的电压为

$$U_{CEQ} = V_{CC} - I_{EQ}R_E \approx 12 - 1.12 \times 4 = 7.52(\text{V}) \tag{2.3.13}$$

微变等效模型参数 r_{be} 为

$$r_{be} = r_{bb'} + (1+\beta)\frac{26\text{mV}}{I_{EQ}} = r_{bb'} + \beta\frac{26\text{mV}}{I_{CQ}} = 1.36\text{k}\Omega \tag{2.3.14}$$

2. 动态分析

首先画出共集放大电路的交流通路。直流电源 V_{CC} 短接，耦合电容 C_1、C_2 短接，得交流通路如图 2.3.8 所示。

将三极管用微变等效模型代替，得微变等效电路如图 2.3.9 所示。下面分别计算共集放大电路的电压放大倍数、输入电阻和输出电阻。

1）电压放大倍数

$$A_u = \frac{u_o}{u_i} = \frac{(1+\beta)i_b(R_E /\!/ R_L)}{i_b r_{be} + (1+\beta)i_b(R_E /\!/ R_L)} = \frac{(1+\beta)(R_E /\!/ R_L)}{r_{be} + (1+\beta)(R_E /\!/ R_L)} = 0.99 \tag{2.3.15}$$

由于 $r_{be} \ll (1+\beta)(R_E /\!/ R_L)$，放大倍数小于 1，但接近于 1，即 $u_o \approx u_i$，输出电压取自发射极，且输出电压近似跟随输入电压变化，因此共集放大电路也称为**射极跟随器**。

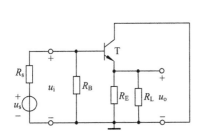

图 2.3.8　共集放大电路的交流通路

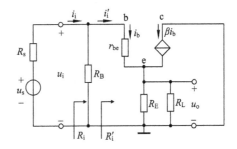

图 2.3.9　共集放大电路的微变等效电路

2）输入电阻

由于电流 i_i 的大小无法直接看出，而电流 $i_i' = i_b$，因此可以先计算电阻 R_B 右侧看进去的输入电阻：

$$R_i' = \frac{u_i}{i_i'} = \frac{i_b r_{be} + (1+\beta)i_b(R_E /\!/ R_L)}{i_b} = r_{be} + (1+\beta)(R_E /\!/ R_L) = 114.69\text{k}\Omega \tag{2.3.16}$$

再计算共集放大电路的输入电阻：

$$R_i = R_B /\!/ R_i' = R_B /\!/ \left[r_{be} + (1+\beta)(R_E /\!/ R_L) \right] = 82.97\text{k}\Omega \tag{2.3.17}$$

可见，共集放大电路的输入电阻较大。

3）输出电阻

根据输出电阻的定义，画出求输出电阻的电路，如图 2.3.10 所示。

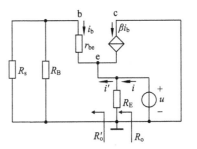

共集电路 R_o 求解

图 2.3.10　共集放大电路输出电阻求解电路

由于电流 i 的大小无法直接看出，而电流 $i' = -(1+\beta)i_b$，因此先求从 R_E 左侧看进去的等效输出电阻：

$$R_o' = \frac{u}{i'} = \frac{-i_b r_{be} - i_b(R_s /\!/ R_B)}{-(1+\beta)i_b} = \frac{r_{be} + (R_s /\!/ R_B)}{1+\beta} = 36.47\Omega \tag{2.3.18}$$

再计算共集放大电路的输出电阻：

$$R_o = R_E /\!/ R_o' = R_E /\!/ \frac{r_{be} + (R_s /\!/ R_B)}{1+\beta} = 36.14\Omega \tag{2.3.19}$$

可见，共集放大电路的输出电阻较小。

2.3.3　三种组态三极管放大电路的比较

双极型三极管三种组态放大电路及其性能，如表 2.3.1 所示。

通过双极型三极管三种组态放大电路的性能比较，可得以下结论。

（1）电压放大倍数：共射、共基放大电路较大，共集放大电路小于 1 但接近于 1。共射放大电路电压放大倍数小于 0，输出电压与输入电压反相。共基和共集放大电路的电压放大倍数大于 0，输出电压和输入电压同相。

（2）输入电阻：共集放大电路最大，共基放大电路最小。

（3）输出电阻：共集放大电路最小。

（4）应用场合：共射放大电路常用作多级放大电路的中间级，起电压放大作用。共集放大电路可用作多级放大电路的输入级、输出级或作为隔离用的中间级。而共基放大电路频率特性好，适用于宽频带信号放大。

表 2.3.1　双极型三极管三种组态放大电路的主要性能比较

分类	共射放大电路	共基放大电路	共集放大电路
电路			
直流通路			

续表

分类	共射放大电路	共基放大电路	共集放大电路
静态工作点 Q	$I_{BQ} = \dfrac{V_{CC} - U_{BEQ}}{R_B}$ $I_{CQ} = \beta I_{BQ}$ $U_{CEQ} = V_{CC} - I_{CQ} R_C$	$U_{BQ} = \dfrac{R_{B1}}{R_{B1} + R_{B2}} V_{CC}$ $I_{CQ} \approx I_{EQ} = \dfrac{U_{BQ} - U_{BEQ}}{R_E}$ $I_{BQ} = I_{CQ}/\beta$ $U_{CEQ} \approx V_{CC} - I_{CQ}(R_C + R_E)$	$I_{BQ} = \dfrac{V_{CC} - U_{BEQ}}{R_B + (1+\beta)R_E}$ $I_{CQ} = \beta I_{BQ}$ $U_{CEQ} = V_{CC} - I_{EQ} R_E$
微变等效电路			
A_u	$-\dfrac{\beta(R_C // R_L)}{r_{be}}$ (大)	$\dfrac{\beta(R_C // R_L)}{r_{be}}$ (大)	$\dfrac{(1+\beta)(R_E // R_L)}{r_{be} + (1+\beta)(R_E // R_L)}$ (小)
R_i	$R_B // r_{be}$ (中)	$R_E // \dfrac{r_{be}}{1+\beta}$ (小)	$R_B // [r_{be} + (1+\beta)(R_E // R_L)]$ (大)
R_o	R_C (大)	R_C (大)	$R_E // \dfrac{r_{be} + (R_s // R_B)}{1+\beta}$ (小)

思考题

2.3.1 三极管放大电路有哪几种组态？如何判断三极管放大电路的组态？

2.3.2 三极管三种组态的放大电路的电压放大倍数、输入电阻、输出电阻各有什么特点？

2.3.3 为什么称共集放大电路为射极跟随器？

2.3.4 共集放大电路有无电压放大能力？为何共集放大电路可用作多级放大电路的输入级、输出级或作为隔离用的中间级？

共集电路应用

2.4 场效应管放大电路

与双极型三极管类似，场效应管也可以构成三种组态（如共源、共栅和共漏）放大电路。由于场效应管工作在饱和区，才能实现交流信号放大，因此必须给场效应管设置合适的静态工作点。本节以共源放大电路为例，首先介绍两种场效应管偏置电路。然后，对三种组态的场效应管放大电路分别进行分析并加以比较。

2.4.1 场效应管偏置电路

1. 自给偏压

自给偏压共源放大电路如图 2.4.1 所示，输入信号加在场效应管的栅极，输出从漏极取出，源极为输入输出回路的公共端。R_S 为源极电阻，R_G 为栅极电阻，R_D 为漏极电阻。

自给偏压共源放大电路的直流通路如图 2.4.2 所示。由于场效应管栅极电流为 0，因此流过电阻 R_G 的电流为 0，栅极电位为 0，则栅极和源极间的电压为

场效应管偏置电路

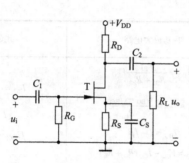

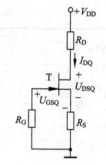

图 2.4.1　自给偏压共源放大电路　　　　　图 2.4.2　直流通路

$$U_{\text{GSQ}} = U_{\text{GQ}} - U_{\text{SQ}} = -I_{\text{DQ}}R_{\text{S}} \tag{2.4.1}$$

漏极和源极间的电压为

$$U_{\text{DSQ}} = V_{\text{DD}} - I_{\text{DQ}}\left(R_{\text{D}} + R_{\text{S}}\right) \tag{2.4.2}$$

同时，工作于恒流区时，耗尽型场效应管的 I_{DQ} 和 U_{GSQ} 应满足转移特性方程，即

$$I_{\text{DQ}} = I_{\text{DSS}}\left(1 - \frac{U_{\text{GSQ}}}{U_{\text{GS(off)}}}\right)^2 \tag{2.4.3}$$

联立式(2.4.1)～式(2.4.3)可以求得 I_{DQ}、U_{GSQ} 和 U_{DSQ}。由于电路中场效应管为 N 沟道结型，其 U_{GSQ} 应满足 $U_{\text{GS(off)}} \leqslant U_{\text{GSQ}} \leqslant 0$，不在该范围的解应该舍去。

该场效应管电路中，栅源电压 U_{GSQ} 是由源极自身的电阻 R_{S} 上的压降来提供的，所以称为自给偏压共源放大电路。由于 $U_{\text{GSQ}} = -I_{\text{DQ}}R_{\text{S}} < 0$，自给偏压电路只能产生反向偏压，因此只适用于耗尽型场效应管，对于增强型 MOS 管组成的放大电路并不适用。

2. 分压式偏压

分压式偏压共源放大电路如图 2.4.3 所示，由于栅极电流为 0，R_{G3} 上的压降为 0，栅极电位由 R_{G1}、R_{G2} 分压得到，不受 R_{G3} 大小的影响，R_{G3} 对静态工作点没有影响。

断开耦合电容 C_1、C_2 和旁路电容 C_3，得直流通路如图 2.4.4 所示。

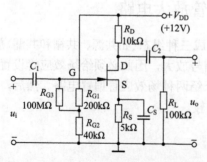

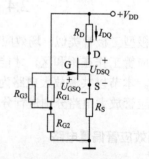

图 2.4.3　分压式偏压共源放大电路　　　　图 2.4.4　直流通路

由直流通路可得以下方程：

$$U_{GSQ} = U_{GQ} - U_{SQ} = \frac{R_{G2}}{R_{G1} + R_{G2}} V_{DD} - I_{DQ} R_S \tag{2.4.4}$$

联立式 (2.4.2)~式 (2.4.4)，可以求得静态工作点的 I_{DQ}、U_{GSQ} 和 U_{DSQ}。由式 (2.4.4) 可见，调整电阻 R_{G1}、R_{G2} 的取值，可调节 U_{GSQ} 的大小，U_{GSQ} 可正可负，所以这种偏置电路适用于各种场效应管。

2.4.2 共源放大电路

图 2.4.1 所示的自给偏压共源放大电路的交流通路如图 2.4.5 所示。

将场效应管用其微变等效模型替代，得到共源放大电路的微变等效电路，如图 2.4.6 所示。

共源放大电路的电压放大倍数为

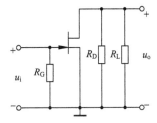

图 2.4.5　自给偏压共源放大电路的交流通路

$$A_u = \frac{u_o}{u_i} = \frac{-g_m u_{gs}(R_D /\!/ R_L)}{u_{gs}} = -g_m (R_D /\!/ R_L) \tag{2.4.5}$$

式中，结型场效应管的 g_m 可由式 (1.4.4) 和式 (1.4.1) 求出：

$$g_m = \left.\frac{\partial i_D}{\partial u_{GS}}\right|_Q = -\frac{2 I_{DSS}}{U_{GS(off)}} \cdot \left(1 - \frac{U_{GSQ}}{U_{GS(off)}}\right) = -\frac{2}{U_{GS(off)}} \cdot \sqrt{I_{DSS} I_{DQ}} \tag{2.4.6}$$

共源放大电路的输入电阻为

$$R_i = R_G \tag{2.4.7}$$

将图 2.4.6 中负载开路，信号源短接（u_{gs} 随之为 0），在输出端加上电压 u，产生电流 i，输出电阻求解电路如图 2.4.7 所示。可得

$$R_o = \frac{u}{i} = R_D \tag{2.4.8}$$

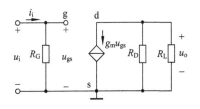

图 2.4.6　微变等效电路

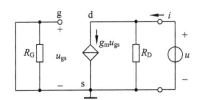

图 2.4.7　求 R_o 的等效电路

【例 2.4.1】　在图 2.4.3 所示的分压式偏压共源放大电路中，已知场效应管参数为 $U_{GS(off)} = -5\text{V}$，$I_{DSS} = 1\text{mA}$。试：

(1) 求静态工作点 Q；

(2) 求放大电路的电压放大倍数 A_u、输入电阻 R_i 和输出电阻 R_o。

解： (1) 求静态工作点 Q。

根据式 (2.4.2)~式 (2.4.4)，求得

$$\begin{cases} I_{DQ} = 0.61\text{mA} \\ U_{GSQ} = -1\text{V} \end{cases}, \quad \begin{cases} I_{DQ} = 3.2\text{mA} \\ U_{GSQ} = -14\text{V} \end{cases} \text{（不合理，舍去）}$$

根据式 (2.4.6)，工作点 Q 上场效应管的跨导为

$$g_m = -\frac{2I_{DSS}}{U_{GS(off)}} \cdot \left(1 - \frac{U_{GSQ}}{U_{GS(off)}}\right) = 0.32\text{mS}$$

(2) 画出交流通路如图 2.4.8 所示。

将场效应管用微变等效模型替代，得共源放大电路的微变等效电路如图 2.4.9 所示。

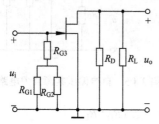
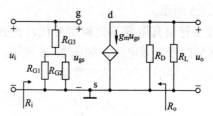

图 2.4.8　例 2.4.1 交流通路　　　　　　图 2.4.9　例 2.4.1 微变等效电路

共源放大电路的电压放大倍数为

$$A_u = \frac{u_o}{u_i} = \frac{-g_m u_{gs}(R_D//R_L)}{u_{gs}} = -g_m(R_D//R_L) = -2.91$$

输入电阻为

$$R_i = R_{G3} + R_{G1}//R_{G2} \approx 100\text{M}\Omega$$

可见，如果选取阻值大的 R_{G3}，可以提高放大电路的输入电阻，而 R_{G3} 的大小并不影响放大电路的静态工作点和电压放大倍数。

输出电阻为

$$R_o = R_D = 10\text{k}\Omega$$

2.4.3　共漏放大电路

图 2.4.10 为共漏放大电路，采用了分压式自偏压电路来提供静态工作点，放大器件为 N 沟道结型场效应管。

1. 静态分析

共漏放大电路的直流通路如图 2.4.11 所示。

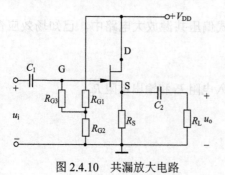

图 2.4.10　共漏放大电路　　　　　　图 2.4.11　共漏放大电路的直流通路

$$U_{GSQ} = U_{GQ} - U_{SQ} = \frac{R_{G2}}{R_{G1} + R_{G2}} V_{DD} - I_{DQ} R_S \tag{2.4.9}$$

$$U_{DSQ} = V_{DD} - I_{DQ} R_S \tag{2.4.10}$$

$$I_{DQ} = I_{DSS} \left(1 - \frac{U_{GSQ}}{U_{GS(off)}} \right)^2 \tag{2.4.11}$$

联立式(2.4.9)～式(2.4.11)可以求得静态工作点 I_{DQ}、U_{GSQ} 和 U_{DSQ}。对于 N 沟道结型场效应管，其 U_{GSQ} 应满足 $U_{GS(off)} \leqslant U_{GSQ} \leqslant 0$，不满足该范围的解应该舍去。

结型场效应管工作点 Q 上的跨导

$$g_m = -\frac{2I_{DSS}}{U_{GS(off)}} \cdot \left(1 - \frac{U_{GSQ}}{U_{GS(off)}} \right) \tag{2.4.12}$$

2. 动态分析

图 2.4.12 为共漏放大电路的交流通路，其微变等效电路如图 2.4.13 所示。

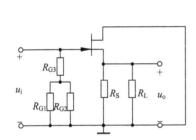

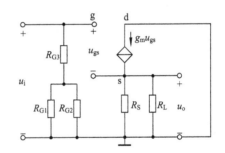

图 2.4.12　共漏放大电路的交流通路　　　图 2.4.13　共漏放大电路的微变等效电路

共漏放大电路的电压放大倍数为

$$A_u = \frac{u_o}{u_i} = \frac{g_m u_{gs} (R_S /\!/ R_L)}{u_{gs} + g_m u_{gs} (R_S /\!/ R_L)} = \frac{g_m (R_S /\!/ R_L)}{1 + g_m (R_S /\!/ R_L)} \tag{2.4.13}$$

共漏放大电路的输入电阻为

$$R_i = R_{G3} + R_{G1} /\!/ R_{G2} \tag{2.4.14}$$

将负载开路、信号源短接，在输出端加上电压 u，产生电流 i，得输出电阻的电路如图 2.4.14 所示。

$$R_o = R_S /\!/ R_o' = R_S /\!/ \frac{u}{i'} = R_S /\!/ \frac{-u_{gs}}{-g_m u_{gs}} = R_S /\!/ \frac{1}{g_m}$$
$$\tag{2.4.15}$$

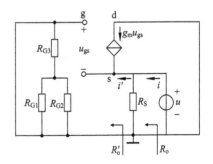

图 2.4.14　求共漏放大电路 R_o 的电路

可见，共漏放大电路的 $A_u < 1$，没有电压放大能力，u_o 和 u_i 相位相同，R_i 很大，R_o 很小。

2.4.4　共栅放大电路

共栅放大电路如图 2.4.15 所示，输入加在场效应管的源极，输出从漏极取出，栅极为输入、输出回路的公共端。

1. 静态分析

共栅放大电路的直流通路如图 2.4.16 所示，其静态工作点计算如下：

$$U_{GSQ} = U_{GQ} - U_{SQ} = \frac{R_{G2}}{R_{G1} + R_{G2}} V_{DD} - I_{DQ} R_S \tag{2.4.16}$$

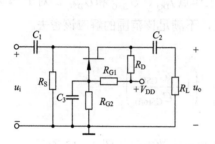
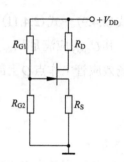

图 2.4.15　共栅放大电路　　　　　图 2.4.16　共栅放大电路的直流通路

$$U_{DSQ} = V_{DD} - I_{DQ} R_D - I_{DQ} R_S = V_{DD} - I_{DQ} (R_D + R_S) \tag{2.4.17}$$

$$I_{DQ} = I_{DSS} \left(1 - \frac{U_{GSQ}}{U_{GS(off)}} \right)^2 \tag{2.4.18}$$

2. 动态分析

共栅放大电路的交流通路如图 2.4.17 所示，其微变等效电路如图 2.4.18 所示。

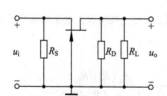
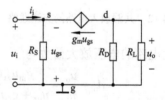

图 2.4.17　共栅放大电路的交流通路　　图 2.4.18　共栅放大电路的微变等效电路

共栅放大电路的电压放大倍数为

$$A_u = \frac{u_o}{u_i} = \frac{-g_m u_{gs}(R_D // R_L)}{-u_{gs}} = g_m (R_D // R_L) \tag{2.4.19}$$

共栅放大电路的输入电阻为

$$R_i = R_S // R_i' = R_S // \frac{-u_{gs}}{-g_m u_{gs}} = R_S // \frac{1}{g_m} \tag{2.4.20}$$

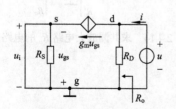

图 2.4.19　求共栅放大电路 R_o 的电路

共栅放大电路求输出电阻的电路如图 2.4.19 所示，将负载开路、信号源短接（u_i 随之为 0），有 $u_{gs} = 0$，受控电流源 $g_m u_{gs} = 0$，受控电流源所在的支路相当于断开。

$$R_o = R_D \tag{2.4.21}$$

可见，共栅放大电路具有电压放大能力，u_o 和 u_i 相位相同，R_i 很小，R_o 较大。

2.4.5 三种组态场效应管放大电路的比较

三种组态场效应管放大电路及其性能列于表 2.4.1 中。

表 2.4.1 三种组态场效应管放大电路的主要性能比较

分类	共源放大电路	共漏放大电路	共栅放大电路
电路			
直流通路			
静态工作点 Q	$U_{GSQ} = -I_{DQ}R_S$ $U_{DSQ} = V_{DD} - I_{DQ}(R_D+R_S)$ $I_{DQ} = I_{DSS}\left(1 - \dfrac{U_{GSQ}}{U_{GS(off)}}\right)^2$	$U_{GSQ} = \dfrac{R_{G2}}{R_{G1}+R_{G2}}V_{DD} - I_{DQ}R_S$ $U_{DSQ} = V_{DD} - I_{DQ}R_S$ $I_{DQ} = I_{DSS}\left(1 - \dfrac{U_{GSQ}}{U_{GS(off)}}\right)^2$	$U_{GSQ} = \dfrac{R_{G2}}{R_{G1}+R_{G2}}V_{DD} - I_{DQ}R_S$ $U_{DSQ} = V_{DD} - I_{DQ}(R_D+R_S)$ $I_{DQ} = I_{DSS}\left(1 - \dfrac{U_{GSQ}}{U_{GS(off)}}\right)^2$
微变等效电路			
A_u	$-g_m(R_D /\!/ R_L)$	$\dfrac{g_m(R_S /\!/ R_L)}{1 + g_m(R_S /\!/ R_L)}$	$g_m(R_D /\!/ R_L)$
R_i	R_G	$R_{G3} + R_{G1} /\!/ R_{G2}$	$R_S /\!/ \dfrac{1}{g_m}$
R_o	R_D	$R_S /\!/ \dfrac{1}{g_m}$	R_D

场效应管共源、共栅、共漏放大电路分别与双极型三极管共射、共基、共集放大电路相对应。归纳起来，三种组态场效应管放大电路的主要特点如下：

(1)共源、共栅放大电路的电压放大倍数较大，共漏放大电路的电压放大倍数小于1。共源放大电路的输出电压与输入电压反相，共漏、共栅放大电路的输出电压与输入电压同相。

(2)共栅放大电路的输入电阻最小。

(3)共漏放大电路的输出电阻最小。

思考题

2.4.1　场效应管放大电路的偏置电路有哪两种？

2.4.2　自偏压电路适用于哪几种场效应管组成的放大电路？为什么？

2.4.3　场效应管放大电路有几种组态？哪种组态输入电阻最小？

2.4.4　试比较三种组态的场效应管放大电路，归纳各自的主要性能特点。

2.5　多级放大电路

单级放大电路的性能指标往往不能满足电路或系统的设计要求。例如，不能同时兼顾较高的电压放大倍数(如大于 1000)、较大的输入电阻(如大于1MΩ)和较小的输出电阻(如小于100Ω)等性能指标。在实际应用中，需将多个单级放大电路级联起来组成多级放大电路，如图 2.5.1 所示。

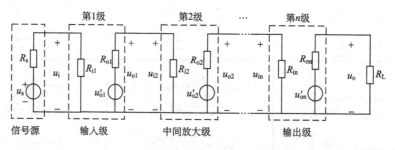

图 2.5.1　多级放大电路的组成示意图

其中，和信号源相连接的第一级放大电路称为输入级，与负载相连接的最后一级放大电路称为输出级，输出级和输入级之间的放大电路称为中间级。由于不同组态的单级放大电路性能不同，因此在构成多级放大器时，应合理组合，用尽可能少的单级放大电路来满足系统设计要求。本节介绍多级放大电路的级间连接方式及其性能指标的分析方法。

2.5.1　级间耦合方式

多级放大电路的级与级之间、放大电路与信号源之间、放大电路与负载之间的连接，统称为信号的耦合。常见的耦合方式有三种：阻容耦合、变压器耦合和直接耦合。

1. 阻容耦合

将前级放大电路的输出通过电容接到后级放大电路的输入端或负载上，这种耦合方式称为**阻容耦合**。阻容耦合在分立元件组成的信号放大电路中有广泛的应用。

图 2.5.2 为阻容耦合的两级放大电路。电容
C_1、C_2、C_3 为耦合电容，它们分别将信号源与
放大电路的第一级、第一级与第二级、第二级与
负载连接起来。

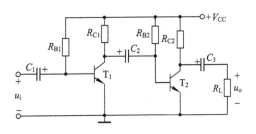

图 2.5.2　阻容耦合的两级放大电路

阻容耦合的优点：

(1) 各级电路的静态工作点相互独立。由于耦
合电容隔断了级间的直流通路，因此各级静态工
作点互不影响，静态工作点设计和调整比较方便。

(2) 当耦合电容容值较大，且信号频率较高时，耦合电容的容抗较小(交流电压降近似
为零)，放大电路能保证较高的电压放大倍数。

阻容耦合的缺点：

(1) 不能放大直流信号，低频电压放大倍数降低。耦合电容对直流信号相当于断开，无
法放大直流信号。低频时，耦合电容的容抗较大，低频信号在耦合电容上的压降很大，使
得电压放大倍数大大降低。

(2) 难以集成化。集成芯片中不能制作大容量的耦合电容，阻容耦合只能应用于分立元
件电路。

2. 变压器耦合

将输入信号源或前级放大电路的输出通过变压器接到后级放大电路的输入端或负载
上，这种耦合方式称为**变压器耦合**。图 2.5.3 所示为典型的变压器耦合放大电路，输入信号
通过变压器 $\mathrm{Tr_1}$ 的次级加到多级放大电路的第一级输入端，第一级的输出通过变压器 $\mathrm{Tr_2}$ 的
次级加到第二级放大电路的输入端，第二级的输出通过变压器 $\mathrm{Tr_3}$ 的次级传输到负载 R_L。

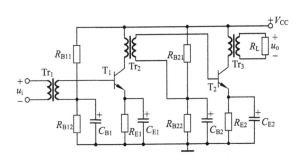

图 2.5.3　变压器耦合多级放大电路

变压器耦合的优点：

(1) 各级放大电路的静态工作点相互独立，便于分析、设计和调试。

(2) 由于变压器具有变阻抗的功能，选择合适的匝数比，可使后级或负载上得到足够大
的电压。

设变压器 $\mathrm{Tr_3}$ 的匝比为 k，则副边电阻 R_L 折算到原边的等效电阻 R_L' 大小为

$$R_\mathrm{L}' = k^2 R_\mathrm{L}$$

根据所需的电压放大倍数，可以选择合适的变压器匝数比，使负载上获得足够大的电
压，或通过阻抗匹配获得较大的输出功率。

变压器耦合的缺点：

(1) 低频特性差，不能放大变化缓慢的信号。

(2) 变压器体积大且笨重，不能集成化。

3. 直接耦合

将前级放大电路的输出信号直接连接到后级放大电路的输入端的耦合方式称为**直接耦合**。

直接耦合的优点：

(1) 放大电路中无耦合电容或变压器，因此，低频特性好，能放大缓慢变化的低频信号和直流信号。

(2) 易于将全部电路集成在一块半导体基片上。在集成放大电路中，几乎均采用直接耦合方式。

直接耦合的缺点：

(1) 前、后级电路的静态工作点互相影响，必须考虑各级电平配置问题。

常见的直接耦合电路如图 2.5.4 所示。图 2.5.4 (a) 中，R_{C1} 兼作第一级的集电极电阻和第二级的基极电阻，只要取值合适，就可以为 T_2 管提供合适的基极电流。第二级发射极接电阻 R_{E2}，若去掉发射极电阻 R_{E2}，将发射极直接接地，前级 T_1 的集电极电位等于后级 T_2 的基极电位，即 $U_{CE1} = U_{BE2} \approx 0.7V$。

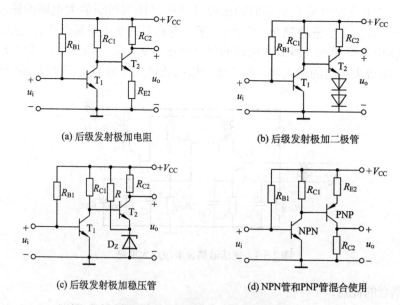

(a) 后级发射极加电阻　　　　　　(b) 后级发射极加二极管

(c) 后级发射极加稳压管　　　　　(d) NPN管和PNP管混合使用

图 2.5.4　直接耦合多级放大电路

这将使得前级电路中 T_1 管 c-e 之间的动态范围太小，三极管容易进入饱和状态。为了使三极管 T_1 有合适的静态工作点，避免工作于饱和区，需增加 U_{CE1}，可以在 T_2 管发射极接入电阻 R_{E2}，以提高 T_2 管基极电位，从而提高 U_{CE1}，如图 2.5.4 (a) 所示。

然而，增加发射极电阻 R_{E2}，将会使得第二级的电压放大倍数明显下降。因此，可以考虑采用二极管或者稳压管来代替发射极电阻 R_{E2}，如图 2.5.4 (b)、(c) 所示。二极管和稳压管对直流信号，可以抬高T_2基极电位，但对交流信号呈现很小的交流电阻。这样，既保证设置合适的静态工作点，又对放大电路的电压放大能力影响不大。

在图 2.5.4(a)、(b)、(c)所示电路中，为使得各级晶体管都工作在放大区，必然要求三极管集电极电位高于基极电位。在多级 NPN 管构成的放大电路中，越向后级，集电极电位也就越高，并且趋近于电源电压V_{CC}，允许输出信号的最大输出幅度就受到限制。图 2.5.4(d)中将 NPN 管和 PNP 管混合使用，避免仅使用 NPN 管带来的多级放大电路集电极电位逐级抬高的问题。在图 2.5.4(d)中，虽然T_1管的集电极电位高于其基极电位，但是，由于T_2管为 PNP 型，工作于放大区时，其集电极电位比基极电位低，因此，在多级直接耦合时，不会引起集电极电位逐级抬高。这种连接方式，在分立元件或者集成的直接耦合电路中都被广泛采用。

(2)存在零点漂移问题。

直接耦合放大电路最突出的问题是存在零点漂移。如果将直接耦合放大电路的输入端对地短接，从理论上讲，输出电压应该恒定不变，但实际上，输出电压将缓慢地发生不规则的变化，这种现象称为零点漂移。

产生零点漂移现象的主要原因是：三极管器件参数随温度变化而变化，导致静态工作点不稳定，所以零点漂移也称为温度漂移。这种静态工作点不稳定可看作缓慢变化的干扰信号，在直接耦合放大电路中，由于前后级直接相连，干扰信号将被放大器逐级传递并放大，以致有时在放大电路输出端很难区分有用信号产生的输出和漂移引起的输出，放大电路不能正常工作。一般来说，放大器第一级的零点漂移对放大电路输出的影响最大，而且放大器的级数越多，零点漂移将越严重。

抑制零点漂移，即抑制Q点的变化，常用的方法有：①引入直流负反馈来稳定静态工作点，如 2.2.3 节的分压式偏置共射放大电路；②输入级采用 3.2 节中介绍的差动放大电路，利用特性相同的管子，使其温度漂移互相抵消。

2.5.2 多级放大电路分析

对于多级放大电路，一般通过计算每一级的性能指标来获得多级放大电路的性能指标。

1. 电压放大倍数

在多级放大电路中，由图 2.5.1 可见，前级的输出电压就是后级的输入电压，即$u_{o1}=u_{i2}$，$u_{o2}=u_{i3}$，$\cdots$，$u_{o(n-1)}=u_{in}$，所以，n级放大器的总电压放大倍数A_u可表示为

$$A_u = \frac{u_o}{u_i} = \frac{u_{o1}}{u_i}\frac{u_{o2}}{u_{o1}}\cdots\frac{u_o}{u_{o(n-1)}} = A_{u1}A_{u2}\cdots A_{un} \tag{2.5.1}$$

可见，多级放大电路的电压放大倍数等于各级放大电路电压放大倍数的乘积。值得注意的是，在计算每一级电压放大倍数时，要考虑前、后级之间的相互影响。可以将后级的输入电阻作为前级的负载来考虑，如图 2.5.5(a)所示；也可以将前级的开路电压和输出电阻作为后级的信号源来考虑，如图 2.5.5(b)所示。两种方法计算所得电压放大倍数的结果应该是相同的。通常采用前一种方法，将后级的输入电阻作为前级的负载来考虑。需要先计算后级输入电阻，才能求前级的电压放大倍数。因此，多级放大电路动态指标的计算建议先求各级输入电阻的大小。

2. 输入电阻

多级放大电路的输入电阻等于第一级放大电路的输入电阻，即

$$R_i = \frac{u_i}{i_i} = \frac{u_{i1}}{i_{i1}}\bigg|_{R_{L1}=R_{i2}} = R_{i1} \tag{2.5.2}$$

当输入级为共集放大电路时，其输入电阻将和负载电阻即后级的输入电阻有关，所以需要先计算出后级的输入电阻。多级放大电路输入电阻求解顺序为先求后级的输入电阻，再求前级的输入电阻。

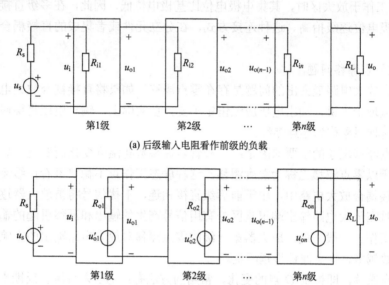

(a) 后级输入电阻看作前级的负载

(b) 前级开路电压和输出电阻看作后级的信号源

图 2.5.5　多级放大电路前后级影响的两种分析方法

3. 输出电阻

多级放大电路的输出电阻等于输出级的输出电阻，即

$$R_o = \frac{u_o}{i_o}\bigg|_{\substack{u_s=0 \\ R_L=\infty}} = R_{on} \tag{2.5.3}$$

当输出级为共集放大电路时，其输出电阻将与等效信号源内阻(即前级的输出电阻)有关，所以需要先计算出前级的输出电阻。多级放大电路输出电阻的求解顺序为先求前级的输出电阻，再求后级的输出电阻。

【例 2.5.1】　阻容耦合共射-共集放大电路如图 2.5.6 所示，$\beta_1 = \beta_2 = 50$，$U_{BE1} = U_{BE2} = 0.7\text{V}$，$r_{bb'} = 200\Omega$。试：

(1) 计算各级电路的静态工作点；

(2) 计算 A_u、R_i 和 R_o；

(3) 若不接 T_2 组成的共集放大电路，将 R_L 直接接在第一级的输出端时，重复问题(2)；

(4) 对比(2)、(3) 的计算结果，说明接入 T_2 组成的共集电路对放大电路性能的影响。

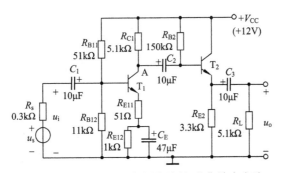

图 2.5.6　两级阻容耦合共射-共集放大电路

解：(1)计算各级电路的静态工作点。

第一级：
$$U_{B1Q} = \frac{R_{B12}}{R_{B11} + R_{B12}} V_{CC} = \frac{12 \times 11}{51 + 11} = 2.13(V)$$

$$I_{C1Q} \approx I_{E1Q} = \frac{U_{B1Q} - U_{BE1}}{R_{E11} + R_{E12}} = \frac{2.13 - 0.7}{1 + 0.051} = 1.36(mA)$$

$$I_{B1Q} = \frac{I_{C1Q}}{\beta} = \frac{1.36mA}{50} = 27.2\mu A$$

$$U_{CE1Q} = V_{CC} - I_{C1Q}(R_{C1} + R_{E11} + R_{E12}) = 12 - 1.36 \times (5.1 + 0.051 + 1) = 3.63(V)$$

第二级：
$$I_{B2Q} = \frac{V_{CC} - U_{BE2}}{R_{B2} + (1 + \beta_2)R_{E2}} = \frac{12 - 0.7}{150 + 51 \times 3.3} = 0.036(mA)$$

$$I_{C2Q} = \beta I_{B2Q} = 50 \times 0.036 = 1.8(mA)$$

$$U_{CE2Q} = V_{CC} - I_{C2Q}R_{E2} = 12 - 1.8 \times 3.3 = 6.06(V)$$

(2)求 A_u、R_i 和 R_o。

画出阻容耦合共射-共集放大电路的交流通路和微变等效电路，分别如图 2.5.7 和图 2.5.8 所示。

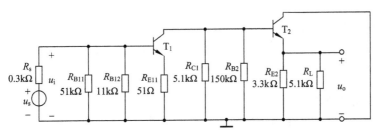

图 2.5.7　阻容耦合共射-共集放大电路的交流通路

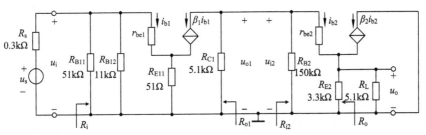

图 2.5.8　阻容耦合共射-共集放大电路的微变等效电路

$$r_{be1} = r_{bb'} + (1+\beta_1)\frac{26\text{mV}}{I_{E1Q}} = 200\Omega + 51 \times \frac{26\text{mV}}{1.36\text{mA}} = 1.18\text{k}\Omega$$

$$r_{be2} = r_{bb'} + (1+\beta_2)\frac{26\text{mV}}{I_{E2Q}} = 200\Omega + 51 \times \frac{26\text{mV}}{1.8\text{mA}} = 0.94\text{k}\Omega$$

先求各级电路的输入电阻(后级 → 前级):

$$R_{i2} = R_{B2} // [r_{be2} + (1+\beta_2)(R_{E2}//R_L)] = 61.05\text{k}\Omega$$

$$R_i = R_{B11}//R_{B12}//[r_{be1} + (1+\beta_1)R_{E11}] = 2.67\text{k}\Omega$$

计算各级电路的电压放大倍数,再计算总电压放大倍数:

$$A_{u1} = -\frac{\beta_1(R_{C1}//R_{i2})}{r_{be1}+(1+\beta_1)R_{E11}} = -62.3$$

$$A_{u2} = \frac{(1+\beta_2)(R_{E2}//R_L)}{r_{be2}+(1+\beta_2)(R_{E2}//R_L)} = 0.99$$

$$A_u = A_{u1}A_{u2} = -62.3 \times 0.99 = -61.68$$

计算各级电路的输出电阻(前级 → 后级):

$$R_{o1} = R_{C1} = 5.1\text{k}\Omega$$

$$R_o = R_{E2} // \frac{r_{be2}+(R_{B2}//R_{o1})}{1+\beta_2} = 0.11\text{k}\Omega$$

(3)计算 R_L 直接接在第一级的输出端时,电路的电压放大倍数。

$$A_u = A_{u1} = -\frac{\beta_1(R_{C1}//R_L)}{r_{be1}+(1+\beta_1)R_{E11}} = -33.73$$

$$R_i = R_{B11}//R_{B12}//[r_{be1}+(1+\beta_1)R_{E11}] = 2.67\text{k}\Omega$$

$$R_o = R_{C1} = 5.1\text{k}\Omega$$

(4)说明接入 T_2 组成的共集电路,对放大电路性能的影响。

由计算结果可见,尽管 T_2 组成的共集放大电路的放大倍数约为 1,但由于其输入电阻高,与第一级相连后,作为第一级的负载,提高了第一级的电压放大倍数,从而多级放大电路的放大倍数比单级高。同时,T_2 组成的共集放大电路具有较低的输出电阻,也大大提高了电路的带负载能力。

📖 **价值观:团结协作**

不同组态的单级放大电路性能不同,通过合理组合、合适连接构成多级放大电路,可以提高放大电路的性能,满足电路或系统的设计要求。

社会的发展,让个体间的分工变得越来越精细,没有谁是万能的,也没有谁能得心应手地做好所有工作。如果团队成员之间能互相沟通、切磋和学习,取长补短,这个团队就更容易把事情做到最佳效果。从"两弹一星"的成功发射,到中国女排的五连夺冠、汶川震后的救援重建、全国抗疫的守望相助……无不彰显中华民族同舟共济、团结协作的家国情怀。

在例 2.5.1 中,在计算两级放大电路的电压放大倍数时,采用了将后级放大电路作为前级放大电路的负载来考虑的分析方法,也可以将前级放大电路作为后级放大电路的等效信号源考虑，来求多级放大电路的电压放大倍数。

负载开路时第一级电路的电压放大倍数：

$$A'_{u1} = \frac{u'_{o1}}{u_i} = -\frac{\beta_1 R_{C1}}{r_{be1} + (1+\beta_1) R_{E11}}$$

第二级电路的源电压放大倍数：

$$A'_{u2} = \frac{u_o}{u'_{o1}} = \frac{(1+\beta_2)(R_{E2}//R_L)}{[r_{be2} + (1+\beta_2)(R_{E2}//R_L)] \cdot \dfrac{R_{i2} + R_{C1}}{R_{i2}}}$$

两级电路的总电压放大倍数

$$A'_u = A'_{u1} A'_{u2} = -\frac{\beta_1 R_{C1}}{r_{be1} + (1+\beta_1) R_{E11}} \cdot \frac{(1+\beta_2)(R_{E2}//R_L)}{[r_{be2} + (1+\beta_2)(R_{E2}//R_L)] \cdot \dfrac{R_{i2} + R_{C1}}{R_{i2}}}$$

$$= -\frac{\beta_1 R_{C1} \dfrac{R_{i2}}{R_{i2} + R_{C1}}}{r_{be1} + (1+\beta_1) R_{E11}} \cdot \frac{(1+\beta_2)(R_{E2}//R_L)}{[r_{be2} + (1+\beta_2)(R_{E2}//R_L)]}$$

$$= -\frac{\beta_1 (R_{C1}//R_{i2})}{r_{be1} + (1+\beta_1) R_{E11}} \cdot \frac{(1+\beta_2)(R_{E2}//R_L)}{[r_{be2} + (1+\beta_2)(R_{E2}//R_L)]} = A_{u1} A_{u2} = A_u$$

由此可见，考虑前、后级电路相互影响的两种分析方法，计算得到的总电压放大倍数相同。

多级放大
电路应用

思考题

2.5.1　多级放大电路主要有哪些耦合方式？各种方式有何优、缺点？

2.5.2　什么是零点漂移？放大电路中产生零点漂移的主要原因是什么？

2.5.3　对于多级放大电路性能指标，一般应先求 A_u 还是 R_i？

2.5.4　计算每一级电压放大倍数时，需考虑前、后级之间的相互影响，有几种分析方法？分别如何考虑？

2.6　放大电路频率响应

前述利用 H 参数微变等效电路求解放大电路的放大倍数时，把双极型三极管的极间电容和线路分布电容(其典型值在 1~10pF 量级)视为对交流信号开路，而把耦合电容和旁路电容(其典型值在 10μF 量级)视为对交流信号短路，由此所求得的电压放大倍数为与信号频率无关的常数。事实上，上述对电抗元件的近似处理方法只适用于输入信号处于中频时。当信号频率下降到一定程度时，常称信号处于低频区，此时耦合电容和旁路电容的容抗增大，它们对交流信号而言不能简单地视为短路。由于电容的容抗与信号频率有关，故低频时放大倍数与频率有关。同样，当信号频率升高到一定程度时，常称信号处于高频区，此时三极管的极间电容和线路分布电容的影响不可忽略，导致高频时电压放大倍数也与信号频率有关。

综上所述，由于电抗性元件的阻抗随输入信号频率变化，实际的放大电路在全频段上的电压放大倍数不再是一个与信号频率无关的实常数，而是信号频率的复函数。

2.6.1　频率响应概念

对不同频率的信号，放大电路电压放大倍数的大小和相移(输出和输入信号之间的相位差)均随信号频率而变化，即放大倍数是频率的函数，这种函数关系称为频率响应或频率特性。

1. 幅频特性和相频特性

放大电路电压放大倍数可表示为频率的复函数：

$$\dot{A}_u = \left| \dot{A}_u(f) \right| \angle \varphi(f) \tag{2.6.1}$$

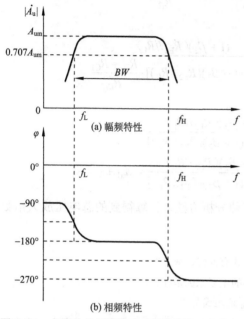

图 2.6.1　典型的共射放大电路的幅频和相频特性

式中，$\left| \dot{A}_u(f) \right|$ 表示电压放大倍数的大小随频率变化的关系，称为幅频特性；$\varphi(f)$ 表示输出电压与输入电压之间的相位差随频率变化的关系，称为相频特性。

2. 上限频率、下限频率和通频带

图 2.6.1 所示为典型的共射放大电路的幅频和相频特性。放大电路在中频段的电压放大倍数通常称为中频电压放大倍数，用 A_{um} 表示。当频率升高或者频率降低时，放大电路的放大倍数都将下降，放大倍数下降为 $\dfrac{1}{\sqrt{2}} A_{um}$ 时，所对应的高频频率和低频频率分别称为放大电路的**上限频率** f_H 和**下限频率** f_L，二者之间的频率范围称为**通频带**，用 $BW_{0.7}$ 或 BW 表示，即

$$BW_{0.7} = f_H - f_L \tag{2.6.2}$$

通频带是用来描述放大电路对不同频率信号适应能力的性能指标之一，任何一个具体的放大电路都有一个确定的通频带。因此，在设计放大电路时，应先了解信号的频率范围，以使所设计的电路满足信号的频率范围；而在使用放大电路前，应查阅手册、资料或实测其通频带，以确定放大电路的适用频率范围。

3. 频率失真

由于放大电路通频带的宽度有一定限制，当输入信号包含多次谐波时，放大电路对不同频率成分的放大倍数的大小和相移不同，将使得输出和输入不成比例，输出波形可能产生频率失真。

例如，图 2.6.2 中，输入电压 u_i 包含基波和二次谐波。在图 2.6.2(a)中，由于放大电路对不同频率信号成分的电压放大倍数的幅度不同，导致 u_o 波形失真，这种失真称为**幅频失真**。在图 2.6.2(b)中，由于不同频率信号成分通过放大电路后产生的相移不同，导致 u_o 波形失真，这种失真称为**相频失真**。

幅频失真和相频失真统称为"频率失真"，两者都是由电路的线性电抗元件引起的，故又称为**线性失真**。与前面放大电路的非线性失真相比，虽然从现象来看，同样表现为输出信号不能如实反映输入信号的波形，但是这两种失真的根本原因不同。频率失真是由放大

电路的通频带不够宽，对不同频率信号的输出响应不同而产生的；而非线性失真是由放大器件的非线性特性产生的。频率失真与非线性失真的一个重要区别是：频率失真在输出信号中不会产生新的频率成分，而非线性失真将使输出信号中出现新的频率成分。

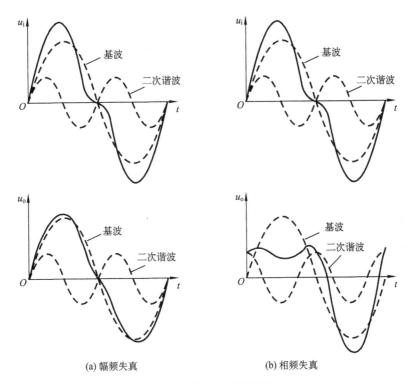

(a) 幅频失真　　　　　　　　　　　　(b) 相频失真

图 2.6.2　幅频失真和相频失真

2.6.2　RC 电路频率响应及伯德图表示

在分析放大电路的频率响应过程中，经常会遇到 RC 高通电路和低通电路，本节讨论这两种电路的频率响应。

电路的频率响应通常用伯德图表示。伯德图（Bode diagram）由绘制在半对数坐标纸上的幅频特性和相频特性曲线两部分组成，它们的横轴均表示频率 f，采用对数分度；幅频特性的纵轴用 $20\lg\left|\dot{A}_{\mathrm{u}}(f)\right|$ 表示，称为对数增益，单位是分贝（dB），采用线性分度；相频特性的纵轴为 $\varphi(f)$，单位是度，采用线性分度。这样不但拓宽了表示信号的频率范围，而且可将多级放大电路各级电压放大倍数的乘法运算转换成加法运算。在工程上，伯德图通常不是逐点描绘的，而是采用渐近线来近似表示。

1. RC 高通电路

图 2.6.3 所示为一个 RC 高通电路。其电压放大倍数为

$$\dot{A}_{\mathrm{u}} = \frac{\dot{U}_{\mathrm{o}}}{\dot{U}_{\mathrm{i}}} = \frac{R}{R + \dfrac{1}{\mathrm{j}\omega C}} = \frac{1}{1 + \dfrac{1}{\mathrm{j}\omega RC}} \qquad (2.6.3)$$

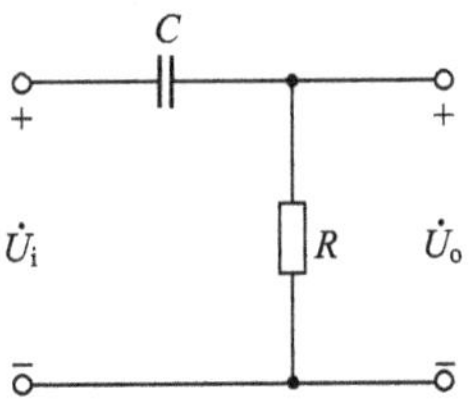

图 2.6.3　RC 高通电路

令

$$f_{\mathrm{L}} = \frac{1}{2\pi\tau_{\mathrm{L}}} = \frac{1}{2\pi RC} \tag{2.6.4}$$

式中，$\tau_{\mathrm{L}} = RC$ 为高通电路的时间常数。

于是，RC 高通电路的电压放大倍数可表示为

$$\dot{A}_{\mathrm{u}} = \frac{1}{1 + \dfrac{1}{\mathrm{j}\omega RC}} = \frac{1}{1 - \mathrm{j}\dfrac{f_{\mathrm{L}}}{f}} \tag{2.6.5}$$

对式(2.6.5)取模，可得幅频特性表达式为

$$\left|\dot{A}_{\mathrm{u}}\right| = \frac{1}{\sqrt{1 + \left(\dfrac{f_{\mathrm{L}}}{f}\right)^2}} \tag{2.6.6}$$

对式(2.6.5)取相角，可得相频特性表达式为

$$\varphi(f) = \arctan\left(\frac{f_{\mathrm{L}}}{f}\right) \tag{2.6.7}$$

为了画幅频特性的伯德图，将式(2.6.6)取对数，可得对数幅频特性：

$$20\lg\left|\dot{A}_{\mathrm{u}}\right| = -20\lg\sqrt{1 + \left(\dfrac{f_{\mathrm{L}}}{f}\right)^2} \tag{2.6.8}$$

分析式(2.6.8)，可知：

(1)当 $f \gg f_{\mathrm{L}}$ 时，$20\lg\left|\dot{A}_{\mathrm{u}}\right| \approx -20\lg 1 = 0\mathrm{dB}$，幅频特性曲线在横轴上。

(2) 当 $f \ll f_{\mathrm{L}}$ 时，$20\lg\left|\dot{A}_{\mathrm{u}}\right| \approx -20\lg\dfrac{f_{\mathrm{L}}}{f} = 20\lg\dfrac{f}{f_{\mathrm{L}}}$。当频率增加为十倍频时，$20\lg\dfrac{10f}{f_{\mathrm{L}}} = 20\lg 10 + 20\lg\dfrac{f}{f_{\mathrm{L}}} = 20 + 20\lg\dfrac{f}{f_{\mathrm{L}}}$，即频率增加为十倍频，$20\lg\left|\dot{A}_{\mathrm{u}}\right|$ 相应增加 20dB。所以，幅频特性曲线可用一条斜率为 20dB/十倍频的直线表示。

(3)当 $f = f_{\mathrm{L}}$ 时，$20\lg\left|\dot{A}_{\mathrm{u}}\right| = -20\lg\sqrt{2} = 20\lg\dfrac{1}{\sqrt{2}} = -3\mathrm{dB}$，$f_{\mathrm{L}}$ 为高通电路的下限频率，在该频率点处，电压放大倍数 $\left|\dot{A}_{\mathrm{u}}\right|$ 下降为中频电压放大倍数 1 的 $\dfrac{1}{\sqrt{2}}$。对于幅频特性曲线 $20\lg\left|\dot{A}_{\mathrm{u}}\right|$，在频率 $f = f_{\mathrm{L}}$ 处，其值将在中频 0dB 的基础上下降 3dB。

根据上述讨论，可以画出幅频特性如图 2.6.4(a)所示。图中，实线为实际幅频特性，虚线为幅频特性渐近伯德图，它由两条渐近线组成，并在 f_{L} 处转折，故 f_{L} 又称为(下限)转折频率。渐近伯德图与实际幅频特性曲线十分接近。可以证明，二者之间的最大误差为 3dB，发生在 $f = f_{\mathrm{L}}$ 处。由幅频特性曲线可见，该电路可通过高频信号，而对低频信号具有衰减作用，故称为 RC 高通电路。

分析式(2.6.7)，可知：

(1)当 $f \gg f_{\mathrm{L}}$（如 $f \geqslant 10f_{\mathrm{L}}$）时，$\varphi \approx 0°$。

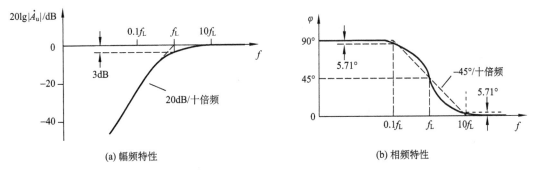

(a) 幅频特性　　　　　　　　　　　　(b) 相频特性

图 2.6.4　RC 高通电路频率响应伯德图

(2) 当 $f \ll f_{\mathrm{L}}$（如 $f \leqslant 0.1 f_{\mathrm{L}}$）时，$\varphi \approx 90°$。

(3) 当 $f = f_{\mathrm{L}}$ 时，$\varphi = 45°$。

由此，可以画出相频特性如图 2.6.4(b) 所示。图中，实线为实际相频特性，虚线为相频特性渐近伯德图，它由三条渐近线组成：当 $f \geqslant 10 f_{\mathrm{L}}$ 时，用 $\varphi = 0°$ 的直线即横坐标轴来表示；当 $f \leqslant 0.1 f_{\mathrm{L}}$ 时，用 $\varphi = 90°$ 的水平线来表示；当 $0.1 f_{\mathrm{L}} < f < 10 f_{\mathrm{L}}$ 时，用一条斜率 $-45°$/十倍频 的线段来近似。相频特性渐近伯德图与实际相频特性曲线十分接近。可以证明，二者之间的最大误差为 $\pm 5.7°$，发生在 $f = 0.1 f_{\mathrm{L}}$ 和 $f = 10 f_{\mathrm{L}}$ 处。由相频特性伯德图可以看出，在低频段，RC 高通电路将产生 $0° \sim 90°$ 之间的超前相移。

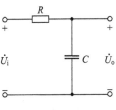

图 2.6.5　RC 低通电路

2. RC 低通电路

图 2.6.5 所示为一个 RC 低通电路。其电压放大倍数为

$$\dot{A}_{\mathrm{u}} = \frac{\dot{U}_{\mathrm{o}}}{\dot{U}_{\mathrm{i}}} = \frac{\dfrac{1}{\mathrm{j}\omega C}}{R + \dfrac{1}{\mathrm{j}\omega C}} = \frac{1}{1 + \mathrm{j}\omega RC} \tag{2.6.9}$$

令

$$f_{\mathrm{H}} = \frac{1}{2\pi \tau_{\mathrm{H}}} = \frac{1}{2\pi RC} \tag{2.6.10}$$

式中，$\tau_{\mathrm{H}} = RC$ 为低通电路的时间常数。

于是，RC 低通电路的电压放大倍数可表示为

$$\dot{A}_{\mathrm{u}} = \frac{1}{1 + \mathrm{j}\omega RC} = \frac{1}{1 + \mathrm{j}\dfrac{f}{f_{\mathrm{H}}}} \tag{2.6.11}$$

对式 (2.6.11) 取模，可得幅频特性表达式为

$$\left| \dot{A}_{\mathrm{u}} \right| = \frac{1}{\sqrt{1 + \left(\dfrac{f}{f_{\mathrm{H}}}\right)^2}} \tag{2.6.12}$$

对式 (2.6.11) 取相角，可得相频特性表达式为

$$\varphi(f) = -\arctan\left(\frac{f}{f_{\mathrm{H}}}\right) \tag{2.6.13}$$

为了画幅频特性的伯德图，将式(2.6.12)取对数，可得对数幅频特性：

$$20\lg\left|\dot{A}_{\mathrm{u}}\right| = -20\lg\sqrt{1+\left(\frac{f}{f_{\mathrm{H}}}\right)^2} \tag{2.6.14}$$

分析式(2.6.14)，可知：

(1)当 $f \ll f_{\mathrm{H}}$ 时，$20\lg\left|\dot{A}_{\mathrm{u}}\right| \approx -20\lg 1 = 0\mathrm{dB}$，幅频特性曲线在横轴上。

(2)当 $f \gg f_{\mathrm{H}}$ 时，$20\lg\left|\dot{A}_{\mathrm{u}}\right| \approx -20\lg\dfrac{f}{f_{\mathrm{H}}}$。当频率增加为十倍频时，$-20\lg\dfrac{10f}{f_{\mathrm{H}}} = -20\lg 10 - 20\lg\dfrac{f}{f_{\mathrm{H}}} = -20 - 20\lg\dfrac{f}{f_{\mathrm{H}}}$，即频率增加为十倍频，$20\lg\left|\dot{A}_{\mathrm{u}}\right|$ 相应下降 20dB。所以，幅频特性曲线可用一条斜率为–20dB/十倍频的直线表示。

(3)当 $f = f_{\mathrm{H}}$ 时，$20\lg\left|\dot{A}_{\mathrm{u}}\right| = -20\lg\sqrt{2} = 20\lg\dfrac{1}{\sqrt{2}} = -3\mathrm{dB}$。$f_{\mathrm{H}}$ 为低通电路的上限频率，在该频率点处，放大倍数下降为中频放大倍数 1 的 $\dfrac{1}{\sqrt{2}}$。对于幅频特性曲线 $20\lg\left|\dot{A}_{\mathrm{u}}\right|$，在频率 $f = f_{\mathrm{H}}$ 处，其值将在中频 0dB 的基础上下降 3dB。

根据上述讨论，可以画出幅频特性如图 2.6.6(a)所示。图中，实线为实际幅频特性，虚线为幅频特性渐近伯德图，它由两条渐近线组成，并在 f_{H} 处转折，故 f_{H} 又称为(上限)转折频率。 渐近伯德图与实际幅频特性曲线十分接近。可以证明，二者之间的最大误差为3dB，发生在 $f = f_{\mathrm{H}}$ 处。由幅频特性曲线可见，该电路可通过低频信号，而对高频信号具有衰减作用，故称为 RC 低通电路。

分析式(2.6.13)，可知：

(1)当 $f \ll f_{\mathrm{H}}$ (如 $f \leqslant 0.1 f_{\mathrm{H}}$)时，$\varphi \approx 0°$。

(2)当 $f \gg f_{\mathrm{H}}$ (如 $f \geqslant 10 f_{\mathrm{H}}$)时，$\varphi \approx -90°$。

(3)当 $f = f_{\mathrm{H}}$ 时，$\varphi \approx -45°$。

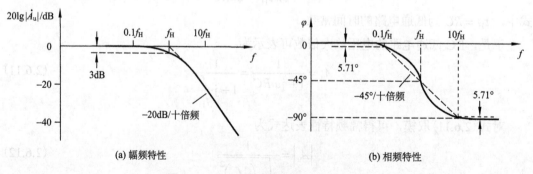

图 2.6.6　RC 低通电路频率响应伯德图

由此，可以画出相频特性如图 2.6.6(b)所示。图中，实线为实际相频特性，虚线为相频特性渐近伯德图，它由三条渐近线组成：当 $f \leqslant 0.1 f_{\mathrm{H}}$ 时，用 $\varphi = 0°$ 的直线即横坐标轴来表示；当 $f \geqslant 10 f_H$ 时，用 $\varphi \approx -90°$ 的水平线来表示；当 $0.1 f_H < f < 10 f_H$ 时，用一条斜率 $-45°/$十倍频 的线段来近似。相频特性渐近伯德图与实际相频特性曲线十分接近。可以证明，二者之间的最大误差为 $\pm 5.7°$，分别发生在 $f = 0.1 f_H$ 和 $f = 10 f_H$ 处。由相频特性伯德图可以看出，在高频段，RC 低通电路将产生 $0° \sim 90°$ 之间的滞后相移。

通过以上分析，对于一阶高通或者低通 RC 电路，可以得到以下结论：

(1) 电路的转折频率决定于电容所在回路的时间常数 τ，如式(2.6.4)和式(2.6.10)所示。

(2) 一旦电路的通带电压放大倍数及转折频率确定，电路的电压传递函数也随之确定，如式(2.6.5)和式(2.6.11)所示。

(3) 当信号频率等于转折频率 f_L 或 f_H 时，电路的电压放大倍数下降为中频的 0.707 倍，对数幅频特性相对于中频下降 3dB。

(4) 近似分析中，通常用折线化的渐近伯德图表示电路的频率特性。

必须指出，上述频率响应伯德图的分析结论具有普遍意义。在本节后续分析三极管共射电流放大系数 $\dot{\beta}$ 和共射放大电路的频率响应时，常应用这种方法来画出它们的伯德图。

2.6.3 三极管的频率参数

双极型三极管的频率参数可以用来描述其对高频信号的电流放大能力，是三极管的重要参数。常用的频率参数有共射截止频率 f_β、特征频率 f_T 和共基截止频率 f_α。

1. 共射截止频率 f_β

在中频时，一般认为三极管的共射电流放大系数 β 基本上是一个常数，不随频率而变化。但当信号频率升高时，由于极间电容的影响，三极管的电流放大能力将会下降。共射电流放大系数 β 不再是常数，而是频率的复函数，用 $\dot{\beta}$ 表示，其随频率变化的关系为

$$\dot{\beta} = \frac{\beta_0}{1 + \mathrm{j} \dfrac{f}{f_\beta}} \tag{2.6.15}$$

其中，β_0 是三极管在中低频时的共射电流放大系数；f_β 是共射截止频率，在该频率点处，$|\dot{\beta}|$ 下降为 $\beta_0 / \sqrt{2}$。

$\dot{\beta}$ 的模和相角分别表示为

$$|\dot{\beta}| = \frac{\beta_0}{\sqrt{1 + \left(\dfrac{f}{f_\beta}\right)^2}} \tag{2.6.16}$$

$$\varphi_\beta(f) = -\arctan\left(\frac{f}{f_\beta}\right) \tag{2.6.17}$$

将式(2.6.16)取对数，可得

$$20\lg|\dot{\beta}| = 20\lg \frac{\beta_0}{\sqrt{1 + \left(\dfrac{f}{f_\beta}\right)^2}} = 20\lg \beta_0 - 20\lg \sqrt{1 + \left(\frac{f}{f_\beta}\right)^2} \tag{2.6.18}$$

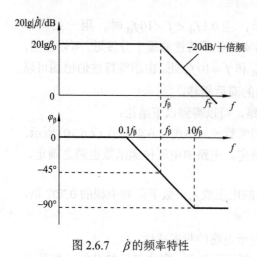

图 2.6.7　$\dot{\beta}$ 的频率特性

根据式(2.6.18)和式(2.6.17)，可画出共射电流放大系数 $\dot{\beta}$ 的幅频特性和相频特性伯德图，如图 2.6.7 所示。由于式(2.6.15)与低通电路 $\dot{A}_u$ 的表达式类似，故其伯德图的形状也类似。

当 $f=f_\beta$ 时，有

$$20\lg\left|\dot{\beta}\right| = 20\lg\frac{\beta_0}{\sqrt{2}}$$

$$= 20\lg\beta_0 - 3 \ (\mathrm{dB}) \tag{2.6.19}$$

式 (2.6.19) 表明，当信号频率 $f=f_\beta$ 时，$\left|\dot{\beta}\right| = \dfrac{\beta_0}{\sqrt{2}}$，对数幅频特性比中频下降 3dB。

2. 特征频率 f_T

将 $\left|\dot{\beta}\right|$ 下降为 1 时的频率定义为三极管的特征频率 f_T。

将 $f=f_T$ 及 $\left|\dot{\beta}\right|=1$ 代入式(2.6.16)，可得

$$1 = \frac{\beta_0}{\sqrt{1+\left(\dfrac{f_T}{f_\beta}\right)^2}}$$

由于 $f_T \gg f_\beta$，由上式可得

$$f_T \approx \beta_0 f_\beta \tag{2.6.20}$$

式(2.6.20)表明，三极管的特征频率 f_T 与共射截止频率 f_β 相关，且比 f_β 大得多。当 $f=f_T$ 时，$\left|\dot{\beta}\right|=1$，$20\lg\left|\dot{\beta}\right|=0\mathrm{dB}$。图 2.6.7 中，对数幅频特性与横轴交点处的频率即 f_T。实际上，当 $f=f_T$ 时，三极管已失去了电流放大作用。

3. 共基截止频率 f_α

由共基电流放大系数 $\dot{\alpha}$ 与共射电流放大系数 $\dot{\beta}$ 之间的关系：

$$\dot{\alpha} = \frac{\dot{\beta}}{1+\dot{\beta}} \tag{2.6.21}$$

将式(2.6.15)代入式(2.6.21)，得

$$\dot{\alpha} = \frac{\dot{\beta}}{1+\dot{\beta}} = \frac{\dfrac{\beta_0}{1+\mathrm{j}\dfrac{f}{f_\beta}}}{1+\dfrac{\beta_0}{1+\mathrm{j}\dfrac{f}{f_\beta}}} = \frac{\dfrac{\beta_0}{1+\beta_0}}{1+\mathrm{j}\dfrac{f}{(1+\beta_0)\,f_\beta}} = \frac{\alpha_0}{1+\mathrm{j}\dfrac{f}{f_\alpha}} \tag{2.6.22}$$

式中，$\alpha_0 = \dfrac{\beta_0}{1+\beta_0}$，且有

$$f_\alpha = (1 + \beta_0) f_\beta \tag{2.6.23}$$

α_0 为三极管在中低频时的共基电流放大系数。当 $f = f_\alpha$ 时，$|\dot{\alpha}|$ 下降为 $0.707\,\alpha_0$，f_α 为共基截止频率。

因此，f_β、f_T、f_α 三个频率参数之间的关系为

$$f_\alpha \approx f_T = \beta_0 f_\beta \tag{2.6.24}$$

可见，共基截止频率 f_α 比共射截止频率 f_β 高得多，三极管共基组态放大电路可用于更高频率范围的小信号放大。

2.6.4　共射放大电路频率响应

1. 混合 π 型等效电路的单向化

图 1.3.15(b) 所示的混合 π 型等效电路中，集电结电容 $C_{b'c}$ 将输入回路和输出回路联系起来，致使求解放大电路的性能指标变得十分困难。为便于分析，首先利用密勒定理将 $C_{b'c}$ 分别等效到输入和输出回路中，如图 2.6.8 所示。

设折合到 b'-e 间的电容为 C_μ'，折合到 c-e 间的电容为 C_μ''，由密勒定理可得

$$C_\mu' = (1 - \dot{K}) C_{b'c} \tag{2.6.25}$$

$$C_\mu'' = \frac{\dot{K} - 1}{\dot{K}} C_{b'c} \tag{2.6.26}$$

式中

$$\dot{K} = \frac{\dot{U}_{ce}}{\dot{U}_{b'e}} \tag{2.6.27}$$

利用密勒定理将图 1.3.15(b) 电路作单向化等效，可得混合 π 型等效电路的单向化电路如图 2.6.9 所示。图中 C' 为发射结电容 $C_{b'e}$ 和折算到输入侧电容 C_μ' 并联的总等效电容，其大小为

$$C' = C_{b'e} + C_\mu' = C_{b'e} + (1 - \dot{K}) C_{b'c}$$

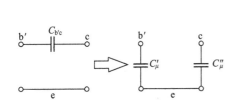

图 2.6.8　$C_{b'c}$ 的密勒定理等效

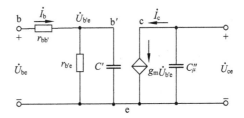

图 2.6.9　混合 π 型等效电路的单向化模型

2. 共射放大电路频率响应分析

阻容耦合的基本共射放大电路如图 2.6.10(a) 所示。利用双极型三极管的混合 π 等效模型，可得基本共射放大电路的微变等效电路如图 2.6.10(b) 所示。

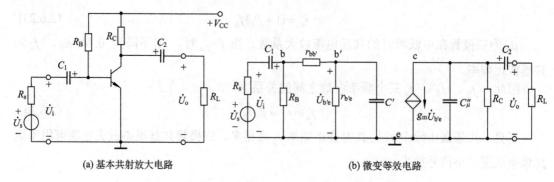

(a) 基本共射放大电路　　　　　　　(b) 微变等效电路

图 2.6.10　基本共射放大电路及其微变等效电路

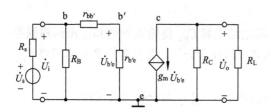

图 2.6.11　基本共射放大电路的中频微变等效电路

对于图 2.6.10(b)的高阶电路，直接求其电压放大倍数比较困难。为便于分析，下面分别讨论交流信号处于中频、低频和高频频段时的放大电路源电压增益。在各频段分析时，对电路进行简化，降低电路阶次，得出各频段的源电压放大倍数，再将它们综合起来，得出全频段的完整频率响应。

1)中频段源电压增益 $\dot{A}_{usm}$

在中频段，耦合电容 C_1、C_2 容抗很小，可以视为短路；双极型三极管的结电容容抗很大，可以视为开路。可得，中频段的简化等效电路如图 2.6.11 所示。

由图 2.6.11 可得

$$R_i = R_B // (r_{bb'} + r_{b'e})$$

$$\dot{U}_{b'e} = \frac{r_{b'e}}{r_{be}}\dot{U}_i = \frac{R_i}{R_i + R_s} \cdot \frac{r_{b'e}}{r_{be}}\dot{U}_s$$

式中，$r_{be} = r_{bb'} + r_{b'e}$。

而

$$\dot{U}_o = -g_m U_{b'e}(R_C // R_L) = -\frac{R_i}{R_i + R_s} \cdot \frac{r_{b'e}}{r_{be}} \cdot g_m (R_C // R_L)\dot{U}_s$$

则中频段的源电压放大倍数 $\dot{A}_{usm}$ 为

$$\dot{A}_{usm} = \frac{\dot{U}_o}{\dot{U}_s} = -\frac{R_i}{R_i + R_s} \cdot \frac{r_{b'e}}{r_{be}} \cdot g_m (R_C // R_L) = -\frac{R_i}{R_i + R_s} \cdot \frac{\beta}{r_{be}}(R_C // R_L) \tag{2.6.28}$$

式(2.6.28)表明，中频段采用三极管混合 π 型等效电路计算得出的 $\dot{A}_{usm}$ 和采用 H 参数等效电路计算的结果相同。

2)低频段源电压增益 $\dot{A}_{usl}$

在低频段，耦合电容 C_1、C_2 容抗增大，不能视为短路，必须考虑耦合电容的作用；三极管结电容容抗比中频大，仍视为开路。可得，基本共射放大电路的低频段微变等效电路如图 2.6.12(a)所示。

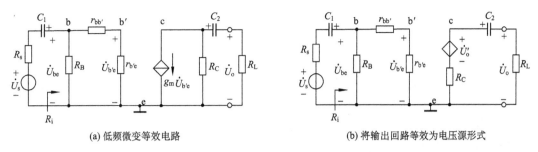

(a) 低频微变等效电路　　　　　　　　　(b) 将输出回路等效为电压源形式

图 2.6.12　基本共射放大电路的低频微变等效电路

输入回路、输出回路均与前面讨论的 RC 高通电路类似，可得

$$\dot{U}_{be} = \frac{R_i}{R_i + R_s + \dfrac{1}{j\omega C_1}}\dot{U}_s$$

$$\dot{U}_{b'e} = \frac{r_{b'e}}{r_{be}}\dot{U}_{be} = \frac{R_i}{R_i + R_s + \dfrac{1}{j\omega C_1}} \cdot \frac{r_{b'e}}{r_{be}}\dot{U}_s = \frac{R_i}{R_i + R_s} \cdot \frac{1}{1 + \dfrac{1}{j\omega(R_i + R_s)C_1}} \cdot \frac{r_{b'e}}{r_{be}}\dot{U}_s$$

$$= \frac{R_i}{R_i + R_s} \cdot \frac{1}{1 - j\dfrac{f_{L1}}{f}} \cdot \frac{r_{b'e}}{r_{be}}\dot{U}_s \tag{2.6.29}$$

式中，$f_{L1} = \dfrac{1}{2\pi(R_i + R_s)C_1}$ 为输入回路的下限频率。

利用戴维南定理，可将输出回路中受控电流源和电阻 R_C 的并联等效为受控电压源 $\dot{U}'_o$ 和电阻 R_C 的串联，如图 2.6.12(b) 所示。

$$\dot{U}'_o = -g_m\dot{U}_{b'e}R_C \tag{2.6.30}$$

$$\dot{U}_o = \frac{R_L}{R_L + R_C} \cdot \frac{1}{1 + \dfrac{1}{j\omega(R_L + R_C)C_2}}\dot{U}'_o = \frac{R_L}{R_L + R_C} \cdot \frac{1}{1 - j\dfrac{f_{L2}}{f}}\dot{U}'_o \tag{2.6.31}$$

式中，$f_{L2} = \dfrac{1}{2\pi(R_C + R_L)C_2}$ 为输出回路的下限频率。

将式 (2.6.30) 代入式 (2.6.31) 得

$$\dot{U}_o = -\frac{R_L}{R_L + R_C} \cdot \frac{1}{1 - j\dfrac{f_{L2}}{f}} \cdot g_m U_{b'e} R_C = -\frac{1}{1 - j\dfrac{f_{L2}}{f}} \cdot g_m U_{b'e}(R_C /\!/ R_L)$$

再将式 (2.6.29) 代入上式得

$$\dot{U}_o = -\frac{R_i}{R_i + R_s} \cdot \frac{r_{b'e}}{r_{be}} \cdot \frac{1}{1 - j\dfrac{f_{L1}}{f}} \cdot \frac{1}{1 - j\dfrac{f_{L2}}{f}} \cdot g_m(R_C /\!/ R_L) \ \dot{U}_s \tag{2.6.32}$$

则低频段源电压放大倍数 $\dot{A}_{usl}$ 为

$$\dot{A}_{usl} = \frac{\dot{U}_o}{\dot{U}_s} = \dot{A}_{usm} \cdot \frac{1}{1 - j\dfrac{f_{L1}}{f}} \cdot \frac{1}{1 - j\dfrac{f_{L2}}{f}} \tag{2.6.33}$$

可见，在低频段时，基本共射放大电路有两个转折频率 f_{L1} 和 f_{L2}，若两者的比值在 4 倍以上，可取两者中较大值作为放大电路的下限频率 f_L。为了降低 f_L，拓宽放大电路的工作频率范围，应增大耦合电容 C_1、C_2 及电阻 R_i、R_s、R_C 和 R_L。

3）高频段源电压增益 $\dot{A}_{ush}$

在高频段，耦合电容 C_1、C_2 容抗减小，可视为短路；三极管结电容容抗比中频减小，必须考虑结电容的作用，不能将其视为开路。可得，基本共射放大电路的高频段微变等效电路如图 2.6.13（a）所示。

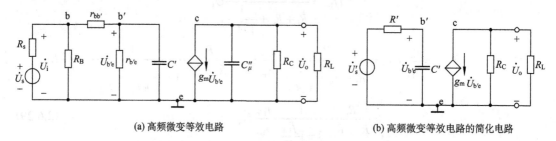

(a) 高频微变等效电路　　　　　　　　　　(b) 高频微变等效电路的简化电路

图 2.6.13　基本共射放大电路的高频微变等效电路

图 2.6.13（a）中

$$C' = C_{b'e} + C'_\mu = C_{b'e} + (1 - \dot{K})\ C_{b'c} = C_{b'e} + [1 + g_m(R_C /\!/ R_L)]C_{b'c}$$

$$C''_\mu = \frac{\dot{K} - 1}{\dot{K}} C_{b'c} = \frac{-g_m(R_C /\!/ R_L) - 1}{-g_m(R_C /\!/ R_L)} C_{b'c} \approx C_{b'c}$$

其中，$\dot{K} = \dfrac{\dot{U}_{ce}}{\dot{U}_{b'e}} \approx -g_m(R_C /\!/ R_L)$。

利用密勒定理将 $C_{b'c}$ 等效到输入和输出回路后，$C''_\mu \approx C_{b'c}$，但 C'_μ 将增大为 $C_{b'c}$ 的若干倍，称为密勒倍增效应。

利用戴维南定理对图 2.6.13（a）中的输入回路进行简化，同时，考虑到输出回路时间常数 $(R_C /\!/ R_L)C''_\mu$ 比输入回路时间常数 $\{r_{b'e} /\!/ [r_{bb'} + (R_s /\!/ R_B)]\}C'$ 小很多，则输出低通电路的上限频率比输入低通电路的上限频率大得多，所以，在分析高频段放大电路的频率响应时，可以只考虑输入回路的影响。高频段的简化等效电路如图 2.6.13（b）所示。

图 2.6.13（b）中

$$\dot{U}'_s = \frac{R_i}{R_i + R_s} \cdot \frac{r_{b'e}}{r_{be}} \dot{U}_s \tag{2.6.34}$$

$$R' = r_{b'e} /\!/ [r_{bb'} + (R_s /\!/ R_B)]$$

图 2.6.13（b）的输入回路中，由于电阻 R' 和电容 C' 构成一个 RC 低通电路，则有

$$\dot{U}_{b'e} = \frac{1}{1 + j\dfrac{f}{f_H}} \dot{U}'_s \qquad (2.6.35)$$

式中，$f_H = \dfrac{1}{2\pi R'C'}$ 为电路的上限频率。

由输出回路

$$\dot{U}_o = -g_m \dot{U}_{b'e}(R_C /\!/ R_L) \qquad (2.6.36)$$

将式(2.6.35)、式(2.6.34)依次代入式(2.6.36)，得

$$\dot{U}_o = -g_m \dot{U}_{b'e}(R_C /\!/ R_L) = -\frac{R_i}{R_i + R_s} \cdot \frac{r_{b'e}}{r_{be}} \cdot \frac{1}{1 + j\dfrac{f}{f_H}} \cdot g_m(R_C /\!/ R_L)\dot{U}_s \qquad (2.6.37)$$

则高频段源电压放大倍数 $\dot{A}_{ush}$ 为

$$\dot{A}_{ush} = \frac{\dot{U}_o}{\dot{U}_s} = \dot{A}_{usm} \cdot \frac{1}{1 + j\dfrac{f}{f_H}} \qquad (2.6.38)$$

可见，在高频段时，基本共射放大电路的上限频率 f_H 与 R'、C' 有关。为了提高 f_H，拓宽放大电路的工作频率范围，应减小 R'、C'。由于 C' 与三极管的结电容有关，所以应选用结电容小的三极管。

4) 共射放大电路全频段的频率特性

将上述中频、低频和高频段的源电压放大倍数表达式进行综合，可得基本共射放大电路全频段的源电压放大倍数表达式为

$$\dot{A}_{us} = \frac{\dot{U}_o}{\dot{U}_s} = \frac{\dot{A}_{usm}}{\left(1 - j\dfrac{f_{L1}}{f}\right) \cdot \left(1 - j\dfrac{f_{L2}}{f}\right) \cdot \left(1 + j\dfrac{f}{f_H}\right)} \qquad (2.6.39)$$

当 $f_{L1} < f_{L2} \ll f \ll f_H$ 时，f_{L1}/f、f_{L2}/f、f/f_H 均趋于 0，因而式(2.6.39)近似为 $\dot{A}_{us} \approx \dot{A}_{usm}$，即 $\dot{A}_{us}$ 为中频段源电压放大倍数；当 f 接近 f_{L1}、f_{L2}，且 $f \ll f_H$ 时，f/f_H 趋于 0，式(2.6.39)近似为 $\dot{A}_{us} \approx \dot{A}_{usl}$，即 $\dot{A}_{us}$ 为低频段源电压放大倍数；当 f 接近 f_H，且 $f \gg f_{L1}$、$f \gg f_{L2}$ 时，f_{L1}/f、f_{L2}/f 均趋于 0，式(2.6.39)近似为 $\dot{A}_{us} \approx \dot{A}_{ush}$，即 $\dot{A}_{us}$ 为高频段源电压放大倍数。

$\dot{A}_{us}$ 的幅频特性为

$$|\dot{A}_{us}| = \frac{|\dot{A}_{usm}|}{\sqrt{1 + \left(\dfrac{f_{L1}}{f}\right)^2} \cdot \sqrt{1 + \left(\dfrac{f_{L2}}{f}\right)^2} \cdot \sqrt{1 + \left(\dfrac{f}{f_H}\right)^2}}$$

$\dot{A}_{us}$ 的对数幅频特性和相频特性表达式分别为

$$20\lg|\dot{A}_{us}| = 20\lg|\dot{A}_{usm}| - 20\lg\sqrt{1 + \left(\frac{f_{L1}}{f}\right)^2} - 20\lg\sqrt{1 + \left(\frac{f_{L2}}{f}\right)^2} - 20\lg\sqrt{1 + \left(\frac{f}{f_H}\right)^2} \qquad (2.6.40)$$

$$\varphi(f) = -180° + \arctan\left(\frac{f_{L1}}{f}\right) + \arctan\left(\frac{f_{L2}}{f}\right) - \arctan\left(\frac{f}{f_H}\right) \tag{2.6.41}$$

画出幅频特性和相频特性表达式中每一项的伯德图，再将它们进行叠加，即可得出共射放大电路全频段的伯德图，如图 2.6.14 所示，图中假设 $f_{L1} \ll f_{L2}$，则电路的下限截止频率 $f_L \approx f_{L2}$。

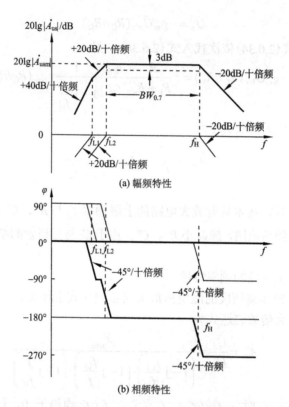

(a) 幅频特性

(b) 相频特性

图 2.6.14　基本共射放大电路的全频段频率特性伯德图

在幅频特性中，中频段 $f_{L2} \sim f_H$ 的电压增益为 $20\lg|\dot{A}_{usm}|$。在 $f_{L1} \sim f_{L2}$ 处，幅频特性的斜率为 20dB/十倍频；在 $f < f_{L1}$ 处，幅频特性的斜率为 40dB/十倍频；在 $f > f_H$ 处，幅频特性的斜率为-20dB/十倍频。

在相频特性中，中频段 $10f_{L2} \sim 0.1f_H$ 的相移为 $-180°$，体现了共射放大电路输出和输入之间的反相关系。低频段，在 $0.1f_{L2} \sim 10f_{L2}$ 处，相频特性的斜率为 $-45°$/十倍频；在 $10f_{L1} \sim 0.1f_{L2}$ 处，相移为 $-90°$；在 $0.1f_{L1} \sim 10f_{L1}$ 处，相频特性的斜率为 $-45°$/十倍频；在 $f < 0.1f_{L1}$ 处，相移为 $0°$。高频段，在 $0.1f_H \sim 10f_H$ 处，相频特性的斜率为 $-45°$/十倍频；在 $f > 10f_H$ 处，相移为 $-270°$。

5）增益-带宽积

中频段源电压放大倍数与通频带的乘积称为"**增益-带宽积**"。常用增益-带宽积作为放大电路的一个综合性能指标。一般希望放大电路既有较高的中频源电压放大倍数，同时又有较宽的通频带。对于大多数放大电路而言，通常有 $f_H \gg f_L$，所以 $BW_{0.7} = f_H - f_L \approx f_H$，

故增益-带宽积可表示为

$$\left|\dot{A}_{\text{usm}}BW_{0.7}\right| = \left|\dot{A}_{\text{usm}}f_{\text{H}}\right|$$

一般地，当选定放大电路的三极管以后，增益-带宽积也就随之确定了。此时，若将电压放大倍数提高若干倍，则放大电路的通频带也将相应地变窄差不多同样的倍数。

【例 2.6.1】 分压式共射放大电路如图 2.6.15(a)所示，设 $V_{\text{CC}} = +12\text{V}$，$R_{\text{B1}} = 500\text{k}\Omega$，$R_{\text{B2}} = 200\text{k}\Omega$，$R_{\text{C}} = R_{\text{L}} = 2\text{k}\Omega$，$R_{\text{s}} = R_{\text{E}} = 1\text{k}\Omega$，三极管 $r_{\text{bb}'} = 200\Omega$，$\beta = 100$，$C_{\text{b}'\text{e}} = 100\text{pF}$，$C_{\text{b}'\text{c}} = 3\text{pF}$。要求：

(1) 试画出电路的高频微变等效电路；

(2) 计算双极型三极管混合 π 模型中的参数 $r_{\text{b}'\text{e}}$ 和 g_{m}；

(3) 求放大电路的上限频率 f_{H}。

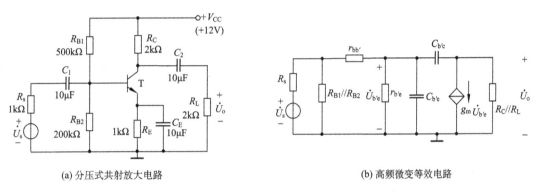

(a) 分压式共射放大电路   (b) 高频微变等效电路

图 2.6.15 分压式共射放大电路及其高频微变等效电路

解：(1) 共射放大电路的高频等效电路如图 2.6.15(b)所示。

(2)
$$U_{\text{BQ}} = \frac{R_{\text{B2}}}{R_{\text{B1}} + R_{\text{B2}}}V_{\text{CC}} = \frac{200}{200 + 500} \times 12 = 3.43(\text{V})$$

$$I_{\text{EQ}} = \frac{U_{\text{BQ}} - U_{\text{BEQ}}}{R_{\text{E}}} = \frac{3.43 - 0.7}{1} = 2.73(\text{mA})$$

$$r_{\text{b}'\text{e}} = (1 + \beta)\frac{26\text{mV}}{I_{\text{EQ}}} = 101 \times \frac{26}{2.73} \approx 0.96(\text{k}\Omega)$$

$$g_{\text{m}} = \frac{I_{\text{EQ}}}{26\text{mV}} = \frac{2.73}{26} \approx 105(\text{mS})$$

(3) 利用密勒定理将集电结电容 $C_{\text{b}'\text{c}}$ 折算到输入端，可得

$$C'_{\mu} = (1 - \dot{K})C_{\text{b}'\text{c}} = [1 + g_{\text{m}}(R_{\text{C}}//R_{\text{L}})]C_{\text{b}'\text{c}} = [1 + 105(2//2)] \times 3 = 318(\text{pF})$$

$$C' = C_{\text{b}'\text{e}} + C'_{\mu} = 100 + 318 = 418(\text{pF})$$

输入回路的戴维南等效电阻为

$$R' = r_{\text{b}'\text{e}}//[r_{\text{bb}'} + (R_{\text{s}}//R_{\text{B1}}//R_{\text{B2}})] = 0.53\text{k}\Omega$$

上限频率为

$$f_{\mathrm{H}}=\frac{1}{2\pi R'C'}=\frac{1}{2\times 3.14\times 0.53\times 10^{3}\times 418\times 10^{-12}}=0.72(\mathrm{MHz})$$

2.6.5 共基和共集放大电路高频响应

由于放大电路的通频带主要由上限频率决定，因此对于共基和共集放大电路，重点分析其高频段的响应。因共射放大电路存在密勒倍增效应，其上限频率较低，通频带较窄。而共基和共集放大电路不存在密勒倍增效应，其上限频率较高，通频带也较宽。

1. 共基放大电路的高频响应

共基放大电路的交流通路如图 2.6.16(a) 所示，其高频微变等效电路如图 2.6.16(b) 所示。由于在很宽的频率范围内，i_b 比 i_c 和 i_e 小得多，且基区体电阻 $r_{bb'}$ 的数值也很小，因此，b' 点的交流电位近似为 0，从而，简化后的等效电路如图 2.6.16(c) 所示。

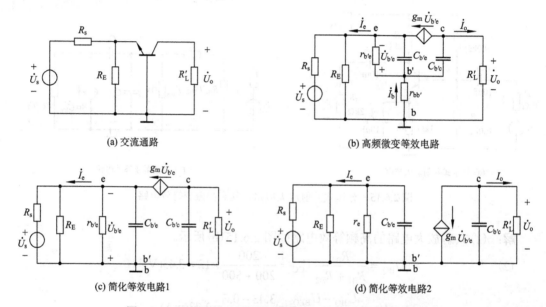

图 2.6.16　共基放大电路的交流通路及其高频微变等效电路

由图 2.6.16 可见，集电结电容 $C_{b'c}$ 仅接在输出回路中，并未跨接在输入、输出回路之间，因而不会产生密勒倍增效应。由图 2.6.16(c) 可得

$$\dot{I}_{e}=U_{b'e}\left(\frac{1}{r_{b'e}}+g_{m}+\mathrm{j}\omega C_{b'e}\right)$$

将 $r_{b'e}=(1+\beta)r_e$ 和 $g_{m}=\dfrac{\beta_0}{r_{b'e}}\approx\dfrac{1}{r_e}$ 代入上式，得

$$\dot{I}_{e}=U_{b'e}\left(\frac{1}{(1+\beta)r_e}+\frac{1}{r_e}+\mathrm{j}\omega C_{b'e}\right)\approx U_{b'e}\left(\frac{1}{r_e}+\mathrm{j}\omega C_{b'e}\right)$$

从而，由三极管发射极看进去的输入导纳为

$$\frac{\dot{I}_{e}}{U_{b'e}}=\frac{1}{r_e}+\mathrm{j}\omega C_{b'e}$$

于是，可得图 2.6.16(d)的简化等效电路，则共基放大电路的高频源电压放大倍数为

$$\dot{A}_{\text{ush}} = \frac{\dot{A}_{\text{usm}}}{\left(1 + \text{j}\dfrac{f}{f_{\text{H1}}}\right) \cdot \left(1 + \text{j}\dfrac{f}{f_{\text{H2}}}\right)} \tag{2.6.42}$$

其中，$f_{\text{H1}} = \dfrac{1}{2\pi\,(R_{\text{s}}//R_{\text{E}}//r_{\text{e}})\,C_{\text{b'e}}}$ 为输入回路的上限截止频率，$f_{\text{H2}} = \dfrac{1}{2\pi R_{\text{L}}' C_{\text{b'c}}}$ 为输出回路的上限截止频率，$A_{\text{usm}} = g_{\text{m}} R_{\text{L}}' \dfrac{r_{\text{e}}//R_{\text{E}}}{R_{\text{s}} + r_{\text{e}}//R_{\text{E}}}$ 为共基放大电路的中频源电压放大倍数。

综上所述，由于共基放大电路中不存在密勒效应引起的电容倍增，而且三极管的发射结正向电阻 r_{e} 很小，故 f_{H1} 很高。又由于集电结电容 $C_{\text{b'c}}$ 很小，f_{H2} 也很高。因此，共基放大电路的高频响应特性好、通频带宽。

2. 共集放大电路的高频响应

图 2.6.17(a)为共集放大电路的高频微变等效电路。由于集电结电容 $C_{\text{b'c}}$ 只接在输入回路中，所以它不会引起密勒效应。

对信号源及电阻 R_{B} 进行戴维南等效，并整理得到图 2.6.17(b)的简化等效电路，其中 $\dot{U}_{\text{s}}' = \dot{U}_{\text{s}} R_{\text{B}} / (R_{\text{s}} + R_{\text{B}})$，$R_{\text{s}}' = R_{\text{s}}//R_{\text{B}}$。

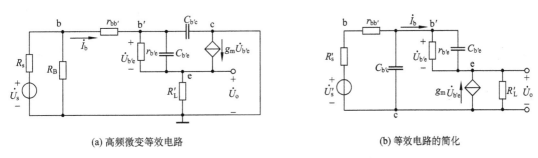

(a) 高频微变等效电路　　　　　　　　　　(b) 等效电路的简化

图 2.6.17　共集放大电路的高频微变等效电路

由图 2.6.17(b)可见，电阻 $r_{\text{b'e}}$ 和发射结电容 $C_{\text{b'e}}$ 跨接在输入端 b' 和输出端 e 之间，将会存在密勒效应。由密勒定理，可将 $r_{\text{b'e}}$、$C_{\text{b'e}}$ 分别折算到输入和输出回路上。由于共集放大电路在一定频率范围内 $A_{\text{u}} \approx 1$，$C_{\text{b'e}}$ 折算到输入回路密勒等效电容一般远小于 $C_{\text{b'e}}$ 本身，因此，共集放大电路不存在密勒倍增效应，具有较好的高频响应特性。

2.6.6　多级放大电路频率响应

1. 多级放大电路的幅频特性和相频特性

多级放大电路的总电压放大倍数为各级电压放大倍数的乘积。对于 n 级放大电路，其总电压放大倍数为

$$\dot{A}_{\text{u}} = \dot{A}_{\text{u1}}\dot{A}_{\text{u2}}\cdots\dot{A}_{\text{u}n} = |\dot{A}_{\text{u1}}|\angle\varphi_1 \cdot |\dot{A}_{\text{u2}}|\angle\varphi_2 \cdots |\dot{A}_{\text{u}n}|\angle\varphi_n = |\dot{A}_{\text{u1}}||\dot{A}_{\text{u2}}|\cdots|\dot{A}_{\text{u}n}|\angle\varphi_1 + \varphi_2 + \cdots + \varphi_n$$

幅频特性为

$$20\lg|\dot{A}_{\text{u}}| = 20\lg|\dot{A}_{\text{u1}}| + 20\lg|\dot{A}_{\text{u2}}| + \cdots + 20\lg|\dot{A}_{\text{u}n}| \tag{2.6.43}$$

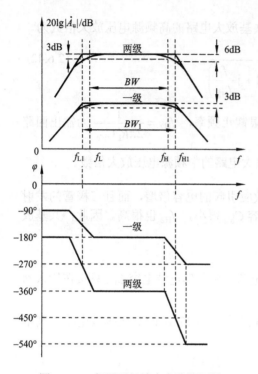

图 2.6.18　相同两级放大电路的幅频
特性和相频特性伯德图

相频特性为

$$\varphi = \varphi_1 + \varphi_2 + \cdots + \varphi_n \qquad (2.6.44)$$

式 (2.6.43) 和式 (2.6.44) 说明，多级放大电路的对数幅频特性等于各级放大电路对数幅频特性的代数和，输出电压和输入电压之间的相移也等于各级放大电路相移的代数和。所以，绘制多级放大电路的对数幅频特性和相频特性时，只需将各级放大电路在同一横坐标上的对数幅频特性和相频特性分别叠加起来就可以了。

例如，在两级放大电路中，若前、后级的幅频特性和相频特性完全相同，则只需要将单级放大电路的对数幅频特性和相频特性上每一点的纵坐标值扩大为原来的两倍，即可得到该两级放大电路的对数幅频特性和相频特性，如图 2.6.18 所示。

2. 多级放大电路的下限和上限频率

由图 2.6.18 可见，两级放大电路的幅频特性，在单级的下限频率和上限频率处，将在中频对数电压放大倍数的基础上下降 6dB。根据上、下限频率的定义，在上、下限频率处，电压放大倍数将变为中频的 70.7%，对数电压放大倍数在中频对数电压放大倍数的基础上下降 3dB。因此，两级放大电路的下限频率 $f_L > f_{L1}$，上限频率 $f_H < f_{H1}$。推广到多级放大电路情况，多级放大电路的通频带比组成它的每一级放大电路的通频带都要窄。

1) 多级放大电路的下限频率

多级放大电路低频段的源电压放大倍数表达式为

$$\dot{A}_{usl} = \prod_{i=1}^{n} \dot{A}_{usmi} \frac{1}{1 - \mathrm{j}(f_{Li}/f)} = \dot{A}_{usm} \cdot \prod_{i=1}^{n} \frac{1}{1 - \mathrm{j}(f_{Li}/f)}$$

则

$$\left| \frac{\dot{A}_{usl}}{\dot{A}_{usm}} \right| = \prod_{i=1}^{n} \frac{1}{\sqrt{1 + (f_{Li}/f)^2}}$$

根据下限频率 f_L 的定义，在下限频率 f_L 处有 $\left| \dfrac{\dot{A}_{usl}}{\dot{A}_{usm}} \right| = \dfrac{1}{\sqrt{2}}$，可得 $\prod\limits_{i=1}^{n} \left[1 + (f_{Li}/f)^2 \right] = 2$。

将上式展开，考虑到 $\dfrac{f_{Li}}{f_L} < 1$ $(i=1 \sim n)$，忽略高次项，得

$$1 + \left(\frac{f_{L1}}{f_L} \right)^2 + \cdots + \left(\frac{f_{Ln}}{f_L} \right)^2 \approx 2$$

$$f_L \approx \sqrt{f_{L1}^2 + f_{L2}^2 + \cdots + f_{Ln}^2}$$

为了得到更准确的结果，在表达式中乘以修正系数 1.1，得

$$f_L \approx 1.1 \sqrt{f_{L1}^2 + f_{L2}^2 + \cdots + f_{Ln}^2} \tag{2.6.45}$$

从式 (2.6.45) 可以看出，多级放大电路的下限频率 f_L 大于每一级电路的下限频率 f_{Li} ($i = 1 \sim n$)。

2) 多级放大电路的上限频率

多级放大电路高频段的源电压放大倍数表达式为

$$\dot{A}_{ush} = \prod_{i=1}^{n} \dot{A}_{usmi} \frac{1}{1 + j(f/f_{Hi})}$$

与上述下限频率 f_L 的推导方法类似，考虑到 $f_H / f_{Hi} < 1$，并加以修正，得

$$\frac{1}{f_H} \approx 1.1 \sqrt{\frac{1}{f_{H1}^2} + \frac{1}{f_{H2}^2} + \cdots + \frac{1}{f_{Hn}^2}} \tag{2.6.46}$$

从式 (2.6.46) 可以看出，多级放大电路的上限频率 f_H 小于每一级电路的上限频率 f_{Hi} ($i = 1 \sim n$)。

在多级放大电路中，当各级的下限或上限频率相差很大时，可取起主要作用的某级放大电路的下限频率与上限频率来估算多级放大电路的 f_L 或 f_H。例如，若其中第 m 级放大电路的下限频率 f_{Lm} 远大于其他各级电路的下限频率，则有 $f_L \approx f_{Lm}$。同理，若其中第 n 级放大电路的上限频率 f_{Hn} 比其他各级电路的上限频率小很多，则有 $f_H \approx f_{Hn}$。

> 📖 **价值观：补齐短板**
>
> 　　多级放大电路的通频带比组成它的每一级放大电路的通频带都要窄，因此，通频带最窄的那一级放大电路就成了多级放大电路通频带的制约因素。这种现象反映了"木桶效应"。
>
> 　　"木桶效应"是指一只木桶能盛多少水，取决于木桶上面最短的那块木板。因此想要盛更多的水，就必须把木桶的每一块木板补齐。例如，电池组在使用时，要避免各个电池不一致而产生"木桶效应"，即电池单体的过充或过放导致整个电池组的性能逐渐降低，最终缩短电池组的使用寿命，甚至造成电池变形、爆炸等安全隐患。无论对个人还是对一个团队而言，"木桶效应"都有启迪意义。对个人而言，面对自身"短板"，要直面问题，以求改进，避免让短处和缺点制约自己的成长进步。对一个团队而言，"尺有所短，寸有所长"，只有团队中的所有成员取长补短，才能齐头并进、勇往直前，提高整个团队的核心竞争力。

【例 2.6.2】　某多级放大器电压放大倍数的幅频特性如图 2.6.19 (a) 所示，中频相移为 0°。要求：

(1) 试写出电压放大倍数 $\dot{A}_u$ 的表达式；

(2) 计算下限频率 f_L 的值；

(3) 求 $f = 100$Hz 处，$20 \lg |\dot{A}_u|$ 的实际分贝值；

(4) 画出多级放大器的相频特性曲线。

解： (1) 根据多级放大电路的幅频特性伯德图，$20 \lg |\dot{A}_{um}| = 60$，且中频段相移为 0°，可知中频段电压放大倍数为 1000；在低频段的幅频特性斜率为 40dB/十倍频，为两级高通

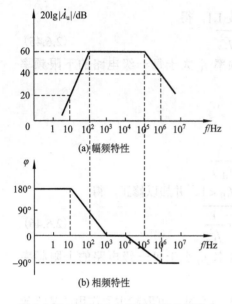

图 2.6.19　例 2.6.2 多级放大器电压放大
倍数频率特性伯德图

电路幅频特性的叠加，且下限频率 $f_{L1}=f_{L2}=100\text{Hz}$；在高频段的幅频特性斜率为 $-20\text{dB}/$十倍频，为一级低通电路的幅频特性，其上限频率 $f_{H}=10^5\text{Hz}$。所以，电压放大倍数的表达式为

$$\dot{A}_{u}=\frac{10^3}{\left(1-\text{j}\dfrac{100}{f}\right)^2\cdot\left(1+\text{j}\dfrac{f}{10^5}\right)}$$

（2）根据近似计算公式，有 $f_{L}=1.1\sqrt{f_{L1}^2+f_{L2}^2}=1.1\sqrt{100^2+100^2}=155.6(\text{Hz})$。

（3）$f=100\text{Hz}$ 处，每一级高通电路幅频特性的实际值比中频下降 3dB，由于多级放大器中有两级高通电路，所以 $f=100\text{Hz}$ 处，$20\lg|\dot{A}_{u}|=60-2\times3=54(\text{dB})$。

（4）在中频段，相移为 0°；在低频段，相频特性的转折点在 $0.1f_{L1}=10\text{Hz}$ 和 $10f_{L1}=10^3\text{Hz}$ 处，由两级高通电路相频特性相叠加，在 10Hz～10^3Hz 斜率为 $-90°/$十倍频；在高频段，相频特性的转折点在 $0.1f_{H}=10^4\text{Hz}$ 和 $10f_{H}=10^6\text{Hz}$ 处，在 10^4Hz～10^6Hz 斜率为 $-45°/$十倍频。因此，多级放大器的相频特性伯德图如图 2.6.19(b)所示。

思考题

2.6.1　频率响应的定义是什么？

2.6.2　频率失真属于线性失真还是非线性失真？频率失真和非线性失真产生的原因分别是什么？

2.6.3　什么是伯德图？伯德图横坐标频率采用对数分度，幅频特性纵坐标为 $20\lg|\dot{A}_{u}(f)|$，各有什么好处？

2.6.4　试分别画出 RC 高通电路和 RC 低通电路的伯德图。

2.6.5　三极管的频率参数 f_{α}、f_{β}、f_{T} 的定义分别是什么？三者之间的大小关系如何？

2.6.6　共射放大电路全频段的伯德图是如何作出的？

2.6.7　多级放大器的通频带与其各级放大电路的通频带相比，有什么特点？

2.7　基本放大电路 Multisim 仿真

【**例 2.7.1**】　分压式偏置共射放大电路如图 2.2.17 所示。已知三极管型号为 2N2222，$\beta=153.575$，$V_{CC}=12\text{V}$，$R_{B1}=80\text{k}\Omega$，$R_{B2}=20\text{k}\Omega$，$R_{C}=3.3\text{k}\Omega$，$R_{E}=1\text{k}\Omega$，$C_{1}=C_{2}=30\mu\text{F}$，$C_{E}=100\mu\text{F}$，$R_{s}=500\Omega$，$R_{L}=10\text{k}\Omega$。设 $u_{s}=\sqrt{2}\sin(2\pi\times1000t)(\text{mV})$，用 Multisim 进行电路仿真。要求：

（1）求电路的静态工作点；

（2）观察电路的输入电压和输出电压波形，并求电压放大倍数、输入电阻和输出电阻；

（3）去掉旁路电容 C_{E}，求电路的电压放大倍数、输入电阻和输出电阻；

（4）假设 $u_{s}=25\sin(2\pi\times1000t)$ (mV)，且 $R_{B1}=40\text{k}\Omega$，观察输出电压波形，并测量其总谐波失真。

解：（1）分析电路的静态工作点。

在 Multisim 中搭建如图 2.7.1(a)所示的仿真电路，在三极管的基极、集电极和发射极放置测量电压和电流的探针。

启动 Simulate 菜单中 Analyses and simulation 下的 DC Operating Point 命令，将图 2.7.1(a)电路中三极管的基极、集电极和发射极作为仿真分析节点，仿真结果如图 2.7.1(b)所示，可得：三极管基极电流 $I_{BQ} \approx 10.62\mu A$，基极电位 $U_{BQ} \approx 2.23V$，集电极电流 $I_{CQ} \approx 1.58mA$，集电极电位 $U_{CQ} \approx 6.77V$，发射极电流 $I_{EQ} \approx 1.59mA$，发射极电位 $U_{EQ} \approx 1.59V$，可计算出 $U_{BEQ} = U_{BQ} - U_{EQ} \approx 0.64V$，$U_{CEQ} = U_{CQ} - U_{EQ} \approx 5.18V$。

（2）图 2.7.1(a)中虚拟示波器 XSC1 的 A、B 通道分别显示电路的输入电压和输出电压波形，结果如图 2.7.2 所示。根据示波器读数可得输入电压波形的负半周峰值约为 1.146mV 时，输出电压波形的正半周峰值约为 139.134mV，因此电压放大倍数为 $A_u \approx -121$。

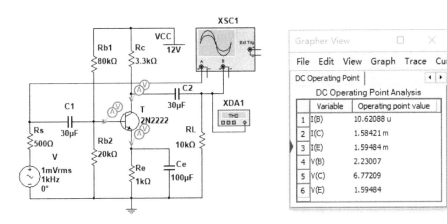

(a) 分压式偏置共射放大仿真电路　　　　　　　(b) 静态工作点

图 2.7.1　分压式偏置共射放大仿真电路及其静态工作点测试

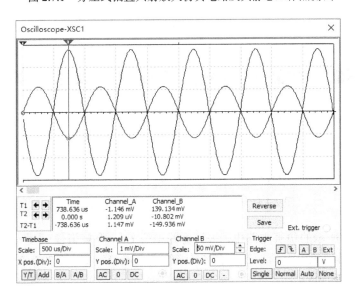

图 2.7.2　分压式偏置共射放大电路输入电压与输出电压波形

如图 2.7.3 所示，在仿真电路中用数字万用表 XMM1 交流电压挡测量输入电压有效值，用数字万用表 XMM3 交流电流档测量输入电流有效值。仿真结果如图 2.7.4(a)、(b)所示。

信号源 $U_s = 1\text{mV}$，$R_s = 500\Omega$，仿真得到输入电压 $U_i = 810.896\mu\text{V} \approx 0.81\text{mV}$，则该电路的输入电阻为

$$R_i = \frac{U_i}{U_s - U_i} R_s \approx \frac{0.81\text{mV}}{1\text{mV} - 0.81\text{mV}} \times 500\Omega = 2131.579\Omega \approx 2.13\text{k}\Omega$$

根据仿真结果，输入电流有效值 $I_i = 379.201\text{nA} \approx 0.38\mu\text{A}$，也可以用另一种方法计算输入电阻：$R_i = U_i / I_i = 0.81\text{mV} / 0.38\mu\text{A} \approx 2.13\text{k}\Omega$。

在图 2.7.3 所示的电路中用数字万用表 XMM2 交流电压挡测量输出电压有效值，电路带负载时测得输出电压有效值的结果如图 2.7.4(c)所示，$U_o = 98.779\text{mV}$；断开负载电阻 R_L，测得电路空载时输出电压有效值，结果如图 2.7.4(d)所示，$U_o' = 121.113\text{mV}$，则电路的输出电阻为

$$R_o = \left(\frac{U_o'}{U_o} - 1\right) R_L = \left(\frac{121.113\text{mV}}{98.779\text{mV}} - 1\right) \times 10\text{k}\Omega \approx 2.26\text{k}\Omega$$

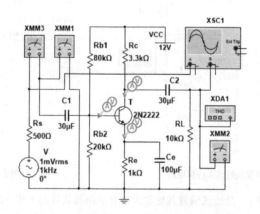

图 2.7.3　分压式偏置共射放大电路的输入电阻和输出电阻的测量

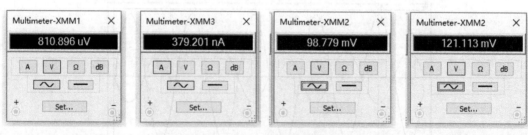

(a) 输入电压有效值　　(b) 输入电流有效值　　(c) 带负载时的输出电压有效值　　(d) 空载时的输出电压有效值

图 2.7.4　有旁路电容 C_e 时放大电路输出结果

(3)在图 2.7.3 所示的仿真电路中，去掉旁路电容 C_E，重复第(2)小题的仿真过程。仿真结果如图 2.7.5(a) ~ (d)所示，$U_i = 965.555\mu\text{V} \approx 0.966\text{mV}$，$U_o = 2.322\text{mV}$，$I_i = 68.889\text{nA} \approx 0.069\mu\text{A}$，$U_o' = 3.081\text{mV}$。

带负载无旁路电容 C_E 时放大电路的电压放大倍数为

(a) 输入电压有效值

(b) 输入电流有效值

(c) 带负载时的输出电压有效值

(d) 空载时的输出电压有效值

图 2.7.5 无旁路电容 C_E 时放大电路输出结果

$$A_u = -\frac{U_o}{U_i} = -\frac{2.322\text{mV}}{0.96555\text{mV}} \approx -2.4$$

无旁路电容 C_E 时放大电路的输入电阻为

$$R_i = U_i/I_i \approx 0.966\text{mV}/0.069\,\mu\text{A} \approx 14\text{k}\Omega$$

无旁路电容 C_E 时放大电路的输出电阻为

$$R_o = \left(\frac{U_o'}{U_o} - 1\right)R_L = \left(\frac{3.081\text{mV}}{2.322\text{mV}} - 1\right) \times 10\text{k}\Omega \approx 3.3\text{k}\Omega$$

由此可见，与有旁路电容 C_E 的情况相比较，无旁路电容 C_E 时放大电路的电压放大倍数减小很多，输入电阻增大，输出电阻也有所增加。

(4) 将图 2.7.1 (a) 仿真电路中源电压信号变为 $u_s = 25\sin(2\pi \times 1000t)\,(\text{mV})$，修改电阻 R_{B1} =40kΩ，仿真结果如图 2.7.6 所示。A、B 通道分别显示电路的源电压 u_s 和输出电压 u_o 的波形，结果如图 2.7.6 (a) 所示。从图 2.7.6 (a) 可以看出输出电压波形的正半周和负半周的幅值不相等，出现了底部失真。这是由于基极电阻 R_{B1} 减小，使三极管的 I_{BQ} 和 I_{CQ} 增加，U_{CEQ} 减小，静态工作点 Q 向上移动。当静态工作点的位置偏高时，使三极管在输入信号的正半周进入饱和区而产生饱和失真。

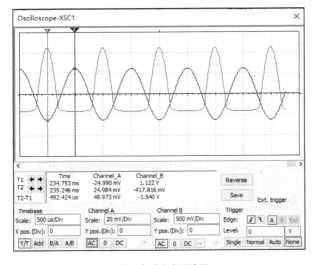

(a) 源电压与输出电压波形

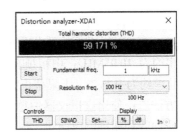

(b) 总谐波失真

图 2.7.6 分压式偏置共射放大电路静态工作点设置偏高的仿真结果

总谐波失真(Total Harmonic Distortion，THD)测量是指测量所有新增加总谐波成分之和与基波信号成分的百分比，失真度分析仪(distortion analyzer)XDA1 用于测量电路输出电压信号的总谐波失真，结果如图 2.7.6(b)所示。失真度分析仪显示此时输出电压信号波形的总谐波失真为 THD=59.171%，电路产生了明显的非线性失真。

【例 2.7.2】　在例 2.7.1 的分压式偏置共射放大电路中，设 $R_s=0$，其余元器件参数同例 2.7.1。设 $u_s=\sqrt{2}\sin(2\pi\times1000t)\,(\mathrm{mV})$，用 Multisim 进行电路仿真。要求：

(1)分析电路放大倍数 $A_u=\dfrac{u_o}{u_i}$ 的幅频响应和相频响应，并求出其上限、下限截止频率及截止频率处输入电压和输出电压的相位差；

(2)分析耦合电容 C_1 及 C_2、旁路电容 C_E 对放大电路低频特性的影响；

(3)分析三极管频率特性对放大电路高频特性的影响。

解：(1)在 Multisim 中测试放大电路的频率响应有以下两种方法。

方法一：使用"交流扫描分析(AC Sweep)"获得放大倍数的幅频响应和相频响应曲线。

启动 Simulate 菜单中 Analyses and simulation 下的 AC Sweep 命令，在弹出的对话框中设置频率参数：起始频率设为 1Hz，终止频率设为 10GHz，纵坐标选择 Decibel(分贝)，其余参数选择默认值。在电路输出端放置电压探针后，选择"V(PR1)"作为输出项。

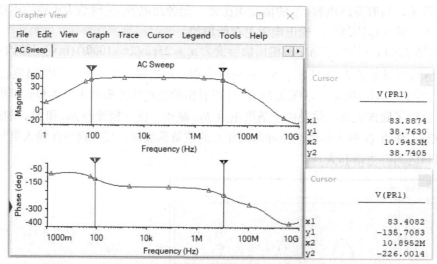

图 2.7.7　使用"交流扫描分析"的电路放大倍数频率特性仿真结果

运行电路仿真后，结果如图 2.7.7 所示。由幅频响应曲线可得中频段的电压增益约为 41.75dB，左右移动游标找到电压增益下降 3dB 处所对应的下限截止频率约为 83.89Hz，上限截止频率约为 10.95MHz；由相频响应曲线可得下限截止频率处所对应的输入电压和输出电压之间相位差约为−135.7°，上限截止频率处的输入电压和输出电压之间的相位差约为−226°。

方法二：使用虚拟仪器伯德图仪(Bode plotter)进行测试。在伯德图仪上能分别查看幅频响应曲线和相频响应曲线，也可以在"Grapher View"窗口同时观测伯德图仪的幅频响应和相频响应曲线，如图 2.7.8 所示。

移动伯德图仪上的指针至中频区，可以读出电路的中频电压增益为 41.745dB，左右移动指针找到电压增益下降 3dB 处所对应的下限截止频率约为 83.48Hz，上限截止频率约为 10.945MHz，和用方法一得到的结果基本是一致的。需要说明的是，在频率响应曲线上很难找到准确的上限、下限截止频率，因此需要仔细调整指针或游标，尽可能找到最接近-3dB 的频率，以获得上限、下限截止频率的近似值。

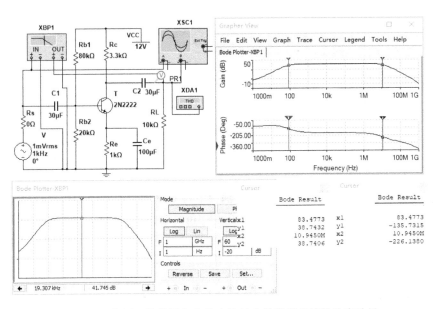

图 2.7.8　使用"伯德图仪"的电路放大倍数频率特性仿真结果

（2）分别对耦合电容 C_1 及 C_2、旁路电容 C_E 进行参数扫描分析，观察电容值由 10μF 增大到 100μF 时，放大电路幅频响应低频段的变化情况。

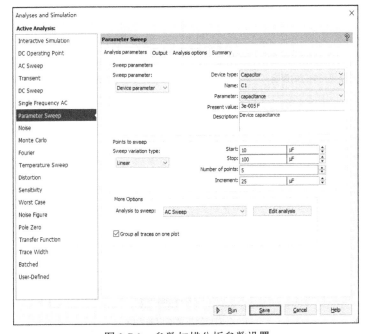

图 2.7.9　参数扫描分析参数设置

启动 Simulate 菜单中 Analyses and simulation 下的 Parameter Sweep 命令,在弹出的对话框中设置相关参数,如图 2.7.9 所示。其中交流扫描分析参数设置如图 2.7.10 所示。

图 2.7.10　交流扫描分析参数设置

从图 2.7.11 所示的仿真结果可以看出,耦合电容 C_1 和 C_2 从 10μF 增大到 100μF,电路幅频响应低频段区别并不是很大,而旁路电容 C_E 从 10μF 增大到 100μF,幅频响应低频段变化非常明显,随着 C_E 电容值的增大,放大电路的下限截止频率明显变小,放大电路的通频带变宽。

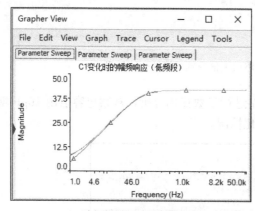

(a) C_1对电路幅频响应的影响

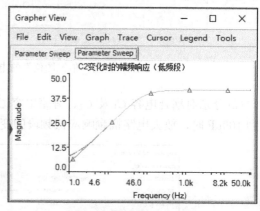

(b) C_2对电路幅频响应的影响

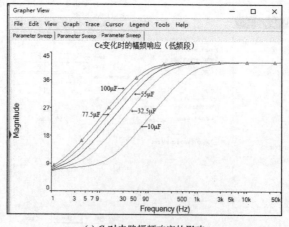

(c) C_E对电路幅频响应的影响

图 2.7.11　电容 C_1、C_2、C_E 对电路幅频响应的影响

表 2.7.1 中列出了分别改变电容 C_1、C_2 和 C_E 参数时所对应的放大电路下限截止频率 f_L，可见分压式偏置共射放大电路中射极旁路电容 C_E 是影响放大电路低频特性的主要因素。

表 2.7.1　电容参数变化对下限截止频率 f_L 的影响　　　　　（单位：Hz）

电容	电容值/μF				
	10	35	60	85	100
C_1	88	83	82	82	82
C_2	83	83	83	83	83
C_E	815	235	138	98	84

(3) 三极管频率特性对放大电路高频特性的影响分析。

在图 2.7.8 的仿真电路中，设输入源电压信号为 $u_s = 0.7\sin(2\pi \times 1000t)\,(\text{mV})$，分别使用低频三极管 2N5551($f_T$=100MHz) 和高频三极管 BF517($f_T$=850MHz) 进行仿真，其余参数保持不变，放大电路幅频响应的仿真结果如图 2.7.12 和图 2.7.13 所示。可以读出：使用低频三极管 2N5551 时电路的通频带约为 15MHz，使用高频三极管 BF517 时电路的通频带约为 95MHz。由此可见，影响放大电路高频段频率特性的主要因素之一是三极管的频率特性。

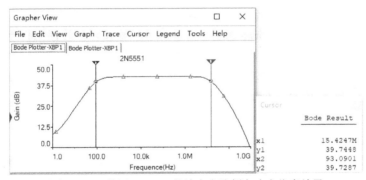

图 2.7.12　使用 2N5551 的放大电路频率响应仿真结果

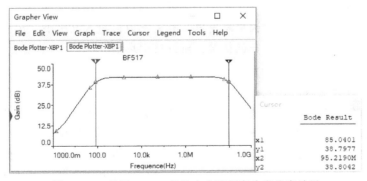

图 2.7.13　使用 BF517 的放大电路频率响应仿真结果

本 章 小 结

1. 放大器是基本的模拟电子电路，放大的本质是能量的控制，即用能量比较小的输入信号来控制电源能量转换，从而在负载上得到能量比较大的输出信号，且信号的变化规律与输入信号一致。

放大电路通常由有源器件（双极型三极管或场效应管）、直流电源和相应的偏置电路、输入输出耦合电路等组成。有源器件是放大电路的核心部分，直流电源和偏置电路为双极型三极管（或场效应管）提供合适的静态工作点，以保证三极管工作在放大区或场效应管工作在饱和区，输入输出耦合电路用于传递交流信号。

通常用放大倍数、输入电阻、输出电阻、通频带等指标来衡量放大器的性能。

2. 放大电路分析包括静态分析和动态分析，应遵循"先静态、后动态"的原则。静态分析是根据直流通路来确定放大电路的静态工作点，动态分析是根据交流通路来计算放大电路的性能指标。

放大电路的分析方法有图解法和微变等效电路法。图解法是在特性曲线上作直流负载线求静态工作点，作交流负载线求电压放大倍数。图解法还可用于分析电路参数对 Q 点的影响、最大输出电压幅度 $U_{om(max)}$ 等。微变等效电路法将三极管用其微变等效模型代替，得到放大电路的微变等效电路，可求解放大电路的主要性能指标。

放大电路的静态工作点分析可用图解法或估算法，放大电路的动态分析一般用微变等效电路法。

放大电路的静态工作点必须合适，且稳定性好。如果静态工作点不合适、不稳定，容易引起放大电路的输出信号出现饱和失真或截止失真。放大电路的性能指标 A_u、R_i、R_o 等与静态工作点紧密相关。

3. 双极型三极管放大电路有共射、共集和共基三种组态。共射放大电路有电压和电流放大能力，并且 u_o 与 u_i 反相；共集放大电路又称为射极跟随器或射极输出器，放大倍数略小于 1，有电流放大能力，输入电阻大，输出电阻小，u_o 与 u_i 同相；共基放大电路有电压放大能力，u_o 与 u_i 同相，输入电阻小。

4. 场效应管放大电路常用的偏置方式有自给偏压电路和分压式偏压电路，前者只适用于耗尽型场效应管。场效应管放大电路有共源、共漏和共栅三种组态。共源放大电路有电压放大能力，输入电阻大，u_o 与 u_i 反相；共漏放大电路无电压放大能力，输入电阻大，输出电阻小，u_o 与 u_i 同相；共栅放大电路有电压放大能力，输入电阻小，u_o 与 u_i 同相。共栅放大电路没有发挥场效应管 R_i 较大的优势，所以很少应用。

5. 在多级放大电路中，常用的耦合方式有阻容耦合、变压器耦合和直接耦合。阻容耦合和变压器耦合放大电路的优点是各级静态工作点相互独立，设计调试方便，但是不能放大直流和频率很低的信号，不易集成；直接耦合放大电路既能放大直流信号，又能放大交流信号，且容易集成，但是各级静态工作点相互影响且存在零点漂移问题。

多级放大器的电压放大倍数为各级电压放大倍数的乘积，在计算每一级电压放大倍数时，要考虑前、后级之间的相互影响。可以将后级的输入电阻作为前级的负载来考虑，也可以将前级的开路电压和输出电阻作为后级的信号源来考虑。

6. 由于放大电路中存在容性或感性元件，放大电路的电压放大倍数 A_u 是输入信号频率的函数，这种函数关系称为放大电路的频率特性。影响放大电路低频响应的是耦合电容和发射极旁路电容，影响放大电路高频响应的主要是三极管的结电容。由于放大电路对不同频率输入信号的放大倍数和相移不同，将引起放大电路的输出信号产生幅频失真和相频失真，它们统称为频率失真。

对放大电路频率响应特性进行分析时，一般采用"分频段"分析方法，即分别对中频段、低频段和高频段进行分析计算来获得完整的频率响应表达式，并作出伯德图。在分析高频段频率响应时，需要用双极型三极管的混合 π 型等效模型。放大电路的上限频率 f_H 和下限频率 f_L 取决于电容所在回路的等效时间常数 RC。

对于三种组态的双极型三极管放大电路，因共射放大电路中存在严重的密勒倍增效应，导致输入回路电容大，上限频率比较低；共集和共基放大电路中不存在密勒倍增效应，故上限频率远高于共射放大电路。对于共射、共基、共集三种组态的放大电路，当双极型三极管选定后，增益–带宽积近似为常数。

多级放大电路的上限频率小于其中任何一级基本放大电路的上限频率，而下限频率大于其中任何一级基本放大电路的下限频率，所以，多级放大电路的通频带比组成它的每一级放大电路的通频带都要窄。在工程应用中，往往输入信号含有不同频率成分，要求所设计的放大电路通频带应略宽于输入信号的频带宽度。

习　　题

2.1　试从电路组成上分析题图 2.1 所示的各电路对正弦交流信号有无放大作用，并阐述理由（各电容容抗可以忽略）。

2.2　题图 2.2(a) 所示的放大电路中，已知 $V_{CC}=16\text{V}$，$R_{B1}=10\text{k}\Omega$，$R_{B2}=30\text{k}\Omega$，$R_C=4.7\text{k}\Omega$，$R_E=3.3\text{k}\Omega$，$R_L=4.7\text{k}\Omega$，三极管 $U_{BE}=0.7\text{V}$，$U_{CE(sat)}=0.3\text{V}$，三极管输出特性曲线如题图 2.2(b) 所示。要求：

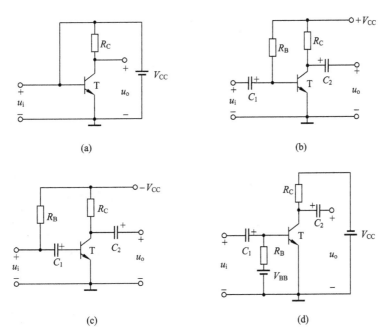

题图 2.1

(1)画出直流负载线，求 I_{CQ}、U_{CEQ} 和 I_{BQ}；

(2)画出交流负载线，其斜率为多少？

(3)若增大输入正弦波的幅度，输出波形将首先产生饱和失真还是截止失真；

(4)该电路可得到的最大输出幅度 $U_{om(max)}$ 为多少？

(5)要使最大输出幅度 $U_{om(max)}$ 达到最大，U_{CEQ} 应设置为多少？假设电路其他参数不变，R_{B1} 应调大还是调小？

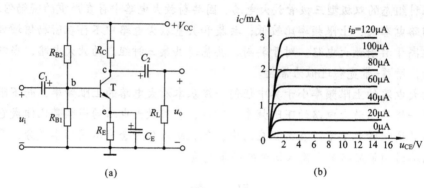

题图 2.2

2.3 电路如题图 2.3 所示，已知 $V_{CC}=V_{BB}=12V$，$R_{B1}=40k\Omega$，$R_{B2}=500k\Omega$，$R_{B3}=10k\Omega$，$R_C=4k\Omega$，三极管 $\beta=80$，$U_{BE}=0.7V$，$U_{CE(sat)}=0.3V$，忽略 I_{CEO}。试分析当开关 S 分别接在 A、B、C 三位置时，三极管的工作状态，并求出相应的集电极电流 I_{CQ} 和 U_{CEQ}。

2.4 放大电路如题图 2.4 所示，已知 $V_{CC}=12V$，$R_B=240k\Omega$，$R_C=R_L=3k\Omega$，$R_E=820\Omega$，三极管 $\beta=50$，$U_{BE}=0.7V$，$r_{bb'}=300\Omega$，各电容对交流信号均可视为短路。要求：

(1)估算静态工作点 I_{BQ}、I_{CQ}、U_{CEQ}；

(2)画出该电路的微变等效电路；

(3)估算中频电压放大倍数 A_u、输入电阻 R_i、输出电阻 R_o；

(4)去掉旁路电容 C_E，重新画出微变等效电路，计算中频电压放大倍数 A_u、输入电阻 R_i。

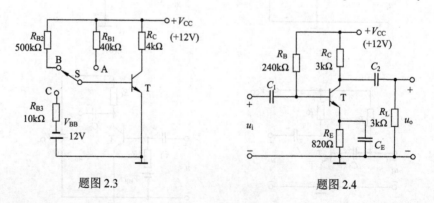

题图 2.3   题图 2.4

2.5 如题图 2.5 所示的偏置电路中，热敏电阻 R_t 具有负温度系数，试分析电路能否稳定静态工作点？写出分析过程。

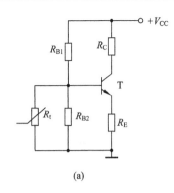 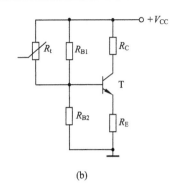

(a)　　　　　　　　　　　　　　(b)

题图 2.5

2.6　放大电路如题图 2.6 所示。已知 $V_{CC} = 12\text{V}$，$R_s = 0.5\text{k}\Omega$，$R_{B1} = 100\text{k}\Omega$，$R_{B2} = 100\text{k}\Omega$，$R_C = 4\text{k}\Omega$，$R_L = 4\text{k}\Omega$，三极管 $\beta = 50$，$U_{BE} = 0.7\text{V}$，$r_{bb'} = 200\Omega$。试：

(1) 计算该电路的静态工作点 I_{BQ}、I_{CQ} 和 U_{CEQ}；

(2) 画出微变等效电路；

(3) 计算电压放大倍数 A_u、输入电阻 R_i、输出电阻 R_o 和源电压放大倍数 A_{us}。

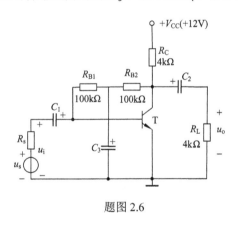 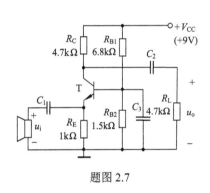

题图 2.6　　　　　　　　　　　　　题图 2.7

2.7　把喇叭当成拾音器时，可以采用题图 2.7 所示电路。已知 $V_{CC} = 9\text{V}$，$R_{B1} = 6.8\text{k}\Omega$，$R_{B2} = 1.5\text{k}\Omega$，$R_C = 4.7\text{k}\Omega$，$R_E = 1\text{k}\Omega$，$R_L = 4.7\text{k}\Omega$，三极管 $\beta = 100$，$U_{BE} = 0.7\text{V}$，$r_{bb'} = 300\Omega$。试：

(1) 分析电路的组态和偏置方式；

(2) 计算该电路的静态工作点；

(3) 画出微变等效电路；

(4) 计算电压放大倍数 A_u、输入电阻 R_i 和输出电阻 R_o。

2.8　射极输出器如题图 2.8 所示。已知 $V_{CC} = 12\text{V}$，$R_B = 510\text{k}\Omega$，$R_E = 3\text{k}\Omega$，$R_L = 3\text{k}\Omega$，三极管 $\beta = 50$，$U_{BE} = 0.7\text{V}$，$r_{bb'} = 0.3\text{k}\Omega$，各电容对交流信号可视为短路。试：

(1) 计算静态基极电流 I_{BQ}、集电极电流 I_{CQ} 和电压 U_{CEQ}；

(2) 画出微变等效电路；

(3) 计算电压放大倍数 A_u、输入电阻 R_i 和输出电阻 R_o。

2.9　电路如题图 2.9 所示，已知 $V_{CC} = 12\text{V}$，$R_s = 1\text{k}\Omega$，$R_B = 200\text{k}\Omega$，$R_E = 5\text{k}\Omega$，$R_L = 5\text{k}\Omega$，三极管的 $\beta = 30$，$r_{be} = 1\text{k}\Omega$。当开关 S 断开时，电路的输出电压 $U_o' = 5\text{V}$。若 S 闭合，问输出电压 U_o 为多少？

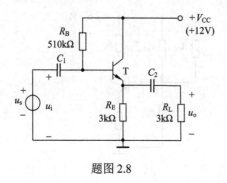

题图 2.8

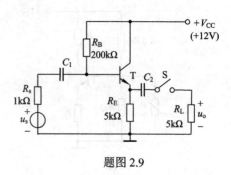

题图 2.9

2.10　电路如题图 2.10 所示，已知 $V_{DD} = 22\text{V}$，$R_G = 2.7\text{M}\Omega$，$R_D = 3.9\text{k}\Omega$，$R_S = 0.39\text{k}\Omega$，场效应管 $U_{GS(off)} = -3\text{V}$，$I_{DSS} = 8\text{mA}$，各电容对信号可视为短路。试求：

(1)静态工作点的 I_{DQ}、U_{GSQ}、U_{DSQ}；

(2)计算场效应管在 Q 点处的跨导 g_m；

(3)画出微变等效电路，计算 A_u、R_i、R_o；

(4)去掉电容 C_3，对电路的静态工作点和动态参数有何影响？

2.11　电路如题图 2.11 所示，已知 $V_{DD} = 20\text{V}$，$R_D = 12\text{k}\Omega$，$R_G = 2\text{M}\Omega$，$R_{S1} = R_{S2} = 0.5\text{k}\Omega$，场效应管 $U_{GS(off)} = -3\text{V}$，$I_{DSS} = 3\text{mA}$，各电容对信号可视为短路。试求：

(1)静态工作点的 I_{DQ}、U_{GSQ}、U_{DSQ}；

(2)计算该管在 Q 点处的跨导 g_m；

(3)计算 A_{u1} 和 A_{u2}；

(4)计算 R_i、R_{o1}、R_{o2}。

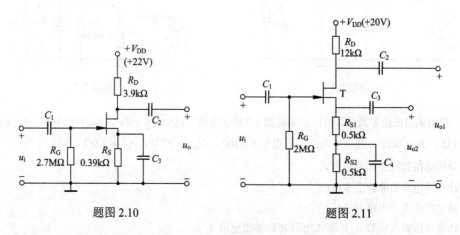

题图 2.10　　　　　　　　　　　　　　题图 2.11

2.12　如题图 2.12 所示放大电路中，已知 $V_{DD} = 18\text{V}$，$R_G = 1\text{k}\Omega$，$R_D = 10\text{k}\Omega$，$R_L = 10\text{k}\Omega$，$R_s = 0.1\text{k}\Omega$，场效应管 $g_m = 2\text{mS}$。要求：

(1)标出电容 C_1、C_2 的极性；

(2)画出其微变等效电路；

(3)计算电路的电压放大倍数 A_u、输入电阻 R_i、输出电阻 R_o 和源电压放大倍数 A_{us}。

2.13　两级放大电路如题图 2.13 所示，T_1、T_2 管的电流放大系数均为 β，基极和发射极间的等效电阻分别为 r_{be1}、r_{be2}。试：

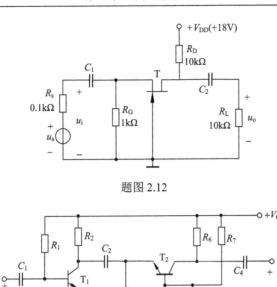

题图 2.12

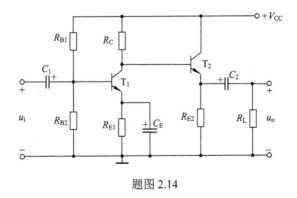

题图 2.13

(1) 分别画出电路的直流通路和交流通路，并指出各级放大电路的组态；

(2) 写出电路的电压放大倍数 A_u、输入电阻 R_i、输出电阻 R_o 的表达式。

2.14 共射-共集组合电路如题图 2.14 所示，已知 $V_{CC}=15V$，$R_{B1}=33k\Omega$，$R_{B2}=7.5k\Omega$，$R_C=5.1k\Omega$，$R_{E1}=2k\Omega$，$R_{E2}=3.3k\Omega$，$R_L=4.7k\Omega$，三极管 $\beta_1=\beta_2=100$，$U_{BE1}=U_{BE2}=0.7V$，$r_{bb'}=200\Omega$。试：

(1) 确定两管的静态工作点；

(2) 画出电路的微变等效电路；

(3) 计算电路的总电压放大倍数 A_u、输入电阻 R_i 和输出电阻 R_o；

(4) 若不接入 T_2 组成的共集组态放大电路，将电容 C_2 和负载 R_L 直接接在 T_1 的集电极和地之间，重复问题(3)；

(5) 比较(3)、(4)的计算结果，说明接入 T_2 组成的共集组态放大电路对动态性能的影响。

题图 2.14

2.15 共漏-共射组合电路如题图 2.15 所示，已知 $V_{DD}=6V$，$R_s=10k\Omega$，$R=6k\Omega$，$R_{G1}=R_{G2}=1M\Omega$，$R_E=1k\Omega$，$R_C=R_L=3k\Omega$，T_1 管 $g_m=0.6mS$，T_2 管 $\beta=100$，$r_{be}=6k\Omega$。试：

(1)画出电路的交流通路；

(2)画出电路的微变等效电路；

(3)计算电路的总电压放大倍数 A_u、输入电阻 R_i 和输出电阻 R_o。

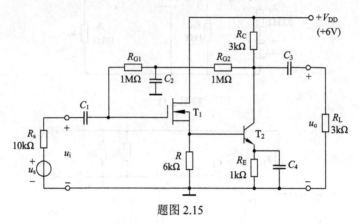

题图 2.15

2.16　RC 电路如题图 2.16(a)、(b)所示，试：

(1)判断电路为高通电路还是低通电路；

(2)设转折频率为 10^5Hz，画出各电路的幅频特性和相频特性伯德图。

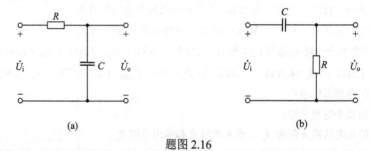

(a)　　　　　　　　　　　　　(b)

题图 2.16

2.17　某放大电路电压增益的幅频响应如题图 2.17 所示。设中频相移为 $\varphi = -180^\circ$。试：

(1)写出 $\dot{A}_u(f)$ 的表达式；

(2)画出相频特性伯德图；

(3)求 $f = 100$Hz 处 $20\lg\left|\dot{A}_u\right|$ 的实际值；

(4)求 $f = 100$Hz 和 $f = 10^6$Hz 处的相移值。

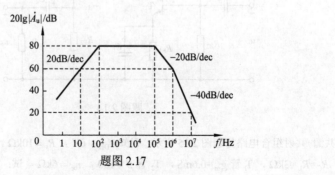

题图 2.17

2.18 分压式共射放大电路如图 2.2.17 所示，已知 $V_{CC}=12V$ ，$R_{B1}=880k\Omega$ ，$R_{B2}=320k\Omega$ ，$R_C=R_L=2k\Omega$ ，$R_s=R_E=1k\Omega$ ，$C_1=C_2=C_E=10\mu F$ ，三极管 $r_{bb'}=200\Omega$ ，$U_{BE}=0.6V$ ，$\beta=100$ ，$C_{b'e}=50pF$ ，$C_{b'c}=4pF$ 。试：

(1) 画出电路高频等效电路；

(2) 计算双极型三极管混合 π 模型中的参数 $r_{b'e}$ 和 g_m ；

(3) 求上限频率 f_H 。

2.19 在某两级放大电路中，已知第一级放大电路 $\dot{A}_{u1m}=100$ ，$f_{L1}=300Hz$ ，$f_{H1}=20kHz$ ；第二级放大电路 $\dot{A}_{u2m}=1000$ ，$f_{L2}=400Hz$ ，$f_{H2}=200kHz$ 。试问该两级放大电路的中频电压增益为多少分贝？上限频率 f_H 和下限频率 f_L 各为多少？

2.20 如题图 2.20(a) 所示，一些吉他爱好者常把哑音器连接在电吉他与主放大器之间，来改变乐器的原本音质，使得吉他弹奏的乐曲更为沙哑和富有沧桑感。哑音器电路如题图 2.20(b) 所示，试查找资料，分析该哑音器电路的工作原理。

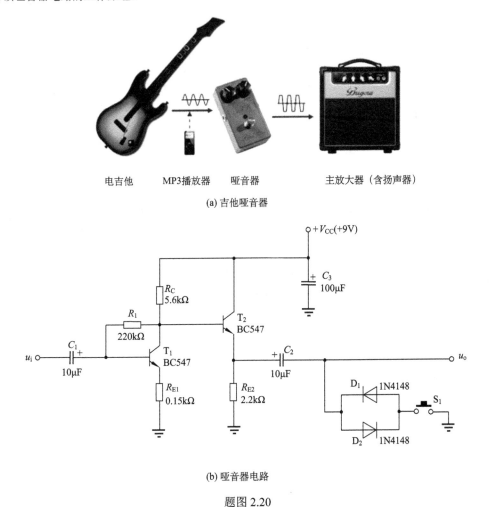

电吉他　　MP3播放器　哑音器　　　　主放大器（含扬声器）

(a) 吉他哑音器

(b) 哑音器电路

题图 2.20

2.21 共基放大电路如题图 2.21 所示。三极管型号为 2N2222，输入交流信号为 $u_i=\sqrt{2}\sin(2\pi\times10^4 t)(mV)$ ，$R_s=0$ ，$R_{b1}=80k\Omega$ ，$R_{b2}=20k\Omega$ ，$R_c=3.3k\Omega$ ，$R_e=1k\Omega$ ，$R_L=10k\Omega$ ，$V_{CC}=12V$ ，

$C_1=C_2=30\mu\text{F}$，$C_b=100\mu\text{F}$。用 Multisim 进行电路仿真。要求：

(1) 求电路的静态工作点；

(2) 观察电路的输入和输出电压波形，并求电压放大倍数；

(3) 分析电路的幅频响应和相频响应，并求出其上限、下限截止频率及截止频率处输入电压和输出电压的相位差。

2.22　共源放大电路如题图 2.22 所示。MOS 场效应管型号为 2N6659，其开启电压 $U_{\text{GS(th)}}=1.73\text{V}$。$R_{g1}=200\text{k}\Omega$，$R_{g2}=100\text{k}\Omega$，$R_g=2\text{M}\Omega$，$R_s=3\text{k}\Omega$，$R_d=10\text{k}\Omega$，$R_L=5\text{k}\Omega$，$V_{DD}=15\text{V}$，$C_1=C_2=10\mu\text{F}$，$C_3=100\mu\text{F}$。设输入交流信号为 $u_i=\sqrt{2}\sin(2\pi\times1000t)(\text{mV})$，用 Multisim 进行电路仿真。要求：

(1) 求电路的静态工作点；

(2) 观察电路的输入电压和输出电压波形，并求电压放大倍数；

(3) 求电路的输入电阻和输出电阻。

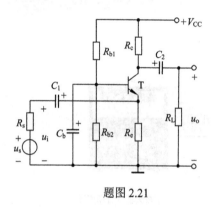
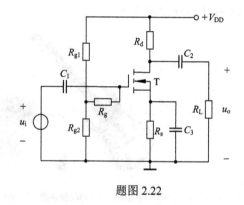

题图 2.21　　　　　　　　　　　　　　　题图 2.22

2.23　两级放大电路如题图 2.14 所示，三极管型号为 2N2222，$R_{B1}=80\text{k}\Omega$，$R_{B2}=20\text{k}\Omega$，$R_{E1}=R_{E2}=1\text{k}\Omega$，$R_C=3.3\text{k}\Omega$，$R_L=4.7\text{k}\Omega$，$V_{CC}=12\text{V}$，$C_E=100\mu\text{F}$，$C_1=C_2=30\mu\text{F}$。设输入交流信号为 $u_i=\sqrt{2}\sin(2\pi\times1000t)(\text{mV})$，用 Multisim 进行电路仿真。要求：

(1) 观察每一级电路的输出电压波形，并求取每一级电路的电压放大倍数；

(2) 观察两级放大电路的输入电压和输出电压波形，并求其电压放大倍数；

(3) 分析第一级电路的频率响应，求通频带；

(4) 分析两级放大电路的频率响应，求通频带。

第3章 模拟集成运算放大器

【内容提要】 首先介绍镜像电流源、微电流源和比例电流源等常见的电流源偏置电路。其次阐述双极型和场效应管型差动放大电路的原理与特性。然后分析典型的双极型集成运算放大器和场效应管集成运算放大器。最后介绍集成运算放大器的主要技术参数，以及理想集成运算放大器工作在线性区和非线性区的特点。

集成电路是把许多晶体管、各种元件和连接导线制造在一小块半导体基片上，并能实现一定电路功能的器件。与分立元件电路相比，集成电路具有功能强、体积小、重量轻、工作可靠、安装与调试方便等优点。由于制造工艺的原因，集成电路还具有以下特点：

(1)电路中各元件是在同一个硅基片上，同一芯片内的元件参数绝对值有相同的偏差，温度均匀性好，容易制成两个特性相同的晶体管或阻值相同的电阻(即元件参数之间的相对误差小)。但是，实际元件参数与其标称值之间的绝对误差较大。

(2)电路中的电阻元件是由硅半导体的体电阻构成的，电阻值范围一般为30Ω～10kΩ。在集成电路中不宜制造高阻值的电阻，高阻值电阻都用电流源电路来代替。

(3)集成电路工艺制造电感困难，也不宜制造容量大的电容(一般只能制作 200pF 以下的小电容)，故集成电路中大多采用直接耦合电路。

按照分类标准的不同，集成电路可有多种类型，根据在一块芯片上集成的晶体管或元件数量的多少，可分为小规模集成电路(100 个以下)、中规模集成电路(100～1000 个)、大规模集成电路(1000～100000 个)、超大规模集成电路(100000 个以上)；根据器件中晶体管的类型，可分为由双极型器件(NPN 管或 PNP 管)组成的双极型集成电路，由场效应器件(MOS 管或 JFET 管)组成的单极型集成电路，以及由双极型三极管和场效应管组成的混合型集成电路；根据集成电路中元器件的工作状态，可分为线性集成电路、非线性集成电路；根据集成电路的功能，可分为电压比较器、模拟乘法器等，不胜枚举。众多集成电路的出现，促进了电子技术的迅猛发展。

集成运算放大器是一种直接耦合的高放大倍数多级放大电路，简称集成运放或运放。由于发展初期主要用于模拟计算机的数学运算，所以至今仍保留着运算放大器的名称，目前的应用实际上已远远超出数学运算的范围。集成运算放大器也有很多种类，根据供电方式可分为双电源供电和单电源供电；根据一个芯片中运放个数可分为单运放、双运放和四运放等；根据制造工艺可分为双极型、CMOS 型和 BiMOS 型；根据信号放大工作原理可分为电压放大型、电流放大型、跨导型和互阻型；根据可控性可分为可变增益运放和选通控制运放；根据性能指标可分为高阻型、高速型、高精度型、低功耗型、高电压型、大功率型等；根据应用范围可分为通用型和特殊型运放(如仪表放大器、缓冲放大器、隔离放大器、对数/反对数放大器等)。

3.1　电流源电路

电流源电路是提供恒定输出电流的电路，具有输出电流恒定、温度稳定性好、直流电阻小、等效交流输出电阻大等特点。电流源电路在集成运算放大器中一般用于直流偏置和有源负载。

1. 镜像电流源电路

电路如图 3.1.1 所示，设 $\beta_1 = \beta_2$，电路中 T_1 和 T_2 两管的结构相同，特性基本一致。T_1 接成二极管。当满足 $U_{BE1} = U_{BE2}$ 条件下，两管的集电极电流 I_C 相等。设 $U_{BE1} = U_{BE2} = U_{BE}$，$I_{B1} = I_{B2} = I_B$，$\beta_1 = \beta_2 = \beta$，则有

$$I_R = \frac{V_{CC} - U_{BE}}{R} \tag{3.1.1}$$

和

$$I_{C2} = I_{C1} = I_R - 2I_B = I_R - \frac{2I_{C2}}{\beta}$$

故

$$I_{C2} = I_{C1} = I_R \frac{\beta}{\beta + 2} \tag{3.1.2}$$

当 $\beta \gg 2$ 时，有

$$I_o = I_{C2} \approx I_R = \frac{V_{CC} - U_{BE}}{R} \tag{3.1.3}$$

式(3.1.3)表明，只要基准电流 I_R 确定，则输出电流 I_o 也随之确定。若调节 I_R，则 I_o 随之改变，可以把 I_o 看作 I_R 的**镜像**。此电路称为**镜像电流源**。

分析式(3.1.2)与式(3.1.3)，可知：

(1)当 β 越大时，I_o 与 I_R 之间的匹配精度就越高；

(2)因 β、U_{BE} 是温度敏感的参数，则 I_R、I_o 易受温度的影响；

(3)当电源电压 V_{CC} 变化时，I_R、I_o 会随之改变。故要求 V_{CC} 的稳定性高。

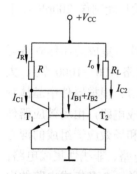

图 3.1.1　镜像电流源电路

图 3.1.2(a)是一种为了减小 β 影响的改进型镜像电流源电路。在该电路中，将 T_1 管的集电极与基极之间的短路线用 T_3 管取代。利用 T_3 管的电流放大作用，减小 $(I_{B1} + I_{B2})$ 对 I_R 的分流，使 I_{C1} 更接近 I_R，从而有效地减小了 I_R 转换为 I_{C2} 过程中由有限 β 值引入的误差。由图可知，$I_R = I_{C1} + I_{B3}$，其中 $I_{B3} = I_{E3} / (1 + \beta_3)$、$I_{E3} = I_{B1} + I_{B2}$，若 $\beta_1 \approx \beta_2 \approx \beta_3 = \beta$，则可得

$$I_o = \frac{\beta^2 + \beta}{\beta^2 + \beta + 2} I_R \approx I_R \tag{3.1.4}$$

式中，$I_R = \dfrac{V_{CC} - U_{BE3} - U_{BE1}}{R} \approx \dfrac{V_{CC} - 2U_{BE}}{R}$。

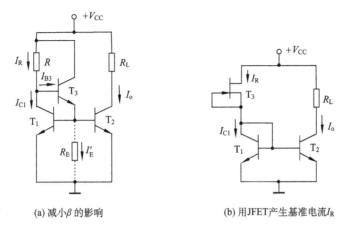

(a) 减小 β 的影响　　　　　(b) 用 JFET 产生基准电流 I_R

图 3.1.2　改进型镜像电流源

实际电路中，为了避免 T_3 管因工作电流过小而引起 β 的减小，从而使 I_{B3} 增大，常在 T_3 管发射极上接合适的电阻 R_E（如图中虚线所示），产生电流 $I'_E = U_{BE}/R_E$，使 I_{E3} 适当增大。

图 3.1.2(b) 电路中用 N 沟道结型场效应管 T_3 代替电阻 R，以产生基准电流 I_R。此时，$U_{GS} = 0$。当 $U_{DS} = V_{CC} - U_{BE} > |U_{GS(off)}|$ 时，则场效应管 T_3 工作在恒流区，可得

$$I_R = I_D \approx I_{DSS} \tag{3.1.5}$$

由式 (3.1.5) 可知，只要场效应管 T_3 处于恒流区，则当电源电压 V_{CC} 在一定范围内变化时，基准电流 I_R 保持恒定，则输出电流 I_o 也不变。当然，选定场效应管 T_3 后，I_{DSS} 即确定，I_R 也就无法再改变。

2. 微电流源电路

微电流源电路如图 3.1.3 所示，与镜像电流源电路相比，在 T_2 管发射极串联电阻 R_E，显然有 $U_{BE2} < U_{BE1}$，则 $I_o < I_R$。根据电路有 $U_{BE1} = U_{BE2} + I_{E2}R_E$，则有

$$I_o \approx I_{E2} = \frac{U_{BE1} - U_{BE2}}{R_E} = \frac{\Delta U_{BE}}{R_E} \tag{3.1.6}$$

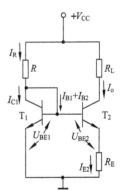

图 3.1.3　微电流源电路

式中，ΔU_{BE} 值比较小，R_E 的阻值不用太大就可以获得微小的电流 I_o（μA 级），故称为**微电流源**。此外，R_E 可提高 T_2 的输出电阻，使其恒流效果更好。

I_o 与 I_R 的关系可根据式 (3.1.6) 和二极管电流方程求出。

根据　　　　　　　　$I_R \approx I_{E1} \approx I_{S1} e^{\frac{U_{BE1}}{U_T}}$ ，$I_o \approx I_{E2} \approx I_{S2} e^{\frac{U_{BE2}}{U_T}}$

可得　　　　　　　　$\Delta U_{BE} = U_{BE1} - U_{BE2} = U_T \left(\ln \frac{I_R}{I_{S1}} - \ln \frac{I_o}{I_{S2}} \right)$

设 $I_{S1} = I_{S2}$，则有

$$I_o = \frac{\Delta U_{BE}}{R_E} = \frac{U_T}{R_E} \cdot \ln \left(\frac{I_R}{I_o} \right) \tag{3.1.7}$$

由式(3.1.7)可见，当电源电压 V_{CC} 的波动引起 I_R 变化时，由于对数函数的缓慢变化特性，其输出电流 I_o 的变化是很小的，即 I_o 的稳定性比较好。

3. 比例电流源电路

比例电流源电路如图 3.1.4 所示，在镜像电流源电路的基础上增加两个发射极电阻 R_{E1} 和 R_{E2}，就可使输出电流 I_o 与基准电流 I_R 呈一定的比例关系。

由图 3.1.4 可知

$$U_{BE1} + I_{E1}R_{E1} = U_{BE2} + I_{E2}R_{E2}$$

又由 $I_{E1} \approx I_{S1}\mathrm{e}^{\frac{U_{BE1}}{U_T}}$ 和 $I_{E2} \approx I_{S2}\mathrm{e}^{\frac{U_{BE2}}{U_T}}$，且设 $I_{S1} = I_{S2}$，有

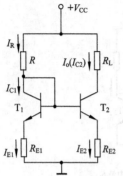

图 3.1.4　比例电流源电路

$$U_{BE1} - U_{BE2} = U_T \cdot \ln\left(\frac{I_{E1}}{I_{E2}}\right) \tag{3.1.8}$$

则

$$I_{E2}R_{E2} = I_{E1}R_{E1} + U_T \cdot \ln\left(\frac{I_{E1}}{I_{E2}}\right)$$

在常温下，当满足 $I_{E1} < 10I_{E2}$，且有

$$I_{E1}R_{E1} \gg U_T \cdot \ln\left(\frac{I_{E1}}{I_{E2}}\right) \tag{3.1.9}$$

则

$$I_{E2}R_{E2} \approx I_{E1}R_{E1}$$

由于 $I_R \approx I_{C1} \approx I_{E1}$，$I_o = I_{C2} \approx I_{E2}$，则有

$$\frac{I_o}{I_R} \approx \frac{I_{C2}}{I_{C1}} = \frac{R_{E1}}{R_{E2}} \tag{3.1.10}$$

式中，$I_R \approx \dfrac{V_{CC} - U_{BE1}}{R + R_{E1}}$。

式(3.1.10)表明，该电路中输出电流 I_o 和基准电流 I_R 的比例关系由两管射极电阻 R_{E1} 和 R_{E2} 之比决定，故称其为**比例电流源**。只要调节电阻 R_{E2}（改变比值），就可得到不同的 I_o。不过，为了保证 I_o 的精度，除了增大 β 外，还应满足式(3.1.9)的条件。此外，接入 R_{E2} 后，还可增大交流输出电阻，改进恒流特性。

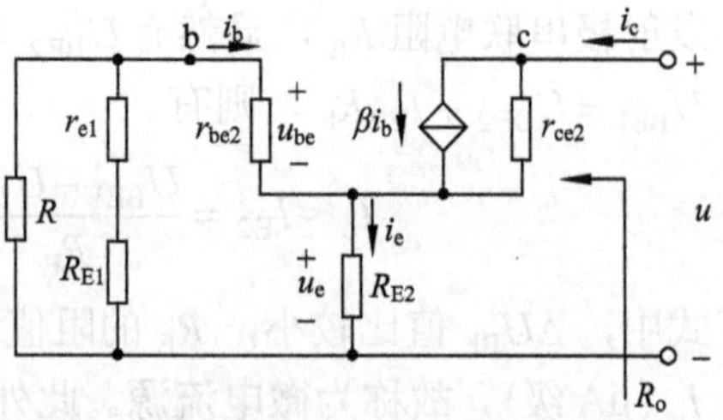

推导比例电流源电路交流输出电阻 R_o 的交流等效电路如图 3.1.5 所示。其中，T_1 接成二极管形式，它呈现的等效交流电阻为 r_{e1}，T_2 管的等效输出电阻为 r_{ce2}。设 $R_s = R//(r_{e1} + R_{E1}) \approx R//R_{E1}$，$\beta_1 = \beta_2 = \beta$，由图 3.1.5 可得

图 3.1.5　求输出电阻的交流等效电路

$$\begin{cases} i_c = \beta i_b + \dfrac{u - u_e}{r_{ce2}} \\ i_e = i_c + i_b \\ u_e = i_e R_{E2} \\ i_e R_{E2} = -i_b(r_{be2} + R_s) \end{cases} \tag{3.1.11}$$

经整理，可求得

$$R_o = \frac{u}{i_c} = r_{ce2}\left[1 + \frac{\beta R_{E2}}{R_{E2} + r_{be2} + R_s}\right] + R_{E2} // (r_{be2} + R_s)$$

$$\approx r_{ce2}\left[1 + \frac{\beta R_{E2}}{R_{E2} + r_{be2} + R_s}\right] \tag{3.1.12}$$

显然，T_2 管发射极串接电阻 R_{E2} 后，R_o 将远大于基本镜像电流源电路的交流输出电阻，表明它具有更优良的恒流特性。

若令 $R_{E1} = 0$ ，由式 (3.1.12) 可得到微电流源电路的等效交流输出电阻计算公式。

4. 多路电流源电路

图 3.1.6 为多路电流源电路。这是用一个基准电流 I_R 获得多个恒定电流 I_{o1} , I_{o2} ,…, $I_{o(n-1)}$ 的电路，其原理同比例电流源电路。

设 T_1 , T_2 , T_3 ,…, T_n 特性相同，则各路输出电流为

$$I_{o1} \approx I_{C1}\frac{R_{E1}}{R_{E2}} , \quad I_{o2} \approx I_{C1}\frac{R_{E1}}{R_{E3}} , \quad \cdots, \quad I_{o(n-1)} \approx I_{C1}\frac{R_{E1}}{R_{En}}$$

但随着多路电流源路数增加，各晶体管的基极电流之和 ΣI_B 增加，因而 I_{C1} 与 I_R 之间的差值增大（$I_{C1} = I_R - \Sigma I_B$）。这样各路输出电流 $I_{oi}(i = 1 \sim n-1)$ 与基准电流 I_R 的传输比将出现较大误差。为了减少这种偏差，可增加一级射极跟随器作为缓冲级，如图 3.1.7 所示，使各三极管基极电流总和折算到射极跟随器基极上的电流分量减小为原来的 $1/(1+\beta)$，则 T_1 管的集电极电流为

$$I_{C1} = I_R - \frac{\Sigma I_B}{1 + \beta} \tag{3.1.13}$$

使各路电流 I_{oi} 与 I_R 之间的比例关系更为精确。

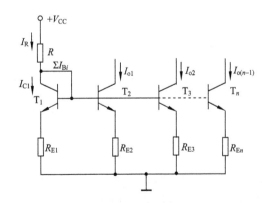

图 3.1.6　多路电流源电路

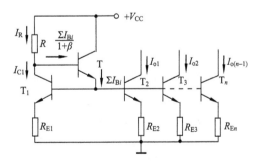

图 3.1.7　多路电流源电路的改进电路

【例 3.1.1】　图 3.1.8 是集成运放 F007 偏置电路的一部分，假设 $V_{CC} = V_{EE} = 15\text{V}$ ，所有三极管的 $|U_{BE}| \approx 0.7\text{V}$ ，其中 NPN 型三极管的 $\beta \gg 2$，横向 PNP 三极管的 $\beta = 2$，电阻 $R_5 = 39\text{k}\Omega$ 。要求：

(1) 分析电路中各三极管组成何种电流源；

(2) 估算基准电流 I_{REF} ；

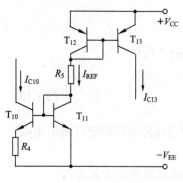

图 3.1.8　例 3.1.1 电路

(3) 估算 T_{13} 的集电极电流；

(4) 若要求 $I_{C10} = 28\mu A$，试估算电阻 R_4 的阻值。

解：(1) 由 T_{11}、T_{12} 和 R_5 确定基准电流 I_{REF}，T_{12} 与 T_{13} 组成镜像电流源(输出电流 I_{C13})，T_{10}、T_{11} 与 R_4 组成微电流源(输出电流 I_{C10})。

(2) 由图 3.1.8 可知

$$I_{REF} = \frac{V_{CC} + V_{EE} - 2|U_{BE}|}{R_5} = \frac{15 + 15 - 2 \times 0.7}{39} \approx 0.73(\text{mA})$$

(3) 因横向 PNP 三极管 T_{12}、T_{13} 不满足 $\beta \gg 2$，故不能认为 $I_{C13} \approx I_{REF}$。由式(3.1.2)可得

$$I_{C13} = I_{REF}\left(\frac{\beta}{\beta + 2}\right) = 0.73 \times \frac{2}{2 + 2} = 0.365(\text{mA})$$

(4) 因 NPN 型三极管 T_{10}、T_{11} 的 $\beta \gg 2$，故可认为 $I_{C11} \approx I_{REF}$，由式(3.1.7)可知

$$R_4 \approx \frac{U_T}{I_{C10}} \cdot \ln\left(\frac{I_{C11}}{I_{C10}}\right) = \frac{26 \times 10^{-3}}{28 \times 10^{-6}} \times \ln\left(\frac{0.73 \times 10^{-3}}{28 \times 10^{-6}}\right) \approx 3(\text{k}\Omega)$$

【例 3.1.2】 分析图 3.1.9 所示电路的组成与特点。

解：由于电流源具有直流电阻小、交流电阻大的特点，在集成运算放大器电路中，广泛地把它作为负载使用，称为**有源负载**。图 3.1.9 中 T_1 是放大管，T_2、T_3 组成电流源作为 T_1 的集电极有源负载。电流 $I_{C2}(= I_{C1})$ 等于基准电流 $I_{C3}(I_{REF})$。电流源的等效交流电阻 $R_{o2} = r_{ce2}$ 较大。

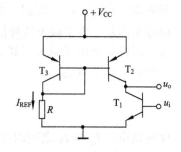

图 3.1.9　例 3.1.2 电路

对于电阻负载的共射放大电路，其电压放大倍数 $A_u = \frac{-\beta(R_C // R_L)}{r_{be}}$，考虑到静态工作点的合适设置，$R_C$ 不能太大，相应 A_u 也不会太大。而采用有源负载的共射放大电路，当 $R_L = \infty$ 时，$A_u = -\frac{\beta(r_{ce1} // R_{o2})}{r_{be1}} \approx -\frac{\beta(r_{ce1} // r_{ce2})}{r_{be1}}$，由于 r_{ce1}、r_{ce2} 较大，则电压放大倍数可达 1000 以上。因此，在集成运算放大器中，为了提高单级放大电路的电压放大倍数，放大器多以电流源作有源负载。

5. MOS 管镜像电流源电路

在 MOS 管集成运算放大器电路中，需要用到 MOS 管镜像电流源电路。在图 3.1.1 所示镜像电流源中，用 N 沟道增强型 MOS 管替换双极型三极管，就构成了 MOS 管镜像电流源电路，如图 3.1.10(a)所示。

对于增强型 MOS 场效应管，在忽略沟道长度调制效应时，其漏极电流为

$$I_D = \frac{W\mu_n C_{ox}}{2L}(U_{GS} - U_{GS(th)})^2 \tag{3.1.14}$$

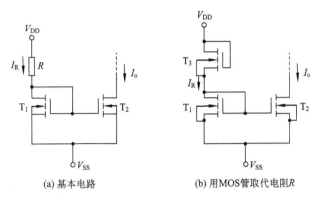

(a) 基本电路　　　　　　　　　　(b) 用MOS管取代电阻R

图 3.1.10　MOS 管镜像电流源电路

若 T_1、T_2 管性能匹配，且工作在恒流区，宽长比分别为 $(W/L)_1$、$(W/L)_2$，忽略沟道长度调制效应时，则可得

$$\frac{I_{D2}}{I_{D1}} \approx \frac{(W/L)_2}{(W/L)_1} \tag{3.1.15}$$

由于 MOS 管的栅极电流等于零，有 $I_{D1} = I_R$，则

$$I_o = I_{D2} = \frac{(W/L)_2}{(W/L)_1} I_R \tag{3.1.16}$$

式中，$I_R = I_{D1} = \dfrac{V_{DD} - V_{SS} - U_{GS1}}{R}$。再利用 $U_{DS1} = U_{GS1}$ 并由式 (3.1.14) 即可确定 I_R。

当 T_1、T_2 管的宽长比相同时，有 $I_o = I_R$，即维持了严格的镜像关系，且没有双极型电路中由 β 引入的误差。

在 MOS 型集成运算放大器中，为了节省芯片面积，改进电路性能，电阻几乎都用 MOS 管有源电阻取代，如图 3.1.10(b) 所示。由图可见，$U_{DS1} = U_{GS1}$，$U_{DS3} = U_{GS3}$，$I_{D3} = I_{D1}$，$V_{DD} - V_{SS} = U_{DS3} + U_{DS1}$。由式 (3.1.14)，可得

$$I_R = I_{D1} = \frac{\mu_n C_{ox}}{2} (W/L)_1 (U_{GS1} - U_{GS(th)})^2 \tag{3.1.17}$$

由 $I_{D1} = I_{D3}$，即有

$$\frac{\mu_n C_{ox}}{2} (W/L)_1 \cdot (U_{GS1} - U_{GS(th)})^2 = \frac{\mu_n C_{ox}}{2} (W/L)_3 (V_{DD} - V_{SS} - U_{GS1} - U_{GS(th)})^2$$

因而有

$$\frac{(W/L)_3}{(W/L)_1} = \left(\frac{U_{GS1} - U_{GS(th)}}{V_{DD} - V_{SS} - U_{GS1} - U_{GS(th)}} \right)^2 \tag{3.1.18}$$

根据式 (3.1.17)，由需要的 I_R 来求出 U_{GS1}，再根据式 (3.1.18)，由 U_{GS1} 确定 T_1、T_2 两管所需宽长比的比值。

在基本的 MOS 管镜像电流源基础上，将其结构扩展，也能组成比例电流源、多路电流源等，它们的构成方式与双极型电流源电路相类似。

6. 其他改进型电流源电路

由以上讨论可知，各种改进型电流源电路设计的主要目标为：一是提高 $I_o \sim I_R$ 之间的匹配精度；二是提高基准电流或输出电流稳定性；三是增大电流源交流输出电阻 R_o，以改进电流源的恒流特性。

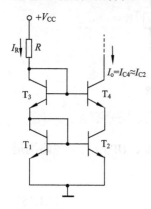

图 3.1.11　级联型电流源电路

1) 级联型电流源电路

将两个基本镜像电流源级联而构成的电路称为级联型电流源电路，如图 3.1.11 所示。在特性基本一致的 T_1、T_2、T_3、T_4 管构成的回路中，有 $U_{BE3} + U_{BE1} = U_{BE4} + U_{CE2}$。若 β 足够大，可近似有 $I_{C1} \approx I_{C3}$、$I_{C2} \approx I_{C4}$，且 $I_{C1} \approx I_{C2}$，则相应地有 $U_{BE1} \approx U_{BE3}$、$U_{BE2} \approx U_{BE4}$，且 $U_{BE1} = U_{BE2}$，因此

$$U_{CE2} = U_{BE3} - U_{BE4} + U_{BE1} \approx U_{BE1} = U_{CE1}$$

上式表明，无论外电路(如负载改变)加在电流源上的电压 u_{C4} 如何变化，T_2 管的 U_{CE2} 总是保持接近于 T_1 管的 U_{CE1}。这样，不仅减小了 I_{C1} 转移到 I_{C2} 时因基区宽度调制效应而引入的误差，而且还使 I_o(其值取决于 I_{C2})几乎与电压 u_{C4} 的变化无关，改进了电流源的恒流特性(即增大了 R_o)。不过，该电路并没有提高 I_o 与 I_R 之间的匹配精度。可以证明，当各管的 β 值相同时，可导出 I_o 与 I_R 之间的关系为

$$I_o = \frac{\beta^2}{\beta^2 + 4\beta + 2} I_R \approx \frac{1}{1 + 4/\beta} I_R \approx \left(1 - \frac{4}{\beta}\right) I_R \tag{3.1.19}$$

式中，$I_R = \dfrac{V_{CC} - U_{BE1} - U_{BE3}}{R} \approx \dfrac{V_{CC} - 2U_{BE}}{R}$。

2) 反馈型电流源电路

图 3.1.12 为利用反馈来改进性能的电流源电路。由图可见，因外电路电压 u_{C3} 变化而引起 I_o 变化时(如 I_o 增大)，$I_{C1} = I_{C2}$ 将相应改变(如 I_{C1} 增大)，因而使加到 T_3 管的基极电流 $I_{B3}(= I_R - I_{C1})$ 朝相反方向变化(如 I_{B3} 减小)，这样将部分抵消了 I_o 的变化，使 I_o 的恒流特性得以改进。

当各三极管的特性匹配、β 值相同时，可导出 I_o 与 I_R 之间的关系为

$$I_o = \frac{\beta^2 + 2\beta}{\beta^2 + 2\beta + 2} I_R = \left(1 - \frac{2}{\beta^2 + 2\beta + 2}\right) I_R \tag{3.1.20}$$

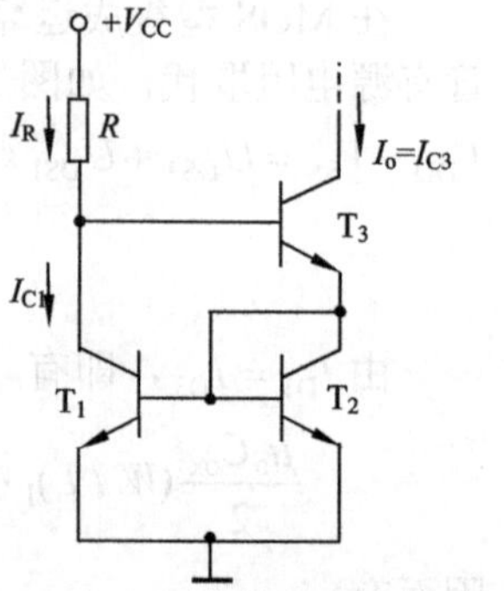

图 3.1.12　反馈型电流源电路

式中，$I_R = \dfrac{V_{CC} - U_{BE3} - U_{BE2}}{R} \approx \dfrac{V_{CC} - 2U_{BE}}{R}$。显然，因 β 为有限值而引入的匹配误差是可忽略的。

思　3.1.1　电流源电路的特点是什么？

考　3.1.2　镜像电流源的精度和稳定性主要受哪些因素影响？

题　3.1.3　分析电流源电路在集成运算放大器中的主要用途。

3.2　差动放大电路

差动放大电路简称差放,具有放大差模信号、抑制共模信号(如温度引起的工作点漂移)的能力。在电子测量技术中,常在电子仪器、医用仪器电路中用作信号放大电路。差动放大电路也是集成运算放大器中重要的基本单元电路。

3.2.1　双极型三极管差动放大电路

1. 电路组成与工作原理

1)电路组成

典型差动放大电路如图 3.2.1 所示,由两个对称的放大电路组合而成,其中 R_E 为两管发射极的耦合电阻。采用 $+V_{CC}$、$-V_{EE}$ 双电源供电,可扩大电路的线性放大范围。理想差动放大电路的要求为:T_1 与 T_2 特性相同(如 $\beta_1 = \beta_2$、$r_{be1} = r_{be2}$),$R_{C1} = R_{C2} = R_C$,$R_{B1} = R_{B2} = R_B$,这里 R_B 常为输入信号源的等效阻抗。R_E 的作用为确定 T_1、T_2 管合适的静态工作点电流 I_E,并有抑制温度漂移的作用。带 R_E 的差放电路也称**长尾电路**,该差动放大电路有两个输入端、两个输出端。

2)工作原理

(1)放大差模信号。

施加在差放电路两个输入端的信号为大小(幅值)相同、极性相反的一对输入信号(即 $u_{i2} = -u_{i1}$),这种输入形式的信号称为**差模信号**。图 3.2.2 为输入差模信号的一种方式,此时图中差模输入电压信号为 $u_{id} = u_{i1} - u_{i2} = 2u_{i1} = -2u_{i2}$。

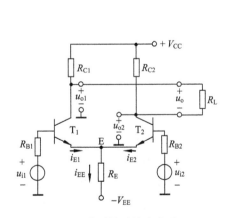

图 3.2.1　典型差动放大电路

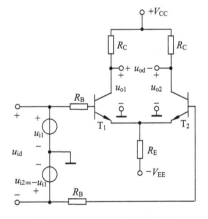

图 3.2.2　输入差模信号情况

在输入差模信号时,一个三极管的集电极电流增加,而另一个三极管的集电极电流将同时减小。相应地,两个三极管的集电极电压将出现一个降低、另一个增加的情况,则输出端电压信号变化量为 $\Delta u_o = \Delta u_{o1} - \Delta u_{o2} \neq 0$。因此,差动放大电路能够放大输入的差模信号。对应差动放大电路的输出电压为 u_{od}($= u_{o1} - u_{o2}$),此时电压放大倍数称为**差模电压放大倍数**(用 A_{ud} 表示),即

$$A_{ud} = \frac{u_{od}}{u_{id}} = \frac{u_{od}}{u_{i1} - u_{i2}} \qquad (3.2.1)$$

（2）抑制共模信号。

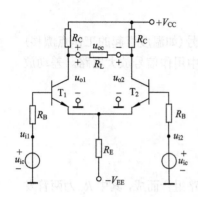

图 3.2.3　输入共模信号情况

如图 3.2.3 所示，在差动放大电路的两个输入端施加大小（幅值）相等、极性相同的一对输入信号，即 $u_{i1} = u_{i2} = u_{ic}$。这种输入形式的信号 u_{ic} 称为**共模信号**。

在输入共模信号时，两个三极管的集电极电流同时增加或减小，相应地集电极电压会同时减小或增大。当图 3.2.3 中电路对称时，有 $u_{o1} = u_{o2}$，则 $u_o = u_{o1} - u_{o2} = 0$。因此，差动放大电路不能放大共模信号，换句话说，差动放大电路抑制共模信号。

在输入共模信号 u_{ic} 时，差动放大电路的输出电压为 u_{oc}，此时电压放大倍数常称为**共模电压放大倍数**（用 A_{uc} 表示），即

$$A_{uc} = \frac{u_{oc}}{u_{ic}} \qquad (3.2.2)$$

对于图 3.2.3 中电路对称的双端输出情况，有 $u_{oc} = 0$、$A_{uc} = 0$。而对于实际差动放大电路，一般 A_{uc} 较小。

3）共模抑制比 K_{CMR}

在实际工程应用中，常用技术指标**共模抑制比**来衡量差动放大电路的放大差模信号、抑制共模信号的能力，共模抑制比用 K_{CMR} 表示，它被定义为差模电压放大倍数 A_{ud} 与共模电压放大倍数 A_{uc} 之比，即

$$K_{CMR} = \left| \frac{A_{ud}}{A_{uc}} \right| \qquad (3.2.3)$$

K_{CMR} 越大，说明差放电路的放大差模信号、抑制共模信号能力越强。工程上也常用 $20\lg |A_{ud} / A_{uc}|$ dB 来表示共模抑制比。通常要求差放电路的 A_{ud} 越大越好、A_{uc} 越小越好，则相应 K_{CMR} 就大。

2. 抑制零点漂移的原理

在实际的差放电路中，当输入信号为零时，由于电路元器件特性不对称及温度变化引起静态工作点漂移等，三极管集电极电压会随温度的变化而改变。在电路中元器件特性对称情况下，环境温度变化、电源电压的波动引起两个三极管的集电极电流与集电极电压有相同的变化，其效果相当于在两个输入端加入了共模信号。因差放电路不能放大共模信号，即可抑制**零点漂移**（主要是温度漂移）。差动放大电路常作为直接耦合多级放大电路的输入级，除了要求电路结构对称外，抑制共模信号尚需从以下两个方面来实现。

1）发射极电阻 R_E 的作用

在图 3.2.3 中共模信号 u_{ic} 作用下，通过 R_E 的作用，能自动控制 i_E 基本不变，其稳定过程为

$$T\uparrow 或 u_{ic}\uparrow \to i_{E1}(i_{E2})\uparrow \to 2i_E R_E\uparrow \xrightarrow{\text{因}V_{EE}\text{不变}} U_{BE1}(U_{BE2})\downarrow \to i_{B1}(i_{B2})\downarrow \to i_{E1}(i_{E2})\downarrow$$

由于 R_E 对共模信号具有很强的抑制作用，故 R_E 又称**共模抑制电阻**。

2) 输出端电压差抑制法

当差放电路输入端施加共模信号时，两个输出端对地电压 u_{o1} 与 u_{o2} 大小相等、极性相同。当电路输出端取电压差 $u_{oc} = u_{o1} - u_{o2}$ 时，u_{oc} 为零，其共模电压放大倍数为 $A_{uc} = 0$。由此说明，在差放电路中元器件理想对称情况下，差放电路对共模信号没有放大能力，完全被抑制到最小限度。采用差放电路输出端取电压差方式，理论上能完全消除零点漂移的影响。这就是理想对称的差动放大电路抑制零点漂移的工作原理。

在差动放大电路中，要保持电路元器件完全对称很困难，则仍存在较小的输出端漂移电压。此时，又因为 R_E 的作用，输出漂移电压虽然不能被完全抵消，但已经大大减小了。

3. 对一般输入信号的放大特性

在一般的输入信号情况下，差动放大电路的两个输入信号分别为 u_{i1}、u_{i2}。此时，输入信号既不完全为差模信号，也不完全是共模信号。通常把差动放大电路两个输入端信号之差 u_{id} 定义为输入信号的差模分量（即差模信号），即

$$u_{id} = u_{i1} - u_{i2} \tag{3.2.4}$$

对应图 3.2.2 中的差模信号输入情况，可有

$$\begin{cases} u_{i1} = 0.5u_{id} \\ u_{i2} = -0.5u_{id} \end{cases} \tag{3.2.5}$$

通常把差动放大电路两个输入端信号的平均值定义为输入信号的共模分量（即共模信号），有

$$u_{ic} = \frac{u_{i1} + u_{i2}}{2} \tag{3.2.6}$$

由式 (3.2.4) 和式 (3.2.6) 可得

$$\begin{cases} u_{i1} = \dfrac{1}{2}(u_{i1} - u_{i2}) + \dfrac{1}{2}(u_{i1} + u_{i2}) = \dfrac{1}{2}u_{id} + u_{ic} \\ u_{i2} = -\dfrac{1}{2}(u_{i1} - u_{i2}) + \dfrac{1}{2}(u_{i1} + u_{i2}) = -\dfrac{1}{2}u_{id} + u_{ic} \end{cases} \tag{3.2.7}$$

因而，一般输入信号可分解成差模信号和共模信号。根据式 (3.2.7)，可将一般输入信号等效为图 3.2.4 中所示输入，图中表示电路中的差模信号和共模信号是共存的。

由式 (3.2.1) 和式 (3.2.2)，根据线性电路的叠加定理，可得一般输入信号时差放电路输出电压的一般表达式为

$$u_o = A_{ud}u_{id} + A_{uc}u_{ic} \tag{3.2.8}$$

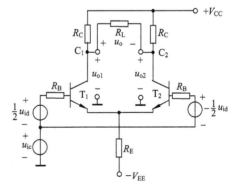

图 3.2.4　一般输入信号情况

4. 差动放大电路的性能分析

在图 3.2.1 所示差放电路中，若 $u_{i1} \neq 0$、$u_{i2} \neq 0$，则称为**双端输入**。若 u_{i1}、u_{i2} 中有一个信号为零，则称为**单端输入**。单端输入情况

为双端输入情况的特例。例如，$u_{i1} = u_i$、$u_{i2} = 0$ 时，$u_{id} = u_{i1} - u_{i2} = u_i$，$u_{ic} = \dfrac{u_{i1} + u_{i2}}{2} = \dfrac{u_i}{2}$。

因此，对于单端输入和双端输入情况，差动放大电路的特性及其分析方法是相同的。

从差动放大电路输出端来看，有**双端输出方式**（如 $u_o = u_{o1} - u_{o2}$）和**单端输出方式**（输出电压为 u_{o1} 或 u_{o2}）之分。在两种输出方式情况下，差动放大电路的差模特性和共模特性及其分析有明显区别。

1）静态分析

差放电路如图 3.2.1 所示。在静态时，有 $u_{i1} = u_{i2} = 0$。设电路中元器件完全对称，即 $\beta_1 = \beta_2 = \beta$，$R_{C1} = R_{C2} = R_C$，$R_{B1} = R_{B2} = R_B$，则有 $U_{BE1Q} = U_{BE2Q} = U_{BEQ}$，$I_{E1Q} = I_{E2Q} = I_{EQ}$，$I_{C1Q} = I_{C2Q} = I_{CQ}$，$I_{B1Q} = I_{B2Q} = I_{BQ}$，$U_{CE1Q} = U_{CE2Q} = U_{CEQ}$。

由 $-V_{EE}$ 回路列方程可求 I_{EQ}，即

$$V_{EE} = I_{BQ}R_B + U_{BEQ} + 2I_{EQ}R_E \tag{3.2.9}$$

通常 $\beta \gg 1$，$U_{BEQ} \ll V_{EE}$，$I_{BQ}R_B \ll I_{EQ}R_E$，则

$$I_{EQ} \approx \frac{V_{EE} - U_{BE}}{2R_E} \approx \frac{V_{EE}}{2R_E} \tag{3.2.10}$$

相应有 $I_{EQ} \approx I_{CQ}$，$I_{BQ} = I_{CQ}/\beta$，$U_{CEQ} = V_{CC} - (-V_{EE}) - I_{CQ}R_C - 2I_{EQ}R_E$。

通常取 V_{EE} 幅值与 V_{CC} 相同，则

$$U_{CEQ} \approx 2V_{CC} - I_{EQ}(R_C + 2R_E) \tag{3.2.11}$$

R_E 越大，负反馈作用越大，I_{EQ} 越稳定，差放电路的共模信号抑制能力越强。但 R_E 过大时，由式（3.2.10）可知静态电流 I_{CQ}（或 I_{EQ}）将很小，则导致 i_C 的动态范围很窄。因此 R_E 不宜过大。解决这个矛盾的最佳办法是采用电流源电路来取代 R_E，电流源电路的直流工作电压不大、交流输出电阻很大，因而在实际的差放电路中一般都由电流源来提供静态偏置电流。

2）动态性能分析

（1）差模特性。

① 双端输入–双端输出。

差动放大电路的交流通路如图 3.2.5（a）所示。这里只考虑差模特性，设电路输入端加入差模信号，即 $u_{i1} = -u_{i2} = 0.5u_{id}$。在电路元器件完全对称情况下，$T_1$、$T_2$ 管的发射极电流的交流分量 i_{e1}、i_{e2} 的数值相等、极性相反，则流过 R_E 的电流不变，即流过 R_E 的交流电流 i_{R_E} 等于零，E 点的交流电位等于零。R_E 对差模信号而言，既可视为**短路**，也可看成**断路**，因此，E 点是**虚地**。

电路中负载电阻 R_L 接于 T_1、T_2 两管的集电极之间，集电极电压 u_{c1}、u_{c2} 的幅值相同、变化方向相反，则 R_L 的中点电压不变，相当于接地。故可将 R_L 分为相等的两个 $0.5R_L$，每个 $0.5R_L$ 分别接在 T_1、T_2 的集电极与地之间。这样，差动放大电路就等效为两个共发射极放大电路。图 3.2.5（b）是差放电路微变等效电路。

由图 3.2.5（b）可得

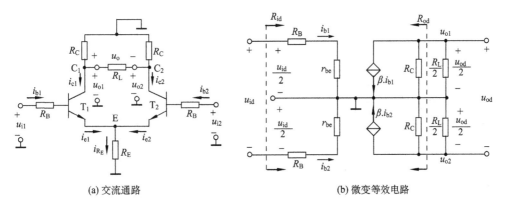

(a) 交流通路　　　　　　　　　　　　　　(b) 微变等效电路

图 3.2.5　交流通路和输入差模信号时的微变等效电路

$$A_{ud} = \frac{u_{od}}{u_{id}} = \frac{u_{o1} - u_{o2}}{u_{id}} = \frac{0.5u_{id}A_{u1} - (-0.5u_{id})A_{u2}}{u_{id}}$$

$$= \frac{1}{2}(A_{u1} + A_{u2}) = A_{u1} = -\frac{\beta R_L'}{R_B + r_{be}} \quad (3.2.12)$$

式中，$R_L' = R_C // \left(\dfrac{R_L}{2}\right)$，$A_{u1} = A_{u2}$（当电路对称时）为单边共射放大电路的放大倍数。

由式 (3.2.12) 可知，在电路对称的条件下，双端输入、双端输出时差放电路的差模电压放大倍数 A_{ud} 与单管共射电路的电压放大倍数 A_{u1} 相同。可见，该电路是以双倍的元器件代价来换取抑制零点漂移能力的提高。

差模输入电阻 R_{id} 为

$$R_{id} = \frac{u_{id}}{i_i} = 2(R_B + r_{be}) \quad (3.2.13)$$

差模输入情况下，差放电路输出端的输出电阻 R_{od} 为

$$R_{od} = 2R_C \quad (3.2.14)$$

② 双端输入–单端输出。

在差动放大电路单端输出时，负载 R_L 单端接地。设 R_L 接在 T_1 管集电极 C_1 与地之间，即 $u_{od} = u_{o1} = u_{C1}$。此时，因满足电路输入端对称条件，交流通路中 E 点是虚地。因此，差模电压放大倍数为

$$A_{ud} = \frac{u_{od}}{u_{id}} = \frac{u_{o1}}{2u_{i1}} = -\frac{\beta R_L'}{2(R_B + r_{be})} \quad (3.2.15)$$

式中，$R_L' = R_C // R_L$。

差模输入电阻 R_{id} 为

$$R_{id} = 2(R_B + r_{be}) \quad (3.2.16)$$

差模输出电阻 R_{od} 为

$$R_{od} \approx R_C \quad (3.2.17)$$

若 R_L 接在 T_2 的集电极与地之间，即 $u_{od} = u_{o2} = u_{C2}$，则 R_{id}、R_{od} 分别用式 (3.2.16) 和式

(3.2.17)来计算，而 A_{ud} 为 $\dfrac{\beta R'_L}{2(R_B + r_{be})}$。

③ 单端输入。

当 $u_{i1} = u_i$、$u_{i2} = 0$ 或 $u_{i1} = 0$、$u_{i2} = u_i$ 时，为单端输入情形。单端输入是双端输入的一个特例，故分析单端输入的差模特性与双端输入的差模特性相同。

（2）共模特性。

图 3.2.6(a) 为共模信号输入时差动放大电路的交流通路。图中，T_1、T_2 管的输入信号为 $u_{i1} = u_{i2} = u_{ic}$。此时，因电路对称，T_1、T_2 管的发射极电流同时增加或减少，其交流分量满足 $i_{e1} = i_{e2}$，故流过 R_E 的共模信号电流为 $i_{e1} + i_{e2} = 2i_e$。在交流通路中，把 R_E 折算到每个三极管的发射极，其等效电阻为 $2R_E$。在双端输出时，有 $u_{o1} = u_{o2}$，则 R_L 中共模信号电流为零，相当于 R_L 开路。图 3.2.6(b) 为相应的微变等效电路。下面分析共模电路有关指标。

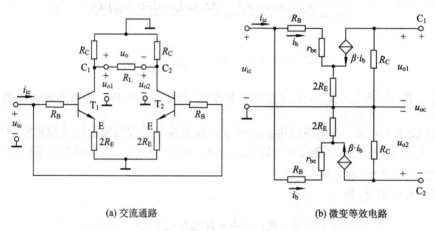

(a) 交流通路   (b) 微变等效电路

图 3.2.6 共模信号输入时的交流通路与微变等效电路

① 共模电压放大倍数 A_{uc}。

双端输出时，设 $u_{oc} = u_{o1} - u_{o2}$，则共模电压放大倍数 A_{uc} 为

$$A_{uc} = \frac{u_{oc}}{u_{ic}} = \frac{u_{o1} - u_{o2}}{u_{ic}} = 0 \tag{3.2.18}$$

$A_{uc} = 0$ 说明无共模信号放大能力。

单端输出时，设 $u_{oc} = u_{o1}$，即负载 R_L 接在 T_1 管的集电极与地之间，则共模电压放大倍数 A_{uc} 为

$$A_{uc} = \frac{u_{o1}}{u_{ic}} = -\frac{\beta R'_L}{R_B + r_{be} + 2(1+\beta)R_E} \tag{3.2.19}$$

式中，$R'_L = R_C // R_L$。当 $R_B + r_{be} \ll 2(1+\beta)R_E$ 时，式(3.2.19)近似为

$$A_{uc} \approx -\frac{R'_L}{2R_E} \tag{3.2.20}$$

由式(3.2.20)可知，R_E 越大，A_{uc} 越小，抑制共模干扰能力就越强。当采用电流源偏置代替 R_E 时，因电流源的等效交流电阻很大，$A_{uc} \approx 0$，可获得很强的共模信号抑制能力。

② 共模输入电阻 R_{ic}。

在共模信号输入时，差放电路的等效输入电阻为

$$R_{ic} = \frac{u_{ic}}{i_{ic}} = \frac{u_{ic}}{2i_b} = \frac{1}{2}\left[R_B + r_{be} + 2(1+\beta)R_E\right] \tag{3.2.21}$$

共模输入电阻与双端输入、单端输入方式无关。共模信号输入时差放电路的输出电阻 R_{oc} 与差模信号输入时差放电路输出电阻 R_{od} 相同。

③ 共模抑制比 K_{CMR}。

双端输入–双端输出时，差放电路的 K_{CMR} 为

$$K_{CMR} = \left|\frac{A_{ud}}{A_{uc}}\right| = \infty \tag{3.2.22}$$

单端输入–单端输出时，差放电路的 K_{CMR} 为

$$K_{CMR} = \left|\frac{A_{ud}}{A_{uc}}\right| = \frac{\dfrac{\beta R_L'}{2(R_B + r_{be})}}{\left(\dfrac{R_L'}{2R_E}\right)} = \frac{\beta R_E}{R_B + r_{be}} \tag{3.2.23}$$

式中，R_E 越大，K_{CMR} 越大，说明共模抑制能力越强。

【例 3.2.1】　带电流源的差动放大电路如图 3.2.7(a) 所示。设 $V_{CC} = V_{EE} = 12\,\text{V}$，三极管的 β 都为 50，$U_{BEQ} = 0.7\,\text{V}$，$R_C = 100\,\text{k}\Omega$，$R_{E3} = 33\,\text{k}\Omega$，$R_B = 10\,\text{k}\Omega$，$R_W = 200\,\Omega$，$R_L = 200\,\text{k}\Omega$，$R_1 = 3\,\text{k}\Omega$，稳压管的 $U_Z = 6\,\text{V}$。要求：

(1) 估算放大电路的静态工作点 Q；

(2) 求差模电压放大倍数 A_{ud}、共模电压放大倍数 A_{uc}；

(3) 求差模输入电阻 R_{id}、差模输出电阻 R_{od} 和共模输入电阻 R_{ic}。

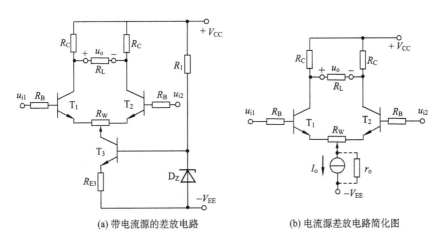

(a) 带电流源的差放电路　　　　　　　　(b) 电流源差放电路简化图

图 3.2.7　例 3.2.1 图

解：图 3.2.7(a) 为双端输入、双端输出的电流源差动放大电路。电路中由 T_3 管构成电流源，代替长尾式差动放大电路中的射极电阻。图 3.2.7(b) 为电流源差放电路的简化图，T_3 管构成的电流源的交流输出电阻 r_o 很大，使 A_{uc} 大大减小，而 A_{ud} 不受影响，从而提高差放电

路的共模抑制比。

(1)对于电流源差放电路，静态分析应首先从电流源电路入手。由图 3.2.7 可知：

$$I_{C3Q} \approx I_{E3Q} = \frac{U_Z - U_{BE3Q}}{R_{E3}} = 160\mu A$$

则有

$$I_{C1Q} = I_{C2Q} \approx 0.5 I_{C3Q} = 80\mu A$$

$$U_{C1Q} = U_{C2Q} = V_{CC} - I_{C1Q}R_C = 12 - 0.08 \times 100 = 4(V)$$

$$I_{B1Q} = I_{B2Q} \approx \frac{I_{C1Q}}{\beta} = \frac{80}{50} = 1.6(\mu A)$$

$$U_{B1Q} = U_{B2Q} = -I_{B1Q}R_B = -1.6 \times 10 = -16(mV)$$

$$r_{be} = r_{bb'} + (1+\beta) \cdot \frac{26}{I_{EQ}} \approx 300 + 51 \times \frac{26}{0.08} = 16875(\Omega)$$

(2)差模电压放大倍数为

$$A_{ud} = \frac{u_{od}}{u_{id}} = \frac{-\beta \cdot \left(R_C // \frac{R_L}{2}\right)}{R_B + r_{be} + (1+\beta)(0.5R_W)} = \frac{-50 \times (100//100)}{10 + 16.875 + 51 \times 0.5 \times 0.2} \approx -78$$

由于电路对称，在共模信号输入时，有 $u_{oc} = u_{c1} - u_{c2} = 0$，则共模电压放大倍数为

$$A_{uc} = \frac{u_{oc}}{u_{ic}} = 0$$

(3)差模输入电阻为

$$R_{id} = \frac{u_{i1} - u_{i2}}{i_b} = 2(R_B + r_{be}) + (1+\beta)R_W = 63.95\,k\Omega$$

差模输出电阻为

$$R_{od} \approx 2R_C = 200\,k\Omega$$

共模输入电阻为

$$R_{ic} = \frac{u_{ic}}{i_{ic}} = \frac{u_{ic}}{2i_b} = \frac{1}{2}\left[R_B + r_{be} + 0.5R_W(1+\beta) + 2(1+\beta)r_o\right]$$

因为电流源的输出电阻 r_o 很大，所以有 $R_{ic} \approx \infty$。

3.2.2　场效应管差动放大电路

在需要高输入电阻的放大器的情况下，常用 JFET 管或 MOS 管来组成差动放大电路。

1. JFET 管差动放大电路

图 3.2.8 为带电流源的 N 沟道结型场效应管差动放大器电路，采用双端输入、双端输出方式。它的工作原理与双极型三极管差动放大电路的工作原理相同。设电路中元器件对称，电流源近似为理想电流源(即交流电阻 r_o 为无穷大)。

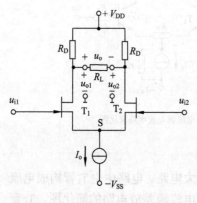

图 3.2.8　JFET 差动放大电路

（1）当输入共模信号时，因电流源是理想的，无论双端输出还是单端输出情况，有

$$A_{uc} = 0$$

（2）当输入差模信号时，因电路对称，则 S 点**虚地**。此时，差放电路由两个共源极 JFET 放大电路构成。

对于双端输出情况（即 $u_o = u_{o1} - u_{o2}$），可得

$$A_{ud} = \frac{u_{o1} - u_{o2}}{u_{id}} = A_{u1} = -g_m(0.5R_L /\!/R_D /\!/r_{ds}) \approx -g_m(0.5R_L /\!/R_D) \qquad (3.2.24)$$

式中，A_{u1} 为单管共源放大电路的电压放大倍数，r_{ds} 为场效应管的输出电阻。

对于单端输出情况（设 $u_o = u_{o1}$），可得

$$A_{ud} = \frac{u_{o1}}{u_{id}} = -0.5g_m(R_L /\!/R_D /\!/r_{ds}) \approx -0.5g_m(R_L /\!/R_D) \qquad (3.2.25)$$

（3）由于场效应管的输入电流近似等于零，则 JFET 差放电路的差模输入电阻 R_{id}、共模输入电阻 R_{ic} 都可看成无穷大。

差模信号输入时的输出电阻 R_{od} 与共模信号输入时的输出电阻 R_{oc} 相同。

在双端输出时，差模输出电阻为

$$R_{od} = 2(r_{ds} /\!/R_D) \approx 2R_D \qquad (3.2.26)$$

在单端输出时，差模输出电阻为

$$R_{od} = r_{ds} /\!/R_D \approx R_D \qquad (3.2.27)$$

【例 3.2.2】　由 N 沟道结型场效应管组成的差动放大电路如图 3.2.9 所示。设 T_1、T_2 的特性相同，饱和电流 I_{DSS} 为 1.2mA，夹断电压 $U_{GS(off)} = -2.4V$，$r_{ds} = \infty$。稳压管 D_Z 的 $U_Z = 6V$，三极管 T_3 的 $U_{BE3} = 0.6V$，$R_{E3} = 54k\Omega$，$R_D = 82k\Omega$，$R_L = 240k\Omega$。要求：

（1）估算静态时 T_1 管的工作电流 I_{D1}、栅源极之间电压 U_{GS1Q} 和 T_2 管的漏极电压 U_{D2Q}；

（2）求差模电压放大倍数 $A_{ud} = \dfrac{u_o}{u_i}$。

解：（1）计算 I_{D1Q}、U_{GS1Q} 和 U_{D2Q}。

对于带电流源的场效应管型差放电路，静态分析应从电流源管 T_3 开始。由图 3.2.9 可知：

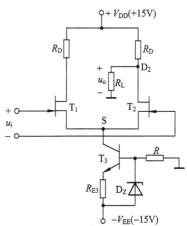

图 3.2.9　例 3.2.2 电路

$$I_{E3Q} = \frac{U_Z - U_{BE3Q}}{R_{E3}} = \frac{6 - 0.6}{54} = 0.1\,(\text{mA})$$

因为 T_1 和 T_2 的特性相同，可得

$$I_{D1Q} = I_{D2Q} \approx \frac{I_{E3Q}}{2} = 0.05\text{mA}$$

根据 N 沟道 JFET 的转移特性 $i_D = I_{DSS}\left(1 - \dfrac{u_{GS}}{U_{GS(off)}}\right)^2$，可得

$$U_{\text{GS1Q}} = U_{\text{GS(off)}} \cdot \left(1 - \sqrt{\frac{I_{\text{D1Q}}}{I_{\text{DSS}}}}\right) = -2.4 \times \left(1 - \sqrt{\frac{0.05}{1.2}}\right) = -1.91(\text{V})$$

T_2 管的漏极电压 U_{D2} 为

$$U_{\text{D2Q}} = V_{\text{DD}} \frac{R_{\text{L}}}{R_{\text{L}} + R_{\text{D}}} - I_{\text{D2Q}}(R_{\text{L}} /\!/ R_{\text{D}}) = 15 \times \frac{240}{82 + 240} - 0.05 \times \frac{82 \times 240}{82 + 240} = 8.12(\text{V})$$

(2) 计算 $A_{\text{ud}} = \dfrac{u_{\text{o}}}{u_{\text{i}}}$。

对于单端输出的 JFET 管差放电路，差模电压放大倍数为

$$A_{\text{ud}} = \frac{u_{\text{o}}}{u_{\text{i}}} = 0.5 g_{\text{m}}(R_{\text{L}} /\!/ R_{\text{D}} /\!/ r_{\text{ds}}) \approx 0.5 g_{\text{m}}(R_{\text{L}} /\!/ R_{\text{D}})$$

式中　　　$$g_{\text{m}} = -\frac{2I_{\text{DSS}}}{U_{\text{GS(off)}}}\left(1 - \frac{U_{\text{GSQ}}}{U_{\text{GS(off)}}}\right) = -\frac{2 \times 1.2}{-2.4} \times \left(1 - \frac{-1.91}{-2.4}\right) = 0.2(\text{mS})$$

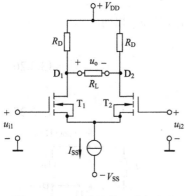

图 3.2.10　MOS 管差动放大电路

所以，可得

$$A_{\text{ud}} = 0.5 \times 0.2 \times (82 /\!/ 240) = 6.11$$

2. MOS 管差动放大电路

带电流源的 MOS 管差动放大电路如图 3.2.10 所示，图中 T_1、T_2 是 N 沟道 MOS 场效应管，采取双端输入、双端输出方式。它的工作原理与双极型三极管差动放大电路的工作原理相同。MOS 管差动放大电路技术指标的计算与 JFET 管差放电路技术指标的计算表达式相同。

实际的 MOS 管差放电路还有 PMOS 型、CMOS 型差放电路，其中漏极电阻 R_{D} 常用 MOS 管来替代，组成全 MOS 电路。

3.2.3　差动放大电路传输特性

前面讨论了差动放大电路的工作原理和小信号性能分析，即 u_{id} 小信号时的差放电路性能指标。现在进一步分析 u_{id} 为任意值大信号时的差放电路的传输性能。传输特性用于描述差放电路的输出量与输入量之间的函数关系，对了解差动放大电路的输入小信号线性工作范围、大输入信号时输出特性是非常重要的。

1. 双极型三极管差动放大电路的传输特性

带电流源的基本双极型差动放大电路如图 3.2.11 所示。设 T_1 与 T_2 特性匹配，且 β 足够大，则

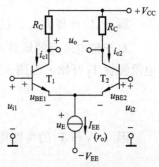

图 3.2.11　带电流源的基本双极型差动放大电路

$$i_{\text{C1}} \approx i_{\text{E1}} = I_{\text{S}} \text{e}^{\frac{u_{\text{BE1}}}{U_{\text{T}}}}$$

$$i_{\text{C2}} \approx i_{\text{E2}} = I_{\text{S}} \text{e}^{\frac{u_{\text{BE2}}}{U_{\text{T}}}}$$

由以上两式相除，得

$$\frac{i_{C1}}{i_{C2}} = e^{\frac{u_{BE1} - u_{BE2}}{U_T}} \tag{3.2.28}$$

而

$$i_{C1} + i_{C2} = I_{EE} \tag{3.2.29}$$

$$u_{id} = u_{BE1} - u_{BE2} \tag{3.2.30}$$

由式 (3.2.28)～式 (3.3.30) 联立求解，得

$$i_{C1} = \frac{I_{EE}}{1 + e^{-\frac{u_{id}}{U_T}}} = \frac{I_{EE} e^{\frac{u_{id}}{2U_T}}}{e^{\frac{u_{id}}{2U_T}} + e^{-\frac{u_{id}}{2U_T}}} \tag{3.2.31}$$

$$= \frac{I_{EE}}{2} + \frac{I_{EE}}{2} \cdot \frac{e^{\frac{u_{id}}{2U_T}} - e^{-\frac{u_{id}}{2U_T}}}{e^{\frac{u_{id}}{2U_T}} + e^{-\frac{u_{id}}{2U_T}}} = \frac{I_{EE}}{2} + \frac{I_{EE}}{2} \cdot \operatorname{th}\left(\frac{u_{id}}{2U_T}\right)$$

$$i_{C2} = \frac{I_{EE}}{1 + e^{\frac{u_{id}}{U_T}}} = \frac{I_{EE} e^{-\frac{u_{id}}{2U_T}}}{e^{\frac{u_{id}}{2U_T}} + e^{-\frac{u_{id}}{2U_T}}} \tag{3.2.32}$$

$$= \frac{I_{EE}}{2} + \frac{I_{EE}}{2} \cdot \frac{e^{-\frac{u_{id}}{2U_T}} - e^{\frac{u_{id}}{2U_T}}}{e^{\frac{u_{id}}{2U_T}} + e^{-\frac{u_{id}}{2U_T}}} = \frac{I_{EE}}{2} - \frac{I_{EE}}{2} \cdot \operatorname{th}\left(\frac{u_{id}}{2U_T}\right)$$

式中，$\operatorname{th}(x)$ 为 x 的双曲正切函数。

式 (3.2.31) 和式 (3.2.32) 表明每个三极管的输出电流与差模输入电压 u_{id} 关系的传输特性方程，相应画出大信号输入时差模特性曲线如图 3.2.12 所示。

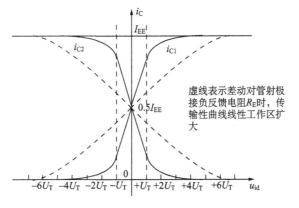

差放电路
大信号差
模特性

图 3.2.12　双极型三极管差放电路的大信号差模特性

分析式 (3.2.31)、式 (3.2.32) 和图 3.2.12 中的曲线，可得出以下结论。

(1) 当 $u_{id} = 0$ 时，$i_{C1} = I_{C1}$，$i_{C2} = I_{C2}$，$I_{C1} = I_{C2} = 0.5 I_{EE}$。当输入差模信号 u_{id} 时，一个三极管的电流增大，另一个三极管的电流减小，且增大量等于减小量，两管电流之和不变，即 $i_{C1} + i_{C2} \equiv I_{EE}$。

(2) 差模输入信号电压的线性工作范围为 $-U_T \sim U_T$（$-26 \sim 26\,\text{mV}$）。此时，i_c 与 u_{id} 近似

呈线性关系。当输入差模信号电压超过 $\pm 26\text{mV}$ 时，i_c 的非线性失真会逐步加大。当输入差模电压超过 $\pm 4U_T \approx \pm 104\,\text{mV}$ 时，i_c 基本不变，这表明差放电路在大信号输入时有很好的限幅特性。

(3) 由图 3.2.12 可知，在小信号工作时，在静态工作点附近，i_c 受 u_{id} 的线性控制，其控制作用的大小常用**传输跨导** g_m 来衡量。g_m 的定义为

$$g_m = \frac{\mathrm{d}\,i_C}{\mathrm{d}\,u_{id}}\bigg|_{u_{id}=0} \tag{3.2.33}$$

式 (3.2.33) 定义的传输跨导即传输特性在静态工作点 Q 处（即 $u_{id}=0$）的曲线斜率。

单端输出时的传输跨导为

$$g_m = \frac{\mathrm{d}\,i_{C1}}{\mathrm{d}\,u_{id}}\bigg|_Q = \frac{i_{c1}}{u_{id}} = \frac{I_{EE}\mathrm{e}^{\frac{-u_{id}}{U_T}}}{U_T\left(1+\mathrm{e}^{-\frac{u_{id}}{U_T}}\right)^2}\bigg|_{u_{id}=0} = \frac{1}{4}\cdot\frac{I_{EE}}{U_T} = \frac{1}{2r_e} \tag{3.2.34}$$

双端输出时的传输跨导为

$$g_m = \frac{I_{EE}}{2U_T} = \frac{1}{r_e} \tag{3.2.35}$$

式 (3.2.35) 说明，差放电路在双端输出时的传输跨导等于单端输出时的传输跨导的两倍。

差动放大电路的传输跨导 g_m、差模电压放大倍数 A_{ud} 都与电流源电流 I_{EE} 成正比。I_{EE} 越大，g_m、A_{ud} 就越大。

通过调节电流源电流可实现对差放电路的电压放大倍数的控制，达到实现自动增益控制的目的。

2. 场效应管差动放大电路的传输特性

与双极型差动放大电路传输特性分析过程相似，可导出场效应管差动放大器的传输特性。这里仅以 JFET 管差放电路为例进行分析。

差放电路如图 3.2.8 所示，由图可得 $u_{id} = u_{GS1} - u_{GS2}$。

对于 N 沟道 JFET 管，可有

$$u_{GS} = U_{GS(off)}\cdot\left(1 - \sqrt{\frac{i_D}{I_{DSS}}}\right) \tag{3.2.36}$$

因而，可得

$$\frac{u_{id}}{U_{GS(off)}} = -\sqrt{\frac{i_{D1}}{I_{DSS}}} + \sqrt{\frac{i_{D2}}{I_{DSS}}} \tag{3.2.37}$$

由 $i_{D1} + i_{D2} = I_o$ 与式 (3.2.37)，可求得

$$i_{D1} = \frac{I_o}{2}\cdot\left[1 + \frac{u_{id}}{U_{GS(off)}}\cdot\sqrt{2\cdot\frac{I_{DSS}}{I_o} - \left(\frac{u_{id}}{U_{GS(off)}}\right)^2\cdot\left(\frac{I_{DSS}}{I_o}\right)^2}\right] \tag{3.2.38}$$

$$i_{D2} = \frac{I_o}{2} \cdot \left[1 - \frac{u_{id}}{U_{GS(off)}} \cdot \sqrt{2 \cdot \frac{I_{DSS}}{I_o} - \left(\frac{u_{id}}{U_{GS(off)}} \right)^2 \cdot \left(\frac{I_{DSS}}{I_o} \right)^2} \right] \qquad (3.2.39)$$

需要指出，当大信号加到差动放大器输入端时，必将出现有一只管子的电流等于 I_o，而另一只管子的电流为零。因为 N 沟道 JFET 管在正常工作时，栅极–源极之间的电压必须保证反向偏置，则每只管子的漏极电流满足 $i_D \leqslant I_o$。由式(3.2.37)可得

$$\left| \frac{u_{id}}{U_{GS(off)}} \right| \leqslant \sqrt{\frac{I_o}{I_{DSS}}} \qquad (3.2.40)$$

式中，典型夹断电压值 $\left| U_{GS(off)} \right|$ 为 2～5V。如果输入电压 u_{id} 超过式(3.2.40)的取值范围，则漏极电流 i_{D1}、i_{D2} 的值不是零就是 I_o。这里，应有 $I_o \leqslant I_{DSS}$。

图 3.2.13(a)画出了 3 种不同 I_o 值时 i_{D1}、i_{D2} 与 u_{id} 的关系曲线。从图中可看出，其线性工作范围限制在 $\left| U_{GS(off)} \right|$ 区间内。与双极型三极管差动放大电路相比，场效应管差动放大电路的输入差模电压范围要大得多。

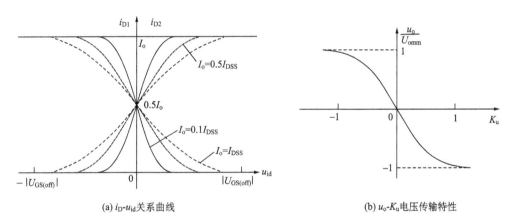

(a) i_D-u_{id}关系曲线　　　　　　　　　　(b) u_o-K_u电压传输特性

图 3.2.13　JFET 管差放电路的传输特性

在图 3.2.8 中，设 R_L 开路，则输出电压为

$$u_o = u_{o1} - u_{o2} = -i_{D1}R_D + i_{D2}R_D \qquad (3.2.41)$$

由式(3.2.38)、式(3.2.39)，可得

$$u_o = -\frac{I_o R_D}{U_{GS(off)}} \cdot u_{id} \cdot \sqrt{2 \cdot \frac{I_{DSS}}{I_o} - \left(\frac{u_{id}}{U_{GS(off)}} \right)^2 \cdot \left(\frac{I_{DSS}}{I_o} \right)^2}$$

$$= -U_{omm} K_u \sqrt{2 - K_u^2} \qquad (3.2.42)$$

式中，$U_{omm} = I_o R_D$，$K_u = \frac{u_{id}}{U_{GS(off)}} \cdot \sqrt{\frac{I_{DSS}}{I_o}}$，由式(3.2.40)可知 $K_u < 1$。

当 $K_u \ll 1$ 时，式(3.2.42)可近似为

$$u_{\mathrm{o}} \approx -U_{\mathrm{omm}} \cdot \sqrt{2} \cdot K_{\mathrm{u}} = -\frac{\sqrt{2I_{\mathrm{o}}I_{\mathrm{DSS}}}R_{\mathrm{D}}}{U_{\mathrm{GS(off)}}} u_{\mathrm{id}} \tag{3.2.43}$$

式(3.2.43)说明，当输入信号 u_{id} 满足 $K_{\mathrm{u}} \ll 1$ 时，u_{o} 与 u_{id} 呈线性关系。图 3.2.13(b)为 JFET 管差动放大电路的电压传输特性。

思考题

3.2.1　直接耦合的多级放大电路产生零点漂移的主要原因是什么？差动放大电路为什么能够抑制零点漂移？

3.2.2　在电流源偏置的差动放大电路中，电流源起了什么作用？在什么情况下，可以运用"虚地"概念？

3.2.3　对于双端输入、单端输出的差动放大电路，设 $A_{\mathrm{ud}} = 100$，$A_{\mathrm{uc}} = 0.1$。当输入信号 $u_{\mathrm{i1}} = 55\mathrm{mV}$、$u_{\mathrm{i2}} = 53\mathrm{mV}$ 时，试分析此时差模输入电压 u_{id}、共模输入电压 u_{ic}、输出电压 u_{o} 各是多少？

3.3　双极型集成运算放大器

3.3.1　集成运算放大器的基本组成

现在有多种类型的集成运算放大器产品。按照集成运放的性能指标与用途来划分，可有通用型、宽带型、低漂移型、高速型、高输入阻抗型、高精度型、低功耗型、高压型、程控型、大功率型等。若按照集成运放的电路类型来划分，有 BJT 双极型、JFET 型、MOS 型和混合型，MOS 型常有 NMOS、PMOS 和 CMOS，混合型如 BJT 与 JFET 管混合(BiFET)、BJT 与 MOS 管混合(BiCMOS)等。

虽然各种集成运放的具体电路与技术参数不同，但其电路结构却均有共同之处。图 3.3.1 表示集成运算放大器的组成原理框图及其电路符号，而实际的集成运放有许多引脚，如外接的电源引脚 $+V_{\mathrm{CC}}$、$-V_{\mathrm{EE}}$，以及可能的频率补偿引脚等。集成运放的输入级一般是由双极型三极管、结型场效应管或绝缘栅型场效应管组成的差动式放大电路，利用差动放大电路可以提高整个电路的共模抑制比与其他性能，差动放大电路的两个输入端为集成运放的反相输入端和同相输入端。中间放大级的主要作用是尽量提高电压放大倍数，它可由一级或多级放大电路组成。输出级一般由射极跟随器或互补射极跟随器组成，以降低输出阻抗(增加驱动负载能力)，提高输出电流的动态范围。图 3.3.1(b)为运算放大器的电路符号，其中反相输入端用"–"表示，同相输入端用"+"表示。器件外端输入、输出相应地用 N、P 和 O 表示。

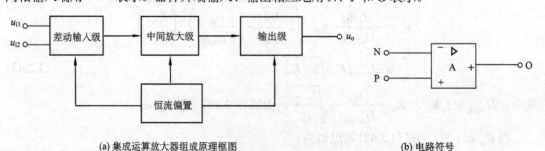

(a) 集成运算放大器组成原理框图　　　　　　　　　　(b) 电路符号

图 3.3.1　运算放大器组成原理与电路符号

简单的集成运算放大器的原理电路如图 3.3.2 所示。输入级为 T_1、T_2 管组成的双端输入–单端输出差动放大电路。中间电压放大级由 T_3、T_4 组成复合管共射极电路。T_5 为电平位移电路、T_6 为输出级（射极跟随器）。电平位移电路使得输入信号电压 $u_{i1} = u_{i2} = 0$ 时，相应有输出电压 $u_o = 0$。T_5 管的射极电阻 R_5 用于抬高静态时 T_5 管的基极直流电位，以保证 T_4 管的集电极电压有较大的动态变化范围。T_5 管的静态工作点由 1mA 电流源确定，同时电流源的动态电阻也很大。利用**瞬时极性法**分析图 3.3.2 可知：当输入信

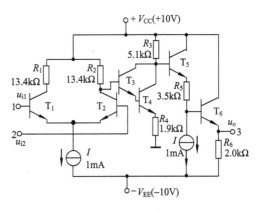

图 3.3.2　简单的运算放大器

号 u_{i1} 从 1 端输入时（设 $u_{i2} = 0$），输出信号 u_o 与 u_{i1} 反相，则 1 端为反相输入端；当输入信号 u_{i2} 从 2 端输入时（设 $u_{i1} = 0$），输出信号 u_o 与 u_{i2} 同相，则 2 端为同相输入端。

【例 3.3.1】　电路如图 3.3.2 所示，设所有三极管的 $\beta = 100$，$r_{ce} = \infty$，$r_{be1} = r_{be2} = 5.2\text{k}\Omega$，$r_{be3} = 260\text{k}\Omega$，$r_{be4} = r_{be5} = 2.6\text{k}\Omega$ 和 $r_{be6} = 0.25\text{k}\Omega$，试计算放大器的总电压放大倍数。

解：（1）把图 3.3.2 画成方框图和级联等效电路，如图 3.3.3 所示。

在图 3.3.3 中，前级的开路电压是下级的信号源电压，前级的输出电阻是下级的信号源内阻；而下级的输入电阻就是前级的负载。A_{ud}、A_{u2}、A_{u3} 和 A'_{ud}、A'_{u2}、A'_{u3} 分别为各级的电压放大倍数和空载时的电压放大倍数。电路的总电压放大倍数为

$$A_u = \frac{u_o}{u_{i2} - u_{i1}} = \frac{u_{o1}}{u_{i2} - u_{i1}} \cdot \frac{u_{o2}}{u_{o1}} \cdot \frac{u_o}{u_{o2}} = A_{ud} A_{u2} A_{u3}$$

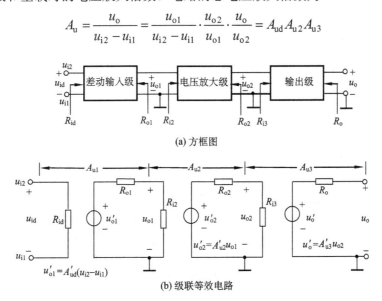

(a) 方框图

(b) 级联等效电路

图 3.3.3　图 3.3.2 电路的方框图与级联等效电路

（2）输入级的电压放大倍数。

输入级的空载电压放大倍数为

$$A'_{ud} = -\frac{\beta R_2}{2r_{be1}} = -\frac{100 \times 13.4 \times 10^3}{2 \times 5.2 \times 10^3} \approx -129$$

第一级的输出电压 u_{o1} 与开路电压 u'_{o1} 有如下关系：

$$u_{o1} = \frac{R_{i2}}{R_{i2} + R_{o1}} \cdot u'_{o1}$$

式中，R_{i2} 是复合管放大电路的输入电阻，R_{o1} 是输入级的输出电阻，其计算公式为

$$R_{i2} = r_{be3} + (1+\beta)\left[r_{be4} + (1+\beta)R_4\right] = 19.9\,\text{M}\Omega$$

$$R_{o1} = R_2 = 13.4\,\text{k}\Omega$$

由于 $R_{i2} \gg R_{o1}$，因此有 $u_{o1} \approx u'_{o1}$，故 $A_{ud} \approx A'_{ud} = -129$。

(3) 电压放大级的电压放大倍数。

电压放大级的空载电压放大倍数为

$$A'_{u2} = \frac{u'_{o2}}{u_{o1}} \approx -\frac{\beta^2 R_3}{R_{i2}} = -2.6$$

输出级的输入电阻为

$$R_{i3} = r_{be5} + (1+\beta)\left[R_5 + r_{be6} + (1+\beta)R_6\right] = 20.8\,\text{M}\Omega$$

中间电压放大级的输出电阻为 $R_{o2} = R_3 = 5.1\,\text{k}\Omega$。

显然，可得 $u_{o2} \approx u'_{o2}$，故 $A_{u2} = A'_{u2} \approx -2.6$。

(4) 输出级是射极跟随器，其电压放大倍数为 $A_{u3} \approx 1$。

(5) 总电压放大倍数：

$$A_u = A_{ud} A_{u2} A_{u3} = (-129) \times (-2.6) \times 1 \approx 335.4$$

3.3.2　典型 BJT 集成运算放大器

双极型集成运放 F007 是一种通用型运算放大器，图 3.3.4 为 F007 的电路原理图，电路包括四个组成部分：偏置电路、差动输入级、中间级、输出级和过载保护电路。

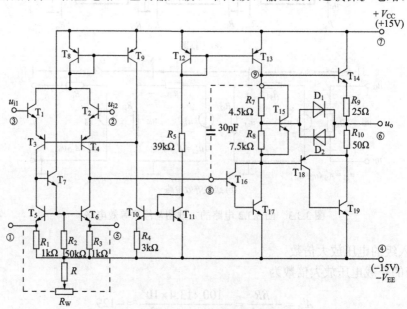

图 3.3.4　F007 电路原理图

1. 偏置电路

F007 的偏置电路由 $T_8 \sim T_{13}$ 和电阻 R_4、R_5 等元件组成，如图 3.3.5 所示。

由图 3.3.5 可知，流过电阻 R_5 的基准电流 I_{REF} 可用下式来估算：

$$I_{REF} = \frac{V_{CC} + V_{EE} - U_{EB12} - U_{BE11}}{R_5}$$

有了基准电流 I_{REF}，再通过电流源电路来产生各放大级所需的偏置电流。其中，T_{10} 与 T_{11} 组成微电流源，故 I_{C10} 比 I_{C11} 小得多。由 I_{C10} 提供了（T_9 集电极电流）I_{C9}、（T_3 和 T_4 的基极电流之和）$I_{3,4}$。横向 PNP 管 T_8、T_9 组成的镜像电流源产生 I_{C8}，作为输入级差放电路的偏置电流。

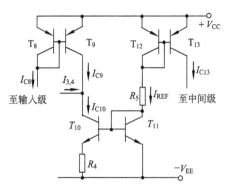

图 3.3.5 F007 的偏置电路

横向 PNP 管 T_{12}、T_{13} 组成另一组镜像电流源，产生 I_{C13}，向中间级放大管 T_{16}、T_{17} 提供静态电流，其中 T_{13} 又作为 T_{16}、T_{17} 的有源负载。F007 中各路偏置电流的关系可以表示为

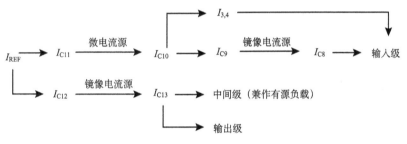

2. 差动输入级

F007 的输入级如图 3.3.6 所示。输入级是由 $T_1 \sim T_6$ 组成的差动放大电路，由 T_6 的集电极输出，T_1、T_3 和 T_2、T_4 组成共集-共基复合的差放电路。纵向 NPN 管 T_1、T_2 组成共集电路可以提高输入电阻，而横向 PNP 管 T_3、T_4 组成的共基电路和 T_5、T_6、T_7 组成的有源负载，可增大输入级的差模输出电流，有利于提高输入级的电压放大倍数，并扩大共模输入电压范围，同时可以改善电路的频率响应。另外，有源负载比较对称，有利于提高输入级的共模抑制比。T_7 用来构成 T_5、T_6 的偏置电路，在这一级中，T_7 的 β_7 比较大，i_{B7} 很小，故 $i_{C3} \approx i_{C5} = i_{C6}$。

当输入信号 $u_{i1} = u_{i2} = 0$ 时，由于 T_{16}、T_{17} 组成的复合管的等效 β 值很大，故 I_{B16} 可忽略不计，此时，

图 3.3.6 F007 输入级电路

$i_{C3} = i_{C5} = i_{C4} = i_{C6}$，则输出电流 $i_{o1} = 0$。

当输入差模信号时，有 $i_{C4} = -i_{C3}$，又因为 T_5、T_6 对称电路的作用，有 $i_{C6} = i_{C5} \approx i_{C3}$。所以，输出电流 $i_{o1} = i_{C4} - i_{C6} \approx i_{C4} - i_{C3} = 2i_{C4}$，这就是说，输入级差放电路的输出电流为两

边输出电流变化量的总和，使单端输出差放电路的电压放大倍数提高到近似等于双端输出的电压放大倍数。

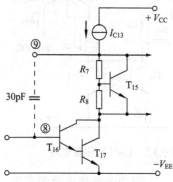

图 3.3.7 F007 中间级电路

由图 3.3.6 可见，电流源 $I_{C10} = I_{C9} + I_{3,4}$，假设由于温度升高使 I_{C1}、I_{C2} 增大，即可等效为共模输入信号情况，则 I_{C8} 也增大，而 I_{C8} 与 I_{C9} 是镜像关系，因此 I_{C9} 也随之增大。但 I_{C10} 是一个恒定电流，于是 $I_{3,4}$ 减小，使 I_{C3}、I_{C4} 也减小，从而保持 I_{C1}、I_{C2} 稳定。可见，这种接法组成了共模负反馈，提高了共模抑制比，可减小温漂的影响。

3. 中间级

F007 中间级电路的示意图如图 3.3.7 所示。它的输入信号来自输入级 T_4、T_6 的集电极电流，输出端连接到输出级两个互补对称放大管的基极。中间级是由 T_{16}、T_{17} 组成复合管的共发射极放大电路，T_{13} 的交流电阻很大且作为其有源负载。所以，中间级的输入电阻大(即输入级的等效负载)，能提高输入级的电压放大倍数。而复合管的高电流放大倍数能够保证中间级有足够大的电压放大倍数。

为了防止产生自激振荡，在电路中 8、9 两端需外接一个 30pF 的校正电容。

4. 输出级

F007 输出级电路见图 3.3.8。由 T_{18} 与 T_{19} 构成 PNP 型复合管，NPN 型三极管 T_{14}、PNP 型复合管组成了准互补对称电路(见第 7 章功率放大电路)。其中 T_{14} 与 T_{19} 同为 NPN 型三极管，特性比较容易匹配。

二极管 D_1、D_2 和电阻 R_9、R_{10} 组成过载保护电路。

三极管 T_{15} 和电阻 R_7、R_8 的作用是为输出级电路提供静态基流，使电路工作在近似线性状态，以减小输出信号失真。

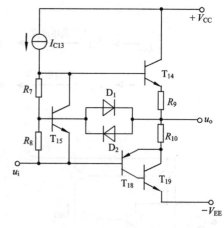

图 3.3.8 F007 输出级电路

思考题

3.3.1 分析集成运算放大器的一般组成、各级电路的电路结构形式与作用。

3.3.2 集成运算放大器的反相输入端和同相输入端是如何定义的？

3.4 场效应管型集成运算放大器

3.4.1 BiFET 集成运算放大器

由于场效应管的输入电流(指栅极电流)非常小，常用场效应管作为集成运放的输入级以构成**低输入偏置电流型运放**(也称为高输入阻抗型运放)。这类集成运放常用于构成要求运放有极小输入偏置电流的模拟电路，如精密积分运算电路、对数运算电路、采样-保持电路以及微电流放大器等。

LF356 是以结型场效应管作为输入级的高输入阻抗型集成运放，其简化原理电路如图

3.4.1 所示。因这种集成运放是由双极型三极管、场效应管两种类型的器件构成的，也常称为 BiFET 型集成运放。LF356 主要由输入级、中间放大级、输出级、保护电路和偏置电路组成，偏置电路是由镜像电流源组成的(简化电路中全部用理想电流源代替)。

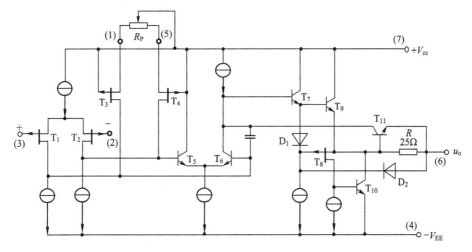

图 3.4.1　简化的 LF356 原理电路

　　(1)输入级：由 P 沟道 JFET 管 T_1、T_2 构成了电流源偏置的双端输入-双端输出式差动放大电路。场效应管的输入偏置电流很低(等效直流输入电阻很大)，约 30pA，其差模输入电阻可达 $10^9 \sim 10^{12}\Omega$。

　　(2)中间放大级：输入级的输出信号送入由 T_5、T_6 组成的双端输入-单端输出式差动放大电路进一步放大电压，该级差放电路也是电流源偏置的。

　　(3)输出级：由 T_7 组成的射极跟随器来驱动 NPN 管 T_9 及 PNP 型复合管(由 JFET 管 T_8、NPN 管 T_{10} 组成)构成的准互补对称输出电路。二极管 D_1 接在 T_9 的基极和 T_8 的栅极之间，为 T_8、T_9 提供静态工作偏压。

　　(4)保护电路：由 T_{11}、R 及 D_2 构成**输出电流保护环节**，可允许输出端能长时间处于对地短路状态，R 为短路电流采样电阻。当输出电流大于 20mA 时，T_{11} 导通，使 T_7 的基极电流减小，抑制了输出电流的增大；同样，当输出电流小于 -20mA 时(即电流流进集成运放)，D_2 导通，使 T_8 的栅极电位上升，从而抑制了输出电流的增大。

　　P 沟道 JFET 管 T_3、T_4 与外接 25kΩ 电位器 R_P 构成两个电流源。调节 R_P 可改变两个电流源的相对比例，从而改变第二个差动放大器的静态输入电流，实现对失调电压的补偿。

　　LF356 集成运放采用了内部**频率补偿**。由于各级电路的偏置电流都较大，故增益带宽积、转换速率都较大，适合用于宽带放大和高速转换。但整个电路的电源电流较大，因此功耗也大。与 LF356 具有类似性能的有 LF353(双运放)和 LF347(四运放)。

3.4.2 CMOS 集成运算放大器

　　早期的 MOS 型集成运算放大器由于跨导小而增益较低、工艺匹配性较差而使失调电压较大、低频噪声较大等缺点，在模拟集成电路中应用较少。但是，随着微电子技术的迅速发展，目前的 MOS 型集成运放技术进展明显，其在高输入阻抗、低功耗、低价格等方面有明显优点。因而在模拟集成电路中，特别是在大规模、超大规模的模拟集成电路中，MOS器件已经得到越来越广泛的应用。

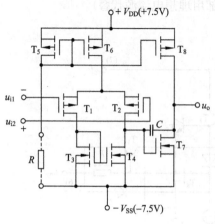

图 3.4.2　MC14573 运放单元电路组成

MOS 型集成运放的组成原理与双极型集成运放相同。这里以 MC14573 为例来说明，MC14573 为由 NMOS、PMOS 型互补器件组成的 CMOS 集成运放，芯片内部有四个相同结构的运放单元，其中一个运放单元的原理图电路如图 3.4.2 所示。运放单元由输入级、输出级、偏置电路三个部分组成。

(1)偏置电路：由 T_5、T_6、T_8 组成比例电流源(比例系数由器件结构决定)，外接电阻 R 用以设置参考工作电流。偏置电路为运放电路提供静态工作点，且各级的静态工作电流可通过调节外接电阻 R 而随意设定，从而可在功耗和转换速率间进行折中。

(2)输入级：由 T_1～T_4 组成有源负载的差动输入级。其中增强型 PMOS 对管 T_1、T_2 构成共源极差动放大电路，增强型 NMOS 管 T_3、T_4 接成基本电流源电路，作为差动放大器的有源负载，使电压放大倍数提高，并完成双端输入-单端输出的转换。

(3)输出级：由 NMOS 管 T_7 组成共源放大器，PMOS 管 T_8 又为它的有源负载。C 为密勒补偿电容，用以防止可能产生的自激振荡。

由于 MC14573 芯片内四个运放单元的结构相同、参数十分接近，每个运放单元的输入失调电压近似相等，故可把其运放单元两两配对使用，构成参数互相补偿的组合单元，获得超低漂移、超低失调的效果，如组成三运放测量放大器。

MC14573 具有电路结构简单、功耗低、输入阻抗高、温度特性好的优点。它通常由双电源供电(如电源电压为 ±7.5V)，最大输出电压可达 12V，输入电阻可达 10^{11}～10^{13} Ω，开环增益可达 90 dB，转换速率为 2.5V / μs，静态功耗低，约为 30mW。

思考题　3.4.1　MOS 型集成运放与双极型集成运放的主要差别在哪里？

3.5　集成运算放大器的主要技术参数

为了正确地选用集成运算放大器，必须掌握其有关技术参数的含义。通用型集成运放常用下述参数来描述。

1. 开环差模电压放大倍数(增益) A_{ud}

在标称电源电压及规定负载下，集成运放工作在线性区(在无反馈情况下)时，其输出电压变化量与输入差模电压变化量之比定义为 A_{ud}。它是影响运算精度的重要指标，通常用分贝表示，即 $20 \lg A_{ud}$ (dB)。运放的 A_{ud} 为 60～180 dB。

2. 共模抑制比 K_{CMR}

共模抑制比 K_{CMR} 是指运放开环差模电压放大倍数 A_{ud} 与共模电压放大倍数 A_{uc} 的比值，常用表达式为

$$K_{CMR} = 20\lg\left|\frac{A_{ud}}{A_{uc}}\right| \tag{3.5.1}$$

单位是分贝(dB)。K_{CMR} 综合反映了集成运放的差模信号放大能力和对共模信号的抑制能力。例如,运放 F007 有 $K_{CMR} \geqslant 80\,dB$。

3. 差模输入电阻 R_{id}

R_{id} 是集成运放在输入差模信号时的输入电阻,反映了集成运放输入端向差模输入信号源索取电流的大小。一般希望 R_{id} 越大越好。

4. 输入失调电压 U_{IO}

一个理想的集成运放,当输入信号电压为零时,输出电压也应为零(不加调零装置)。但实际上差动输入级电路很难做到完全对称,通常在输入信号电压为零时,存在一定的输出电压。在室温(约 27℃)及标准电源电压下,输入信号电压为零时,为了使集成运放的输出电压为零,在输入端加的补偿电压称为**输入失调电压** U_{IO}。U_{IO} 越大,说明输入级电路的对称程度越差。通用集成运放的 U_{IO} 一般为几十 μV~20 mV,例如,AD624 的 U_{IO} 为 25μV。超低失调和漂移型集成运放的 U_{IO} 多数为 0.1μV~20μV,例如,TLV333 的 U_{IO} 为 2μV。

5. 输入偏置电流 I_{IB} 和输入失调电流 I_{IO}

双极型集成运放的两个输入端是差放电路对管的基极,工作于放大区的三极管发射结正偏置、有基极电流,因此集成运放两个输入端就有一定的输入电流 I_{BN} (反相端的偏置电流)和 I_{BP} (同相端的偏置电流),如图 3.5.1 所示。若差动输入级元器件特性完全对称,则 $I_{BN}=I_{BP}$。在实际情况下会出现 $U_O \neq 0$,偏置电流 $I_{BN} \neq I_{BP}$,则输入偏置电流就是两个输入偏置电流的平均值,即 $I_{IB} = (I_{BN} + I_{BP})/2$。通常,双极型通用集成运放的 I_{IB} 在 10nA ~ 1μA 量级,结型场效应管输入级的通用集成运放的 I_{IB} 多数小于 1nA,MOS 管输入级的通用集成运放的 I_{IB} 能达到 pA 量级。信号源内阻不同时,I_{IB} 越大,对差动放大电路静态工作点的影响越大。

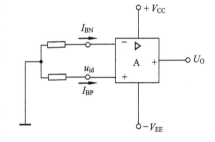

图 3.5.1 集成运放输入偏置电流

输入失调电流 I_{IO} 是指集成运放(静态)输出电压为零时,两个输入端静态电流之差,即 $I_{IO} = I_{BP} - I_{BN}$。由于存在信号源内阻(图 3.5.1),I_{IO} 会产生一个输入差模电压,破坏放大器平衡,使输出电压不为零。因而希望 I_{IO} 越小越好。例如,OP07 的输入偏置电流 I_{IB} 为 2nA、输入失调电流 I_{IO} 为 0.3nA。

6. 温度漂移

集成运放的温度漂移是指输入失调电压和输入失调电流随温度漂移的大小。

1)输入失调电压温漂 $\Delta U_{IO}/\Delta T$

这是指在规定温度范围内 U_{IO} 的温度系数,是衡量集成运放电路温漂的重要指标。$\Delta U_{IO}/\Delta T$ 不能用外接调零装置的办法来补偿。低漂移集成运放的 $\Delta U_{IO}/\Delta T$ 通常小于 1μV/℃,超低温漂型集成运放的 $\Delta U_{IO}/\Delta T$ 一般小于 0.1μV/℃,而通用集成运放的 $\Delta U_{IO}/\Delta T$ 有时可大到 20μV/℃。

2) 输入失调电流温漂 $\Delta I_{IO}/\Delta T$

这是指在规定温度范围内 I_{IO} 的温度系数，是对集成运放电流漂移的量度。同样不能用外接调零装置来补偿。超低漂移型集成运放的 $\Delta I_{IO}/\Delta T$ 在 pA/℃ 量级。

7. 最大差模输入电压 U_{idmax}

这是指集成运放在正常工作时，反相和同相输入端之间所能施加的最大差模电压值。超过这个电压值，双极型集成运放输入级某一侧的三极管将出现发射结反向击穿现象，而使运放的性能显著恶化，甚至可能造成永久性损坏。利用平面工艺制成的 NPN 管的发射极反向击穿电压为 ±5V，而横向三极管可达 ±30V 以上。例如，F007 集成运放，它的差动输入级由 NPN(T_1、T_2) 和 PNP(T_3、T_4) 管组成，利用 PNP 管的高基–射极反向击穿电压，能大大扩展最大差模输入电压。

8. 最大共模输入电压 U_{icmax}

这是指集成运放所能承受的最大共模输入电压。若超过 U_{icmax} 值，集成运放中放大管不能工作在放大区，集成运放的共模抑制比将显著下降。一般指集成运放在作电压跟随器时，使输出电压产生 1% 跟随误差的共模输入电压幅值。有时也定义为 K_{CMR} 下降 6 dB 时所加的共模输入电压。高性能集成运放的 U_{icmax} 可达正、负电源电压值。

9. 转换速率 S_R

转换速率是指集成运放在闭环状态下，输入信号为阶跃信号或突变信号时，集成运放输出电压对时间的最大变化速率，即

$$S_R = \frac{\mathrm{d}u_o(t)}{\mathrm{d}t} \tag{3.5.2}$$

转换速率的大小与许多因素有关，其中主要是与集成运放所加的补偿电容，集成运放本身各级电路三极管的极间电容、杂散电容，以及工作电流等因素有关。通常要求集成运放的 S_R 大于信号变化斜率的绝对值。如图 3.5.2 所示，集成运放输出电压波形受到转换速率限制。

S_R 是在大信号工作时的一项重要指标。目前通用集成运放的 S_R 比较小，例如，CA3140 的 S_R 为 9 V/μs。而高速型集成运放 LMH6703 的 S_R 可达 4200 V/μs。

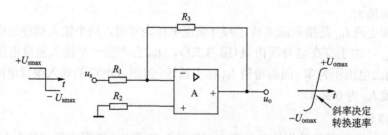

图 3.5.2 输出电压波形受转换速率限制的情况

10. 开环带宽 $BW_{0.7}$ 和单位增益带宽 BW_G

在输入正弦波小信号激励下，集成运放的开环差模电压增益值从直流增益值下降 3 dB 时所对应的输入信号频率定义为 $BW_{0.7}$。

BW_G 是指当集成运放开环差模电压增益下降到 0 dB 时所对应的输入正弦信号频率。

11. 电源电压抑制比 K_{SVR}

集成运放工作在线性区时，输入失调电压随电源电压的变化率定义为**电源电压抑制比**。

$$K_{SVR} = \left[\left(\frac{\Delta U_O}{A_{ud}}\right) \cdot \Delta U_S^{-1}\right]^{-1} = \left[\frac{\Delta U_O}{A_{ud} \cdot \Delta U_S}\right]^{-1} \tag{3.5.3}$$

式中，ΔU_O 是电源电压变化 ΔU_S 而引起的输出电压变化。不同的集成运放的 K_{SVR} 相差很大，为 $60 \sim 150\,dB$。

集成运放的其他技术指标还有电源电压范围 $(V_{CC} + V_{EE})$、电源电流 I_W、内部耗散功耗 P_{dmax}、输出电阻、输出电压峰–峰值 U_{OP-P}（或最大输出电压峰值 U_{omax}）、最大输出电流 I_{omax}、全功率带宽 BW_P、非线性失真、等效输入噪声电压 e_n 或等效输入噪声电流 i_n 等，此处不再详述。

典型集成运算放大器的主要技术参数列于表 3.5.1 中。

表 3.5.1 典型集成运算放大器的主要技术参数

参数	F007	LF356	MC14573	CA3140	OP-07A	F715	AD522	AD624
输入失调电压 U_{IO} /mV	1	3	0.16	$8 \sim 15$	0.01	2.0	6	0.025
输入失调电流 I_{IO} /nA	20	3	0.2	$0.0005 \sim 0.03$	0.3	70	20	
输入偏置电流 I_{IB} /nA	80		1.0	$0.01 \sim 0.05$	2	400		
失调电压温漂 $\Delta U_{IO}/\Delta T$ / (μV/℃)	3	5	1.0	$10 \sim 30$	0.2			最大 0.25
失调电流温漂 $\Delta I_{IO}/\Delta T$ / (nA/℃)	0.1						0.1	
最大差模输入电压 U_{idmax} / V	±30	±30			30			$\frac{V_{CC} + V_{EE}}{2}$
最大共模输入电压 U_{icmax} / V	±13	+15，−12	±12			±12		$\frac{V_{CC} + V_{EE}}{2}$
转换速率 S_R / (V/μs)	0.5	12	2.5	9	0.17	100 ($A_u = 1$)	10	
开环差模电压增益 A_{ud} / dB	106	100	90	最大 100	112	90	$0 \sim 60$	$57 \sim 60$
共模抑制比 K_{CMR} / dB	90	100	95	$70 \sim 90$	120	92		最小 130
单位增益带宽 BW_G /MHz	$BW_{0.7}$ 为 7Hz	65	70	4.5			1000	25

续表

参数	F007	LF356	MC14573	CA3140	OP-07A	F715	AD522	AD624
电源抑制比 K_{SVR} /（μV/V）	20		97	80	105			
差模输入电阻 R_{id} / MΩ	2.0	10^3	10^6	1.5×10^6		1.0	10^6	
输出电阻 R_o / Ω	75	200	50	1		75	70~100	<1

集成运放
选型应用

在工程上为了简化分析过程，一般在分析集成运放的应用电路时，将实际集成运放视为理想的集成运放处理。除非特别说明，在后续章节的有关电路分析中，均将集成运放视作为理想的集成运放来考虑。

1）理想集成运算放大器的技术参数

在对各种集成运放的应用电路进行分析时，常将集成运放看成近似理想的集成运算放大器，理想运放电路符号见图 3.5.3 所示。

理想集成运放是指具有理想技术参数指标的集成运算放大器，这些理想的技术参数包括：

图 3.5.3　理想集成运放的符号

(1) 开环差模电压放大倍数 $A_{ud} \to \infty$；

(2) 差模输入电阻 $R_{id} \to \infty$；

(3) 输出电阻 $R_o \to 0$；

(4) 共模抑制比 $K_{CMR} \to \infty$；

(5) 输入失调电压 U_{IO}、失调电流 I_{IO} 以及它们的温漂均为零；

(6) 输入偏置电流 $I_{IB} \to 0$。

目前实际的集成运算放大器还无法达到上述理想化的技术指标参数。但是，由于集成运放的制造工艺水平的不断改进，集成运放产品的各项性能指标越来越好，现代集成运放在低频工作时的性能已十分接近理想条件。

2）理想集成运放工作在线性区时的特点

在各种应用电路中，集成运放的工作状态可分为两种情况：工作在**线性区**和工作在**非线性区**。当集成运放工作在线性区时，其输出电压与集成运放两个输入端的电压之间为线性运算关系，即

$$u_o = A_{ud}\left(u_+ - u_-\right) \qquad (3.5.4)$$

式中，u_o 为集成运放的输出电压；u_+、u_- 分别是运放同相输入端、反相输入端电压；A_{ud} 是运放的开环差模电压增益，见图 3.5.4。

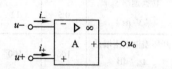

理想集成运放工作在线性区时有两个重要的特点。

图 3.5.4　集成运放的电压与输入电流

(1) 理想集成运放的输入差模电压等于零。

运放工作在线性区时，式 (3.5.4) 关系式成立。利用理想集成运放的 $A_{ud} \to \infty$，有

$u_+ - u_- = \dfrac{u_o}{A_{ud}} \to 0$，可得

$$u_+ = u_- \tag{3.5.5}$$

式(3.5.5)说明，集成运放**同相输入端**与**反相输入端**两点间的电压差近似为零，好像这两点是短路一样。但实际上这两点并未真正被短路，只是表面上其电性能等效为短路，故将这种现象称为**虚短**。

因实际集成运放的 $A_{ud} \neq \infty$，故 u_+ 与 u_- 不可能完全相等。然而，只要 A_{ud} 足够大，集成运放的输入差模电压 $(u_+ - u_-)$ 的值就很小，一般可以忽略不计。例如，若 $A_{ud} = 10^6$、$u_o = 1\text{V}$，有 $u_+ - u_- = 1\mu\text{V}$。当 u_o 值一定时，若 A_{ud} 越大，则 u_+ 与 u_- 的差值越小，将两点视为**虚短**所带来的误差也就越小。

(2)理想集成运放的输入电流等于零。

因理想运放有 $R_{id} \to \infty$，其输入端电压为有限值，故两个输入端电流均为零，即图 3.5.4 中有

$$i_+ = i_- = 0 \tag{3.5.6}$$

由于集成运放的同相和反相输入端的电流都等于零，好像这两点间被断开，故将这种现象称为**虚断**。

虚短和**虚断**是理想运放工作在线性区时的两个重要特点，是分析集成运放应用电路的基础。

3)理想集成运放工作在非线性区时的特点

如果输入电压信号太大，使得集成运放超出了线性放大区的范围，则集成运放的输出电压就不再随着输入电压线性增长，此时集成运放达到饱和，集成运放的传输特性如图 3.5.5 所示。

理想集成运放工作在非线性区时，有以下两个重要的特点。

(1)理想运放的输出电压 u_o 只有两种可能状态：运放的正向最大输出电压 U_{OH}（当 $u_+ > u_-$ 时）、运放的负向最大输出电压 $-U_{OL}$（当 $u_+ < u_-$ 时），如图 3.5.5 中的实线所示。

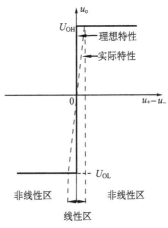

图 3.5.5　集成运放的传输特性

集成运放处于非线性工作区时，其输入差模电压 $(u_+ - u_-)$ 可能比较大，即 $u_+ \neq u_-$。

(2)理想集成运放的输入电流等于零。

集成运放处于非线性区时，虽然其两个输入端的电压不等(即 $u_+ \neq u_-$)，但由于理想集成运放的 $R_{id} = \infty$，故此时集成运放的输入端电流仍可认为等于零，即有 $i_+ = i_- = 0$。

综上所述，理想集成运放工作在线性区或非线性区时，各有不同的特点。在分析各种集成运放的应用电路时，首先应判断集成运放究竟工作在哪个区域。集成运放的开环差模电压增益 A_{ud} 通常很大，即使在其输入端加上很小的输入电压，仍有可能使集成运放超出线性工作范围。通常为了保证集成运放工作在线性区，必须在电路中引入深度负反馈(见第 5 章)，以减小直接施加在集成运放两个输入端之间的差模电压值。

3.5.1　分析典型集成运放的 U_{IO}、I_{IO}、$\dfrac{dU_{IO}}{dT}$ 和 $\dfrac{dI_{IO}}{dT}$ 的数值范围。

3.5.2　设某集成运放的 $S_R = 0.5\text{V}/\mu s$，当输入正弦信号频率为 10kHz 时，其最大不失真输出电压幅度为多少？

3.5.3　理想集成运算放大器的条件是什么？"虚短"和"虚断"为何都有一个"虚"字？

3.5.4　理想集成运算放大器工作在线性区的特点是什么？工作在非线性区的特点又是什么？

📖 **价值观：创新思维与工匠精神**

　　集成电路是电子产品的"心脏"，我国集成电路产业高速增长，但仍存在整体技术水平不高、核心产品创新能力不强、产品总体仍处于中低端等问题，高端集成电路制造是亟待突破的"卡脖子"关键技术。核心技术受制于人是社会发展的最大隐患，关键核心技术的缺失，归根到底是我们缺乏原始创新型人才。开展集成电路技术自主原始创新，在学习和科学研究上需要摒弃有悖于关键核心技术研发的急功近利、急于求成的浮躁做法，树立追求真理、批判精神、问鼎世界科学高峰的志向，矢志不移地坚持创新思维、精益求精的大国工匠精神，持续提升集成电路芯片产品的精度、可靠度与耐久度，推动实现整体集成电路产业的全面自主可控。

3.6　差动放大电路 Multisim 仿真

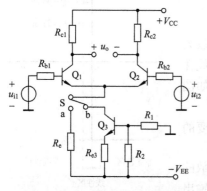

图 3.6.1　例 3.6.1 的差动放大电路

【例 3.6.1】　差动放大电路如图 3.6.1 所示。若开关 S 接到 a 点，双极型三极管 Q_1 和 Q_2 的发射极通过 R_e 与负电源 V_{EE} 相连；若开关 S 接到 b 点，则三极管 Q_1 和 Q_2 的发射极通过由 Q_3 组成的恒流源与负电源 V_{EE} 相连。三极管 Q_1、Q_2、Q_3 型号为 2N3904，$\beta = 107$。$R_{b1}=R_{b2}=1\text{k}\Omega$，$R_{c1}=R_{c2}=10\text{k}\Omega$，$R_e=10\text{k}\Omega$，$R_{e3}=2\text{k}\Omega$，$R_1=5\text{k}\Omega$，$R_2=1.6\text{k}\Omega$，$V_{CC}=V_{EE}=15\text{V}$。用 Multisim 进行电路仿真。要求：

（1）开关 S 分别接到 a 点和 b 点，分别求取该电路的静态工作点；

（2）设输入差模交流信号为 $u_{i1}=-u_{i2}=10\sqrt{2}\sin(2\pi\times1000t)$（mV），开关 S 分别接到 a 点和 b 点，观察电路在双端输出和单端输出（从 Q_1 管集电极输出）时的输入电压与输出电压波形，并分别求取差模电压放大倍数；

（3）设输入共模交流信号为 $u_{i1}=u_{i2}=80\sqrt{2}\sin(2\pi\times1000t)$（mV），开关 S 分别接到 a 点和 b 点，观察电路在双端输出和单端输出时的输入电压与输出电压波形，并分别求取共模电压放大倍数和共模抑制比。

　　解：（1）分析电路的静态工作点。在 Multisim 中搭建如图 3.6.2 所示的仿真电路，在三极管的集电极和发射极分别放置测量电压和电流的探针。分别将开关 S 接至 a、b 点，启动 Simulate 菜单中 Analyses and simulation 下的 DC Operating Point 命令进行静态分析，仿真结果如图 3.6.3 所示，可得

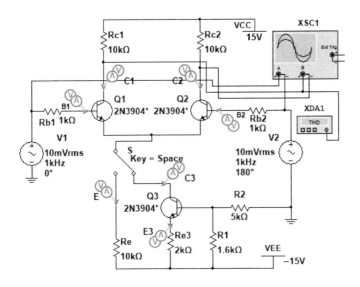

图 3.6.2　例 3.6.1 差动放大电路的仿真电路

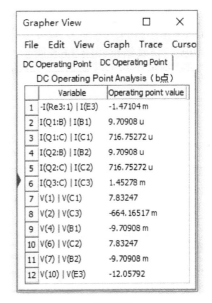

(a) 开关 S 接 a 点　　　　　　　　　　　　(b) 开关 S 接 b 点

图 3.6.3　差动放大电路的静态工作点

①开关 S 接至 a 点时，$I_{B1}=I_{B2}\approx9.58\mu A$，$I_{C1}=I_{C2}\approx0.707mA$，$U_{CE1}=U_{CE2}=U_{C1}-U_E\approx8.59V$。

②开关 S 接至 b 点时，$I_{B1}=I_{B2}\approx9.71\mu A$，$I_{C1}=I_{C2}\approx0.717mA$，$U_{CE1}=U_{CE2}=U_{C1}-U_{C3}\approx8.5V$，$I_{C3}\approx1.45mA$，$U_{CE3}=U_{C3}-U_{E3}\approx11.4V$。

两种开关连接情况下，三极管的静态工作点基本相同。

(2) 输入差模交流信号为 $u_{i1}=-u_{i2}=10\sqrt{2}\sin(2\pi\times1000t)$（mV），开关 S 在 a 点和 b 点之间切换，仿真结果如图 3.6.4 所示。

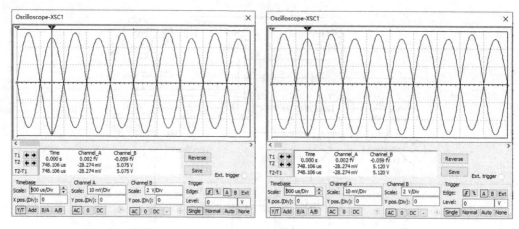

(a) 开关S接a点　　　　　　　　　　　　　　　(b) 开关S接b点

图 3.6.4　输入差模信号时电路的输入电压、双端输出电压波形

　　根据示波器读数可以看出，开关 S 接 a 点或 b 点时，电路的差模电压放大倍数几乎相同，可得双端输出时的差模电压放大倍数为 $A_{ud} \approx -180$。

　　电路单端输出时将示波器 B 通道的"−"端由 Q_2 的集电极改为接地。开关 S 在 a 点和 b 点之间切换，仿真结果如图 3.6.5 所示。根据示波器读数可以看出，开关 S 接 a 点或 b 点时，电路的差模电压放大倍数相近，可得单端输出时的差模电压放大倍数 $A_{ud} \approx -90$。

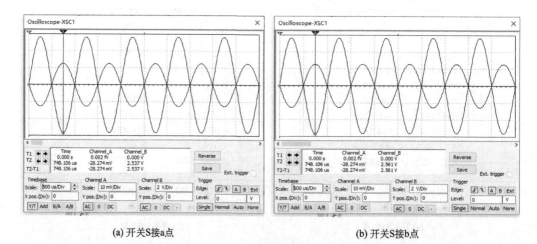

(a) 开关S接a点　　　　　　　　　　　　　　　(b) 开关S接b点

图 3.6.5　输入差模信号时电路的输入电压、单端输出电压波形(从 Q_1 集电极输出)

　　单端输出时若选择从三极管 Q_2 集电极输出，根据仿真结果可知，输出电压波形与从三极管 Q_1 集电极输出时相比是反相的。

　　(3)输入共模交流信号为 $u_{i1} = u_{i2} = 80\sqrt{2}\sin(2\pi \times 1000t)$（mV）。此时示波器测量共模输入信号的通道的"+"端接 u_{i1} 或 u_{i2}，"−"端接地，测量共模输出信号的通道接法和测量差模输出信号时相同。

　　双端输出时，由于电路的对称性，无论开关 S 接到 a 点还是 b 点，共模输出电压均为零。故双端输出时共模电压放大倍数 $A_{uc}=0$，共模抑制比 $K_{CMR} = \infty$。

单端输出时，开关 S 分别接到 a 点和 b 点，仿真结果如图 3.6.6 所示。由图可得，开关 S 接 a 点时，电路的共模电压放大倍数和共模抑制比分别为

$$A_{uc(单)} = \frac{u_{oc(单)}}{u_{ic}} = \frac{55.166\text{mV}}{-112.417\text{mV}} \approx -0.49, \quad K_{\text{CMR}} = \frac{A_{ud(单)}}{A_{uc(单)}} = \left| \frac{-90}{-0.49} \right| \approx 183.67$$

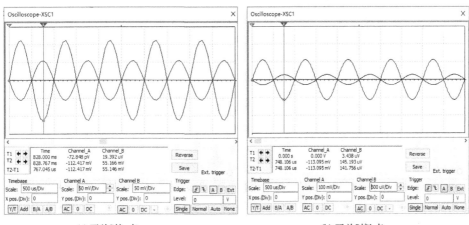

(a) 开关S接a点　　　　　　　　　　　　　　　　　(b) 开关S接b点

图 3.6.6　输入共模信号时电路的输入电压、单端输出电压波形

开关 S 接 b 点时，共模电压放大倍数和共模抑制比分别为

$$A_{uc(单)} = \frac{u_{oc(单)}}{u_{ic}} = \frac{145.193\mu\text{V}}{-113.095\text{mV}} \approx -0.001, \quad K_{\text{CMR}} = \frac{A_{ud(单)}}{A_{uc(单)}} = \left| \frac{-90}{-0.001} \right| = 90000$$

由此可见，差动放大电路对共模输入信号有抑制作用，双端输出时共模电压放大倍数约为零，共模抑制比趋于无穷大；单端输出时共模输出电压虽不为零，但一般较小，而使用恒流源代替发射极电阻 R_e，可以大大提高电路对共模输入信号的抑制能力。

本 章 小 结

1. 集成运算放大器是高电压放大倍数的直接耦合多级放大电路，它通常包括 4 个基本组成部分：输入级、中间级、输出级和电流源偏置电路。

(1)集成运放的输入级对抑制零点漂移起着决定性作用，输入级一般采用差动放大电路的结构形式。差动放大器只放大两个输入端的差模信号，而抑制两输入端的共模信号。静态工作点温度漂移可等效为差动放大器的输入端共模信号。为提高共模抑制比，实际的差动放大电路一般采用电流源偏置。

(2)集成运放的中间级主要提供足够大的电压放大倍数，例如，共发射极放大电路、共源极放大电路与两级放大电路等。为提高单级电路的放大倍数，通常在电路中采用电流源型有源负载和复合管结构。

(3)集成运放的输出级应有较强的负载驱动能力(即输出电阻小)。输出级通常采用射级跟随器或互补对称电路。

(4)电流源偏置电路的作用是向各级电路提供直流工作电流，以保证集成运放有合适的

静态工作点。电流源是根据三极管工作在放大状态下具有恒流特性来实现的，常用的电流源偏置电路有镜像电流源、微电流源、比例电流源等。

2. 场效应管集成运算放大器的组成及单元电路的形式与双极型集成运放相类似。由于MOS型集成运放有集成度高、功耗低、温度特性好等优点，在实际工程中已经得到了广泛应用。

3. 集成运放的外特性是用技术参数来表征的，其主要参数有开环差模电压增益 A_{ud}、共模抑制比 K_{CMR}、转换速率 S_R、输入失调电压 U_{IO}、输入失调电流 I_{IO}、输入失调电压温漂 $\dfrac{dU_{IO}}{dT}$、输入失调电流温漂 $\dfrac{dI_{IO}}{dT}$ 等，这些参数对于选择和使用集成运放比较重要。

4. 在实际工程电路中，通常把集成运放当作理想集成运放来处理。理想集成运放工作在线性区时，有虚短、虚断的重要特性。理想集成运放工作在非线性区时，其输出电压只有两种状态：高电平、低电平。

习　　题

3.1 由对称三极管组成题图3.1所示的微电流源电路。设备三极管的 β 相等，$U_{BE} \approx 0.6V$，$V_{CC} = 15V$。试求：

(1) 设反向饱和电流 $I_{S1} = I_{S2}$，根据三极管电流方程导出工作电流 I_{C1} 与 I_{C2} 之间的关系式；

(2) 若要求 $I_{C1} = 0.5\,mA$，$I_{C2} = 20\,\mu A$，则电阻 R、R_E 各为多少？

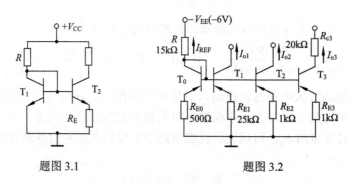

　　　　题图 3.1　　　　　　　　　　　　　　　题图 3.2

3.2 题图3.2所示电路是某集成运放中的一个多路输出电流源电路。其中所有三极管均为硅管，$U_{BE} \approx -0.7V$，$\beta \gg 1$。计算 I_{o1}、I_{o2} 和 I_{o3} 各为多少？

3.3 在题图3.3 所示的一种改进型镜像电流源电路中，设 $U_1 = U_2 = 10V$，$R_1 = 8.6\,k\Omega$，$R_2 = 4.7\,k\Omega$，三个双极型三极管的特性均相同，且 $\beta = 50$，$U_{BE} \approx 0.7V$。求 T_2 管的集电极电位(对地) U_{C2}。

3.4 MOS管镜像电流源电路如题图3.4所示，试推导 $I_o \sim I_R$ 之间的关系表达式。

3.5 有一个双端输入–双端输出的差动放大电路，其两个输入端的输入信号分别为 $u_{i1} = 5.0005V$，$u_{i2} = 4.9995V$。试求：

(1) 差模输入电压 u_{id} 和共模输入电压 u_{ic}；

(2) 设该差动放大电路的差模电压放大倍数为80dB且 $A_{ud} < 0$，求当共模抑制比 K_{CMR} 为无穷大和100dB时输出电压 u_o 各为多少？

3.6 在题图3.6所示的差动放大电路中，已知 $+V_{CC} = +12V$，$-V_{EE} = -6V$，$R_B = 1k\Omega$，$R_C = 15\,k\Omega$，$R_E = 7.5\,k\Omega$，$R_W = 200\Omega$ 且滑动端位于中点，$R_L = \infty$，三极管 T_1、T_2 的特性相同，$\beta = 100$，$r_{bb'} = 300\Omega$，$U_{BE} \approx 0.7V$。要求：

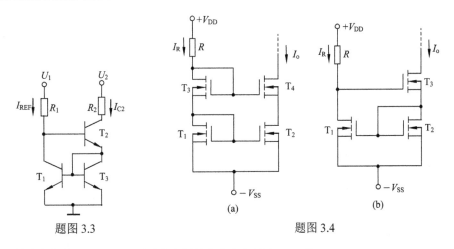

题图 3.3　　　　　　　　　　　题图 3.4

(1) 计算静态电流 I_{C1Q}、I_{C2Q} 以及集电极静态电位 (对地) U_{C1Q} 和 U_{C2Q}；

(2) 计算放大电路的差模电压放大倍数 A_{ud}、差模输入电阻 R_{id} 和输出电阻 R_{od}；

(3) 若 $u_{i1}=20\text{mV}$，$u_{i2}=15\text{mV}$，且共模电压放大倍数的影响可忽略不计，求两个三极管集电极对地电压 u_{C1} (即 u_A) 和 u_{C2} (即 u_B)。

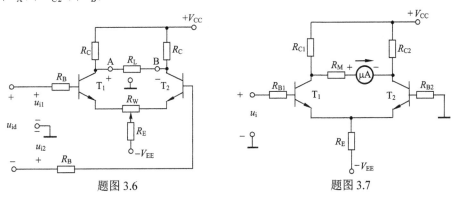

题图 3.6　　　　　　　　　　　题图 3.7

3.7　在题图 3.7 所示的差动放大电路中，已知 $V_{CC}=V_{EE}=6\text{V}$，$R_{B1}=R_{B2}=10\text{k}\Omega$，$R_{C1}=R_{C2}=R_E=5.1\text{k}\Omega$。两个双极型三极管的 $\beta=50$，$r_{bb'}=300\,\Omega$，$U_{BE}\approx0.7\text{V}$。电流表的满偏电流为 $100\mu\text{A}$，电表支路的总电阻为 $2\text{k}\Omega$ (即 $R_M=2\text{k}\Omega$)。试求：

(1) 当 $u_i=0$ 时，每管的 I_B、I_C 各是多少？

(2) 为使电流表指针满偏，需加多大的输入电压？

(3) 如果 $u_i=-0.7\text{V}$，这时会发生什么情况？估计流过电流表的电流大概有多少？如果 $u_i=2\text{V}$，又会出现什么情况？流过电流表的电流有变化吗？

3.8　电流源式差动放大电路如题图 3.8 所示。已知稳压管 $U_Z=4\text{V}$，$V_{CC}=V_{EE}=9\text{V}$，$R_B=5\text{k}\Omega$，$R_C=10\text{k}\Omega$，$R_1=5\text{k}\Omega$，$R_2=1\text{k}\Omega$，$R_E=8.5\text{k}\Omega$，$R_L=30\text{k}\Omega$。各双极型三极管：$\beta=80$，$U_{BE}=0.6\text{V}$，$r_{bb'}=100\Omega$。要求：

(1) 简述电流源式差动放大电路的特点；

(2) 求三极管 T_1、T_2、T_3 的静态工作点；

(3) 求差模电压放大倍数 A_{ud}、差模输入电阻和差模输出电阻；

(4) 当 $u_{i1}=28\text{mV}$、$u_{i2}=-20\text{mV}$ 时，则 u_o 为多少？此时 u_{C1}、u_{C2} 各为多少？

3.9　具有镜像电流源的差动放大电路如题图 3.9 所示，已知 $V_{CC}=V_{EE}=15\text{V}$，$R_B=10\text{k}\Omega$，$R_C=100\text{k}\Omega$，

$R_L = 150\,\text{k}\Omega$，$R_W = 0.3\,\text{k}\Omega$，$R = 144\,\text{k}\Omega$，双极型三极管 $T_1 \sim T_4$ 的特性相同，$U_{BE} \approx 0.6\text{V}$，$\beta = 100$，$r_{bb'} = 100\Omega$，$T_3$ 管 C-E 等效输出电阻 $r_{ce} = 100\,\text{k}\Omega$。试求：

(1) I_{C1}、I_{C3}、U_{CE1}、U_{CE2} 和 U_{CE3}；

(2) 差模输入电阻 R_{id} 和差模输出电阻 R_{od}；

(3) 差模电压放大倍数 A_{ud}；

(4) 共模电压放大倍数 A_{uc}；

(5) 当 $u_{i1} = 50\text{mV}$、$u_{i2} = 30\text{mV}$ 时，求 u_{C1}。

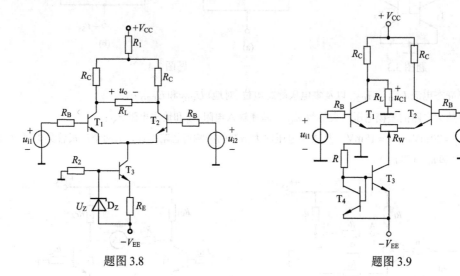

题图 3.8　　　　　　　　　　　　　　题图 3.9

3.10　场效应管差动放大电路如题图 3.10 所示。已知场效应管 T_1、T_2 的特性相同，$U_{GS(off)} = -3.0\,\text{V}$，$I_{DSS} = 1.6\text{mA}$，稳压管 $U_Z = 4\,\text{V}$，双极型三极管 T_3 的 $U_{BE} \approx 0.6\text{V}$，$\beta = 100$，$R_E = 4.3\,\text{k}\Omega$，$R_D = 20\,\text{k}\Omega$，$R_L = 60\,\text{k}\Omega$，$V_{DD} = V_{EE} = 15\,\text{V}$。试求：

(1) T_1、T_3 的静态工作点；

(2) 差模电压放大倍数 A_{ud}；

(3) 当 $u_{i1} = 20\text{mV}$、$u_{i2} = 6\text{mV}$ 时，求输出 u_o。

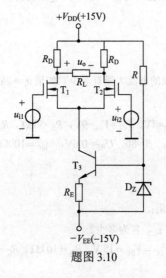

题图 3.10

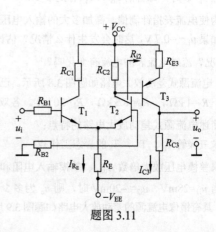

题图 3.11

典型差放
电路分析

3.11　放大电路如题图 3.11 所示 。已知 $\beta_3=80$ ，$\beta_1=\beta_2=50$ ，$V_{CC}=V_{EE}=12\text{V}$ ，$R_{B1}=R_{B2}=1\text{k}\Omega$ ，$R_{C1}=R_{C2}=10\text{k}\Omega$ ，$R_{C3}=12\text{k}\Omega$ ，$R_{E3}=3\text{k}\Omega$ ，$U_{BE1}=U_{BE2}\approx0.7\text{V}$ ，$U_{BE3}\approx-0.2\text{V}$ ，$U_{CE2(sat)}=0.3\text{V}$ ，$r_{bb'}=100\Omega$ 。当输入信号 $u_i=0$ 时，测得输出端电压 u_o 为零。要求：

(1) 估算 T_1 、T_2 管的静态电流 I_{C1} 、I_{C2} ，以及电阻 R_E ；

(2) 当 $u_i=10\text{mV}$ 时，求输出电压 u_o 的值；

(3) 设输入正弦波信号，若要在 T_2 管的集电极得到最大输出正弦电压幅值（T_2 管不进入饱和区和截止区），则输入信号 u_i 有效值为多少？

3.12　由基本放大电路组成的多级放大器如题图 3.12 所示。$V_{CC}=V_{EE}=15\text{V}$ ，$R_1=R_2=20\text{k}\Omega$ ，$R_3=R_6=3\text{k}\Omega$ ，$R_4=2.3\text{k}\Omega$ ，$R_5=15.7\text{k}\Omega$ ，$R=28.6\text{k}\Omega$ 。要求：

(1) 设全部双极型三极管的 $\beta\gg1$ ，$|U_{BE}|\approx0.7\text{V}$ ，$\beta_6=4\beta_3=4\beta_9$ 。求出电路中所标示的各个节点的直流电位与各个支路的直流电流大小；

(2) 设 T_1 、T_2 、T_4 、T_5 、T_7 、T_8 各管的 β 为 100，求出多级放大器的电压放大倍数 $A_{ud}=u_o/u_{id}$ 、输入电阻 R_{id} 和输出电阻 R_o 。

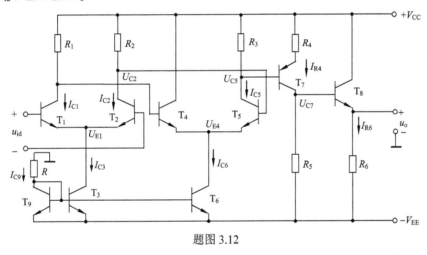

题图 3.12

3.13　双端输入-双端输出的差动放大电路如题图 3.13 所示，其中三极管型号均为 2N3904，$\beta=100$ 。$R_{b1}=R_{b2}=1\text{k}\Omega$ ，$R_{c1}=R_{c2}=5\text{k}\Omega$ ，$R=5\text{k}\Omega$ ，$R_{e3}=R_{e4}=2\text{k}\Omega$ ，$V_{CC}=V_{EE}=12\text{V}$ 。用 Multisim 进行电路仿真。要求：

(1) 分析电路中三极管 T_1 和 T_2 的电流放大倍数 β 相差 10% 时对电路静态工作点的影响；

(2) 设输入差模交流信号为 $u_{i1}=-u_{i2}=10\sqrt{2}\sin(2\pi\times1000t)$ （mV），分析在集电极电阻 R_{c1} 和 R_{c2} 的阻值相差 10% 时对差模电压放大倍数的影响；

(3) 设输入共模交流信号为 $u_{i1}=u_{i2}=10\sqrt{2}\sin(2\pi\times1000t)$

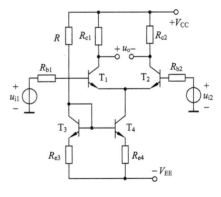

题图 3.13

（mV），分析电路在集电极电阻 R_{c1} 和 R_{c2} 的阻值相差 10% 时对共模电压放大倍数的影响；

(4) 设输入共模交流信号为 $u_{i1}=u_{i2}=50\sqrt{2}\sin(2\pi\times1000t)$ （mV），分析电路在三极管 T_1 和 T_2 的电流放大倍数 β 相差 10% 时对共模电压放大倍数的影响。

第4章 模拟信号运算与处理电路

【内容提要】 首先阐述比例运算、求和运算、积分与微分运算、对数与反对数运算等模拟信号运算电路，给出非理想集成运放的典型运算电路误差分析。其次介绍一阶和二阶有源滤波器的组成与频率响应特性。然后分析常用的电压比较器，包括单门限比较器、迟滞比较器和集成电压比较器。

集成运算放大器应用电路，从功能上看，有模拟信号的运算、处理与产生电路等。本章主要讨论常用的模拟信号运算电路与模拟信号处理电路。模拟信号运算电路包括比例运算、求和运算、积分与微分运算、对数与反对数运算等。模拟信号处理电路包括各种模拟信号滤波器和电压比较器。

在本章集成运算放大器应用电路中，所有的集成运放都假定为理想集成运放（另有说明除外）。模拟信号运算电路和模拟信号滤波器中的集成运放处于线性工作状态，而电压比较器中的集成运放处于非线性工作状态。

4.1 基本运算电路

4.1.1 比例运算电路

比例运算电路的输出电压与输入电压之间存在比例关系（即电压放大倍数）。对比例运算电路加以扩展或演变，可以得到求和电路、积分和微分电路、对数和指数电路等。根据输入信号接法的不同，比例运算电路有三种基本形式：反相（输入）比例运算电路、同相（输入）比例运算电路以及差动（输入）比例运算电路。

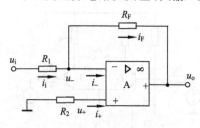

图 4.1.1 反相比例运算电路

1. 反相比例运算电路

如图 4.1.1 所示，输入电压 u_i 经电阻 R_1 加到集成运放的反相输入端，其同相输入端经电阻 R_2 接地，输出电压 u_o 经 R_F 接回到反相输入端。为使集成运放反相输入端和同相输入端对地的直流电阻一致，R_2 的阻值应为 $R_2 = R_1 // R_F$。

图 4.1.1 中理想集成运放工作在线性区，利用虚断特点，有 $i_+ = 0$，$u_+ = -i_+ R_2 = 0$。又因虚短，有 $u_- = u_+$，

可得

$$u_- = u_+ = 0 \tag{4.1.1}$$

式(4.1.1)说明，在反相比例运算电路中，集成运放的反相输入端与同相输入端的电位不仅相等，且均等于零，等同为两输入端接地，这种现象称为**虚地**。虚地是反相比例运算电路的一个重要特点。

因 $i_- = 0$，有 $i_i = i_F$，即 $\dfrac{u_i - u_-}{R_1} = \dfrac{u_- - u_o}{R_F}$，则可求得反相比例运算电路的电压放大倍数为

$$A_{uf} = \frac{u_o}{u_i} = -\frac{R_F}{R_1} \tag{4.1.2}$$

反相比例运算电路的输入电阻为

$$R_{if} = \frac{u_i}{i_i} = R_1 \tag{4.1.3}$$

反相比例运算电路的输出电阻为 $R_{of} = 0$。

综上所述，归纳出以下结论：

（1）反相比例运算电路中集成运放的反相输入端电位等于零（称为**虚地**），加在集成运放输入端的共模输入电压为零。

（2）电压放大倍数为 $A_{uf} = -\dfrac{R_F}{R_1}$，说明输出电压与输入电压的相位相反（即电路实现了**反相比例运算**），大小取决于两个电阻之比。当 $R_F = R_1$ 时，$A_{uf} = -1$，称为**反相跟随器**，或**单位增益倒相器**。

（3）反相比例运算电路的输入电阻不大，输出电阻为零。

2. 同相比例运算电路

如图 4.1.2 所示，输入电压 u_i 接至集成运放的同相输入端，输出电压 u_o 通过电阻 R_F 仍接到反相输入端，反相输入端通过电阻 R_1 接地。

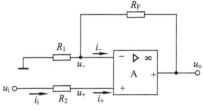

图 4.1.2　同相比例运算电路

在图 4.1.2 中，根据集成运放处于线性工作区有虚短和虚断的特点，可知 $i_- = i_+ = 0$、$u_- = u_+$，且有 $u_+ = u_i$、$u_- = \dfrac{R_1}{R_1 + R_F} u_o$。则同相比例运算电路的电压放大倍数为

$$A_{uf} = \frac{u_o}{u_i} = 1 + \frac{R_F}{R_1} \tag{4.1.4}$$

同相比例运算电路的输入电阻为 $R_{if} = \dfrac{u_i}{i_i} = \infty$，输出电阻为 $R_{of} = 0$。

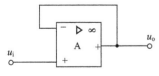

图 4.1.3　电压跟随器

由式（4.1.4）可知，同相比例运算电路的电压放大倍数 $A_{uf} \geqslant 1$。当 $R_F = 0$ 或 $R_1 = \infty$ 时，$A_{uf} = 1$，电路如图 4.1.3 所示。由图可知 $u_+ = u_i$、$u_- = u_o$，由于虚短（即 $u_- = u_+$），则有 $u_o = u_i$。由于这种电路的 u_o 与 u_i 幅值相等、相位相同，二者之间是一种跟随关系，故常称为**电压跟随器**。

综上所述，归纳出以下结论：

（1）在同相比例运算电路中，集成运放的输入端有共模信号 $u_- = u_+ = u_i$，不存在虚地现象。因此，在选用集成运放时要考虑其最大共模输入电压、共模抑制比以满足要求。

(2) 电压放大倍数 $A_{\text{uf}} = 1 + \dfrac{R_{\text{F}}}{R_1}$，说明输出电压与输入电压的相位相同，电路实现了**同相比例运算**。当 $R_{\text{F}} = 0$ 或 $R_1 = \infty$ 时，$A_{\text{uf}} = 1$。

(3) 同相比例运算电路的输入电阻为无穷大、输出电阻为零。

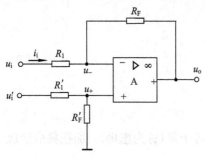

图 4.1.4　差动比例运算电路

3. 差动比例运算电路

如图 4.1.4 所示，输入电压 u_{i}、u_{i}' 分别加在集成运放的反相输入端与同相输入端，输出信号 u_{o} 通过电阻 R_{F} 接回到反相输入端。为了使得集成运放两个输入端的对地直流电阻平衡，同时避免降低共模抑制比，通常电阻选择为 $R_1 = R_1'$、$R_{\text{F}} = R_{\text{F}}'$。

由于集成运放工作在线性区，则差动比例运算电路为线性电路。既可以利用虚断、虚短的概念来直接分析计算，也可利用叠加原理来求解。这里，利用叠加原理分别计算输入 u_{i}、u_{i}' 对输出的贡献 u_{o1}、u_{o1}'，然后合成得到 u_{o}。

设 $u_{\text{i}}' = 0$、$u_{\text{i}} \neq 0$，图 4.1.4 为反相比例运算电路，可求得输出电压 u_{o1} 为

$$u_{\text{o1}} = -\frac{R_{\text{F}}}{R_1} u_{\text{i}}$$

当 $u_{\text{i}}' \neq 0$、$u_{\text{i}} = 0$ 时，图 4.1.4 为同相比例运算电路，集成运放同相输入端的电位为 $u_{+} = \dfrac{R_{\text{F}}'}{R_1' + R_{\text{F}}'} u_{\text{i}}'$，则可得 u_{o1}' 为

$$u_{\text{o1}}' = \frac{R_1 + R_{\text{F}}}{R_1} u_{+} = \frac{R_1 + R_{\text{F}}}{R_1} \cdot \frac{R_{\text{F}}'}{R_1' + R_{\text{F}}'} u_{\text{i}}'$$

当满足条件 $R_1 = R_1'$、$R_{\text{F}} = R_{\text{F}}'$ 时，有 $u_{\text{o1}}' = \dfrac{R_{\text{F}}}{R_1} u_{\text{i}}'$。

在 u_{i}、u_{i}' 共同输入时，输出电压 u_{o} 为

$$u_{\text{o}} = u_{\text{o1}} + u_{\text{o1}}' = \frac{R_{\text{F}}}{R_1} u_{\text{i}}' - \frac{R_{\text{F}}}{R_1} u_{\text{i}} = -\frac{R_{\text{F}}}{R_1}(u_{\text{i}} - u_{\text{i}}')$$

所以，差动比例运算电路的电压放大倍数为

$$A_{\text{uf}} = \frac{u_{\text{o}}}{u_{\text{i}} - u_{\text{i}}'} = -\frac{R_{\text{F}}}{R_1} \tag{4.1.5}$$

由式(4.1.5)可知，电路的输出电压与两个输入电压之差成正比，实现了**差动比例运算**。

在元件参数对称的条件下，利用虚短概念，不难求出这时差动比例运算电路的差模输入电阻为

$$R_{\text{if}} = \frac{u_{\text{i}} - u_{\text{i}}'}{i_{\text{i}}} = 2R_1 \tag{4.1.6}$$

差动比例运算电路除了可以进行减法运算以外，还经常被用于组成测量放大器。差动比例运算电路的缺点是对元件的对称性要求比较高，如果元件参数失配，在应用中就会带来附加误差，且电路两个输入端的输入电阻可能不相同。

【例 4.1.1】　图 4.1.5 所示为由三个集成运放组成的测量放大器。要求：

（1）分析该测量放大器的组成；

（2）设 $R_1 = 2\text{k}\Omega$，$R_2 = R_3 = 1\text{k}\Omega$，$R_4 = R_5 = 2\text{k}\Omega$，$R_6 = R_7 = 100\text{k}\Omega$，求电压放大倍数

$$A_{\text{ud}} = \frac{u_\text{o}}{u_{\text{i}1} - u_{\text{i}2}}$$ 的值。

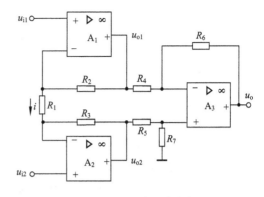

图 4.1.5　三运放测量放大器

解：（1）电路包含两级放大器，其中 A_1、A_2 组成第一级放大器，均接成同相输入方式，且由于电路结构与器件参数对称，它们的漂移和失调都有互相抵消的作用。第一级构成了双端输入、双端输出形式。A_3 组成差动放大级，将差动输入转换成单端输出。

（2）在图 4.1.5 中，根据理想集成运放 A_1、A_2 的虚短与虚断特点，有 $u_- = u_+$，因而加到 R_1 两端的电压为 $u_{\text{i}1} - u_{\text{i}2}$，通过 R_1 的电流为 $i = \dfrac{u_{\text{i}1} - u_{\text{i}2}}{R_1}$，可得

$$u_{\text{o}1} = iR_2 + u_{\text{i}1} = \left(1 + \frac{R_2}{R_1}\right)u_{\text{i}1} - \frac{R_2}{R_1}u_{\text{i}2}$$

$$u_{\text{o}2} = -iR_3 + u_{\text{i}2} = \left(1 + \frac{R_3}{R_1}\right)u_{\text{i}2} - \frac{R_3}{R_1}u_{\text{i}1}$$

当 $R_2 = R_3$ 时，有 $u_{\text{o}1} - u_{\text{o}2} = \left(1 + \dfrac{2R_2}{R_1}\right)(u_{\text{i}1} - u_{\text{i}2}) = \left(1 + \dfrac{2R_2}{R_1}\right)u_{\text{id}}$，其中 $u_{\text{id}} = u_{\text{i}1} - u_{\text{i}2}$。

因此，第一级放大器的电压放大倍数为

$$A_{\text{ud}1} = \frac{u_{\text{o}1} - u_{\text{o}2}}{u_{\text{i}1} - u_{\text{i}2}} = 1 + \frac{2R_2}{R_1}$$

由上式可知，只要改变电阻 R_1 就可调节电压放大倍数。当 R_1 开路时，$A_{\text{ud}1} = 1$，即为**单位增益**。

A_3 组成差动输入比例放大电路，因有 $R_4 = R_5$，$R_6 = R_7$，由式（4.1.5）可得

$$A_{\text{ud}2} = \frac{u_\text{o}}{u_{\text{o}1} - u_{\text{o}2}} = -\frac{R_6}{R_4}$$

所以，该测量放大器的总电压放大倍数为

$$A_{\text{ud}} = \frac{u_\text{o}}{u_{\text{i}1} - u_{\text{i}2}} = \frac{u_\text{o}}{u_{\text{o}1} - u_{\text{o}2}} \cdot \frac{u_{\text{o}1} - u_{\text{o}2}}{u_{\text{i}1} - u_{\text{i}2}} = -\frac{R_6}{R_4}\left(1 + \frac{2R_2}{R_1}\right)$$

把各电阻的阻值代入上式，可求得 $A_{\text{ud}} = -100$。

有必要说明，R_4、R_5、R_6、R_7 四个电阻必须采用高精度电阻，且应精确匹配，否则不仅给放大倍数带来误差，而且将降低该电路的共模抑制比。

三运放测量放大器具有放大倍数调节方便、输入电阻大、共模抑制比高、输出漂移电压小的特点，已经在仪器仪表、精密测量等领域得到了广泛应用。目前，这种测量放大器

已有多种单片集成电路，如 LH0036 芯片，使用时只需外接电阻 R_1 即可。其典型技术指标有：$A_{ud} = 1\sim1000$（由 R_1 确定），$R_{if} = 300\text{M}\Omega$，$K_{CMR} = 100\,\text{dB}$ 和 $U_{IO} = 0.5\,\text{mV}$。

4.1.2　求和运算电路

求和运算电路的输出量取决于多个模拟输入量相加的结果。用集成运放来组成求和运算电路，可采用反相输入方式和同相输入方式。

1. 反相输入求和电路

利用反相比例运算电路可以构成反相输入求和电路，图 4.1.6 为具有三个输入端的反相输入求和电路。为了保证集成运放两个输入端对地的电阻平衡以消除输入偏流产生的误差，同相输入端电阻 R' 应为 $R' = R_1 /\!/ R_2 /\!/ R_3 /\!/ R_F$ 。

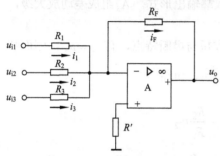

图 4.1.6　反相输入求和电路

因集成运放的反相输入端是虚地，故有

$$i_1 = \frac{u_{i1} - u_-}{R_1} = \frac{u_{i1}}{R_1}$$

$$i_2 = \frac{u_{i2} - u_-}{R_2} = \frac{u_{i2}}{R_2}$$

$$i_3 = \frac{u_{i3} - u_-}{R_3} = \frac{u_{i3}}{R_3}$$

A 为理想运算放大器，有 $i_- = i_+ = 0$ ，$i_1 + i_2 + i_3 = i_F$ ，则有

$$\frac{u_{i1}}{R_1} + \frac{u_{i2}}{R_2} + \frac{u_{i3}}{R_3} = -\frac{u_o}{R_F}$$

因此，输出电压为

$$u_o = -\left(\frac{R_F}{R_1} u_{i1} + \frac{R_F}{R_2} u_{i2} + \frac{R_F}{R_3} u_{i3} \right) \tag{4.1.7}$$

由此可见，电路的输出电压 u_o 实现了输入信号 u_{i1}、u_{i2}、u_{i3} 相加的功能（即电路实现了**求和运算**）。若进一步设计各电阻值满足关系 $R_1 = R_2 = R_3 = R$ ，则

$$u_o = -\frac{R_F}{R} (u_{i1} + u_{i2} + u_{i3}) \tag{4.1.8}$$

按照类似的方法，可以很容易地将求和电路的输入端扩充到三个以上。

通过以上分析可知，反相输入求和电路的本质是利用了集成运放在线性工作区的虚地和虚短特性，通过各路输入电流相加的方法来实现输入电压信号的相加。反相输入求和电路的优点为：当改变某一输入端的电阻时，仅仅改变了 u_o 与该路输入电压信号之间的比例运算关系，对其他输入支路并没有影响，从而使得各输入电压信号之间相互独立，故各个比例运算系数的电路调节十分灵活。另外，由于虚地，加在集成运放输入端的共模电压很小。故反相输入方式的求和电路应用比较广泛。

【**例 4.1.2**】　试设计一个如图 4.1.6 所示的求和电路，实现运算关系为 $u_o = -2u_{i1} - 3u_{i2} - 6u_{i3}$，并要求对 u_{i1}、u_{i2}、u_{i3} 的输入电阻均大于或等于 $50\text{k}\Omega$。

解：将需要实现的运算关系式与式(4.1.8)相比较，可得

$$\frac{R_{\mathrm{F}}}{R_1} = 2 , \qquad \frac{R_{\mathrm{F}}}{R_2} = 3 , \qquad \frac{R_{\mathrm{F}}}{R_3} = 6$$

为了满足输入电阻均大于或等于 $50\mathrm{k}\Omega$，同时避免电路中的电阻值过大，选择 $R_3 = 50\mathrm{k}\Omega$，相应可得到

$$R_{\mathrm{F}} = 6R_3 = 6 \times 50\mathrm{k}\Omega = 300\mathrm{k}\Omega , \quad R_1 = \frac{R_{\mathrm{F}}}{2} = 150\mathrm{k}\Omega$$

$$R_2 = \frac{R_{\mathrm{F}}}{3} = 100\mathrm{k}\Omega , \quad R' = R_1 // R_2 // R_3 // R_{\mathrm{F}} = 25\mathrm{k}\Omega$$

为了保证精度，各电阻一般应选用精密电阻。

2. 同相输入求和电路

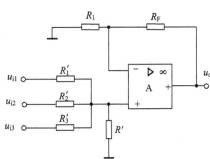

同相输入求和电路，是指电路输出电压与多个输入电压信号之和成正比，且输出电压与输入电压相位相同。同相输入求和电路如图 4.1.7 所示，把各个输入电压加在集成运放的同相输入端。

由于集成运放的**虚断**特点，有 $i_+ = 0$，利用叠加定理，分别计算 $u_{\mathrm{i}1}$、$u_{\mathrm{i}2}$、$u_{\mathrm{i}3}$ 在集成运放同相输入端产生的电压值。可得集成运放同相输入端的电压为

图 4.1.7　同相输入求和电路

$$u_+ = \frac{R_2'//R_3'//R'}{R_1' + R_2'//R_3'//R'} u_{\mathrm{i}1} + \frac{R_1'//R_3'//R'}{R_2' + R_1'//R_3'//R'} u_{\mathrm{i}2} + \frac{R_1'//R_2'//R'}{R_3' + R_1'//R_2'//R'} u_{\mathrm{i}3}$$

$$= \frac{R_+}{R_1'} u_{\mathrm{i}1} + \frac{R_+}{R_2'} u_{\mathrm{i}2} + \frac{R_+}{R_3'} u_{\mathrm{i}3}$$

式中，$R_+ = R_1'//R_2'//R_3'//R'$。

又因集成运放两个输入端虚短，有 $u_+ = u_-$。根据同相比例运算电路原理，可得

$$u_{\mathrm{o}} = \left(1 + \frac{R_{\mathrm{F}}}{R_1}\right) u_- = \left(1 + \frac{R_{\mathrm{F}}}{R_1}\right) u_+$$

$$= \left(1 + \frac{R_{\mathrm{F}}}{R_1}\right)\left(\frac{R_+}{R_1'} u_{\mathrm{i}1} + \frac{R_+}{R_2'} u_{\mathrm{i}3} + \frac{R_+}{R_3'} u_{\mathrm{i}3}\right) \tag{4.1.9}$$

由式 (4.1.9) 可知，图 4.1.7 的电路能够实现同相求和运算。但是，集成运放同相输入端电压 u_+ 与各个信号源的输入端串联电阻(可理解为信号源内阻)有关,各个信号源互不独立。因此，当调节某一支路的电阻以实现相应的比例运算关系时，其他各路输入电压与输出电压之间的比值也将随之变化，因而对电路参数值的估算和调试过程比较麻烦。此外，由于不存在虚地现象，集成运放将承受一定的共模输入电压。

3. 双端求和运算电路

从原理上说，求和电路也可采用双端输入方式，电路如图 4.1.8 所示。设 $R_{\mathrm{p}} = R_{\mathrm{n}}$，其中 $R_{\mathrm{p}} = R_3 // R_4 // R_{\mathrm{F}}'$、$R_{\mathrm{n}} = R_1 // R_2 // R_{\mathrm{F}}$。由虚短概念，用叠加原理可得 u_{o} 与 u_{i} 的运算函数关系。

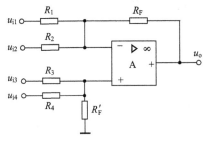

图 4.1.8　双端求和运算电路

令同相输入端信号 u_{i3}、u_{i4} 都为零，此时输出电压为

$$u_{o1} = -R_F \left(\frac{u_{i1}}{R_1} + \frac{u_{i2}}{R_2} \right)$$

令反相输入端信号 u_{i1}、u_{i2} 都为零，此时输出电压为

$$u_{o2} = \left(1 + \frac{R_F}{R_1 // R_2} \right) \left(\frac{R_p}{R_3} u_{i3} + \frac{R_p}{R_4} u_{i4} \right)$$

由叠加原理，可得

$$u_o = u_{o1} + u_{o2} = -R_F \left(\frac{u_{i1}}{R_1} + \frac{u_{i2}}{R_2} \right) + \left(1 + \frac{R_F}{R_1 // R_2} \right) \left(\frac{R_p}{R_3} u_{i3} + \frac{R_p}{R_4} u_{i4} \right) \quad (4.1.10)$$

由式(4.1.10)可知，图 4.1.8 的电路可同时实现加法和减法运算功能，但是这种电路参数的调整十分烦琐，因此实际工程上很少采用。如果需要同时实现加法和减法运算，也可以考虑采用两级反相求和电路来实现。

【**例 4.1.3**】　试设计一个由集成运放组成的电路，以实现运算关系为

$$u_o = 0.2 u_{i1} - 5 u_{i2} + u_{i3}$$

解：给定的运算关系中有加法与减法，可以利用两级求和运算电路来实现。采用图 4.1.9 所示的电路，首先将 u_{i1}、u_{i3} 通过第一级反相求和电路(由集成运放 A_1 组成)进行求和运算，可得到

$$u_{o1} = -(0.2 u_{i1} + u_{i3})$$

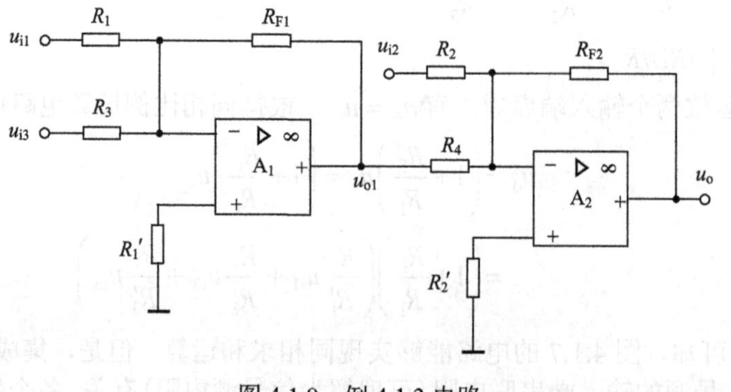

图 4.1.9　例 4.1.3 电路

然后，将运放 A_1 的输出 u_{o1}、u_{i2} 通过第二级反相求和电路(由运放 A_2 构成)进行求和运算，可得到

$$u_o = -(u_{o1} + 5 u_{i2}) = 0.2 u_{i1} - 5 u_{i2} + u_{i3}$$

将以上两个表达式分别与式(4.1.7)进行对比，则有

$$\frac{R_{F1}}{R_1} = 0.2, \quad \frac{R_{F1}}{R_3} = 1, \quad \frac{R_{F2}}{R_4} = 1, \quad \frac{R_{F2}}{R_2} = 5$$

可选 $R_{F1} = 10 \text{k}\Omega$，则可求得

$$R_1 = \frac{R_{F1}}{0.2} = 50 \text{k}\Omega, \quad R_3 = \frac{R_{F1}}{1} = 10 \text{k}\Omega$$

若选 $R_{F2} = 10\text{k}\Omega$ ， 则

$$R_4 = \frac{R_{F2}}{1} = 10\text{k}\Omega， \quad R_2 = \frac{R_{F2}}{5} = 2\text{k}\Omega$$

进而可得

$$R_1' = R_1 // R_3 // R_{F1} = 4.5\text{k}\Omega， \quad R_2' = R_2 // R_4 // R_{F2} = 1.4\text{k}\Omega$$

4.1.3　积分和微分运算电路

1. 积分电路

积分电路能够完成积分运算，即输出电压与输入电压的积分成正比。积分电路是测量和模拟控制系统中常用的单元电路，也可用于实现延时、定时和各种波形的产生。

1）电路组成

基本积分电路如图 4.1.10 所示，输入电压 u_i 通过电阻 R 加在集成运放的反相输入端，并在输出端和集成运放的反相输入端之间接有电容 C。集成运放同相输入端的接入电阻选择为 $R' = R$ 。

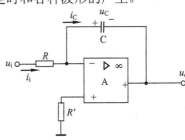

由于集成运放的反相输入端为虚地， 故有 $u_o = -u_C$ 。

又由于集成运放虚断的特点，运放反相输入端的电流为零，则有 $i_i = i_c$ ，故有 $u_i = i_i R = i_c R$ 。因而， 可得到

图 4.1.10　基本积分运算电路

$$u_o = -u_C = -\frac{1}{C}\int_{-\infty}^{t} i_c\,\mathrm{d}t = -\frac{1}{RC}\int_{0}^{t} u_i\,\mathrm{d}t - U_C(0) \tag{4.1.11}$$

式中， $U_C(0)$ 为积分电容 C 的初始电压值（$t = 0$ 时），电阻与电容的乘积 $\tau = RC$ 称为**积分时间常数**。

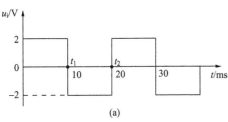

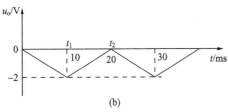

图 4.1.11　例 4.1.4 的波形图

【**例 4.1.4**】　积分电路如图 4.1.10 所示。图中 $R = 10\text{k}\Omega$ ， $C = 1\mu\text{F}$ ，输入信号 u_i 的波形如图 4.1.11（a）所示。试画出 u_o 的波形（设 $t = 0$ 时， $U_C(0) = 0\,\text{V}$ ）。

解：根据输入电压波形的特点，可分两步进行积分。

（1） $t = 0 \sim 10\text{ms}$ 时， $u_i = +2\,\text{V}$ 。由式（4.1.11），有

$$u_o(t) = -\frac{u_i t}{RC} - U_C(0) = -\frac{2t}{10 \times 10^3 \times 10^{-6}} - 0 = -200t$$

u_o 的变化规律为由零开始随时间直线下降，其斜率为 $-0.2\,\text{V/ms}$ 。当 $t = t_1 = 10\text{ms}$ 时， $u_o = -2\,\text{V}$ 。画出的 u_o 波形如图 4.1.11（b）所示。

（2） $t = t_1 \sim t_2 = 10 \sim 20\text{ms}$ 时， $u_i = -2\,\text{V}$ 。则有

$$u_o(t) = -\frac{u_i(t - t_1)}{RC} - u_C(t_1) = -\frac{-2(t - 10 \times 10^{-3})}{10 \times 10^3 \times 10^{-6}} - 2 = 200t - 4$$

u_o 的变化规律为由 $-2\,\text{V}$ 开始随时间直线上升，其斜率为 $+0.2\,\text{V/ms}$ 。当 $t = t_2 = 20\text{ms}$

时，$u_o = 0$。画出的 u_o 波形图如图 4.1.11(b)所示。由图可看出，积分电路将矩形波变换成为三角波。

2) 积分电路的误差

前面所述基本积分电路的性能，都是指理想情况而言。实际的积分电路不可能是理想的，实际积分电路的输出电压与输入电压的函数关系与理想情况相比存在误差，情况严重时甚至不能正常工作。在实际积分电路中，产生积分误差的原因主要有两个。

(1) 由于集成运放不是理想特性而引起的积分误差。例如，理想情况下，当 $u_i = 0$ 时，u_o 也应为零。但是实际上由于集成运放的输入偏置电流、失调电流、输入失调电压等对积分电容的影响，将使 u_o 逐渐上升，形成输出误差电压，时间越长，误差越大。又如，由于集成运放的通频带不够宽，积分电路对快速变化的输入信号反应迟钝，输出波形出现滞后现象等。为此，应选用低漂移集成运放或者场效应管集成运放。

(2) 产生积分误差的另一个原因是存在积分电容。例如，当 u_i 回到零以后，u_o 应该保持原来的数值不变。但是，由于电容存在泄漏电阻，使 u_o 的幅值逐渐下降。又如，由于电容存在**吸附效应**也将给积分电路带来误差等。选用泄漏电阻大的电容器(如薄膜电容器、聚苯乙烯电容器等)可减小这种误差现象。

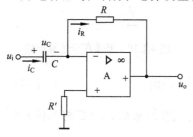

图 4.1.12　基本微分运算电路

2. 微分电路

将积分电路中 R 和 C 的位置互换，并选取比较小的时间常数 $\tau = RC$，即可组成基本微分电路，如图 4.1.12 所示。

由于集成运放虚断，流入运放反相输入端的电流为零，则 $i_R = i_C = C \cdot \dfrac{\mathrm{d}u_C(t)}{\mathrm{d}t}$。

又因集成运放的反相输入端为虚地，有 $u_C(t) = u_i(t)$，可得

$$u_o = -i_R R = -i_C R = -RC \cdot \frac{\mathrm{d}u_C}{\mathrm{d}t} = -RC \cdot \frac{\mathrm{d}u_i}{\mathrm{d}t} \qquad (4.1.12)$$

可见，输出电压与输入电压对时间的微分成正比。

如果输入信号为正弦波 $u_i = U_m \sin \omega t$，则经过微分电路后的输出电压为

$$u_o = -RC \cdot \frac{\mathrm{d}u_i}{\mathrm{d}t} = -U_m RC \omega \cos \omega t$$

显然，微分电路输出信号的幅度将随着频率的升高而线性增加。如果在输入信号中有高频噪声分量，则微分电路会增强噪声信号，降低有用信号与噪声信号的比例。

微分电路可以实现波形变换，如将矩形波变换为尖脉冲。此外，微分电路也可以实现移相作用，例如，当输入电压 u_i 为正弦波时，u_o 为负的余弦波，其波形将比 u_i 滞后90°。

基本微分电路的主要缺点是：从频域的角度来看，微分电路也可看成一个反相输入放大器。当输入信号频率升高时，电容的容抗减小，则放大倍数增大，因而输出信号中的噪声成分严重增加，信噪比大大下降；另外，由于微分电路中的 RC 元件形成一个滞后的移相环节，它和集成运放中原有的滞后环节共同作用，很容易产生自激振荡，使电路的稳定性变差。

为了克服基本微分电路的缺点，常采用图 4.1.13 所示的改进型微分电路。主要措施是在输入回路中接入电阻 R_1 与微分电容 C 串联，在反馈回路中接入一个电容 C_1 与微分电阻 R 并联，并使 $RC_1 \approx R_1C$。在正常的工作频率范围内，使 $R_1 \ll \dfrac{1}{\omega C}$、$\dfrac{1}{\omega C_1} \gg R$，此时 R_1 和 C_1 对微分电路的影响很小。但当信号频率高到一定程度时，R_1 和 C_1 的作用使放大倍数降低，从而抑制了高频噪声。

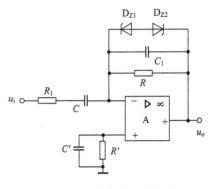

图 4.1.13　改进型微分电路

另外，因 RC_1 形成了一个超前环节，可对相位进行补偿，能提高电路的稳定性。此外，在 R'（取 $R' = R$）两端所并联的电容 C' 是用于进行相位补偿的，而电路中两个稳压管是用来限制输出电压幅度的。

4.1.4　对数和反对数运算电路

对数电路能对输入信号进行对数运算，是一种十分有用的非线性函数运算电路。把它与反对数运算电路适当组合，可以完成不同功能的非线性运算电路（如乘法、除法运算）。这里仅介绍基于集成运放的对数与反对数运算电路。

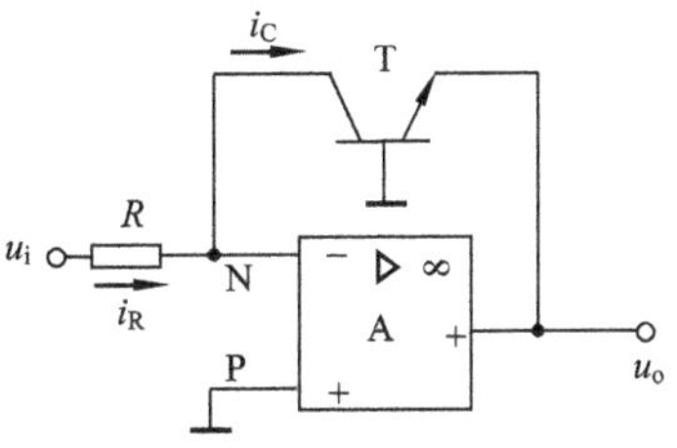

图 4.1.14　基本对数运算电路

1. 对数运算电路

利用半导体 PN 结的指数型伏安特性，可以实现对数运算。若 NPN 型半导体三极管工作在放大区，则在一个比较宽的范围内，集电极电流 i_C 与基–射极电压 u_{BE} 之间具有较为精确的对数关系。

基本对数运算电路如图 4.1.14 所示，它是在反相输入比例运算电路基础上，把电阻 R_F 改成为 NPN 型半导体三极管。利用虚地的概念，有

$$i_C = i_R = \frac{u_i}{R}, \qquad u_o = -u_{BE}$$

根据 PN 结的理想伏安特性方程，半导体三极管的 i_C 与 u_{BE} 的关系为

$$i_C \approx i_E = I_S \cdot \left(e^{u_{BE}/U_T} - 1 \right) \approx I_S \cdot e^{u_{BE}/U_T}$$

因而可得

$$u_{BE} = U_T \ln\left(\frac{i_C}{I_S} \right)$$

进一步可得

$$u_o = -u_{BE} = -U_T \ln\left(\frac{i_C}{I_S} \right) = -U_T \ln\left(\frac{u_i}{RI_S} \right)$$

$$= -U_T \ln u_i + U_T \ln(RI_S) \tag{4.1.13}$$

由式（4.1.13）可知，输出电压 u_o 与输入电压 u_i 的对数成正比。

图 4.1.14 所示的基本对数运算电路存在两个问题：①为了使 NPN 型三极管工作在放大区，应保证 $u_i \geqslant 0$，且输出电压的幅值不能超过 0.7V；②U_T、I_S 都是温度的函数，故输出电压的温漂是十分严重的。如何改善电路的温度稳定性是一个重要问题，一般的解决办法为：利用对称三极管来消除 I_S 的影响，用热敏电阻来补偿 U_T 的温度影响。

图 4.1.15 所示的电路能实现温度补偿。图中 T_1、T_2 为对管，运放 A_1、T_1 管组成基本对数运算电路，运放 A_2、T_2 管组成**温度补偿电路**。U_{REF} 为外加参考电压。对 T_1、T_2 管，有

$$u_{BE1} = U_T \ln\left(\frac{i_{C1}}{I_{S1}}\right) \quad , \quad u_{BE2} = U_T \ln\left(\frac{i_{C2}}{I_{S2}}\right)$$

由于 T_1、T_2 为对称三极管，有 $I_{S1} = I_{S2}$，可得

$$u_{B2} = u_{BE2} - u_{BE1} = -U_T \ln\left(\frac{i_{C1}}{i_{C2}}\right) \tag{4.1.14}$$

因为
$$i_{C1} \approx \frac{u_i}{R_1} \quad , \quad i_{C2} \approx \frac{(U_{REF} - u_{B2})}{R_2} \approx \frac{U_{REF}}{R_2} \ (\text{设} \ U_{REF} \gg u_{B2})$$

可得

$$u_{B2} = -U_T \ln\left(\frac{i_{C1}}{i_{C2}}\right) \approx -U_T \ln\left(\frac{u_i R_2}{U_{REF} R_1}\right) \tag{4.1.15}$$

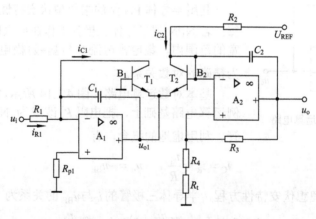

图 4.1.15　温度补偿的对数运算电路

由图 4.1.15 可得输出电压为

$$u_o = \frac{R_3 + R_4 + R_t}{R_4 + R_t} u_{B2} = -\left(1 + \frac{R_3}{R_4 + R_t}\right) U_T \ln\left(\frac{u_i R_2}{U_{REF} R_1}\right) \tag{4.1.16}$$

式 (4.1.16) 表明，u_o 与 $\ln u_i$ 为线性关系。式中虽然消除了 I_S 的影响，但 u_o 中还有因子 U_T（U_T 与温度有关）。若电路中的 R_t 具有正温度系数，在一定温度范围内可补偿 U_T 的温度影响。

此外，调节 R_3、R_4 的值可改变输出电压 u_o 的大小，使之超过 0.7V。电路中 C_1、C_2 用作频率补偿，以消除自激。

2. 反对数运算电路

将图 4.1.14 中的电阻 R 与三极管 T 的位置互换，可得图 4.1.16 所示的基本反对数运算电路。考虑到 $u_{BE} \approx u_i$，同样利用半导体三极管 i_E - u_{BE} 的关系，可得

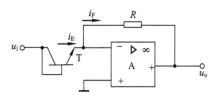

$$i_F \approx i_E = I_S \, e^{u_i/U_T}$$

图 4.1.16　基本反对数运算电路

所以，可有

$$u_o = -i_F R = -I_S R \, e^{u_i/U_T} \tag{4.1.17}$$

由此可见，输出电压与输入电压呈**反对数关系**（即指数关系），此时要求 $u_i \geqslant 0$。

为了克服温度变化对输出电压的影响，可采用图 4.1.17 所示电路，用 T_1、T_2 对管来补偿 I_{ES} 的温漂。

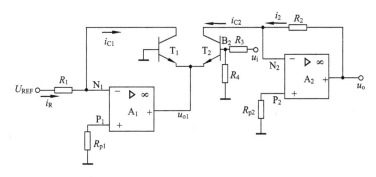

图 4.1.17　具有温度补偿的反对数运算电路

根据三极管输入伏安特性曲线，可有

$$i_{C1} \approx i_{E1} = I_{S1} \, e^{u_{BE1}/U_T}, \quad i_{C2} \approx i_{E2} = I_{S2} \, e^{u_{BE2}/U_T}$$

对于对称三极管，可设 $I_{S1} = I_{S2} = I_S$，则有

$$\frac{R_4}{R_3 + R_4} u_i = u_{BE2} - u_{BE1} = U_T \left[\ln\left(\frac{i_{C2}}{I_S}\right) - \ln\left(\frac{i_{C1}}{I_S}\right) \right] \tag{4.1.18}$$

考虑到：$i_{C2} \approx i_2 \approx u_o/R_2$，$i_{C1} \approx i_R \approx U_{REF}/R_1$。因而，式(4.1.18)可改写为

$$\frac{R_4}{R_3 + R_4} u_i = U_T \left[\ln\left(\frac{u_o}{R_2 I_S}\right) - \ln\left(\frac{U_{REF}}{R_1 I_S}\right) \right]$$

因此，得到

$$u_o = \frac{U_{REF} R_2}{R_1} e^{\frac{u_i}{U_T} \frac{R_4}{R_3 + R_4}} \tag{4.1.19}$$

由式(4.1.19)可知，u_o 与 U_T 有关，仍是温度 T 的函数。为了克服温度的影响，通常将 R_4 的一部分用具有负温度系数的热敏电阻代替，使其在一定的温度范围内补偿 U_T 的温度影响。

4.1.5　典型集成运放运算电路误差分析

前面讨论了理想集成运算放大器组成的各种基本运算电路，实际上，集成运放是非理

想的，既不满足 $u_+ = u_-$、$i_{id} = 0$ 的条件，又存在各种误差源。这样必将引起运算误差。

以比例运算电路为例，实际集成运放的低频等效电路如图 4.1.18 所示，其中考虑了 A_{ud}、R_{id}、K_{CMR}、I_{IB}、U_{IO} 和 I_{IO} 及其温漂的影响。图中有两个输入信号 u_i、u_i'，令其中一个为零，则分别可得反相比例运算电路、同相比例运算电路的低频等效电路。显然要导出 u_o 与输入信号及实际集成运放各参数之间的函数关系是很复杂的。为了简化分析，下面仅讨论某一个或某几个参数影响所产生的误差，其他参数按理想情况考虑。

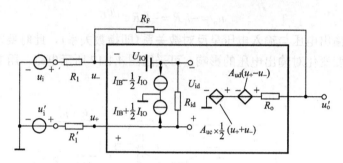

图 4.1.18　实际集成运放的低频等效电路(方框内)

1. A_{ud} 和 R_{id} 的影响

如果只考虑 A_{ud}、R_{id} 为有限值所造成的影响，其他参数按理想情况考虑，则图 4.1.18 可简化为图 4.1.19，其中输出电压为

$$u_o' = A_{ud}\left(u_+ - u_-\right) \tag{4.1.20}$$

运放运算
电路误差

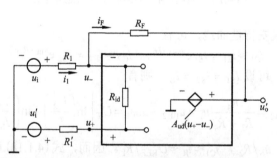

图 4.1.19　分析 A_{ud}、R_{id} 影响的等效电路

由图 4.1.19，可列出以下方程组：

$$\begin{cases} u_+ = u_i' + (i_1 - i_F)R_1' \\ u_- = u_i - i_1 R_1 \\ u_o' = A_{ud}\left(u_+ - u_-\right) \\ u_- - u_+ = (i_1 - i_F)R_{id} \\ u_- - u_o' = i_F R_F \end{cases}$$

解之，可得

$$u'_o = \frac{R_F}{1 + \dfrac{R_F\left(R'_1 + R' + R_{id}\right)}{A_{ud}R_{id}R'}}\left(\frac{u'_i}{R'_1} - \frac{u_i}{R_1}\right) \tag{4.1.21}$$

式中，$R' = R_1 // R_F$。

（1）对于反相比例运算电路（令图 4.1.19 中的 $u'_i = 0$），按理想情况考虑，其输出电压为

$$u_o = -\frac{R_F}{R_1}u_i \tag{4.1.22}$$

若令式（4.1.21）中的 $u'_i = 0$，可得到实际输出电压 u'_o。由此，可得 A_{ud}、R_{id} 的影响所造成的相对误差为

$$\delta = \frac{u'_o - u_o}{u_o} = \frac{1}{1 + \dfrac{R_F\left(R'_1 + R' + R_{id}\right)}{A_{ud}R_{id}R'}} - 1 \tag{4.1.23}$$

定义系数 $F = \dfrac{R_1}{R_1 + R_F}$，即有 $R' = R_1 // R_F = FR_F$。则相对误差表达式可化简为

$$\delta = \frac{1}{1 + \dfrac{R'_1 + R' + R_{id}}{A_{ud}FR_{id}}} - 1 \tag{4.1.24}$$

通常有 $A_{ud}FR_{id} \gg R'_1 + R' + R_{id}$，再利用近似公式 $\dfrac{1}{1+x} \approx 1 - x$（当 $|x| \ll 1$ 时），则式（4.1.24）可化简为

$$\delta \approx -\frac{R'_1 + R' + R_{id}}{A_{ud}FR_{id}} \approx \frac{-1}{A_{ud}F}\left(1 + \frac{R'_1 + R'}{R_{id}}\right) \tag{4.1.25}$$

（2）同理，只要令式（4.1.21）中的 $u_i = 0$，可得出在 A_{ud}、R_{id} 为有限值条件下同相比例运算电路的误差，它也是式（4.1.25），即与反相比例运算电路的误差相同。

（3）由式（4.1.25）可知，在只考虑 A_{ud}、R_{id} 为有限值的情况下，如果 A_{ud}、R_{id} 和 F 越大，则比例运算电路的误差越小。此外，$\delta < 0$ 说明，如果其他因素可以忽略，输出电压的实际值一定小于理想值（指绝对值而言）。

2. 共模抑制比的影响

由于反相比例运算电路中集成运放的共模输入电压几乎等于零，则集成运放的共模抑制比为有限值，对反相比例运算电路误差的影响可以忽略，因此只需讨论它对同相比例运算电路误差的影响。

由于共模抑制比是 A_{ud} 与 A_{uc} 之比，故需同时考虑 A_{ud}、A_{uc} 为有限值，而其他参数按理想情况考虑。在此条件下，图 4.1.2 的同相比例运算电路可用图 4.1.20 所示的电路等效，则有

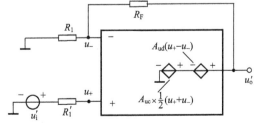

图 4.1.20　分析 K_{CMR} 影响的等效电路

$$A_{\text{uc}} = \frac{A_{\text{ud}}}{K_{\text{CMR}}} \tag{4.1.26}$$

由图 4.1.20 可列出下面的方程组：

$$u_{\text{o}}' = A_{\text{ud}}(u_+ - u_-) + A_{\text{uc}} \cdot \frac{1}{2}(u_+ + u_-)$$

$$u_- = \frac{R_1}{R_1 + R_{\text{F}}} u_{\text{o}}' = F u_{\text{o}}'$$

$$u_+ = u_{\text{i}}'$$

将式（4.1.26）代入上面的方程组，可解得

$$u_{\text{o}}' = \frac{1}{F} \frac{1 + \dfrac{1}{2K_{\text{CMR}}}}{1 + \dfrac{1}{A_{\text{ud}}F} - \dfrac{1}{2K_{\text{CMR}}}} u_{\text{i}}'$$

与理想运放情况下 $u_{\text{o}} = \left(1 + \dfrac{R_{\text{F}}}{R_1}\right) u_{\text{i}}' = \dfrac{1}{F} u_{\text{i}}'$ 相比，则相对误差为

$$\delta = \frac{1 + \dfrac{1}{2K_{\text{CMR}}}}{1 + \dfrac{1}{A_{\text{ud}}F} - \dfrac{1}{2K_{\text{CMR}}}} - 1 = \frac{\dfrac{1}{K_{\text{CMR}}} - \dfrac{1}{A_{\text{ud}}F}}{1 + \dfrac{1}{A_{\text{ud}}F} - \dfrac{1}{2K_{\text{CMR}}}} \tag{4.1.27}$$

通常有 $\dfrac{1}{A_{\text{ud}}F} \ll 1$、$\dfrac{1}{2K_{\text{CMR}}} \ll 1$，因此式（4.1.27）可化简为

$$\delta \approx \frac{1}{K_{\text{CMR}}} - \frac{1}{A_{\text{ud}}F} \tag{4.1.28}$$

可见，为了减小同相比例运算电路的误差，应采用共模抑制比大的集成运放。

3. I_{IB}、U_{IO} 与 I_{IO} 的影响

如果只考虑输入偏置电流 I_{IB}、失调电压 U_{IO}、失调电流 I_{IO} 的影响，其他参数按理想情况考虑，则图 4.1.18 可化简为图 4.1.21。

当 $u_{\text{i}} = 0$、$u_{\text{i}}' = 0$ 时，在 U_{IO}、$I_{\text{IB}} + \dfrac{1}{2} I_{\text{IO}}$ 和 $I_{\text{IB}} - \dfrac{1}{2} I_{\text{IO}}$ 共同作用下所产生的输出电压值就是实际值 u_{o}' 与理想值 u_{o} 之差 Δu_{o}。当 $A_{\text{ud}} = \infty$、$u_{\text{id}} = 0$ 时，由图 4.1.21 可得方程组：

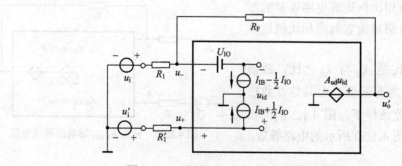

图 4.1.21　分析 I_{IB}、U_{IO} 和 I_{IO} 影响的等效电路

$$
\begin{cases}
u_+ = -\left(I_{IB} + \dfrac{1}{2} I_{IO} \right) R_1' \\[2mm]
u_- = u_+ + U_{IO} \\[2mm]
\dfrac{u_-}{R_1} + I_{IB} - \dfrac{1}{2} I_{IO} = \dfrac{\Delta u_o - u_-}{R_F}
\end{cases}
\tag{4.1.29}
$$

求解上述方程组，可得

$$
\Delta u_o = \left(1 + \frac{R_F}{R_1} \right)\left[(R_1' - R')I_{IB} - \frac{1}{2}(R_1' + R')I_{IO} + U_{IO} \right]
\tag{4.1.30}
$$

式中，$R' = R_1 /\!/ R_F$。

式 (4.1.30) 表明，$1 + \dfrac{R_F}{R_1}$、R_1' 越大，输出误差电压就越大。只要 $R' = R_1'$，则 I_{IB} 的影响可以不考虑。对于图 4.1.21，设 $R_1 = 10\text{k}\Omega$、$R_F = 100\text{k}\Omega$、$R_1' = R_1 /\!/ R_F$，集成运放的 $I_{IB} = 20\mu\text{A}$、$U_{IO} = 2\text{mV}$、$I_{IO} = -0.5\mu\text{A}$，则可得 $\Delta u_o = -52\text{mV}$。

如果温度不变，则 U_{IO} 和 I_{IO} 的影响可通过调零消除。但温度变化所引起的 ΔU_{IO} 和 ΔI_{IO} 的影响难以通过调零消除，因此应当着重考虑 ΔU_{IO} 和 ΔI_{IO} 与误差的关系。

在 $R' = R_1'$ 和只考虑失调温度漂移的情况下，式 (4.1.30) 可以改写为

$$
\Delta u_o = \left(1 + \frac{R_F}{R_1} \right)(\Delta U_{IO} - R_1' \Delta I_{IO})
\tag{4.1.31}
$$

式中，$\Delta I_{IO} = \dfrac{\mathrm{d}I_{IO}}{\mathrm{d}T} \cdot \Delta T$，$\Delta U_{IO} = \dfrac{\mathrm{d}U_{IO}}{\mathrm{d}T} \cdot \Delta T$。这里，$\Delta T$ 是温度变化量，$\dfrac{\mathrm{d}U_{IO}}{\mathrm{d}T}$、$\dfrac{\mathrm{d}I_{IO}}{\mathrm{d}T}$ 分别是集成运放失调电压、失调电流的温漂系数。

由式 (4.1.31) 可求出比例运算电路因失调温度漂移所产生的相对误差为

$$
\delta = \left| \frac{\Delta u_o}{A_u u_i} \right| = \left| \frac{\Delta U_{IO} - R_1' \cdot \Delta I_{IO}}{A_u F u_i} \right|
\tag{4.1.32}
$$

式中，A_u 是反相或同相比例运算电路在理想情况下的电压放大倍数，系数 $F = R_1 / (R_1 + R_F)$。

综上所述，可以得出以下结论：

(1) 应当取 $R_1' = R_1 /\!/ R_F$，即集成运放两输入端对地的直流电阻相等。

(2) 输入信号 u_i 的幅值越大，相对误差 δ 的值越小。

(3) 为了提高运算电路的稳定度和精度，应选择 $\dfrac{\mathrm{d}U_{IO}}{\mathrm{d}T}$、$\dfrac{\mathrm{d}I_{IO}}{\mathrm{d}T}$ 小的集成运放，且电阻 R_1、R_F 和 R_1' 的阻值应适当取小些。此外，应尽可能减小温度 T 的变化范围。

思考题

4.1.1　在比例运算电路中的集成运放工作在什么状态？集成运放起着什么作用？

4.1.2　在双端求和运算电路中，集成运放的输入端有共模电压，为了提高运算精度，应如何选用集成运放？

4.1.3　为了减少共模输入信号对模拟运算电路精度的影响，通常应选用什么类型的运算电路？

4.1.4　温度漂移产生的输出误差电压能否用人工调零的方法来完全抵消？一般应采用何种措施？

4.1.5　如何减小积分电路的积分误差？

4.2　有源滤波器

4.2.1　滤波电路的作用与分类

1. 滤波电路作用

滤波器是一种具有信号频率选择功能的电路，它能使有用频率的模拟信号通过而同时抑制(或衰减)不需要传送的频率范围内的信号。实际工程上常用它来进行模拟信号处理、数据传送和抑制干扰等，目前在通信、声呐、测控、仪器仪表等领域中有着广泛的应用。

早期滤波器主要由无源元件 R、L 和 C 组成，而现在一般由集成运放、R 和 C 组成，也常称为**有源滤波器**。有源滤波器具有输出阻抗 $R_o \approx 0$、电压放大倍数 $A_u > 1$、体积小与重量轻等优点。由单个集成运放组成的 RC 滤波器是常用的模拟信号有源滤波器。

2. 有源滤波器分类

通常用频率响应来描述滤波器的特性。对于滤波器的幅频响应，常把能够通过信号的频率范围定义为**通带**，而把受阻或衰减信号的频率范围称为**阻带**，通带和阻带的界限频率称为**截止频率**。

滤波器在通带内应具有零衰减的幅频响应和线性的相位响应，而在阻带内应具有无限大的幅度衰减。按照通带和阻带的位置分布，滤波器常分为以下几类。

(1)**低通滤波器**：其理想幅频响应如图 4.2.1(a)所示，图中 A_0 表示低频增益。由图可知，它的功能是通过 $0 \sim \omega_n$(角频率)的低频信号，而对大于 ω_n 的所有频率信号则完全衰减，故其带宽 $BW = \omega_n$。

(2)**高通滤波器**：其理想幅频响应如图 4.2.1(b)所示。由图可知，在 $\omega < \omega_n$ 范围内的频率为阻带，高于 ω_n 的频率为通带。理论上它的带宽 $BW = \infty$，但实际上由于受有源器件带宽的限制，高通滤波器的带宽也是有限的。

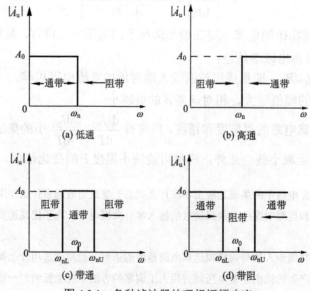

图 4.2.1　各种滤波器的理想幅频响应

（3）**带通滤波器**：其理想幅频响应如图 4.2.1(c) 所示。图中 ω_{nL} 为低边（或下限）截止角频率，ω_{nU} 为高边（或上限）截止角频率，ω_0 为中心角频率。由图可知，它有两个阻带：$\omega < \omega_{nL}$ 和 $\omega > \omega_{nU}$。故其带宽 $BW = \omega_{nU} - \omega_{nL}$。

（4）**带阻滤波器**：其理想幅频响应如图 4.2.1(d) 所示。它有两个通带：$\omega < \omega_{nL}$ 及 $\omega > \omega_{nU}$ 和一个阻带：$\omega_{nL} < \omega < \omega_{nU}$。它的功能是衰减 $\omega_{nL} \sim \omega_{nU}$ 之间的信号。其通带 $\omega > \omega_{nU}$ 同高通滤波器相似。带阻滤波器阻带中心点所在角频率 ω_0 也称为**中心角频率**。

各种滤波器的实际频响特性与理想频响特性有一定的差别，滤波器设计的任务就是力求向理想频响特性逼近。

4.2.2　一阶有源滤波器

图 4.2.2(a) 为由 R、C 和集成运放组成的**一阶有源低通滤波器**。

利用理想集成运放的特性，可得该电路的电压传递函数为

$$A_u(s) = \frac{U_o(s)}{U_i(s)} = \frac{A_0}{1 + (s/\omega_n)} \tag{4.2.1}$$

式中，$A_0 = 1 + \dfrac{R_2}{R_1}$ 为同相放大器的**通带电压放大倍数**或**电压增益**；$\omega_n = \dfrac{1}{RC}$ 称为 3dB **截止角频率**。

式（4.2.1）中用 $s = j\omega$ 代入，则一阶低通滤波器的频率响应为

$$\dot{A}_u(j\omega) = \frac{\dot{U}_o(j\omega)}{\dot{U}_i(j\omega)} = \frac{A_0}{1 + j\omega/\omega_n} \tag{4.2.2}$$

图 4.2.2(b) 为一阶低通滤波器的归一化幅频响应（其中实线表示实际的幅频响应）。

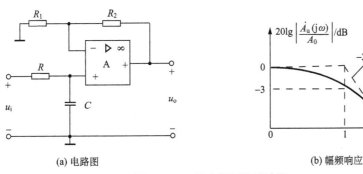

(a) 电路图　　　　　　　　　　　　(b) 幅频响应

图 4.2.2　一阶有源低通滤波器

上述低通滤波器电压传递函数的分母为 s 的一次幂，故称为**一阶有源低通滤波器**。一阶有源高通滤波器电路可由图 4.2.2(a) 电路中 R 和 C 交换位置来组成，这里不再赘述。

一阶低通滤波器的滤波效果不够好，在 $\omega > \omega_n$ 范围内，频率每增加十倍，其幅频响应近似减小 20dB，即幅频响应的衰减率为 −20dB/十倍频。若要求幅频响应曲线以 −40dB/十倍频或 −60dB/十倍频的斜率衰减，则需采用二阶、三阶或更高阶次的滤波器。对于高于二阶的滤波器，常常可由一阶、二阶有源滤波器来构成。

下面将主要介绍常用的二阶有源滤波器组成及其频率特性。

4.2.3　二阶有源滤波器

1. 低通滤波器

二阶有源低通滤波器如图 4.2.3(a) 所示，它是由两级 RC 滤波电路、同相放大器组成的。同相放大器的输入阻抗高、输出阻抗低，有利于减小负载对滤波电路的影响和增强驱动负载能力。电路中第一级的电容 C_1 不接地而改接到输出端，其目的是使输出电压在高频段迅速下降，但在接近于通带截止频率的范围内又不致下降太多，从而有利于改善滤波特性。

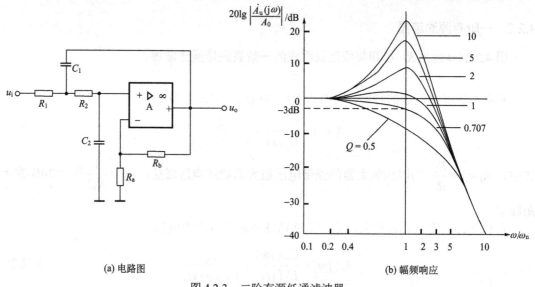

(a) 电路图　　　　　　　　　　　　　　　　(b) 幅频响应

图 4.2.3　二阶有源低通滤波器

根据理想集成运放的虚短、虚断特点，可导出二阶有源低通滤波器的电压传递函数表达式为

$$A_u(s) = \frac{U_o(s)}{U_i(s)} = \frac{A_0\left[1/(R_1R_2C_1C_2)\right]}{s^2 + s\left[R_2C_2 + R_1C_2 + R_1C_1(1-A_0)\right]/(R_1R_2C_1C_2) + 1/(R_1R_2C_1C_2)}$$

$$= \frac{A_0}{R_1R_2C_1C_2s^2 + \left[R_2C_2 + R_1C_2 + R_1C_1(1-A_0)\right]s + 1} \tag{4.2.3}$$

令

$$\begin{cases} A_0 = 1 + R_b/R_a \\ \omega_n = 1/\sqrt{R_1R_2C_1C_2} \\ Q = \dfrac{\sqrt{R_1R_2C_1C_2}}{C_2(R_1+R_2) + R_1C_1(1-A_0)} \end{cases} \tag{4.2.4}$$

则有

$$A_u(s) = \frac{A_0}{(s/\omega_n)^2 + (s/\omega_n)/Q + 1} = \frac{A_0\omega_n^2}{s^2 + (\omega_n/Q)s + \omega_n^2} \tag{4.2.5}$$

式中，ω_n 为**特征角频率**；Q 为**等效品质因数**。

令式 (4.2.5) 中 $s = j\omega$，可得二阶有源低通滤波器的频率响应为

$$\dot{A}_u(j\omega) = \frac{A_0\omega_n^2}{\omega_n^2 - \omega^2 + j\omega_n\omega/Q} \tag{4.2.6}$$

归一化后的幅频响应的对数表示为

$$20\lg\left|\frac{\dot{A}_u(j\omega)}{A_0}\right| = -10\lg\left\{\left[1 - \left(\frac{\omega}{\omega_n}\right)^2\right]^2 + \frac{\omega^2}{\omega_n^2 Q^2}\right\} \tag{4.2.7}$$

由式 (4.2.7)，可获得不同 Q 值下的幅频响应，如图 4.2.3 (b) 所示。由图可见，当 $Q = 0.707$ 时，幅频响应最平坦；当 $\omega/\omega_n = 1$ 时，$20\lg\left|\dot{A}_u(j\omega)/A_0\right| = -3\text{dB}$；而 $\omega/\omega_n = 10$ 时，$20\lg\left|\dot{A}_u(j\omega)/A_0\right| = -40\text{dB}$。显然，它比一阶低通滤波器的滤波效果要好得多。

由式 (4.2.4) 可知，当 $A_0 = 1 + (1 + R_2/R_1)C_2/C_1$ 时，Q 将趋于无穷大，表示电路将产生自激振荡。为了避免发生这种情况，选择元件参数时应满足条件：$(R_b/R_a) < (1 + R_2/R_1)C_2/C_1$，这样可保证有 $Q > 0$。

【例 4.2.1】 要求图 4.2.3 (a) 中二阶有源低通滤波器的通带截止频率 $f_n = \dfrac{\omega_n}{2\pi} = 100\text{kHz}$，等效品质因数 $Q = 1$。设 $R_1 = R_2 = R$、$C_1 = C_2 = C$，试确定电路中各电阻与电容元件的参数值。

解： 二阶有源低通滤波器的通带截止频率为 $f_n = \dfrac{1}{2\pi RC}$，首先选定电容 $C = 1000\text{pF}$，则

$$R = \frac{1}{2\pi f_n C} = \left(\frac{1}{2\pi \times 100 \times 10^3 \times 1000 \times 10^{-12}}\right)\Omega \approx 1.59\text{k}\Omega$$

选 $R = 1.6\text{k}\Omega$。根据已知条件及式 (4.2.4)，有 $Q = 1/(3 - A_0)$，故

$$A_0 = 1 + R_b/R_a = 3 - 1/Q = 3 - 1 = 2，\text{即 } R_b = R_a$$

在图 4.2.3 (a) 中，为使集成运放两个输入端对地的电阻平衡，应使

$$R_a // R_b = 2R = (2 \times 1.6)\text{k}\Omega = 3.2\text{k}\Omega$$

则

$$R_a = R_b = (2 \times 3.2)\text{k}\Omega = 6.4\text{k}\Omega$$

选

$$R_a = R_b = 6.2\text{k}\Omega$$

2. 高通滤波器

图 4.2.4 (a) 为二阶有源高通滤波器电路图。利用理想集成运放的特性，可导出二阶有源高通滤波器的电压传递函数为

$$A_u(s) = \frac{U_o(s)}{U_i(s)} = \frac{A_0 s^2}{s^2 + s[R_1C_1 + R_1C_2 + R_2C_2(1 - A_0)]/(R_1R_2C_1C_2) + 1/(R_1R_2C_1C_2)} \tag{4.2.8}$$

令

$$
\begin{cases}
A_0 = 1 + R_b / R_a \\
\omega_n = \dfrac{1}{\sqrt{R_1 R_2 C_1 C_2}} \\
Q = \dfrac{\sqrt{R_1 R_2 C_1 C_2}}{C_1 R_1 + C_2 R_1 + R_2 C_2 (1 - A_0)}
\end{cases}
\tag{4.2.9}
$$

则有

$$
A_u(s) = \frac{A_0 s^2}{s^2 + (\omega_n / Q)s + \omega_n^2}
\tag{4.2.10}
$$

令式 (4.2.10) 中 $s = j\omega$，可得二阶有源高通滤波器的频率响应为

$$
\dot{A}_u(j\omega) = \frac{-A_0 \omega^2}{\omega_n^2 - \omega^2 + j\dfrac{\omega_n \omega}{Q}}
\tag{4.2.11}
$$

归一化的对数幅频响应为

$$
20\lg \left| \frac{\dot{A}_u(j\omega)}{A_0} \right| = -10\lg \left\{ \left[\left(\frac{\omega_n}{\omega} \right)^2 - 1 \right]^2 + \left(\frac{\omega_n}{\omega Q} \right)^2 \right\}
\tag{4.2.12}
$$

二阶有源高通滤波器的幅频响应如图 4.2.4(b) 所示。由图可见，若 $Q = 0.707$，则 3dB 截止频率为 ω_n。并且幅频响应特性以 $+40\,\mathrm{dB}/$ 十倍频的斜率上升，比一阶高通滤波器好得多。

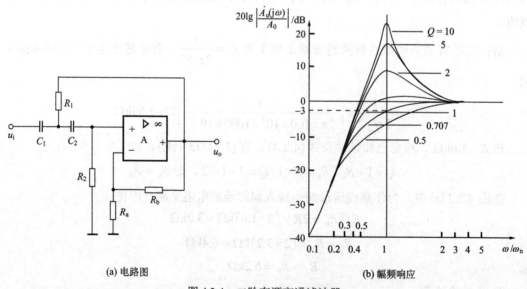

(a) 电路图　　　　　　　　　　　(b) 幅频响应

图 4.2.4　二阶有源高通滤波器

3. 带通滤波器

图 4.2.5(a) 为二阶有源带通滤波器电路图，图中 R_1 与 C_2 组成低通网络，C_1 与 R_3 组成高通网络，由低通与高通网络共同组成了带通滤波器。可导出二阶有源带通滤波器的电压传递函数为

$$A_u(s) = \frac{U_o(s)}{U_i(s)} = \frac{(1 + R_b / R_a)s(1/(R_1 C_2))}{s^2 + s\left[\dfrac{1}{R_3 C_1} + \dfrac{1}{R_3 C_2} + \dfrac{1}{R_1 C_2} + \dfrac{1}{R_2 C_2}\left(-\dfrac{R_b}{R_a}\right)\right] + \dfrac{R_1 + R_2}{R_1 R_2 R_3 C_1 C_2}} \tag{4.2.13}$$

令

$$\begin{cases} A_0 = \dfrac{1 + R_b / R_a}{R_1 C_2\left[\dfrac{1}{R_3 C_1} + \dfrac{1}{R_3 C_2} + \dfrac{1}{R_1 C_2} + \dfrac{1}{R_2 C_2}\left(-\dfrac{R_b}{R_a}\right)\right]} \\[4mm] \omega_0^2 = \dfrac{R_1 + R_2}{R_1 R_2 R_3 C_1 C_2} \\[4mm] Q = \dfrac{\sqrt{R_1 + R_2} \cdot \sqrt{R_1 R_2 R_3 C_1 C_2}}{R_1 R_2 (C_1 + C_2) + C_1 R_3\left[R_2 + R_1(-R_b / R_a)\right]} \end{cases} \tag{4.2.14}$$

则得

$$A_u(s) = \frac{A_0(s\omega_0)/Q}{s^2 + s(\omega_0/Q) + \omega_0^2} = \frac{A_0 s/(Q\omega_0)}{(s/\omega_0)^2 + s/(Q\omega_0) + 1} \tag{4.2.15}$$

式中，ω_0 称为**中心角频率**。

令 $s = j\omega$，代入式(4.2.15)，可得二阶有源带通滤波器的频率响应特性为

$$\dot{A}_u(j\omega) = \frac{A_0 \cdot j\omega/(Q\omega_0)}{1 - (\omega/\omega_0)^2 + j\omega/(Q\omega_0)} \tag{4.2.16}$$

归一化的对数幅频响应为

$$20\lg\left|\frac{\dot{A}_u(j\omega)}{A_0}\right| = -10\lg\left\{Q^2\left(\frac{\omega_0}{\omega} - \frac{\omega}{\omega_0}\right)^2 + 1\right\} \tag{4.2.17}$$

可画出二阶有源带通滤波器的幅频响应特性如图 4.2.5(b)所示。图中，当 $\omega = \omega_0$ 时，电压放大倍数最大。带通滤波器的通频带宽度为 $BW_{0.7} = \omega_0/(2\pi Q) = f_0/Q$，显然 Q 值越高，通频带越窄。

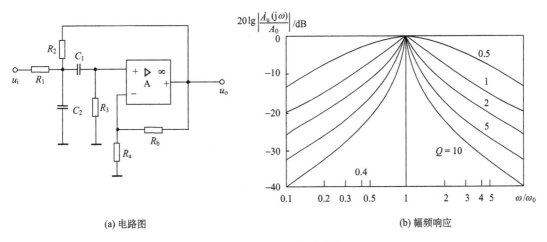

(a) 电路图   (b) 幅频响应

图 4.2.5 二阶有源带通滤波器

综上分析可知：当二阶有源带通滤波器的同相放大倍数 $A_u = 1 + R_b / R_a$ 变化时，既影响通带增益 A_0，又影响 Q 值（进而影响通频带 $BW_{0.7}$），而中心角频率 ω_0 与通带增益 A_0 无关。另外，电路的 Q 值不能太大，否则会产生自激振荡。

4. 带阻滤波器

与带通滤波器相反，带阻滤波器是用来抑制或衰减某一频段的信号，而让该频段以外的所有信号通过。例如，带阻滤波器常用于电子系统抗干扰。实际带阻滤波器可有不同的实现方案，以下分别讨论两种典型结构形式的带阻滤波器电路。

1）双 T 带阻滤波器

（1）双 T 网络的频率响应特性。

为简化分析，设信号源内阻为零、负载电阻为无限大，双 T 网络如图 4.2.6（a）所示。利用**星形–三角形变换**原理，可以将双 T 网络等效为图 4.2.6（b）所示的 Π 型电路。因此有

$$\begin{cases} Z_1 = \dfrac{2R(1+sRC)}{1+s^2R^2C^2} \\ Z_2 = Z_3 = \dfrac{1}{2}\left(R + \dfrac{1}{sC}\right) \end{cases} \tag{4.2.18}$$

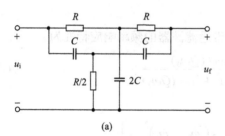
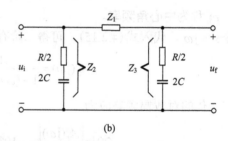

(a)　　　　　　　　　　　　　　(b)

图 4.2.6　双 T 网络电路

考虑到 $\dot{F} = \dot{U}_f / \dot{U}_i$，则

$$F(s) = \frac{U_f(s)}{U_i(s)} = \frac{Z_3}{Z_1 + Z_3} = \frac{\dfrac{1}{2}\left(R + \dfrac{1}{sC}\right)}{\dfrac{2R(1+sRC)}{1+(sRC)^2} + \dfrac{1}{2}\left(R + \dfrac{1}{sC}\right)} \tag{4.2.19}$$

令 $s = j\omega$，可得

$$\dot{F}(j\omega) = \frac{1-(\omega RC)^2}{1-(\omega RC)^2 + 4j\omega RC} = \frac{1-(\omega/\omega_0)^2}{1-(\omega/\omega_0)^2 + 4j\omega/\omega_0} \tag{4.2.20}$$

式中，$\omega_0 = 1/(RC)$。

由式（4.2.20）可知，当 $\omega = \omega_0$ 时，$\dot{U}_f = 0$，即信号频率等于特征角频率 ω_0 时，电压传输系数 $\dot{F}$ 为零，这正体现了双 T 网络的选频作用。

$\dot{F}(j\omega)$ 的幅频响应、相频响应的表达式分别为

$$\begin{cases} \left|\dot{F}(\mathrm{j}\omega)\right| = \dfrac{\left|1-(\omega/\omega_0)^2\right|}{\sqrt{\left[1-(\omega/\omega_0)^2\right]^2 + \left[4(\omega/\omega_0)\right]^2}} \\[3mm] \varphi_{\mathrm{f}} = -\arctan\dfrac{4(\omega/\omega_0)}{1-(\omega/\omega_0)^2},\quad 当\dfrac{\omega}{\omega_0}<1时 \\[3mm] \varphi_{\mathrm{f}} = \pi-\arctan\dfrac{4(\omega/\omega_0)}{1-(\omega/\omega_0)^2},\quad 当\dfrac{\omega}{\omega_0}>1时 \end{cases} \tag{4.2.21}$$

由式(4.2.21)可画出双 T 网络的频率响应如图 4.2.7 所示。由图可知，当 $\omega/\omega_0=1$ 时，幅频响应的幅值等于零，且相频特性呈现 ±90° 突变的形式。

（2）双 T 带阻滤波器。

双 T 带阻有源滤波器如图 4.2.8 所示，由节点导纳方程可导出该电路的电压传递函数为

$$A_{\mathrm{u}}(s)=\frac{U_{\mathrm{o}}(s)}{U_{\mathrm{i}}(s)}=A_{\mathrm{u}0}\cdot\frac{1+(s/\omega_0)^2}{1+2(2-A_{\mathrm{u}0})(s/\omega_0)+(s/\omega_0)^2} \tag{4.2.22}$$

令 $s=\mathrm{j}\omega$，可得

$$\begin{aligned} \dot{A}_{\mathrm{u}}(\mathrm{j}\omega) &= A_{\mathrm{u}0}\cdot\frac{1+(\mathrm{j}\omega/\omega_0)^2}{1+2(2-A_{\mathrm{u}0})(\mathrm{j}\omega/\omega_0)+(\mathrm{j}\omega/\omega_0)^2} \\[2mm] &= A_{\mathrm{u}0}\cdot\frac{1-(\omega/\omega_0)^2}{1-(\omega/\omega_0)^2+(\mathrm{j}\omega/\omega_0)/Q} \end{aligned} \tag{4.2.23}$$

式中，$\omega_0=1/(RC)$；$A_{\mathrm{u}0}=1+R_{\mathrm{b}}/R_{\mathrm{a}}$；$Q=1/[2(2-A_{\mathrm{u}0})]$。如果 $A_{\mathrm{u}0}=1$，则 $Q=0.5$。增加 $A_{\mathrm{u}0}$，Q 将随之升高。当 $A_{\mathrm{u}0}$ 趋近 2 时，Q 趋向无穷大。由此，$A_{\mathrm{u}0}$ 越接近 2，$\left|\dot{A}_{\mathrm{u}}\right|$ 越大，可使有源带阻滤波器的选频特性越好，即阻断的频率范围越窄。

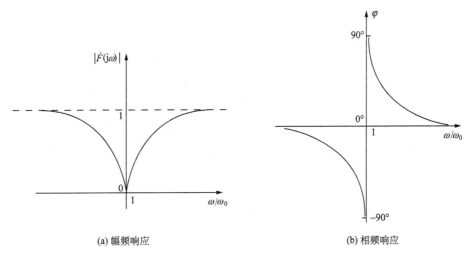

(a) 幅频响应　　　　　　　　　　　(b) 相频响应

图 4.2.7　双 T 网络的频率响应特性

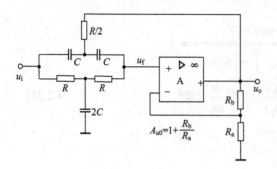

图 4.2.8　双 T 带阻有源滤波电路

$\dot{A}_u(j\omega)$ 的归一化对数幅频响应曲线与图 4.2.7(a)类似。这种电路的优点是所用元件较少，但滤波性能受元件参数变化影响大。

2) 用带通滤波器与求和电路组成带阻滤波器

利用带通滤波器与求和运算电路可以组成带阻滤波器，其组成框图如图 4.2.9 所示。其基本思路是把直通信号与带通滤波器的输出信号相抵消，从而得到传输特性与式(4.2.22)相似的等效带阻滤波器，这种带阻滤波器的频率选择性主要由其中带通滤波器的特性确定。

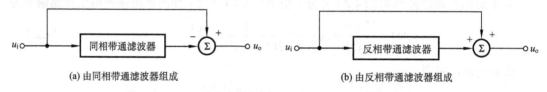

(a) 由同相带通滤波器组成　　　　　　　　　　(b) 由反相带通滤波器组成

图 4.2.9　基于带通滤波器与求和运算电路的带阻滤波器结构

图 4.2.5(a)所示带通滤波器中的集成运放接成同相放大器，这种滤波器称作同相输入式带通滤波器。若带通滤波器中的集成运放接成反相放大器，则称作反相输入式带通滤波器。

式(4.2.15)为同相输入式二阶有源带通滤波器的电压传递函数表达式，由图 4.2.9(a)可得

$$A_u(s) = \frac{U_o(s)}{U_i(s)} = 1 - \frac{A_0 s / (Q\omega_0)}{(s/\omega_0)^2 + s/(Q\omega_0) + 1} \tag{4.2.24}$$

当 $A_0 = 1$ 时，可得

$$A_u(s) = \frac{(s/\omega_0)^2 + 1}{(s/\omega_0)^2 + s/(Q\omega_0) + 1} \tag{4.2.25}$$

与式(4.2.22)相比，式(4.2.25)就是二阶有源带阻滤波器的电压传递函数表达式。

图 4.2.10 所示为一个用于滤除 50Hz 工频干扰的 50Hz 陷波器电路，该电路与图 4.2.9(b)的结构类似。其中由 A_1、R_1、R_2、R_3、C_1、C_2 组成反相输入式有源带通滤波器，A_2、R_4、R_5 与 R_F 组成反相输入加法电路。由图 4.2.10 可知，$C_1 = C_2 = C = 0.22\mu F$，则该电路的电压传递函数表达式为

$$A_{uf}(s) = -1 + \frac{s/(CR_1)}{s^2 + \dfrac{2}{CR_3} \cdot s + \dfrac{R_1 + R_2}{C^2 R_1 R_2 R_3}}$$

$$= -\frac{(s/\omega_0)^2 + \left(\dfrac{2}{CR_3} - \dfrac{1}{CR_1}\right)s + 1}{(s/\omega_0)^2 + s/(Q\omega_0) + 1} = -\frac{(s/\omega_0)^2 + 1}{(s/\omega_0)^2 + s/(Q\omega_0) + 1} \tag{4.2.26}$$

式中

$$\begin{cases} \omega_0 = \dfrac{1}{C} \cdot \sqrt{\dfrac{1}{R_3}\left(\dfrac{1}{R_1}+\dfrac{1}{R_2}\right)} \\ Q = 0.5 R_3 C \omega_0 \end{cases} \tag{4.2.27}$$

由图 4.2.10 知，当 $R_2 \approx 0.51\text{k}\Omega$ 时，$f_0 \approx 50\text{Hz}$，$Q = 13.8$。

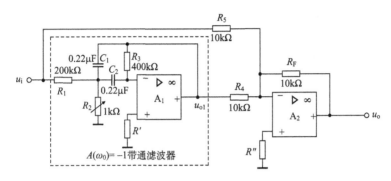

图 4.2.10　一种 50Hz 陷波电路

思考题

4.2.1　无源滤波器和有源滤波器的主要区别是什么？

4.2.2　对于第 2 章中的阻容耦合共发射极放大电路，如果把它看成一个滤波器，则它应属于何种类型的滤波器？其通带放大倍数（或通带增益）、截止频率如何计算？

4.2.3　如何用带通滤波器来组成带阻滤波器？

4.3　电压比较器

电压比较器在电子测量、自动控制、非正弦波形产生等方面应用广泛。电压比较器的功能是判断输入电压信号与参考电平之间的相对大小，比较器的输出信号只有两种状态：高电平输出和低电平输出。例如，在由集成运放组成的电压比较器电路中，集成运放工作在非线性区，集成运放的传输特性如图 3.6.3 所示，即当 $u_+ \geqslant u_-$ 时，$u_o = +U_{OH}$，运放输出最大正向饱和电平；当 $u_- \geqslant u_+$ 时，$u_o = -U_{OL}$，集成运放输出最大负向饱和电平。

在集成运放的两个输入端中，一个是输入信号，另一个是基准参考电压，或者两个都是输入信号。这样，由输出电压的高低可以判断输入信号与参考电压的大小关系。

对电压比较器的要求主要有灵敏度高、响应时间短、鉴别电平准确、抗干扰能力强。根据电压比较器的传输特性来分类，常用的电压比较器有单门限比较器和迟滞比较器。

4.3.1　单门限比较器

单门限比较器是指只有一个门限电平的比较器，当输入电压等于门限电平时，输出端的状态立即发生跳变。单门限比较器可用于检测输入的模拟信号是否达到某一给定的电平。单门限比较器包括过零比较器与任意门限电平比较器。

1. 过零比较器

图 4.3.1(a) 为过零比较电路，集成运放处于开环工作状态，同相端接地（$u_+ = 0\text{V}$ 为基

准参考电压），反相端加被比较信号 u_i。其工作原理为

$$当 u_i < 0 时，\quad u_o = +U_{OH} \tag{4.3.1}$$

$$当 u_i > 0 时，\quad u_o = -U_{OL} \tag{4.3.2}$$

根据式(4.3.1)和式(4.3.2)画出 u_i、u_o 的典型波形如图 4.3.1(b)所示，输入-输出电压传输特性如图 4.3.1(c)所示。由图 4.3.1(c)可知，当输出电压 u_o 为高电压($+U_{OH}$)时，可判断有 $u_i < 0$；当输出电压 u_o 为低电压($-U_{OL}$)时，可得 $u_i > 0$。该电路可作为波形变换器，将正弦波转换为矩形波。

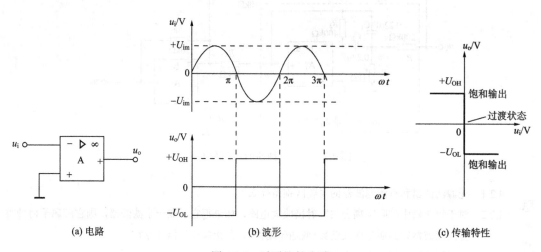

(a) 电路　　　　　(b) 波形　　　　　(c) 传输特性

图 4.3.1　过零比较电路

当比较器的输出电压由一种状态跳变为另一种状态时，相应的输入电压通常称为**阈值电压**或**门限电平**。上述比较器的门限电平等于零，故称为**过零比较器**。

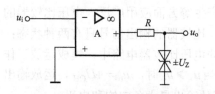

图 4.3.2　利用稳压管限幅的过零比较电路

只用一个集成运放(开环状态)组成的过零比较器电路简单，但其输出电压幅度较高($u_o = +U_{OH}$、$-U_{OL}$)。若希望比较器的输出幅度限制在特定的范围内，则需要增加限幅电路，如图 4.3.2 所示为利用稳压管限幅的过零比较器。

对于图 4.3.2 所示的电路，设集成运放的输出高电压大于 U_Z、输出低电压小于 $-U_Z$。利用双向稳压管(内部等效为两个反向串联的稳压管)，有 $u_o = \pm U_Z$。其传输特性曲线形状与图 4.3.1(c)类似。

2. 任意门限电平比较器

任意门限电平比较器如图 4.3.3(a)所示，该电路是在过零比较器的基础上，将参考电压 U_{REF} 通过电阻 R_2 接在集成运放反相输入端来构成的。由于输入电压 u_i 与参考电压 U_{REF} 接成求和运算电路的形式，因此这种比较器也称为**求和型单门限比较器**。

图 4.3.3(a)中集成运放同相输入端通过电阻 R_3 接地。当输入电压 u_i 变化时，使得集成运放反相输入端的电位 $u_- = 0$，且稳压管 D_Z 中电流为零，则输出端 u_o 的状态将发生跳变。利用叠加原理，可求得反相输入端的电位(D_Z 未导通时)为

$$u_- = \frac{R_2}{R_1+R_2} \cdot u_i + \frac{R_1}{R_1+R_2} \cdot U_{REF}$$

令 $u_- = 0$，由上式可求出门限电平 U_{TH} 为

$$U_{TH} = -\frac{R_1}{R_2} \cdot U_{REF} \tag{4.3.3}$$

任意门限电平比较器的传输特性如图 4.3.3(b) 所示。

对比图 4.3.1(c) 和图 4.3.3(b) 中的传输特性可知，过零比较器属于任意门限电平比较器的特例，它们都属于单门限比较器。

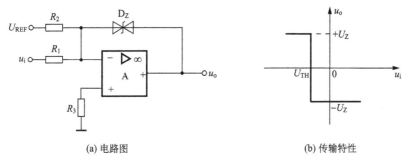

(a) 电路图　　　　　　　　　　　　　　(b) 传输特性

图 4.3.3　任意门限电平比较器

单门限比较器还可以有其他电路形式。例如，将 u_i、U_{REF} 分别接到集成运放的两个输入端也可组成单门限比较器。

4.3.2　迟滞比较器

单门限比较器具有电路简单、灵敏度高等优点，但缺点是抗干扰能力差。如果输入电压受到某种干扰或噪声的影响，使其在门限电平上下波动时，输出电压将在高、低两个电平之间反复地跳变(图 4.3.4)。假如在控制系统中发生这种情况，将对执行机构产生不利的影响，甚至引发事故。

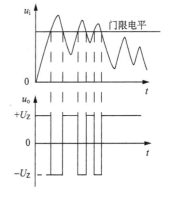

图 4.3.4　存在干扰时单门限比较器的 u_i、u_o 波形

为了避免出现这种问题，可以采用具有迟滞传输特性的比较器。这种迟滞比较器常称作为**施密特触发器**，电路如图 4.3.5(a) 所示。

输入电压 u_i 经电阻 R_1 加在集成运放的反相输入端，U_{REF} 经电阻 R_2 接在集成运放的同相输入端。输出电压 u_o 经电阻 R_F 引回到集成运放的同相输入端。电阻 R 和双向稳压管 D_Z 起着限幅作用，将输出电压 u_o 限制在 $-U_Z \sim +U_Z$ 范围内，即有 $u_o = \pm U_Z$。

在图 4.3.5(a) 的电路中，当集成运放反相输入端和同相输入端的电位相等，即 $u_- = u_+$ 时，集成运放输出电压将发生跳变。其中 $u_- = u_i$，u_+ 由 U_{REF}、u_o 二者共同决定，而 u_o 有两种可能的状态：$+U_Z$ 或 $-U_Z$。因此，使 u_o 由 $+U_Z$ 跳变为 $-U_Z$，以及由 $-U_Z$ 跳变为 $+U_Z$ 所对应的 u_+、u_i 是不同的。也就是说，这种比较器有两个不同的门限电压，故传输特性呈滞回形状，如图 4.3.5(b) 所示。

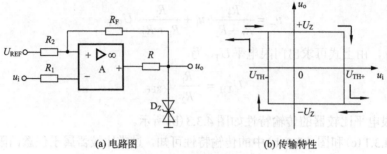

(a) 电路图　　　　　　　　(b) 传输特性

图 4.3.5　迟滞比较器

下面来分析迟滞比较器的两个门限电平值。因集成运放输入端电流 $i_+ = 0$，利用叠加原理，可求得集成运放同相输入端的电位为

$$u_+ = \frac{R_F}{R_2 + R_F} \cdot U_{REF} + \frac{R_2}{R_2 + R_F} \cdot u_o$$

设当前的电路输出为 $u_o = +U_Z$，当 u_i 逐渐增大时，u_o 从 $+U_Z$ 跳变为 $-U_Z$ 所需的门限电平用 U_{TH+} 表示，根据上式有

$$U_{TH+} = \frac{R_F}{R_2 + R_F} \cdot U_{REF} + \frac{R_2}{R_2 + R_F} \cdot U_Z \qquad (4.3.4)$$

若电路输出为 $u_o = -U_Z$，当 u_i 逐渐减小时，u_o 从 $-U_Z$ 跳变为 $+U_Z$ 所需的门限电平用 U_{TH-} 表示，则有

$$U_{TH-} = \frac{R_F}{R_2 + R_F} \cdot U_{REF} - \frac{R_2}{R_2 + R_F} \cdot U_Z \qquad (4.3.5)$$

通常将上述两个门限电平值之差 $(U_{TH+} - U_{TH-})$ 称为**门限宽度**或**回差**，用符号 ΔU_{TH} 表示，由式 (4.3.4) 及式 (4.3.5) 可求得

$$\Delta U_{TH} = U_{TH+} - U_{TH-} = \frac{2R_2}{R_2 + R_F} \cdot U_Z \qquad (4.3.6)$$

由式 (4.3.6) 可见，门限宽度 ΔU_{TH} 值取决于 U_Z、R_2 和 R_F 值，但与 U_{REF} 无关。改变 U_{REF} 的大小可以同时调节 U_{TH+}、U_{TH-} 的大小，但 ΔU_{TH} 不变。

图 4.3.5(a) 所示电路是反相输入方式的迟滞比较器。如果将输入电压 u_i 与参考电压 U_{REF} 的位置互换，即可得到同相输入的迟滞比较器。

迟滞比较器可用于产生矩形波、锯齿波和三角波等各种非正弦波信号，也可用来组成各种波形变换电路。由于迟滞比较器的抗干扰能力强，适合用于工业现场的测控系统中。当输入信号因受干扰或噪声的影响而上下波动时，可根据干扰或噪声电平来调整迟滞比较器的门限电平 U_{TH+}、U_{TH-} 值，就能避免输出电压 u_o 在高、低电平之间反复跳变，如图 4.3.6 所示。

同相迟滞
比较器传
输特性

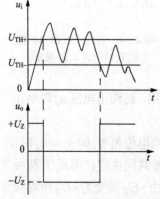

图 4.3.6　在有干扰情况下迟滞
比较器的 u_i、u_o 波形

【**例 4.3.1**】　迟滞比较器电路如图 4.3.5(a) 所示，A 为理想集成运放，双向稳压管 D_Z 的稳定电压为 $U_Z = \pm 9\text{V}$，参考电

压 $U_{REF} = 3V$，$R_2 = 15k\Omega$，$R_F = 30k\Omega$，$R_1 = 7.5k\Omega$，$R = 1k\Omega$。要求：

(1) 试估算两个门限电压 U_{TH+}、U_{TH-} 以及门限宽度 ΔU_{TH}；

(2) 画出电压传输特性曲线；

(3) 设 $u_i = 10\sin(\omega t)$ (V)，画出输出电压 u_o 的波形；

(4) 分别画出 $U_{REF} = 0V$、$6V$ 时的电压传输特性曲线。

解：(1) 由式(4.3.4)～式(4.3.6)可得

$$U_{TH+} = \frac{R_F}{R_2 + R_F} \cdot U_{REF} + \frac{R_2}{R_2 + R_F} \cdot U_Z = \left(\frac{30}{15+30} \times 3 + \frac{15}{30+15} \times 9\right)V = 5V$$

$$U_{TH-} = \frac{R_F}{R_2 + R_F} U_{REF} - \frac{R_2}{R_2 + R_F} U_Z = \left(\frac{30}{30+15} \times 3 - \frac{15}{30+15} \times 9\right)V = -1V$$

$$\Delta U_{TH} = U_{TH+} - U_{TH-} = [5 - (-1)]V = 6V$$

(2) 画电压传输特性曲线，如图 4.3.7(a) 所示。

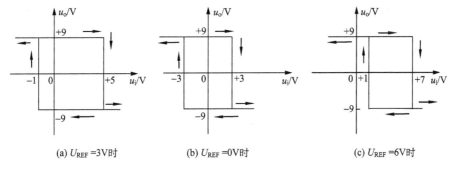

(a) $U_{REF} = 3V$时　　　　(b) $U_{REF} = 0V$时　　　　(c) $U_{REF} = 6V$时

图 4.3.7　电压传输特性曲线

(3) 当 $u_i = 10\sin(\omega t)$ (V) 时，输出电压 u_o 的波形如图 4.3.8 所示。

(4) 当 $U_{REF} = 0V$ 时，可求得

$$U_{TH+} = 3V，\qquad U_{TH-} = -3V$$

此时，电压传输特性曲线如图 4.3.7(b) 所示。

当 $U_{REF} = 6V$ 时，可求得

$$U_{TH+} = 7V，\qquad U_{TH-} = 1V$$

此时，电压传输特性曲线如图 4.3.7(c) 所示。

由图 4.3.7(a)～(c) 所示的三条电压传输特性曲线可知，对应不同的 U_{REF} 值，迟滞比较器的回差电压 $\Delta U_{TH} = 6V$ 不变，说明 ΔU_{TH} 与 U_{REF} 无关。当 $U_{REF} = 0V$ 时，电压传

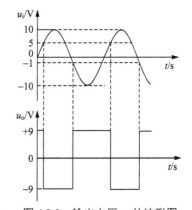

图 4.3.8　输出电压 u_o 的波形图

输特性曲线中心对称；当 $U_{REF} > 0V$ 时，电压传输特性曲线向右移动；当 $U_{REF} < 0V$ 时，电压传输特性曲线向左移动。所移动的距离由 U_{REF}、R_2、R_F 确定。而回差电压 ΔU_{TH} 的大小可以通过调整 U_Z、R_2、R_F 来实现。

4.3.3　集成电压比较器

以上介绍的单门限与迟滞电压比较器，既可用通用型集成运放实现，也可采用单片集成电压比较器。在使用或挑选单片集成电压比较器时，对其性能的要求主要有：

(1)较高的开环差模增益 A_{ud}。当 A_{ud} 越高，比较器输出状态发生跳变所需加在输入端的差模电压越小，则比较器的灵敏度就越高。

(2)较快的响应速度。比较器的一项重要指标是响应时间，它是指当输入端施加阶跃电压时，输出电压从逻辑低电平变为逻辑高电平所需的时间。

(3)共模抑制比和允许的共模输入电压要大。在许多情况下，施加在比较器两个输入端的电压比较高，若共模抑制比不够大，将会影响比较器的精度。

(4)失调电压、失调电流以及温漂要小。如果失调电压、失调电流较大，将影响比较器的精度；如果温度漂移较大，则比较器的稳定性较差。

集成电压比较器的内部电路及工作原理与集成运放十分相近。但在具体电路中常采取各种技术措施，以提高比较精度和响应速度。下面以传输时延达 6.5ns 的高速集成电压比较器 LT685 为例来进行电路原理分析。

1. 电路组成

图 4.3.9 所示是集成电压比较器 LT685 的原理电路，它由三级差动放大器组成。

第一级：由 $T_1 \sim T_4$ 组成共射-共基组合型差放电路作为输入级，以 T_{11} 作为偏置电流源，稳压管 D_1 和 D_2 起限幅与加速转换的作用。

第二级：由 $T_{15} \sim T_{18}$ 组成共射-共基组合型差放电路，以 T_{28} 作为偏置电流源。

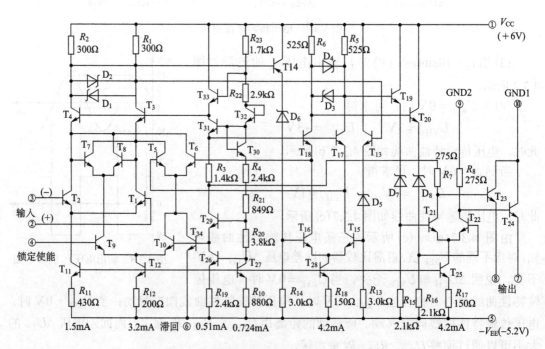

图 4.3.9　集成电压比较器 LT685 电路原理图

第三级：由 T_{21}、T_{22} 组成以 T_{25} 作为偏置电流源的差放电路。

各级放大电路之间都由差动跟随器（T_{13}、T_{14} 和 T_{19}、T_{20}）隔离，且通过稳压管（D_5、D_6 和 D_7、D_8）实现电平位移。T_{23}、T_{24} 为射极开路的输出级，使用时，引脚⑦和⑧外接负载到 -2V 的电源，以使输出与 ECL 电平（$U_{OH} = -0.81\,\text{V}$、$U_{OL} = -1.85\,\text{V}$）匹配。

2. 偏置电路

偏置电路由两部分组成，接正电源的电路由 $T_{30} \sim T_{33}$ 组成，分别为共基管 T_3、T_4 和 T_{17}、T_{18} 提供基极偏置电压；接负电源的电路由 $T_{27} \sim T_{29}$ 组成，为共基管 T_{10}、T_{34} 提供基极偏置电压（约 1.2V），并为电流源 T_{11}、T_{12}、T_{26}、T_{27} 提供参考电流（I_{C27}）。

3. 正反馈电路

实现迟滞特性的正反馈回路通过差放电路 T_5、T_6 闭合。反馈电压取自第二级差放电路 T_{15}、T_{16} 的集电极，经 T_5、T_6 放大后加到第一级差放电路 T_3、T_4 的输入端。例如，当 $u_+ > u_-$ 时，有

$$u_{C4} > u_{C3} \rightarrow u_{E13} < u_{E14} \rightarrow u_{B15} < u_{B16} \rightarrow u_{C15} > u_{C16} \rightarrow i_{C5} > i_{C6} \rightarrow i_{C4} < i_{C3}$$

结果是保持 $u_{C4} > u_{C3}$ 的状态。要改变这个状态，必须克服 i_{C5}、i_{C6} 的影响，使 $i_{C4} > i_{C3}$，为此 u_- 就必须超过 u_+ 一定的数值。当进入 $u_{C4} < u_{C3}$ 的状态后，电路中发生上述类似的过程，最后更保持 $u_{C4} < u_{C3}$ 的状态。使用时，在引脚⑥与负电源之间接一电阻（$100\,\Omega \sim 2\,\text{k}\Omega$），接通 T_{34}，为 T_5、T_6 提供偏置电流，使比较器内部具有 $3 \sim 70\text{mV}$ 的迟滞宽度。同时，与 T_9、T_{10} 一道，在引脚④上的外加电平控制下，实现锁定功能。

4. 锁定功能

现将 LT685 锁定功能的工作过程简述如下。

在正常比较状态时，引脚④外加高电平电压（-0.81 V）或者接地，使 T_9 导通、T_{10} 截止，$I_{C9} = 3.2\text{mA}$，T_7、T_8 导通。T_7、T_8 接成图 4.3.10 所示的正反馈电路。当 $u_{B7} > u_{B8}$ 时，$u_{C7} < u_{C8}$，由于 $u_{B7} = u_{C8}$、$u_{B8} = u_{C7}$，因而进一步促使 $u_{B7} > u_{B8}$，如此循环，使得 i_{C7} 迅速增大、i_{C8} 迅速减小，直到 T_8 截止。可见，采用这个电路可对输入级起到加速转换的作用。例如，因输入电压变化导致 $i_{C2} > i_{C1}$，即 $u_{C2} < u_{C1}$，从而使 i_{C8} 迅速增大，结果是 i_{C4} 迅速增大、u_{C4} 迅速减小。

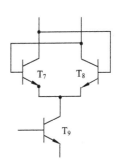

图 4.3.10　T_7 与 T_8 组成的正反馈电路

需要锁定时，引脚④外加低电平电压（-1.85 V），导致 T_9 截至、T_{10} 导通，$I_{C10} = 3.2\text{mA}$，使 T_5、T_6 的偏置电流在 I_{C34} 上又叠加了 3.2mA，正反馈增强，进一步保持原状态不变。这时改变输入电压，已无法使状态翻转。

单片集成电压比较器的种类很多。根据响应速度指标，可分为中速、高速（响应时间为 $10 \sim 60\text{ns}$）、超高速（响应时间 $<10\text{ns}$）电压比较器。高速电压比较器如 AD790（响应时间典型值为 40ns），超高速电压比较器如 AD1317（响应时间 $\leqslant 1.5\text{ns}$）。根据比较器的其他性能指标，又有精密电压比较器、高灵敏度电压比较器、低功耗电压比较器、低失调电压比较器，如 LM139/339，以及高阻抗电压比较器等。各种集成电压比较器的型号与性能，可参考相关技术手册。

4.3.1　在电压比较器中，集成运放工作在线性状态还是非线性状态？从电路结构上来看，有什么特点？

4.3.2　为了提高迟滞比较器的抗干扰能力，应采取什么措施？

4.3.3　比较集成电压比较器与通用集成运放的性能差异。

📖 **方法论：抓住主要矛盾，忽略次要因素**

　　本章中将集成运算放大器的输出信号反馈引入同相输入端，构成正反馈迟滞比较器，此时集成运放工作在非线性状态。而把集成运算放大器的输出信号反馈引入反相输入端，能组成各种带负反馈的模拟信号运算与滤波电路，此时集成运放工作在线性状态，并可近似采用理想集成运放参数进行电路运算关系分析。因此，在分析集成运放应用电路时，主要根据反馈极性是正反馈还是负反馈来确定集成运放的工作状态，且一般忽略非理想集成运放参数对电路输出的影响。其中蕴含着抓住主要矛盾、忽略次要因素的科学方法，从而有利于在实际工作中简化复杂问题、降低解决问题的难度和成本，其与"抓住关键少数""牵住牛鼻子""击中要害"有异曲同工之妙。该方法在本书的模拟电子电路设计分析中多有涉及。

4.4　模拟信号处理电路 Multisim 仿真

【例 4.4.1】　二阶有源低通滤波电路如图 4.2.3 所示。已知集成运算放大器型号为 LM258AD，直流电源电压为 $\pm12V$。$R_1=R_2=R_a=10k\Omega$，$C_1=C_2=10nF$。用 Multisim 进行电路仿真，设输入信号为 $u_i = 2\sqrt{2}\sin(2\pi\times1000t)$ (V)，当反馈电阻 R_b 分别取 5.85kΩ、15kΩ 和 20kΩ 时，观察滤波器电压放大倍数的幅频响应，并求滤波器电路的通带截止频率 f_n、通带电压增益、$f=f_n$ 处的电压增益及等效品质因素 Q。

解：在 Multisim 中搭建如图 4.4.1 所示的仿真电路。对电路进行参数扫描，交流扫描频率范围为 1Hz～100kHz，设置 R_b 的值分别为 5.85kΩ、15kΩ 和 20kΩ。仿真结果如图 4.4.2 所示。

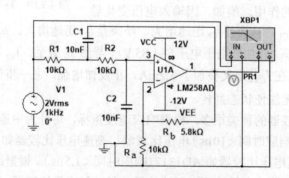

图 4.4.1　二阶有源低通滤波器仿真电路

表 4.4.1 列出了滤波器在不同反馈电阻 R_b 时的通带截止频率 f_n、通带电压增益(即电压放大倍数)、$f=f_n$ 处的电压增益及等效品质因素 Q。

根据仿真结果可知，当反馈电阻 R_b 增大时，滤波器电压增益增大，使等效品质因素 Q 增大，$f=f_n$ 处的电压增益也增大，而通带截止频率 f_n 不变；适当调节电压增益增大 Q 值，可以改善滤波器的频率响应特性。但是，Q 值趋于无穷大时，电路会产生自激振荡，为避免这种情况，在选择有关电阻参数时，应使 $R_b<2R_a$。

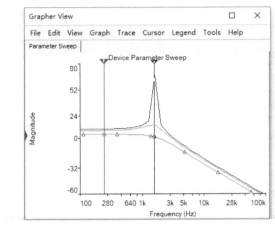

图 4.4.2　二阶有源低通滤波电路电压增益的幅频响应

表 4.4.1　二阶有源低通滤波电路电压增益的幅频响应特性仿真结果

反馈电阻 R_b/kΩ	通带截止频率 f_n/kHz	通带电压增益/dB	$f=f_n$ 处的电压增益/dB	等效品质因素 Q
5.85	1.543	3.9693	1.1363	0.707
15	1.543	8.1426	13.9288	2
20	1.543	9.7540	61.4780	∞

【**例 4.4.2**】　用模拟比较器 LT1713CMS8 组成的波形变换电路如图 4.4.3 所示。已知直流电源电压为 $\pm3.3V$，二极管 D 的型号为 1N4148，$R_1=1k\Omega$，$R_2=1.5k\Omega$，$R=2k\Omega$，$C=8pF$。用 Multisim 进行电路仿真，设输入信号为 $u_i = 2\sin(2\pi\times1000t)$ (V)，观察电路的输入电压 u_i、输出电压 u_o 的波形，并求迟滞比较器的两个门限电平和电压传输特性。

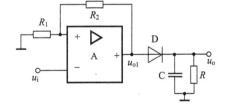

图 4.4.3　例 4.4.2 的波形变换电路

解：在 Multisim 中搭建如图 4.4.4 所示的仿真电路。

图 4.4.5 为示波器测得仿真电路的输入电压 u_i、输出电压 u_o 的波形，可知输出电压 u_o 为高电平为 2.5V、低电平为 0 的方波信号。

　　由模拟比较器LT1713CMS8、R_1、R_2组成了迟滞比较器，图4.4.6为迟滞比较器的输入电压u_i、输出电压u_{o1}的波形。可知，输出电压u_{o1}为方波信号，当u_i上升到约为1.24V时，u_{o1}由高电平翻转为低电平 −3.1V，当u_i下降到约 −1.24V时，u_{o1}由低电平翻转为高电平3.1V。因此，迟滞比较器的两个门限电平分别为 $U_{TH+}\approx1.24$V，$U_{TH-}\approx-1.24$V。将示波器扫描时间区块Timebase的显示设为B/A方式，得到迟滞比较器的u_{o1}-u_i电压传输特性，如图4.4.7所示。

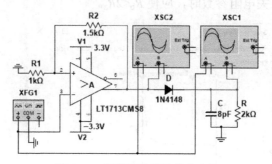

图4.4.4　迟滞比较器的仿真电路

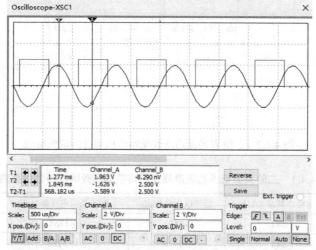

图4.4.5　仿真电路的输入电压u_i、输出电压u_o的波形

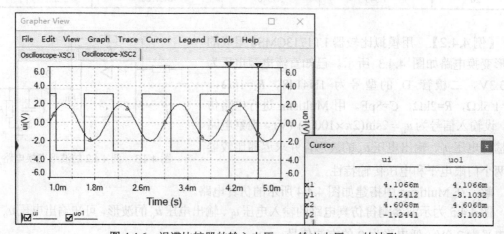

图4.4.6　迟滞比较器的输入电压u_i、输出电压u_{o1}的波形

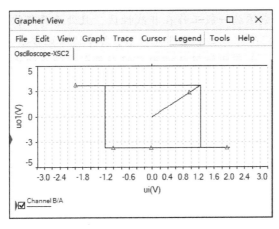

图 4.4.7　迟滞比较器的 u_{o1}-u_i 电压传输特性

本 章 小 结

1. 模拟信号运算和处理是集成运算放大器的重要应用领域。由集成运放组成的基本运算电路的输入、输出信号都是模拟量，且要满足一定的数学运算规律。因此，模拟信号运算电路中的集成运放都必须工作在线性区。为了保证集成运放工作在线性区，运算电路中都引入了深度负反馈。在分析各种基本运算电路的输入、输出关系时，总是从理想集成运放工作在线性区时虚断和虚短的两个特点出发。

(1) 比例运算电路是最基本的运算电路形式，可分为反相比例运算、同相比例运算、差动比例运算，其中反相比例运算电路具有虚地的独特优点，其因性能好而应用广泛。在比例运算电路的基础上，可扩展、演变成其他形式的运算电路，如求和电路、微分与积分电路、对数与指数电路等。积分与微分电路是利用电容两端的电压和流过电容的电流之间存在着积分关系，而对数与指数运算电路是利用半导体二极管(或用三极管等效)的电流与电压之间存在指数关系。

(2) 实际集成运放的技术参数都不是理想的，从而引起集成运放运算电路会有一定的误差。随着集成电路技术的迅速发展，根据不同使用要求，可选用高精度、低漂移、高输入阻抗、高速等各种集成运放。

2. 滤波器是一种常用模拟信号处理电路，其作用是滤除不需要的频率信号分量、保留所需的频率信号分量。按滤除信号的频率范围可分为低通、高通、带通和带阻 4 种主要类型的滤波器。

(1) 无源滤波器由电阻和电容元件组成。有源滤波器由电阻 R、电容 C 元件和集成运算放大器组合构成，其中 RC 时间常数确定了滤波器的截止频率或中心频率。在有源滤波器中，集成运算放大器用于提高通频带内的电压放大倍数(即通带增益)和带负载能力，集成运算放大器必须工作在线性状态。

(2) 为了改善滤波器特性，常用一阶、二阶滤波器电路级联来组成高阶滤波器。

3. 电压比较器的输入信号是连续变化的模拟量，输出信号只有高电平、低电平两种状态。电压比较器中的集成运放一般工作在非线性区，且处于开环状态或者被引入正反馈。常用的电压比较器有单门限比较器和迟滞比较器，其中迟滞比较器具有较强的抗干扰能力，在工程中得到广泛应用。电压比较器既可用通用型集成运放来组成，也可选用集成型电压比较器。

习　　题

4.1　在题图 4.1 中，集成运算放大器为理想的，试写出各电路输出电压 u_o 的值。

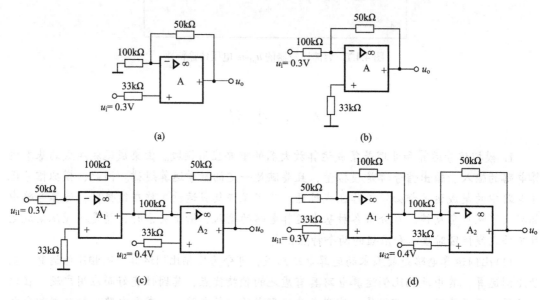

题图 4.1

4.2　由集成运算放大器组成的双极型三极管电流放大系数 β 的测试电路如题图 4.2 所示，设 A_1、A_2 为理想运算放大器，双极型三极管的 $U_{BE} = 0.7V$。要求：

（1）标出直流电压表的极性；

（2）标出双极型三极管的三个电极的电位值（对地）；

（3）写出 β 与电压表读数 U_O 的关系式；

（4）若被测三极管为 PNP 型，那么该测试电路应作哪些变动？

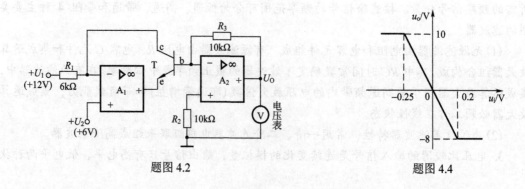

题图 4.2　　　　　　　　　　　　　　　　　题图 4.4

4.3　试设计一个模拟信号运算电路，要求实现运算：$u_o = u_{i1} - 2u_{i2} + 10u_{i3} - 0.1u_{i4}$。规定反馈电阻均为 $10k\Omega$，且集成运放均必须存在虚地现象。

4.4　题图 4.4 是某放大电路的电压传输特性。问这个电路的输出电压与输入电压之间是何种运算关系？电压放大倍数是多大？当输入正弦信号时，其最大正弦输出电压有效值有多大？

4.5　电路如题图 4.5(a)所示，设 A 为理想集成运算放大器。要求：

(1)求 u_o 对 u_{i1}、u_{i2} 的运算关系式；

(2)若 $R_1 = 1k\Omega$，$R_2 = 2k\Omega$，$C = 1\mu F$，u_{i1} 和 u_{i2} 的波形如题图 4.5(b)所示，当 $t = 0$ 时 $u_C = 0$，试画出 u_o 的波形图，并标明电压值。

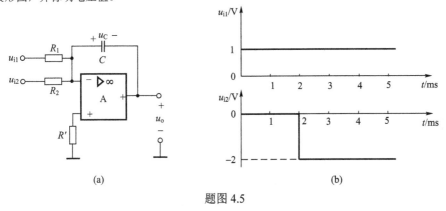

题图 4.5

4.6　由理想集成运算放大器组成如题图 4.6(a)所示的电路。其中，$R_1 = R_2 = 100k\Omega$，$C_1 = 10\mu F$，$C_2 = 5\mu F$。设 $t = 0$ 时，电容 C_1、C_2 的起始电压为 0。题图 4.6(b)为输入信号 u_i 的波形，分别画出 u_{o1}、u_o 相对于 u_i 的波形。

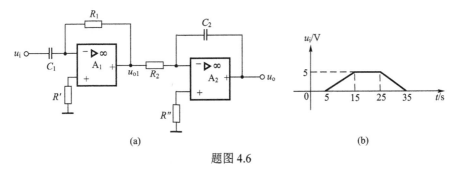

题图 4.6

4.7　设题图 4.7(a)、(b)电路中各三极管的参数相同，且各电路中输入信号都大于零。要求：

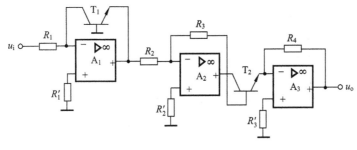

(a)

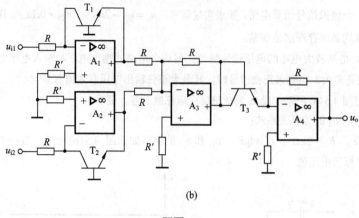

(b)

题图 4.7

(1) 试说明电路中各集成运放组成了何种基本运算电路;

(2) 分别给出两个电路的输出电压与其输入电压之间的关系表达式。

4.8 模拟信号运算电路如题图 4.8 所示, 设 A_1、A_2、A_3 均为理想集成运算放大器, $R_F = 10R_1$, $R_3C = 1ms$, $u_{i1} = 0.1V$ 和 $u_{i2} = 0.3V$ (在 $t = 0$ 时加入)。要求:

(1) 求 u_{o1}、u_{o2} 和 u_{o3};

(2) 若 $t = 0$ 时, 电容 C 上的初始电压 $u_C(0) = 0$, 问需要经过多长时间使 $u_{o4} = 5V$?

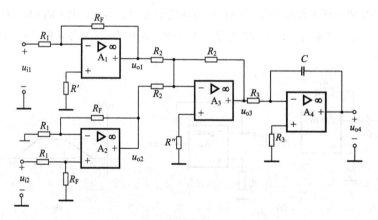

题图 4.8

4.9 假设实际工作中提出以下要求, 试选择滤波电路的类型(低通、高通、带通、带阻)。

(1) 输入信号为 20Hz~20kHz 频率范围的音频信号, 消除其他频率的干扰及噪声;

(2) 抑制频率低于 100Hz 的信号;

(3) 在有用信号中抑制 50Hz 的工频干扰;

(4) 抑制频率高于 20MHz 的噪声。

4.10 试判断题图 4.10 中的各种电路是什么类型的滤波器(低通、高通、带通还是带阻滤波器, 有源还是无源, 几阶滤波)。

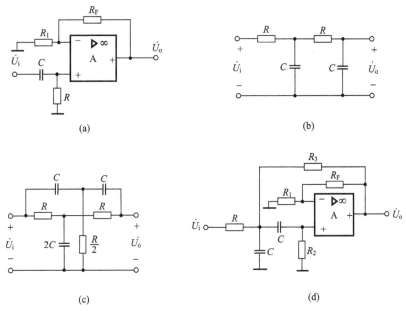

题图 4.10

4.11　设 A 为理想集成运算放大器，试写出题图 4.11 所示电路的电压传递函数，并指出这是一个什么类型的滤波电路。

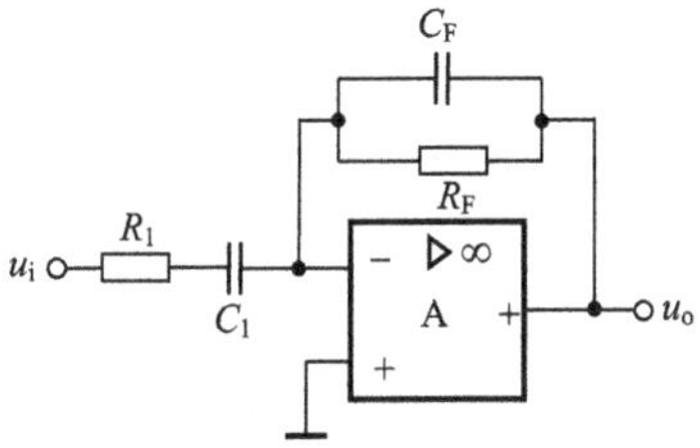

4.12　将正弦信号 $u_i = 15\sin(2000\pi t)$ (V) 分别送到题图 4.12(a)、(b) 和 (c) 电路的输入端，试分别求出这些比较器电路的阈值电压，并画出它们的输出电压 u_0 的波形(在图上标出各处电压值)。且有

(1) 题图 4.12 图(a)中稳压管的稳压值 $U_Z = \pm 7V$；

(2) 题图 4.12 图(b)中稳压管参数同上，且参考电压 $U_{REF} = 6V$，$R_1 = R_2 = 10\text{k}\Omega$；

题图 4.11

(3) 题图 4.12 图(c)中稳压管参数同上，且 $U_{REF} = 6V$，$R_1 = 8.2\text{k}\Omega$，$R_2 = 50\text{k}\Omega$，$R_F = 10\text{k}\Omega$。

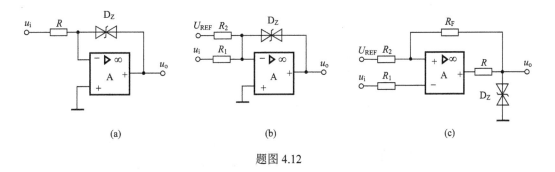

题图 4.12

4.13　迟滞电压比较器电路如题图 4.13(a) 所示。设 D 为理想二极管，理想运放 A 的输出电压极限值为 ±5 V。题图 4.13(b) 为输入电压 u_i 的波形。试求出阈值电压，并画出输出电压 u_0 的波形。

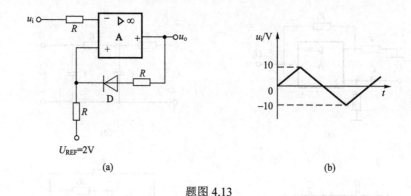

(a)　　　　　　　　　　　　　　(b)

题图 4.13

4.14　试用集成运算放大器来设计实现电压传输特性如题图 4.14(a)、(b)所示的迟滞电压比较电路，画出相应的电路原理图。

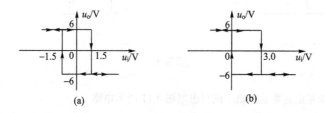

(a)　　　　　　　　　　　　　　(b)

题图 4.14

4.15　题图 4.15 所示电路是光电控制电路的一部分，它可将连续变化的光电信号转化成只有高电平和低电平两个稳定状态的离散信号，图中的光敏电流 I 随光照的强弱变化。已知 $R_1 = R_F = 100\text{k}\Omega$ ， $R_2 = 6.2\text{k}\Omega$ ， $R_3 = 3\text{k}\Omega$ ， $R_W = 12\text{k}\Omega$ 。要求：

(1)集成运放 A_1 、 A_2 各起什么作用？哪个运放工作在线性状态？

(2)当电位器 R_W 的滑动端处于中点位置(即 $R'_W = 0.5R_W$)时，光敏电流使输出电压跳变的两个阈值各是多少？画出 u_O 与 I 关系的传输特性曲线；

(3)若希望两个阈值电流之差的绝对值等于 $24\mu A$ ，电位器 R_W 的滑动端应调到什么位置(即 R'_W 应为多大)？

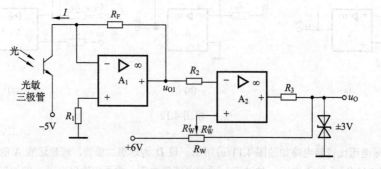

题图 4.15

4.16　电路如题图 4.16 所示。已知集成运算放大器 A_1 的型号为 LM258AD， A_2 和 A_3 的型号为 AD827AQ，三个集成运放的直流电源电压均为 ±12V，二极管的型号为 1N4148，三极管的型号为 2N2222，

电流放大系数 $\beta=100$，$t=0\mathrm{s}$ 时电容器 C 上的初始电压为 0V。设输入信号 u_i 为均值为 0V、幅值为 5V、频率为 1kHz 的方波。用 Multisim 进行电路仿真，画出对应于 u_i 的 u_o1、u_o2 和 u_o 的波形。

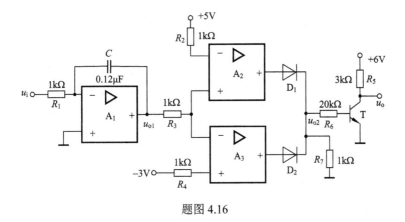

题图 4.16

第 5 章　反馈放大电路

【内容提要】　首先介绍反馈的基本概念、反馈分类与判断方法，以及反馈放大电路的一般表达式。其次分析负反馈对放大电路性能的影响。然后阐述深度负反馈条件下放大电路闭环放大倍数的估算方法。最后介绍负反馈放大器自激振荡的产生原因、稳定工作条件分析以及常用的频率补偿方法。

5.1　反馈的基本概念与分类

5.1.1　反馈的基本概念

反馈是指将放大电路输出信号(指输出电压或电流)的一部分或全部，通过反馈网络(或反馈通路)回送到放大电路输入端(或输入回路)的一种工作方式，如图 5.1.1 所示。

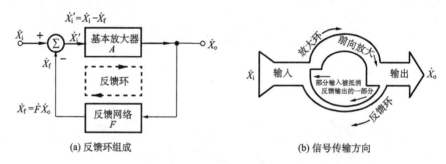

图 5.1.1　反馈示意图

信号正向传输方向是由左边到右边，途径基本放大器 A，而反馈信号的传输方向是由右边到左边，途径反馈网络 F。当信号正向传输通过基本放大电路而未引入反馈时，此时的放大倍数称为**开环放大倍数**；在引入反馈后，放大电路的放大倍数称为**闭环放大倍数**。

5.1.2　反馈的分类与判断

1. 反馈的分类

1) 正反馈和负反馈

根据反馈极性的不同，可以分为**正反馈**和**负反馈**。当放大电路的原输入信号 x_i(如 u_i)不变时，如果引入反馈后，增强了原输入信号，使放大电路输出信号 x_o(如 u_o)增大了，从而使放大电路的放大倍数得到提高，这样的反馈称为正反馈；相反，如果引入反馈后，削弱了原输入信号，使放大电路的输出信号 x_o 减小，相应使放大电路的放大倍数降低，则称为负反馈。

判断电路中引入的是正反馈还是负反馈，常采用**瞬时极性法**。具体方法是：先假定输入信号 x_i 为某一瞬时极性(变化量为正值或负值)，然后逐级分析电路中其他有关各点的瞬时信号极性，最后判断反馈到放大电路输入端的信号是增强还是削弱了原来的输入信号 x_i。

例如，在图 5.1.2(a) 中，假设加上一个瞬时极性为正的输入电压 u_i (在电路中用符号 $\oplus$、$\ominus$ 分别表示瞬时极性的正和负，也相应代表该点瞬时信号的变化是增大或减小)。因输入电压 u_i 加在集成运放 A 的反相输入端，故集成运放输出电压 u_o 的瞬时极性与 u_i 相反(即为负)。而反馈电压 u_f 由 u_o 经电阻 R_2、R_3 分压后得到，则反馈电压 u_f 的瞬时极性也与 u_i 相反(即是负)。加到集成运放 A 的差模输入电压 u_{id} 等于输入电压 u_i 与反馈电压 u_f 之差(即 $u_{id} = u_i - u_f$)，可见反馈电压 u_f 增强了集成运放的差模输入电压 u_{id}，结果使得输出电压 u_o 增大，引起放大电路的放大倍数 $\left|\dfrac{u_o}{u_i}\right|$ 提高，所以这种反馈是正反馈。

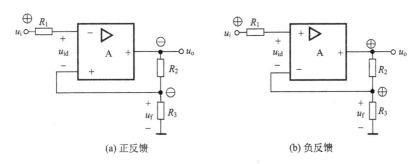

(a) 正反馈　　　　　　　　　　　　　　　(b) 负反馈

图 5.1.2　正反馈与负反馈

在图 5.1.2(b) 中，输入电压 u_i 加在集成运放 A 的同相输入端，当 u_i 的瞬时极性为正时，输出电压 u_o 的瞬时极性也为正。u_o 经电阻 R_2、R_3 分压后将反馈电压 u_f 引回集成运放的反相输入端，此反馈信号 u_f (与 u_i 极性相同)削弱了集成运放的差模输入信号 $u_{id} = u_i - u_f$，使得输出电压 u_o 减少，引起放大电路的放大倍数 $\left|\dfrac{u_o}{u_i}\right|$ 降低，所以这种反馈是负反馈。

当要求稳定放大电路的输出信号(输入信号不变)时，应采用负反馈的方式。负反馈以牺牲放大倍数为代价来减小输出信号的变化，并改善放大电路的其他性能。例如，因某种原因(如温度上升)引起输出信号增大，引入负反馈后将使输入信号减小，从而阻止了输出信号的增大，反之亦然。引入正反馈可构成各种波形产生电路，一般不在信号放大电路中采用，因为正反馈不仅不能减缓反而会加剧输出信号的变化。

2) 直流反馈和交流反馈

根据电路中反馈信号本身的交、直流性质，可以分为**直流反馈**和**交流反馈**。如果引入的反馈信号只对直流量起作用，则称为直流反馈；若引入的反馈信号只对交流量起作用，则称为交流反馈。有时交、直流反馈同时存在。其中直流负反馈主要用来稳定放大电路的静态工作点，而交流负反馈用于改善放大电路的性能指标。交流负反馈是本章讨论的重点。

在图 5.1.3(a) 中，设 T_2 发射极的旁路电容 C_E 足够大(可认为 C_E 对交流短路)，则从 T_2 的发射极通过 R_F 引回 T_1 基极的反馈信号 i_F 将只是直流成分(即 $i_F = I_F$)，所以电路中引入的反馈是直流反馈。

在图 5.1.3(b) 中，从输出端 u_o 通过 C_F、R_F 将反馈引回 T_1 的发射极(反馈信号 u_f)，由

于电容 C_F 的隔直流作用, 反馈信号中只有交流成分(与 u_o 成比例的 u_f), 因而这个反馈是交流反馈。

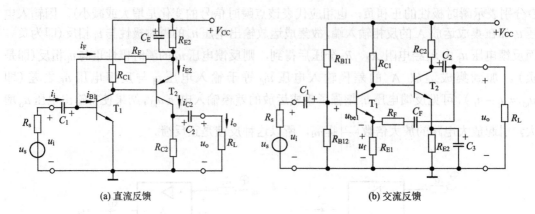

(a) 直流反馈　　　　　　　　　　(b) 交流反馈

图 5.1.3　直流反馈与交流反馈

3) 电压反馈和电流反馈

根据反馈信号在放大电路输出端采样方式的不同, 可以分为**电压反馈**和**电流反馈**。

如果反馈信号与输出电压成正比, 则称为电压反馈。对于电压反馈, 反馈网络与基本放大器输出端并联。如果反馈信号与输出电流成正比, 则称为电流反馈。对于电流反馈, 反馈网络串联在基本放大器输出回路中。

放大电路中引入的反馈是电压反馈还是电流反馈的判断, 可采用**短路法**。该方法假设将输出端交流短路(如 $R_L = 0$), 即令输出电压等于零, 判断是否仍有反馈信号存在。如果反馈信号不存在, 则为电压反馈; 如果反馈信号还存在, 则为电流反馈。

在图 5.1.3(a) 中, 如果不加旁路电容 C_E, 则在交流通路中交流反馈信号 Δi_F 或 i_f 取自输出回路的电流(这里为交流 i_{c2}, 而负载电流 i_o 与 i_{c2} 有关), i_f 的值与输出回路的电流成正比, 所以是电流反馈。放大电路中引入电流负反馈时, 将使输出电流保持稳定(在输入信号保持不变时)。

在图 5.1.3(b) 中, 反馈信号 u_f 取自输出电压 u_o, 其值与输出电压 u_o 成正比, 属于电压反馈。在输入信号保持不变情况下, 放大电路中引入电压负反馈时, 将使得输出电压 u_o 的变化范围减小。

4) 串联反馈和并联反馈

根据反馈网络与基本放大器输入端的连接方式不同, 可以分为**串联反馈和并联反馈**。

如果反馈网络串联在基本放大器的输入回路中, 称为串联反馈。对于串联反馈, 输入信号支路与反馈支路不接在同一节点上, 反馈信号与输入信号在输入回路中以电压形式求和(即反馈电压信号与基本放大器输入电压信号串联); 如果反馈网络直接并联在基本放大器的输入端, 则称为并联反馈。对于并联反馈, 输入信号支路与反馈信号支路接在基本放大器输入端的同一节点上, 反馈信号与输入信号在输入回路中以电流形式求和(即反馈电流信号与输入电流信号并联)。

在图 5.1.3(a) 中, 若去掉旁路电容 C_E, 则交流通路中三极管 T_1 的基极电流 i_{b1} 等于输入

电流 i_i 与反馈电流 i_f 之差(即 $i_{b1} = i_i - i_f$),这说明反馈信号与输入信号以电流形式求和,因而为并联反馈。

在图 5.1.3(b)中,交流通路中三极管 T_1 的基极–发射极之间的输入电压 u_{be1} 等于外加输入电压 u_i 与反馈电压 u_f 之差(即 $u_{be1} = u_i - u_f$),这说明反馈信号与输入信号以电压形式求和,所以属于串联反馈。

以上为常见的反馈分类方法。在多级放大电路中,反馈还可以分为局部反馈和整个放大电路的整体反馈等。

2. 负反馈的组态判断

实际放大电路中的反馈形式是多种多样的。对于负反馈来说,根据反馈信号在放大电路输出端采样方式、在输入回路中求和形式的不同,共有四种类型或组态:**电压串联负反馈、电压并联负反馈、电流串联负反馈**和**电流并联负反馈**。下面根据具体电路分析这四种负反馈组态。

1) 电压串联负反馈

在图 5.1.2(b)所示的放大电路中,从集成运放 A 的输出端通过电阻 R_3 与 R_2 引入了反馈。在图中,反馈电压 u_f 等于输出电压 u_o 在电阻 R_2 和 R_3 上的分压值。在放大电路的输入回路中,集成运放的净输入电压,即输入差模电压 u_{id},等于其同相输入端与反相输入端的电压之差。设集成运放的输入电流近似为零,故电阻 R_1 上没有电压降,因而有 $u_{id} \approx u_i - u_f$,即输入信号与反馈信号以电压的形式求和。并且,反馈电压信号将削弱外加的输入电压信号,使得放大电路的放大倍数降低。以上分析说明,电路中引入的反馈属于电压串联负反馈。

对于图 5.1.3(b)所示放大电路中,用类似方法可以分析出由 R_F、C_F 引入的反馈是交流电压串联负反馈。

为了便于分析引入反馈后的一般规律,常利用方框图来表示各种组态的负反馈。电压串联负反馈组态的等效方框图如图 5.1.4 所示。图中有两个虚线方框(分别为二端口网络),上面的方框表示不加负反馈时的基本电压放大电路,下面的方框表示反馈网络(或反馈电路)。反馈电压 $\dot{U}_f$ 正比于基本放大电路的输出电压 $\dot{U}_o$,在输入回路中反馈电压与外加的输入电压相减后得到净输入电压 $\dot{U}_i'$。

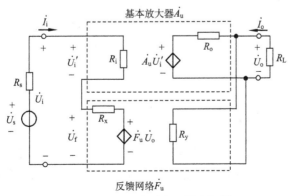

图 5.1.4　电压串联负反馈方框图

在基本放大电路的等效方框图中，其输入电阻为 R_i、输出电阻为 R_o，输入信号是 $\dot{U}_i'$、输出信号是 $\dot{U}_o$，相应的放大倍数用符号 $\dot{A}_u$ 表示（即电压放大倍数），即 $\dot{A}_u = \dfrac{\dot{U}_o}{\dot{U}_i'}$。

在反馈网络的等效方框图中，R_x 表示从放大器输入端看到的反馈网络等效电阻（理想情况下等于零），R_y 表示从放大器输出端看到的反馈网络等效电阻（理想情况下为无穷大）。反馈网络的输入信号是 $\dot{U}_o$、输出信号是反馈电压 $\dot{U}_f$，反馈网络的反馈系数是 $\dot{U}_f$ 与 $\dot{U}_o$ 之比，即 $\dot{F}_u = \dfrac{\dot{U}_f}{\dot{U}_o}$。

对于图 5.1.2(b) 所示的电路，有 $u_f = \dfrac{R_3}{R_2 + R_3} \cdot u_o$，则反馈系数为

$$\dot{F}_u = \frac{\dot{U}_f}{\dot{U}_o} = \frac{u_f}{u_o} = \frac{R_3}{R_2 + R_3}$$

2) 电压并联负反馈

在图 5.1.5(a) 所示的放大电路中，反馈电流 $\dot{I}_f$ 与放大电路的输出电压 $\dot{U}_o$ 成正比，属于电压反馈。在放大电路输入回路中，净输入电流 $\dot{I}_i'$ 等于外加输入电流 $\dot{I}_i$ 与反馈电流 $\dot{I}_f$ 之差，即 $\dot{I}_i' = \dot{I}_i - \dot{I}_f$，说明 $\dot{I}_i$、$\dot{I}_f$ 以电流形式求和。根据瞬时极性判断方法，设输入电压 $\dot{U}_i$ 的瞬时值为正，则输出电压 $\dot{U}_o$ 反相（其瞬时值为负），由 $\dot{U}_o$ 产生的反馈电流 $\dot{I}_f$ 将削弱输入电流 $\dot{I}_i$，使净输入电流 $\dot{I}_i' = \dot{I}_i - \dot{I}_f$ 减小。故此电路中的反馈是电压并联负反馈。

电压并联负反馈的等效方框图如图 5.1.5(b) 所示。基本放大电路的输入信号是 $\dot{I}_i'$，输出信号是 $\dot{U}_o$，放大倍数为 $\dot{A}_r = \dfrac{\dot{U}_o}{\dot{I}_i'}$。$\dot{A}_r$ 的量纲是电阻，$\dot{A}_r$ 称为放大电路的**互阻放大倍数**。

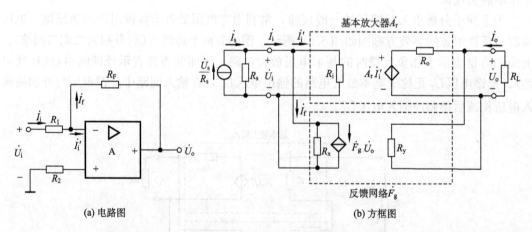

(a) 电路图　　　　　　　　　　　　　　　　　(b) 方框图

图 5.1.5　电压并联负反馈

在反馈网络的虚线方框中（等效二端口网络），在理想情况下，R_x、R_y 的值都为无穷大。反馈网络的输入信号是 $\dot{U}_o$，输出信号是反馈电流 $\dot{I}_f$。反馈网络的反馈系数为 $\dot{I}_f$ 与 $\dot{U}_o$ 之比，即 $\dot{F}_g = \dfrac{\dot{I}_f}{\dot{U}_o}$，$\dot{F}_g$ 的量纲是电导。

在图 5.1.5(a) 放大电路中，当集成运放的开环差模电压放大倍数 $|\dot{A}_{ud}|$ 足够大时，集成运放反相输入端的电压近似等于零，则反馈电流为 $\dot{I}_f \approx -\dfrac{\dot{U}_o}{R_F}$ 。因此，反馈系数为

$$\dot{F}_g = \frac{\dot{I}_f}{\dot{U}_o} \approx -\frac{1}{R_F}$$

3) 电流串联负反馈

在图 5.1.6(a) 所示的放大电路中，反馈电压为 $\dot{U}_f = \dot{I}_o R_F$，说明反馈电压 $\dot{U}_f$ 与输出电流 $\dot{I}_o$ 成正比。在放大电路的输入回路中，基本放大器(集成运放)的净输入信号为 $\dot{U}_i' = \dot{U}_i - \dot{U}_f$，说明外加输入信号 $\dot{U}_i$ 与反馈信号 $\dot{U}_f$ 以电压的形式求和。根据瞬时极性判断方法，可判断出反馈信号 $\dot{U}_f$ 将削弱输入电压 $\dot{U}_i$ 的作用，使放大电路的放大倍数 $\left|\dfrac{\dot{U}_o}{\dot{U}_i}\right|$ 减小。因而，该反馈组态是电流串联负反馈。

电流串联负反馈的等效方框图如图 5.1.6(b) 所示。基本放大电路的输入信号是净输入电压 $\dot{U}_i'$，输出信号是放大电路的输出电流 $\dot{I}_o$，其放大倍数用符号 $\dot{A}_g$ 表示，即 $\dot{A}_g = \dfrac{\dot{I}_o}{\dot{U}_i'}$。$\dot{A}_g$ 的量纲是电导，称为放大电路的**互导放大倍数**。

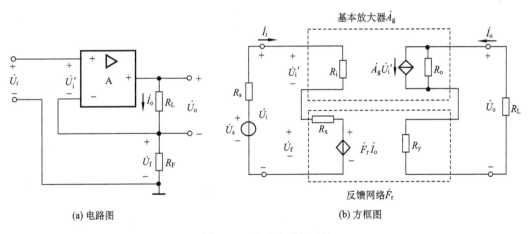

(a) 电路图　　　　　　　　　　(b) 方框图

图 5.1.6　电流串联负反馈

在反馈网络的虚线方框中，在理想情况下，R_x、R_y 的值都等于零。反馈网络的输入信号是 $\dot{I}_o$，输出信号是反馈电压 $\dot{U}_f$，反馈系数等于 $\dot{U}_f$ 与 $\dot{I}_o$ 之比，即 $\dot{F}_r = \dfrac{\dot{U}_f}{\dot{I}_o}$，$\dot{F}_r$ 的量纲是电阻。

在图 5.1.6(a) 所示的电路中，反馈电压 $\dot{U}_f = \dot{I}_o R_F$，可得反馈系数为

$$\dot{F}_r = \frac{\dot{U}_f}{\dot{I}_o} = R_F$$

4) 电流并联负反馈

在图 5.1.7(a) 所示的放大电路中，反馈信号 $\dot{I}_f$ 与放大电路输出回路的电流 $\dot{I}_o$(即流过负

载 R_L）成正比。在放大电路输入回路中，反馈信号 $\dot{I}_f$ 与外加输入信号 $\dot{I}_i$ 以电流的形式求和，基本放大器的净输入电流为 $\dot{I}_i' = \dot{I}_i - \dot{I}_f$。

根据瞬时极性法，设输入电压 $\dot{U}_i$ 的瞬时值为正，则输出电压 $\dot{U}_o$ 的瞬时值为负，于是输出电流 $\dot{I}_o$ 与图示参考方向相反，使输出电流 $\dot{I}_o$ 在电阻 R_3 上的压降为负，则流过 R_F 的反馈电流 $\dot{I}_f$ 与图示参考方向一致将削弱输入电流 $\dot{I}_i$，使基本放大器的净输入电流 $\dot{I}_i' = \dot{I}_i - \dot{I}_f$ 减小。因此，电路中引入的反馈是电流并联负反馈。

对于图 5.1.3（a）所示电路，若电容 C_E 没有接入，同样地分析可知，电阻 R_F 引入了电流并联负反馈。

图 5.1.7（b）为电流并联负反馈的等效方框图。基本放大电路的输入信号是净输入电流 $\dot{I}_i'$，输出信号是放大电路的输出电流 $\dot{I}_o$，基本放大电路的放大倍数用符号 $\dot{A}_i$ 表示，即 $\dot{A}_i = \dfrac{\dot{I}_o}{\dot{I}_i'}$，$\dot{A}_i$ 称为放大电路的**电流放大倍数**。

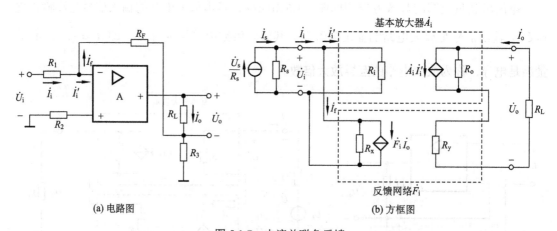

(a) 电路图　　　　　　　　　　　　　　　　　　(b) 方框图

图 5.1.7　电流并联负反馈

在反馈网络的虚线方框中，在理想情况下，R_x 值为无穷大、R_y 值等于零。输入信号是 $\dot{I}_o$，输出信号是反馈电流 $\dot{I}_f$，反馈系数等于 $\dot{I}_f$ 与 $\dot{I}_o$ 之比，即 $\dot{F}_i = \dfrac{\dot{I}_f}{\dot{I}_o}$。在图 5.1.7（a）所示电路中，若集成运放的 $|A_{ud}|$ 足够大，则集成运放反相输入端的电压近似为零，反馈电流为 $\dot{I}_f \approx -\dfrac{\dot{I}_o R_3}{R_3 + R_F}$，可得

$$\dot{F}_i = \frac{\dot{I}_f}{\dot{I}_o} \approx -\frac{R_3}{R_3 + R_F}$$

由以上讨论可知，对于不同组态的负反馈放大电路，基本放大电路的放大倍数和反馈网络的反馈系数的物理意义、量纲都各不相同，故统称为广义的放大倍数 $\dot{A}$ 和广义的反馈系数 $\dot{F}$。四种负反馈放大电路的放大倍数 $\dot{A}$ 和反馈系数 $\dot{F}$ 归纳于表 5.1.1 中。

表 5.1.1 四种类型负反馈的 $\dot{A}$、$\dot{F}$ 比较

类型	输出信号	反馈信号	放大倍数 $\dot{A}$	反馈系数 $\dot{F}$
电压串联式	$\dot{U}_o$	$\dot{U}_f$	$\dot{A}_u = \dot{U}_o/\dot{U}_i'$ 电压放大倍数	$\dot{F}_u = \dot{U}_f/\dot{U}_o$
电压并联式	$\dot{U}_o$	$\dot{I}_f$	$\dot{A}_r = \dot{U}_o/\dot{I}_i'$（$\Omega$）互阻放大倍数	$\dot{F}_g = \dot{I}_f/\dot{U}_o$（S）
电流串联式	$\dot{I}_o$	$\dot{U}_f$	$\dot{A}_g = \dot{I}_o/\dot{U}_i'$（S）互导放大倍数	$\dot{F}_r = \dot{U}_f/\dot{I}_o$（$\Omega$）
电流并联式	$\dot{I}_o$	$\dot{I}_f$	$\dot{A}_i = \dot{I}_o/\dot{I}_i'$ 电流放大倍数	$\dot{F}_i = \dot{I}_f/\dot{I}_o$

【例 5.1.1】 试判断图 5.1.8 中各电路中反馈的极性和组态。假设电路中的电容值均足够大，对交流信号近似为短路。

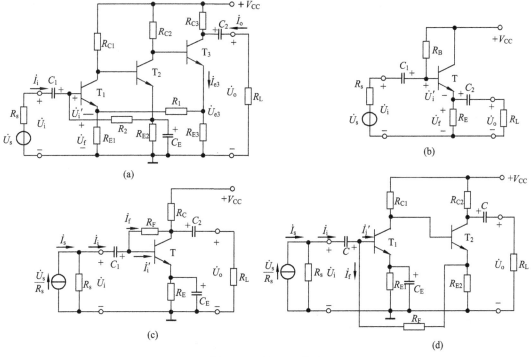

图 5.1.8 例 5.1.1 电路

解： 一般来说，反馈组态的讨论大多数是针对交流反馈而言的，根据放大电路的交流通路进行反馈极性与组态分析。

（1）图 5.1.8(a) 是一个三级放大器，其中每一级都是共发射极放大器。首先判断级间反馈，反馈电阻 R_1 接在 T_1 的发射极和 T_3 的发射极之间。设输入电压 $\dot{U}_i$ 的瞬时值为正，则 T_1 的集电极电压 $\dot{U}_{c1}$ 为负，T_2 的集电极电压 $\dot{U}_{c2}$ 为正，T_3 的发射极电压 $\dot{U}_{e3}$ 也为正，则 R_{E1} 上的反馈电压 $\dot{U}_f$ 也为正。此时，反馈电压 $\dot{U}_f$ 与外加的输入电压 $\dot{U}_i$ 相位相同，使加在 T_1 发射结的净输入电压 $\dot{U}_i' = \dot{U}_i - \dot{U}_f$ 减小，因而 R_1 引入的是交、直流负反馈；假如将输出端短路 $\dot{U}_o = 0$（即 $R_L = 0$）经 R_1 引回的反馈信号仍然存在，说明反馈信号 $\dot{U}_f$ 取自输出回路的电流（T_3 的集电极电流），故为电流反馈；在放大电路的输入回路中，R_1 接在 T_1 的发射极，反馈信号与外加输入信号以电压的形式求和，故为串联反馈。因此，R_1 引入了级间电流串联负反馈，能

起到稳定输出电流的作用。

　　R_2 引入的是级间直流反馈(因为 C_E 将交流分量旁路了)。根据放大电路的直流通路,可以检查有无直流反馈。放大电路中直流反馈一般用于稳定静态工作点,不需要判断其反馈组态,但应判别反馈极性。假如 T_1 的基极电压缓慢上升(相当于输入慢变化的正直流信号),此时 C_E 的阻抗很大,近似为开路, T_2 的发射极电压将随之逐步降低(等效为负直流信号),经 R_2 返回送到输入端,使得 T_1 的基极电流减小,故 R_2 引入了级间直流负反馈,主要稳定第一级和第二级放大电路的静态工作点。

　　(2)图 5.1.8(b)为射极跟随器。设输入电压 $\dot{U}_i$ 的瞬时值为正,则输出电压 $\dot{U}_o$ 也为正,而三极管的发射结电压等于输入电压 $\dot{U}_i$ 与输出电压 $\dot{U}_o$ 之差, 即 $\dot{U}_i' = \dot{U}_i - \dot{U}_o$。这里输出电压 $\dot{U}_o$ 就是反馈电压 $\dot{U}_f$, 此反馈电压 $\dot{U}_f$ 削弱了输入电压 $\dot{U}_i$, 所以是负反馈;由图可见,反馈电压 $\dot{U}_f$ 与放大电路的输出电压 $\dot{U}_o$ 成正比,故为电压反馈;在放大电路输入回路中,外加输入信号与反馈信号以电压的形式求和,故为串联反馈。因而 R_E 引入反馈的组态是电压串联负反馈。

　　(3)图 5.1.8(c)是单级放大电路,在三极管的集电极和基极之间通过电阻 R_F 接入反馈支路。设输入电压 $\dot{U}_i$ 的瞬时值为正(相应输入电流 $\dot{I}_i$ 为正),三极管的集电极电位(即 $\dot{U}_o$)为负,则从基极通过 R_F 流向集电极的反馈电流 $\dot{I}_f$ 将使流向基极的净输入电流 $\dot{I}_i'$ 减小,因此 R_F 引入的是交、直流负反馈;该电路中的反馈信号 $\dot{I}_f$ 是从输出电压 $\dot{U}_o$ 采样,在输入回路中反馈信号与外加输入信号以电流形式求和,因而 R_F 引入的是电压并联负反馈。

　　由于电容 C_E 的交流旁路作用,电阻 R_E 的作用只是稳定静态工作点(属于直流负反馈)。

　　(4)图 5.1.8(d)是两级放大电路,其中每一级都是共发射极放大器。从 T_2 的发射极到 T_1 的基极通过电阻 R_F 引回反馈信号。设输入电压 $\dot{U}_i$ 的瞬时值为正,则 T_1 的集电极电压 $\dot{U}_{c1}$ 为负, T_2 的发射极电压 $\dot{U}_{e2}$ 为负,则从 T_1 的基极通过 R_F 流向 T_2 发射极方向的反馈电流 $\dot{I}_f$ 将使流向 T_1 基极的净输入电流 $\dot{I}_i'$ 减小。因此, R_F 引入的是级间交、直流负反馈;此外,假如使输出端短路 $\dot{U}_o = 0$, 显然反馈信号依然存在,这说明反馈信号 $\dot{I}_f$ 与输出回路的电流(对应 T_2 的集电极电流)成比例。在放大电路的输入回路中反馈信号 $\dot{I}_f$ 与外加输入信号以电流的形式求和。所以 R_F 引入的是电流并联负反馈。

　　由于电容 C_E 的交流旁路作用,电阻 R_{E1} 引入的为直流负反馈,对第一级放大器的静态工作点稳定有作用。

5.1.3　反馈放大电路的方框图表示及其一般表达式

　　1. 反馈放大电路的方框图表示

　　反馈放大电路由基本放大器和反馈网络组成,如图 5.1.9 所示。假设基本放大器只有单方向的信号正向传输通路(忽略反馈网络),反馈网络仅有单方向的信号反向传输通路(忽略放大电路的内部寄生反馈)。

　　在图 5.1.9 中, $\dot{X}_i$、$\dot{X}_o$、$\dot{X}_f$、$\dot{X}_i'$ 分别表示反馈放大电路的输入信号、输出信号、反馈信号和净输入信号(电压或电流),方框 $\dot{A}$ 表示基本放大器($\dot{A}$ 为开环放大倍数),方框 $\dot{F}$ 表示反馈网络($\dot{F}$ 是反馈系数), $\dot{F}$ 定义为

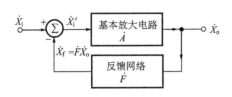

图 5.1.9　反馈放大电路方框示意图

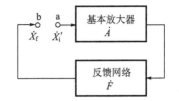

图 5.1.10　环路表示法

$$\dot{F} = \frac{\dot{X}_{\mathrm{f}}}{\dot{X}_{\mathrm{o}}} \tag{5.1.1}$$

图 5.1.9 中圆圈内的 Σ 表示求和环节(反馈信号与输入信号进行求和)。

2. 反馈放大电路放大倍数的一般表达式

1)一般表达式的推导

由图 5.1.9 所示的一般方框图可知，各信号量之间有如下的关系：

$$\dot{X}_{\mathrm{o}} = \dot{A}\dot{X}_{\mathrm{i}}' \tag{5.1.2}$$

$$\dot{X}_{\mathrm{i}}' = \dot{X}_{\mathrm{i}} - \dot{X}_{\mathrm{f}} \tag{5.1.3}$$

$$\dot{X}_{\mathrm{f}} = \dot{F}\dot{X}_{\mathrm{o}} \tag{5.1.4}$$

根据式(5.1.2)～式(5.1.4)，可得反馈放大电路放大倍数(闭环放大倍数)的一般表达式为

$$\dot{A}_{\mathrm{f}} = \frac{\dot{X}_{\mathrm{o}}}{\dot{X}_{\mathrm{i}}} = \frac{\dot{A}}{1 + \dot{A}\dot{F}} \tag{5.1.5}$$

2) $\dot{A}_{\mathrm{f}}$ 的一般表达式分析

(1)反馈深度 $\left|1 + \dot{A}\dot{F}\right|$。

由式(5.1.5)可知，开环放大倍数 $\dot{A}$ 与闭环放大倍数 $\dot{A}_{\mathrm{f}}$ 之比为 $1 + \dot{A}\dot{F}$，$1 + \dot{A}\dot{F}$ 称为**反馈深度**，它反映了反馈对放大电路的影响程度。分以下几种情况讨论。

① 若 $1 + \dot{A}\dot{F} > 1$，则 $\left|\dot{A}_{\mathrm{f}}\right| < \left|\dot{A}\right|$，即引入反馈后，放大倍数减小了，这种反馈为**负反馈**。负反馈放大器的 $\left|1 + \dot{A}\dot{F}\right|$ 越大，则放大倍数减小越多。

② 若 $\left|1 + \dot{A}\dot{F}\right| < 1$，则 $\left|\dot{A}_{\mathrm{f}}\right| > \left|\dot{A}\right|$，即有反馈时，放大电路的放大倍数增加，这种反馈称为**正反馈**。正反馈虽然可以增加放大倍数，但使放大电路的性能不稳定。

③ 若 $1 + \dot{A}\dot{F} = 0$，则 $\dot{A}_{\mathrm{f}} \to \infty$，说明放大电路在没有输入信号时，却有输出信号，此时放大电路处于**自激振荡**状态。

(2)环路增益 $\left|\dot{A}\dot{F}\right|$。

将图 5.1.9 所示的反馈环在某一点处断开，例如，在求和环节与基本放大器输入端之间断开，即可得到图 5.1.10 所示的开环方框图。净输入信号 $\dot{X}_{\mathrm{i}}'$ 经过基本放大器和反馈网络闭环一周所具有的增益 $\left|\dot{A}\dot{F}\right|$，称为**环路增益**。反馈深度与环路增益都是描述反馈放大电路性能的重要指标。

(3)深度负反馈近似表达式。

当 $\left|\dot{A}\dot{F}\right| \gg 1$ 时，相应的负反馈称为深度负反馈，则

$$\dot{A}_{\mathrm{f}} = \frac{\dot{A}}{1+\dot{A}\dot{F}} \approx \frac{1}{\dot{F}} \tag{5.1.6}$$

式(5.1.6)说明，闭环放大倍数几乎只取决于反馈系数，与开环放大倍数 $\dot{A}$ 无关。而反馈网络多由电阻、电容组成，它们的数值几乎不受环境温度等因素的影响。

5.1.1　什么是负反馈？什么是直流反馈和交流反馈？如何判断反馈的极性和负反馈的组态？

5.1.2　举例分析四种负反馈组态中的输入信号、输出信号和反馈信号的类型，以及反馈信号的取样方式、反馈网络与基本放大器在放大电路输入回路中的连接方式。

5.1.3　如果信号源内阻 R_{S} 从 50Ω 变为 $100\mathrm{k}\Omega$，串联负反馈与并联负反馈的反馈效果分别如何变化？若负载 R_{L} 可调(如从 100Ω 逐渐增大到 $2\mathrm{k}\Omega$)，要想维持负载电流基本不变化，则应引入何种负反馈？

5.1.4　对于深度负反馈放大电路，有 $\dot{A}_{\mathrm{f}} \approx 1/\dot{F}$，试说明其物理意义。

思考题

$\dot{A}_{\mathrm{f}}$、$\dot{F}$ 的物理意义

5.2　负反馈对放大电路性能的影响

在放大电路中引入负反馈后，虽然放大倍数降低了，但是换取的是对放大电路性能的改善，改善的程度都与反馈深度 $\left|1+\dot{A}\dot{F}\right|$ 有关，下面分别进行讨论。

5.2.1　提高放大电路稳定性

在前面分析四种组态的负反馈电路时，得出的结论是在输入信号量不变时，引入电压负反馈能使输出电压稳定，引入电流负反馈能使输出电流稳定，从而使放大倍数稳定。当满足深度负反馈条件时，$\dot{A}_{\mathrm{f}} \approx 1/\dot{F}$，即 $\dot{A}_{\mathrm{f}}$ 与基本放大电路的内部参数几乎无关，只取决于 $\dot{F}$。$\dot{A}_{\mathrm{f}}$ 的含义见表 5.1.1，不同的反馈组态，对应不同的放大倍数 $\dot{A}_{\mathrm{f}}$。

为了衡量放大电路放大倍数的稳定程度，常采用有、无反馈时放大倍数的相对变化量之比来评定。为便于分析，假设放大电路在中频段工作，则 $\dot{A}$、$\dot{F}$、$\dot{A}_{\mathrm{f}}$ 都是实数，分别用 A、F、A_{f} 表示。由此，闭环放大倍数的一般表达式表示为

$$A_{\mathrm{f}} = \frac{A}{1+AF} \tag{5.2.1}$$

对式(5.2.1)求微分，即

$$\mathrm{d}A_{\mathrm{f}} = \frac{(1+AF)\cdot\mathrm{d}A - AF\cdot\mathrm{d}A}{(1+AF)^2} = \frac{\mathrm{d}A}{(1+AF)^2}$$

两边同除以 A_{f}，可得

$$\frac{\mathrm{d}A_{\mathrm{f}}}{A_{\mathrm{f}}} = \frac{1}{1+AF}\cdot\frac{\mathrm{d}A}{A} \tag{5.2.2}$$

式(5.2.2)表明，负反馈使闭环放大倍数的相对变化量减小为开环放大倍数相对变化量的 $\dfrac{1}{1+AF}$。例如，$\dfrac{\mathrm{d}A}{A} = \pm 10\%$ 时，设 $1+AF=100$，则 $\dfrac{\mathrm{d}A_{\mathrm{f}}}{A_{\mathrm{f}}} = \pm 0.1\%$，即 $\dfrac{\mathrm{d}A_{\mathrm{f}}}{A_{\mathrm{f}}}$ 减小为 $\dfrac{\mathrm{d}A}{A}$ 的 $\dfrac{1}{100}$。

综上所述，放大电路中引入负反馈后，使得由多种原因(如温度、负载、器件参数等变化)引起的放大倍数的变化程度减小了，放大电路的工作状态稳定了。

【例 5.2.1】　已知一个多级放大器的开环电压放大倍数的相对变化量为 $\dfrac{\mathrm{d}A_\mathrm{u}}{A_\mathrm{u}} = \pm 1\%$，

引入负反馈后要求闭环电压放大倍数为 $A_\mathrm{uf} = 150$，且其相对变化量 $\left| \dfrac{\mathrm{d}A_\mathrm{uf}}{A_\mathrm{uf}} \right| \leqslant 0.05\%$，试求开

环电压放大倍数 A_u 和反馈系数 F_u 各为多少？

解：根据式(5.2.2)可得

$$\frac{\mathrm{d}A_\mathrm{uf}}{A_\mathrm{uf}} = \frac{1}{1 + A_\mathrm{u} F_\mathrm{u}} \times 1\% = 0.05\%$$

故有

$$1 + A_\mathrm{u} F_\mathrm{u} = 20$$

由式(5.2.1)可得

$$A_\mathrm{uf} = \frac{A_\mathrm{u}}{1 + A_\mathrm{u} F_\mathrm{u}} = \frac{A_\mathrm{u}}{20} = 150$$

所以

$$A_\mathrm{u} = 3000$$

又根据 $A_\mathrm{u} F_\mathrm{u} = 19$，得 $F_\mathrm{u} = \dfrac{19}{3000} = 0.0063$。

以上计算结果说明：在引入反馈深度为 20 的负反馈以后，闭环放大倍数减少到开环放大倍数的 1/20，但其稳定性提高了 19 倍。

5.2.2　减小非线性失真

由于放大电路中放大器件(如双极型三极管、场效应管)的非线性特性，当输入信号为正弦波时，放大电路输出信号的波形不再是正弦波，从而产生非线性失真。输入正弦信号的幅度越大，非线性失真就越严重。例如，由于双极型三极管输入伏安特性曲线 $i_\mathrm{B} = f(u_\mathrm{BE})$ 的非线性，当输入交流信号 u_be 为正弦波时，i_b 波形出现了失真。

引入负反馈可以减小放大电路引起的非线性失真。例如，由图 5.2.1(a)可见，如果正弦波输入信号 x_i 经过放大后产生的输出信号 x_o 失真波形为正半周大、负半周小。经过负反馈后(图 5.2.1(b))，在 F 为常数的条件下，反馈信号 x_f 也是正半周大、负半周小。它和原输入信号 x_i 相减后得到的净输入信号 $x_\mathrm{i}' = x_\mathrm{i} - x_\mathrm{f}$ 的波形却变成正半周小、负半周大，这样就把输出信号的正半周压缩、负半周扩大，从而减小了放大电路的非线性失真，结果是改善了输出波形。

必须指出，负反馈只能减小放大电路本身引起的非线性失真。如果放大电路的输入信号波形本来就是失真的，这时，即使引入负反馈也无济于事。

5.2.3　扩展通频带

单级放大电路的频带宽度近似由上限截止频率 f_H 决定。假定无反馈时基本放大器在高频段的放大倍数为

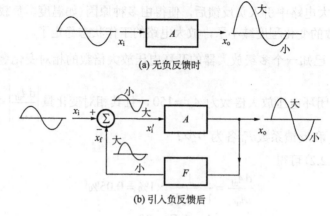

(a) 无负反馈时

(b) 引入负反馈后

图 5.2.1　利用负反馈减小非线性失真

$$\dot{A} = \frac{A_{\mathrm{m}}}{1 + \mathrm{j}\dfrac{f}{f_{\mathrm{H}}}} \tag{5.2.3}$$

式中，A_{m} 为基本放大器的中频放大倍数。设反馈网络由电阻构成，即有 $\dot{F} = F$，引入负反馈后有

$$\dot{A}_{\mathrm{f}} = \frac{\dot{A}}{1 + \dot{A}\dot{F}} = \frac{\dot{A}}{1 + \dot{A}F} \tag{5.2.4}$$

将式(5.2.3)代入式(5.2.4)中，可得

$$\dot{A}_{\mathrm{f}} = \frac{\dfrac{A_{\mathrm{m}}}{1 + \mathrm{j}\dfrac{f}{f_{\mathrm{H}}}}}{1 + F\dfrac{A_{\mathrm{m}}}{1 + \mathrm{j}\dfrac{f}{f_{\mathrm{H}}}}} = \frac{\dfrac{A_{\mathrm{m}}}{1 + A_{\mathrm{m}}F}}{1 + \mathrm{j}\dfrac{f}{(1 + A_{\mathrm{m}}F)f_{\mathrm{H}}}} = \frac{A_{\mathrm{mf}}}{1 + \mathrm{j}\dfrac{f}{(1 + A_{\mathrm{m}}F)f_{\mathrm{H}}}} \tag{5.2.5}$$

式中，$A_{\mathrm{mf}} = A_{\mathrm{m}}/(1 + A_{\mathrm{m}}F)$ 为闭环中频放大倍数。

将式(5.2.5)与式(5.2.3)比较，可得

$$f_{\mathrm{Hf}} = (1 + A_{\mathrm{m}}F)f_{\mathrm{H}} \tag{5.2.6}$$

由式(5.2.6)可知，引入负反馈后，放大电路的上限截止频率提高了 $A_{\mathrm{m}}F$ 倍。

用同样方法推导，对于只有单个下限截止频率 f_{L} 的无反馈基本放大器，在引入负反馈后可得

$$f_{\mathrm{Lf}} = \frac{f_{\mathrm{L}}}{1 + A_{\mathrm{m}}F} \tag{5.2.7}$$

式(5.2.7)表明，引入负反馈后，放大电路的下限截止频率减小了 $A_{\mathrm{m}}F$ 倍。

对于阻容耦合的放大电路来说，通常有 $f_{\mathrm{H}} \gg f_{\mathrm{L}}$。而对于直接耦合放大电路，下限截止频率 $f_{\mathrm{L}} = 0$。所以，通频带可以近似地用上限频率表示，即认为无反馈时的通频带为

$$BW_{0.7} = f_{\mathrm{H}} - f_{\mathrm{L}} \approx f_{\mathrm{H}}$$

引入负反馈后的通频带为

$$(BW_{0.7})_f = f_{Hf} - f_{Lf} \approx f_{Hf}$$

根据式(5.2.6)，可得

$$(BW_{0.7})_f \approx (1 + A_m F) BW_{0.7} \tag{5.2.8}$$

式(5.2.8)说明，引入负反馈后放大电路的通频带展宽为无反馈时的 $1 + A_m F$ 倍，但中频放大倍数下降为无反馈时的 $1/(1 + A_m F)$，故中频放大倍数与通频带的乘积基本不变(仅对单时间常数的放大器)，即

$$A_{mf}(BW_{0.7})_f \approx A_m BW_{0.7} \tag{5.2.9}$$

由此可见，负反馈的反馈深度越深，通频带展得就越宽，但中频放大倍数下降得也越多。引入负反馈后，通频带和中频放大倍数的变化情况如图 5.2.2 所示。

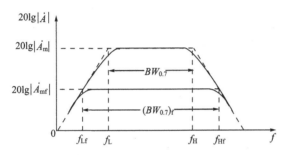

图 5.2.2　负反馈对放大电路的通频带和放大倍数的影响

【例 5.2.2】　设某直接耦合放大器的开环放大倍数表达式为 $\dot{A} = \dfrac{250}{1 + j\omega / (2\pi \times 100)}$，负反馈系数为 $F = 0.8$。试问该负反馈放大器的中频放大倍数等于多少？此时负反馈放大电路的通频带等于多少？

解： 由开环放大倍数 $\dot{A}$ 的表达式可得

$$A_m = 250, \quad f_H = 100\text{Hz}, \quad f_L = 0$$

负反馈放大器的闭环中频放大倍数为

$$A_{mf} = \frac{A_m}{1 + A_m F} = \frac{250}{1 + 250 \times 0.8} = 1.2$$

由式(5.2.6)，可得

$$f_{Hf} = (1 + A_m F)f_H = (1 + 250 \times 0.8) \times 100 = 20.1(\text{kHz})$$

由于 $f_L = 0$，因此有

$$(BW_{0.7})_f = f_{Hf} = 20.1\text{kHz}$$

5.2.4　抑制反馈环内噪声

放大器在放大输入信号的过程中，其内部器件还会产生各种噪声(如晶体管噪声、电阻热噪声等)。噪声对有用输入信号的干扰主要不在于噪声的绝对值大小，而决定于放大器有用输出信号与噪声的相对比值，通常称为信噪比(用 S/N 表示)。信噪比越大，噪声对放大

器的有害影响就越小。

利用负反馈抑制放大器内部噪声的机理与减小非线性失真是一样的。只要把放大器的内部噪声视为谐波信号，则引入负反馈后，输出噪声下降 $1+AF$ 倍。但是，与此同时，输出信号也减小到原来的 $1/(1+AF)$，信噪比并没有得到提高。因此，只有当输入信号本身不携带噪声，且其幅度可以增大，使输出信号维持不变时，负反馈可以使放大器的信噪比提高到 $1+AF$ 倍。

也许有人可能会认为，不加负反馈，只要把放大器的输入信号幅度提高，不就可以提高信噪比吗？问题在于，因放大器的线性工作范围有限，输入信号是不能任意加大的。而引入负反馈后，扩大了放大器的线性工作范围，给增大输入信号创造了条件，同时也要求信号源要有足够的幅度潜力。

当放大器的内部受到干扰(如 50Hz 电源干扰)的影响时，同样地可以通过引入负反馈来加以抑制。当然，如果在输入信号中混杂有干扰，引入负反馈方法也将无法抑制。

5.2.5　对输入电阻和输出电阻的影响

负反馈放大器 R_{if} 与 R_{of}

在放大电路中引入不同组态的负反馈后，对输入电阻、输出电阻将产生不同的影响。根据工程中放大电路的特定要求，可利用各种形式的负反馈来改变放大电路的输入电阻和输出电阻的大小。

1. 负反馈对输入电阻的影响

反馈网络和基本放大器输入端的连接方式不同，将对输入电阻产生不同的影响。串联负反馈将增大输入电阻，而并联负反馈将减小输入电阻。

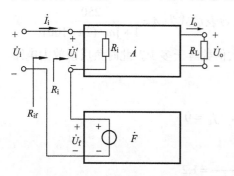

图 5.2.3　串联负反馈对输入电阻的影响

1)串联负反馈使输入电阻增大

图 5.2.3 是串联负反馈放大电路的简化方框示意图。图中，反馈网络与基本放大器串联，输入信号支路与反馈支路不接在同一节点上。此时，反馈信号与外加输入信号以电压形式求和（即 $\dot{U}_{\mathrm{i}}' = \dot{U}_{\mathrm{i}} - \dot{U}_{\mathrm{f}}$），反馈电压 $\dot{U}_{\mathrm{f}}$ 将削弱输入电压 $\dot{U}_{\mathrm{i}}$ 的作用，使净输入电压 $\dot{U}_{\mathrm{i}}'$ 减少。因而，在输入电压 $\dot{U}_{\mathrm{i}}$ 相同时，输入电流 $\dot{I}_{\mathrm{i}}$ 将比无负反馈时小，则放大电路的输入电阻增大。

在图 5.2.3 中，基本放大电路的输入电阻为

$$R_{\mathrm{i}} = \frac{\dot{U}_{\mathrm{i}}'}{\dot{I}_{\mathrm{i}}} \tag{5.2.10}$$

引入串联负反馈后，有 $\dot{U}_{\mathrm{f}} = \dot{A}\dot{F}\dot{U}_{\mathrm{i}}'$，则输入电阻为

$$R_{\mathrm{if}} = \frac{\dot{U}_{\mathrm{i}}}{\dot{I}_{\mathrm{i}}} = \frac{\dot{U}_{\mathrm{i}}' + \dot{U}_{\mathrm{f}}}{\dot{I}_{\mathrm{i}}} = \frac{\dot{U}_{\mathrm{i}}' + \dot{A}\dot{F}\dot{U}_{\mathrm{i}}'}{\dot{I}_{\mathrm{i}}} = (1 + \dot{A}\dot{F})R_{\mathrm{i}} \tag{5.2.11}$$

由式(5.2.11)可知，引入串联负反馈后，在输入电压 $\dot{U}_{\mathrm{i}}$ 不变的情况下，输入电流 $\dot{I}_{\mathrm{i}}$ 减小到无负反馈时的 $1/(1+\dot{A}\dot{F})$，所以放大电路的输入电阻 R_{if} 就增大为无负反馈时 R_{i} 的 $1+\dot{A}\dot{F}$ 倍。对于电压串联负反馈、电流串联负反馈结论相同。

但是必须注意：对于如图 5.2.4 所示电路，由于共发射极放大器的偏置电阻 R_{B1}、R_{B2} 不包括在负反馈回路内，因此该电路的输入电阻为 $R_{if}' = R_{B1} /\!/ R_{B2} /\!/ R_{if}$，其中只有 R_{if} 增大到无反馈时的 $1 + \dot{A}\dot{F}$ 倍。

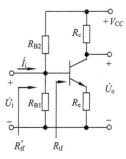

图 5.2.4 R_{if} 与 R_{if}' 的区别

2）并联负反馈使输入电阻减小

如图 5.2.5 所示，在并联负反馈放大电路的简化示意方框图中，反馈网络直接并联在基本放大器的输入端，输入信号支路与反馈信号支路接在基本放大器的同一节点上。此时，反馈信号与外加输入信号以电流形式求和，净输入电流为 $\dot{I}_i' = \dot{I}_i - \dot{I}_f$，即 $\dot{I}_i = \dot{I}_i' + \dot{I}_f$。这表明在同样的输入电压 $\dot{U}_i$ 下，输入电流 $\dot{I}_i$ 将比没有加负反馈时大，因而放大电路的输入电阻将减小。

在图 5.2.5 中，引入并联负反馈后，有 $\dot{I}_f = \dot{A}\dot{F}\dot{I}_i'$，则输入电阻为

$$R_{if} = \frac{\dot{U}_i}{\dot{I}_i} = \frac{\dot{U}_i}{\dot{I}_i' + \dot{I}_f} = \frac{\dot{U}_i}{\dot{I}_i' + \dot{A}\dot{F}\dot{I}_i'} = \frac{R_i}{1 + \dot{A}\dot{F}} \tag{5.2.12}$$

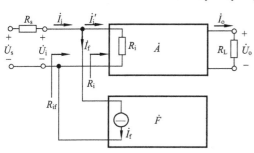

图 5.2.5 并联负反馈对输入电阻的影响

由式（5.2.12）可知，在引入并联负反馈后，当保持输入电压 $\dot{U}_i$ 不变时，输入电流 $\dot{I}_i$ 增大到无负反馈时 $\dot{I}_i'$ 的 $1 + \dot{A}\dot{F}$ 倍，所以放大电路的输入电阻 R_{if} 减小到没有加负反馈时 R_i 的 $1/(1 + \dot{A}\dot{F})$。对于电压并联负反馈、电流并联负反馈结论相同。

2. 负反馈对输出电阻的影响

反馈网络与基本放大器输出端的连接方式不同（即对应反馈信号在放大电路输出端的采样方式也不同），将对放大电路输出电阻产生不同的影响。电压负反馈使输出电阻减小，而电流负反馈则增大输出电阻。

1）电压负反馈使输出电阻减小

电压负反馈放大电路的简化方框示意图如图 5.2.6 所示。为了计算输出电阻，令输入信号 $\dot{X}_i = 0$。从放大电路的输出端往内部看，是 R_o 与一个等效电压源（$\dot{A}_{oo}\dot{X}_i'$）相串联，其中 R_o 是没有加负反馈时放大电路的输出电阻（即基本放大器的输出电阻）。$\dot{A}_{oo}$ 是当负载电阻 R_L 开路时基本放大器的源增益，$\dot{X}_i'$ 为净输入信号。由于输入信号 $\dot{X}_i = 0$，则 $\dot{X}_i' = \dot{X}_i - \dot{X}_f = -\dot{X}_f$，其中 $\dot{X}_f$ 为反馈信号。因为是电压负反馈（即反馈信号与放大电路的输出电压成比例），则 $\dot{X}_f = \dot{F}\dot{U}_o$。根据图 5.2.6 有

$$\dot{U}_o = \dot{I}_o R_o + \dot{A}_{oo}\dot{X}_i' = \dot{I}_o R_o - \dot{A}_{oo}\dot{F}\dot{U}_o$$

可得，电压负反馈放大电路的输出电阻为

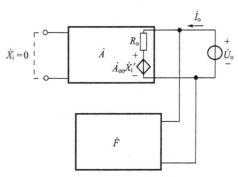

图 5.2.6 电压负反馈对输出电阻的影响

$$R_{\text{of}} = \frac{\dot{U}_o}{\dot{I}_o} = \frac{R_o}{1 + \dot{A}_{oo}\dot{F}} \qquad (5.2.13)$$

由式(5.2.13)可知，引入电压负反馈后，放大电路的输出电阻 R_{of} 减小到无负反馈时 R_o 的 $1/(1 + \dot{A}_{oo}\dot{F})$。对于电压串联负反馈、电压并联负反馈有相同结论。

如果保持输入信号 $\dot{X}_i$ 不变，放大电路的输出电阻越小，则当负载电阻 R_L 变化时，输出电压 $\dot{U}_o$ 越稳定。对于理想的电压源，其输出电阻 $R_o = 0$，则 R_L 在一定范围内变化时 $\dot{U}_o$ 将保持不变。

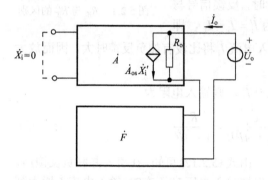

图 5.2.7　电流负反馈对输出电阻的影响

2)电流负反馈使输出电阻增大

图 5.2.7 是电流负反馈放大电路的简化方框示意图。为了计算输出电阻，同样令 $\dot{X}_i = 0$。从放大电路输出端向里看，基本放大电路等效为 R_o 与一个等效电流源 $\dot{A}_{os}\dot{X}_i'$ 并联。其中，R_o 是基本放大电路的输出电阻，$\dot{A}_{os}$ 是负载电阻 R_L 短路(即 $R_L = 0$)时基本放大电路的源增益，$\dot{X}_i'$ 为净输入信号。因 $\dot{X}_i = 0$，且为电流负反馈(即反馈信号与输出电流成比例)，故 $\dot{X}_i' = \dot{X}_i - \dot{X}_f = -\dot{X}_f = -\dot{F}\dot{I}_o$，则有

$$\dot{I}_o \approx \frac{\dot{U}_o}{R_o} + \dot{A}_{os}\dot{X}_i' = \frac{\dot{U}_o}{R_o} - \dot{A}_{os}\dot{F}\dot{I}_o$$

可得，电流负反馈放大电路的输出电阻为

$$R_{\text{of}} = \frac{\dot{U}_o}{\dot{I}_o} = (1 + \dot{A}_{os}\dot{F})R_o \qquad (5.2.14)$$

由式(5.2.14)可知，引入电流负反馈后，放大电路的输出电阻 R_{of} 增大到无负反馈时 R_o 的 $1 + \dot{A}_{os}\dot{F}$ 倍。对于电流串联负反馈、电流并联负反馈有相同的结论。

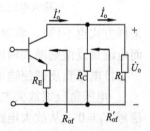

图 5.2.8　R_{of} 与 R_{of}' 的区别

在保持输入信号不变时，放大电路的输出电阻 R_o 越大，则当 R_L 变化时输出电流 $\dot{I}_o$ 越稳定。对于理想电流源 $R_o = \infty$，无论 R_L 如何变化，$\dot{I}_o$ 始终保持不变。

必须注意：电流负反馈只能将反馈环路内的输出电阻增大到无反馈时的 $1 + \dot{A}_{os}\dot{F}$ 倍，如果存在直流负载电阻 R_C，如图 5.2.8 所示，因 R_C 不包括在电流负反馈环路内，故该放大电路的输出电阻为 $R_{\text{of}}' = R_C // R_{\text{of}}$。

通过以上分析，可得出如下结论。

(1)反馈网络和基本放大器输入端的连接方式不同，对放大电路的输入电阻产生的影响也不同：串联负反馈使输入电阻增大，并联负反馈使输入电阻减小。不过，反馈网络与基本放大器输出端的连接方式并不影响输入电阻。

(2)反馈网络与基本放大器输出端的连接方式不同，对放大电路的输出电阻产生的影响也不同：电压负反馈使输出电阻减小，电流负反馈使输出电阻增大。不过，反馈网络和基

本放大器输入端的连接方式并不影响输出电阻。

（3）负反馈对输入电阻、输出电阻影响的程度，均与反馈深度 $1+\dot{A}\dot{F}$ 有关。或增大到原来的 $1+\dot{A}\dot{F}$ 倍，或减小到原来的 $1/(1+\dot{A}\dot{F})$。不过，在求输出电阻时，$\dot{A}$ 是基本放大电路在输出端短路（电流负反馈）或开路（电压负反馈）时的源增益。

3. 正确引入负反馈的一般原则

引入负反馈能够改善放大电路多方面的性能，负反馈越深，改善的效果越显著，但是放大倍数下降得也越多。为此，正确引入负反馈时应遵循的一般原则如下。

（1）要稳定放大器静态工作点，应引入直流负反馈。

（2）要改善放大器交流性能，应引入交流负反馈。

（3）要想稳定输出电压（即减小输出电阻），应引入电压负反馈；要想稳定输出电流（即增大输出电阻），应引入电流负反馈。

（4）要提高输入电阻，应引入串联负反馈；要减小输入电阻，应引入并联负反馈。

（5）对于多级放大器，引入的负反馈尽量为级间整体反馈，即从输出端直接引回至输入回路。

思考题　5.2.1　负反馈可以改善放大器的哪些性能？为什么？所付出的代价是什么？

5.2.2　多级放大电路的输出级经常是功率放大器，而功率放大器容易产生非线性失真，试问采取什么办法可以有效减小输出信号的失真？

> 📖 **价值观：一分耕耘，一分收获**
>
> 　　模拟信号放大电路中引入负反馈，虽然降低了放大倍数，但改善了放大器的放大倍数稳定性、通频带、非线性失真等性能指标，付出代价而得到了收获。同样道理，世间没有一种具有真正价值的东西，可以不经过艰苦、辛勤的劳动而得到，宝剑锋从磨砺出，梅花香自苦寒来，鲜花要靠汗水浇灌得来。一分耕耘未必有一分收获，但九分耕耘将增大收获的希望，含泪播种的人往往能含笑收获。所有幸福，都来自平凡的奋斗和坚持，无法找到捷径。只要你愿意付出时间、精力、真心，并且为之不懈努力，天道酬勤，总有一天，你将收获经验、感悟、事业、爱情、财富或者心中的那份满足感，你会活成自己喜欢的那个模样。

5.3　深度负反馈放大电路的分析计算

反馈放大电路的分析包括定性分析与定量计算两个方面。定性分析主要是读懂电路图，判断反馈的极性与类型等；定量计算就是计算反馈放大电路的主要性能指标（如闭环增益、输入电阻与输出电阻等）。

负反馈放大电路的分析计算方法有多种，各有特点。常用的方法主要有以下三种。

（1）等效电路法。

该方法不考虑反馈的类型与极性，直接根据电路的交流等效电路，列出电压或电流方程，再用一般的电路计算方法求解出反馈放大电路的性能指标。这种方法从理论上讲，可用于任何复杂电路的精确计算。但是电路复杂时计算量很大，需借助计算机辅助分析工具。

(2)拆环分析法。

该方法首先将负反馈放大电路分解成基本放大器和反馈网络两部分，先求出开环参数（如 $\dot{A}$）与反馈系数 $\dot{F}$，再利用有关公式计算闭环指标。这种方法可显示出电路性能与反馈量的关系，物理概念清楚。其关键是如何将反馈放大电路正确地分解成基本放大器和反馈网络两部分。实际的放大电路，其基本放大器与反馈网络相连，反馈网络对基本放大器的输入端和输出端都有影响（即反馈网络的负载效应）。拆环分析法常常忽略反馈网络的正向传输和基本放大器的反向传输，也是一种工程近似计算法。

(3)深度负反馈条件下的近似计算。

对于实际的负反馈放大电路，通常都能满足深度负反馈的条件，故工程上一般采用深度负反馈的近似计算法来估算放大电路的性能指标。

本节主要讨论深度负反馈条件下放大电路指标的近似估算。

5.3.1　深度负反馈的特点

如前所述深度负反馈的条件为 $\left|\dot{A}\dot{F}\right|\gg 1$，通常 $\left|\dot{A}\dot{F}\right|>10$ 就认为满足这个条件。要满足 $\left|\dot{A}\dot{F}\right|\gg 1$，需开环增益 $\dot{A}$ 很大，利用集成运放（或多级放大电路）就很容易实现深度负反馈。在这种情况下 $\left|\dot{A}_\mathrm{f}\right|\approx 1/\left|\dot{F}\right|$，若求出反馈系数，就可以计算闭环增益。

在图 5.1.9 反馈放大器方框图中，$\dot{X}_\mathrm{o}$、$\dot{X}_\mathrm{f}$、$\dot{X}_\mathrm{i}$ 可由净输入量 $\dot{X}_\mathrm{i}'$ 表示，即

$$\dot{X}_\mathrm{o}=\dot{A}\dot{X}_\mathrm{i}',\qquad \dot{X}_\mathrm{f}=\dot{F}\dot{X}_\mathrm{o}=\dot{A}\dot{F}\dot{X}_\mathrm{i}'$$

$$\dot{X}_\mathrm{f}=\dot{X}_\mathrm{i}-\dot{X}_\mathrm{i}'$$

所以，$\dot{X}_\mathrm{i}'=\dfrac{\dot{X}_\mathrm{i}}{(1+\dot{A}\dot{F})}$。

当 $\left|1+\dot{A}\dot{F}\right|\gg 1$ 时，由上式可知：$\dot{X}_\mathrm{i}'\approx 0$，即 $\dot{X}_\mathrm{i}\approx\dot{X}_\mathrm{f}$。

对于任何组态的负反馈放大电路，只要满足深度负反馈条件，都可以利用 $\dot{X}_\mathrm{f}\approx\dot{X}_\mathrm{i}$ 的特点，直接估算闭环电压放大倍数。但是，必须注意对于不同的组态，$\dot{X}_\mathrm{f}$、$\dot{X}_\mathrm{i}$ 应取不同的电量。对于串联负反馈，反馈信号与输入信号以电压的形式求和，$\dot{X}_\mathrm{f}$ 和 $\dot{X}_\mathrm{i}$ 都是电压量；对于并联负反馈，反馈信号与输入信号以电流的形式求和，$\dot{X}_\mathrm{f}$ 和 $\dot{X}_\mathrm{i}$ 都是电流量。因此，$\dot{X}_\mathrm{i}'\approx 0$ 可分别表示成以下两种形式：

串联负反馈　　　　　　　　　　　　$\dot{U}_\mathrm{f}\approx\dot{U}_\mathrm{i}$　　　　　　　　　　　(5.3.1)

并联负反馈　　　　　　　　　　　　$\dot{I}_\mathrm{f}\approx\dot{I}_\mathrm{i}$　　　　　　　　　　　(5.3.2)

可利用上述特点来分析估算具有深度负反馈的放大电路指标。

5.3.2　深度负反馈放大电路计算

在估算闭环电压放大倍数时，必须首先判断负反馈的组态是串联负反馈还是并联负反馈，以便选择式(5.3.1)和式(5.3.2)中的一个，再根据放大电路的实际情况，列出 $\dot{U}_\mathrm{f}$ 和 $\dot{U}_\mathrm{i}$（或 $\dot{I}_\mathrm{f}$ 和 $\dot{I}_\mathrm{i}$）的表达式，然后估算闭环电压放大倍数。

【例 5.3.1】　电路分别如图 5.1.2(b)、图 5.1.3(b)、图 5.1.5(a)、图 5.1.6(a)、图 5.1.7(a)、

图 5.1.8(a)所示，假设各电路均满足深度负反馈条件。试估算各电路的闭环电压放大倍数 $\dot{A}_{uf} = \dfrac{\dot{U}_o}{\dot{U}_i}$。

解： 为了估算放大电路的闭环电压放大倍数，应该首先判断各电路中负反馈的组态。

(1)在图 5.1.2(b)中，反馈信号 $\dot{U}_f$ 与输出电压 $\dot{U}_o$ 成正比，且反馈信号与输入信号以电压形式求和，所以是电压串联负反馈。根据深度负反馈条件，有 $\dot{U}_{id} = \dot{U}_i' = 0$，$\dot{U}_i = \dot{U}_f$。因为 $\dot{U}_f = \dfrac{R_3}{R_2 + R_3} \cdot \dot{U}_o$，所以有

$$\dot{A}_{uf} = \frac{\dot{U}_o}{\dot{U}_i} \approx 1 + \frac{R_2}{R_3}$$

放大电路的输入电阻 R_{if} 趋于无穷，而放大电路的输出电阻 R_{of} 趋于零。

(2)在图 5.1.3(b)中，反馈信号 $\dot{U}_f$ 与输出电压 $\dot{U}_o$ 成正比，且反馈网络与基本放大器输入端为串联连接方式(对应反馈信号与输入信号以电压形式求和)，所以是电压串联负反馈。根据深度负反馈条件，有 $\dot{U}_{be1} \approx 0$、$\dot{U}_i \approx \dot{U}_f$。因为 $\dot{U}_f = \dfrac{R_{E1}}{R_{E1} + R_F} \cdot \dot{U}_o$，所以

$$\dot{A}_{uf} = \frac{\dot{U}_o}{\dot{U}_i} \approx 1 + \frac{R_F}{R_{E1}}$$

由于偏置电阻 R_{B11}、R_{B12} 并不在输入端反馈环路中，则放大器的输入电阻为

$$R_{if}' = R_{B11} /\!/ R_{B12} /\!/ R_{if} \approx R_{B11} /\!/ R_{B12}$$

放大电路的输出电阻 R_{of} 趋于零。

(3)在图 5.1.5(a)中，反馈信号 $\dot{I}_f$ 取自输出电压 $\dot{U}_o$，与外加输入信号以电流形式求和，因此属于电压并联负反馈。在深度负反馈条件下，有 $\dot{I}_i' \approx 0$，$\dot{I}_f \approx \dot{I}_i$。由于 $\dot{I}_i' \approx 0$，则可认为集成运放同相输入端、反相输入端的电压近似等于零。由此，可分别求得 $\dot{I}_i$ 和 $\dot{I}_f$ 为

$$\dot{I}_i = \frac{\dot{U}_i}{R_1}，\qquad \dot{I}_f = -\frac{\dot{U}_o}{R_F}$$

因 $\dot{I}_f \approx \dot{I}_i$，可得 $-\dfrac{\dot{U}_o}{R_F} \approx \dfrac{\dot{U}_i}{R_1}$，则闭环电压放大倍数为

$$\dot{A}_{uf} = \frac{\dot{U}_o}{\dot{U}_i} \approx -\frac{R_F}{R_1}$$

放大电路的输出电阻 R_{of} 趋于零，而放大电路的输入电阻为 $R_{if} = R_1$。

(4)在图 5.1.6(a)中，反馈信号与输出电流 $\dot{I}_o$ 成正比，与输入信号以电压形式求和，属于电流串联负反馈。根据深度负反馈条件，有 $\dot{U}_f \approx \dot{U}_i$。由图可得 $\dot{U}_f = \dot{I}_o R_F \approx \dot{U}_i$，$\dot{U}_o = \dot{I}_o R_L$，则

$$\dot{A}_{uf} = \frac{\dot{U}_o}{\dot{U}_i} \approx \frac{R_L}{R_F}$$

放大电路的输出电阻 R_{of} 趋于无穷大，而放大电路的输入电阻 R_{if} 也是无穷大。

(5)在图 5.1.7(a)中，反馈信号 $\dot{I}_f$ 与输出电流 $\dot{I}_o$ 成正比，并与输入信号以电流形式求和，

故属于电流并联负反馈。根据深度负反馈条件，可得 $\dot{I}_i' \approx 0$、$\dot{I}_f \approx \dot{I}_i$。由于 $\dot{I}_i' \approx 0$，集成运放反相输入端、同相输入端的电压近似等于零，可得

$$\dot{I}_i = \frac{\dot{U}_i}{R_1}, \qquad \dot{I}_f = -\frac{\dot{I}_o R_3}{R_3 + R_F} = -\frac{\dot{U}_o}{R_L} \cdot \frac{R_3}{R_3 + R_F}$$

因 $\dot{I}_f \approx \dot{I}_i$，故 $\left(-\dfrac{\dot{U}_o}{R_L}\right) \cdot \dfrac{R_3}{R_3 + R_F} \approx \dfrac{\dot{U}_i}{R_1}$，则闭环电压放大倍数为

$$\dot{A}_{uf} = \frac{\dot{U}_o}{\dot{U}_i} \approx \frac{R_L (R_3 + R_F)}{R_1 R_3}$$

放大电路的输出电阻 R_{of} 趋于无穷大，而放大电路的输入电阻为 $R_{if} = R_1$。

(6) 在图 5.1.8(a) 中，反馈信号 $\dot{U}_f$ 与输出回路的电流 $\dot{I}_{e3}$ 成正比，而与输入信号以电压形式求和，故属于电流串联负反馈。根据深度负反馈条件，可得 $\dot{U}_i' \approx 0$、$\dot{U}_f \approx \dot{U}_i$。

因 R_{C3} 与 R_L 并联，有

$$\dot{I}_{e3} = \left(1 + \frac{R_L}{R_{C3}}\right)\dot{I}_o$$

$$\dot{U}_o = -\dot{I}_o R_L$$

因 $\dot{U}_i' \approx 0$，则 $\dot{I}_{e1} \approx 0$，$R_1 + R_{E1}$ 与 R_{E3} 并联，可得

$$\dot{U}_{e3} \approx \dot{I}_{e3}[R_{E3}//(R_1 + R_{E1})]$$

$$\dot{U}_f \approx \dot{U}_{e3} \cdot \frac{R_{E1}}{R_{E1} + R_1} = \dot{I}_{e3} \cdot \frac{R_{E3} R_{E1}}{R_{E3} + R_{E1} + R_1}$$

$$\dot{U}_i \approx \dot{U}_f = \dot{I}_{e3} \cdot \frac{R_{E3} R_{E1}}{R_{E3} + R_{E1} + R_1} = \dot{I}_o \cdot \frac{R_{E3} R_{E1}}{R_{E3} + R_{E1} + R_1} \cdot \left(1 + \frac{R_L}{R_{C3}}\right)$$

可得

$$\dot{A}_{uf} = \frac{\dot{U}_o}{\dot{U}_i} \approx -\frac{R_{E3} + R_{E1} + R_1}{R_{E3} R_{E1}} \cdot \frac{R_L R_{C3}}{R_L + R_{C3}}$$

放大电路的输出电阻为

$$R_{of}' = R_{C3}//R_{of} \approx R_{C3}$$

放大电路的输入电阻为

$$R_{if}' = R_2//R_{if} \approx R_2$$

【例 5.3.2】 设图 5.3.1 中各放大电路的整体反馈均满足深度负反馈条件，试估算各电路的闭环电压放大倍数。

解：(1) 图 5.3.1(a) 所示的电路中由 R_{E1} 引入的负反馈组态为电流串联负反馈。在深度负反馈条件下，有 $\dot{U}_f \approx \dot{U}_i$。可有

$$\dot{U}_f = \dot{I}_e R_{E1} \approx \dot{I}_c R_{E1} \approx \dot{U}_i$$

且 $\dot{U}_o = -\dot{I}_c R_L'$，其中 $R_L' = R_C//R_L$。则可得

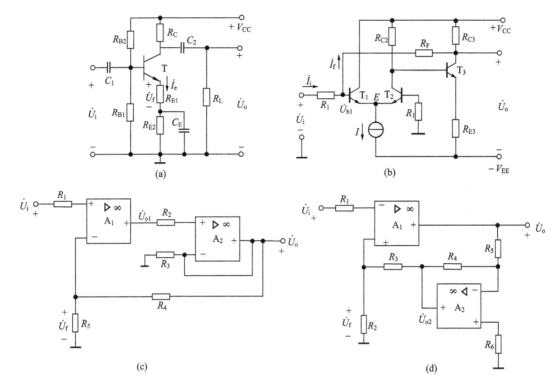

图 5.3.1　例 5.3.2 电路

$$\dot{A}_{uf} = \frac{\dot{U}_o}{\dot{U}_i} \approx \frac{-\dot{I}_c R'_L}{\dot{I}_c R_{E1}} = -\frac{R'_L}{R_{E1}}$$

放大电路的输出电阻为

$$R'_{of} = R_C // R_{of} \approx R_C$$

放大电路的输入电阻为

$$R'_{if} = R_{B1} // R_{B2} // R_{if} \approx R_{B1} // R_{B2}$$

(2) 图 5.3.1(b) 所示的电路中由 R_F 引入的负反馈组态为电压并联负反馈。在深度负反馈条件下，有 $\dot{I}_f \approx \dot{I}_i$，三极管 T_1 的对地交流电压 $\dot{U}_{b1} \approx 0$，则由图可得 $\dot{I}_i \approx \dfrac{\dot{U}_i}{R_1}$、$\dot{I}_f \approx -\dfrac{\dot{U}_o}{R_F}$，则有

$$\dot{A}_{uf} = \frac{\dot{U}_o}{\dot{U}_i} \approx -\frac{R_F}{R_1}$$

放大电路的输出电阻 $R_{of} \approx 0$，放大电路的输入电阻为 $R_{if} = R_1$。

(3) 图 5.3.1(c) 所示的电路中由 R_4 与 R_5 引入的负反馈是电压串联负反馈。因集成运放的输入电阻很高，其输入电流近似为零，R_1 上的电流可忽略不计。由图有

$$\dot{U}_i \approx \dot{U}_f = \dot{U}_o \frac{R_5}{R_4 + R_5}$$

可得

$$\dot{A}_{\mathrm{uf}} = \frac{\dot{U}_{\mathrm{o}}}{\dot{U}_{\mathrm{i}}} = 1 + \frac{R_4}{R_5}$$

放大电路的输入电阻为无穷大，输出电阻近似为零。

(4) 图 5.3.1(d) 所示的电路中，输入信号 $\dot{U}_{\mathrm{i}}$ 从集成运放 A_1 的反相输入端输入，经放大后得到输出信号 $\dot{U}_{\mathrm{o}}$。由 A_2、R_4、R_5 组成反相放大器，以及通过 R_2、R_3 的分压，把输出信号 $\dot{U}_{\mathrm{o}}$ 送回到 A_1 的同相输入端，故 A_2、R_4、R_5、R_2、R_3 组成了反馈网络。

用瞬时极性法判断反馈极性：设输入信号 $\dot{U}_{\mathrm{i}}$ 瞬时为正，则输出信号 $\dot{U}_{\mathrm{o}}$ 为负，经 A_2 反相放大后，$\dot{U}_{\mathrm{o}2}$ 为正，反馈信号 $\dot{U}_{\mathrm{f}}$ 为正，$\dot{U}_{\mathrm{f}}$ 与 $\dot{U}_{\mathrm{i}}$ 抵消，故为负反馈；当输出端短路（$\dot{U}_{\mathrm{o}} = 0$）时，没有反馈信号送回到输入端（即 $\dot{U}_{\mathrm{f}} = 0$），为电压反馈；反馈网络与基本放大器输入端是串联的，则为串联反馈。因此，引入的反馈组态是交、直流电压串联负反馈。

由图 5.3.1(d) 有

$$\dot{U}_{\mathrm{o}2} = -\frac{R_4}{R_5} \cdot \dot{U}_{\mathrm{o}}$$

$$\dot{U}_{\mathrm{i}} \approx \dot{U}_{\mathrm{f}} = \frac{R_2}{R_2 + R_3} \cdot \dot{U}_{\mathrm{o}2} = -\frac{R_4}{R_5} \cdot \frac{R_2}{R_2 + R_3} \cdot \dot{U}_{\mathrm{o}}$$

可得

$$\dot{A}_{\mathrm{uf}} = \frac{\dot{U}_{\mathrm{o}}}{\dot{U}_{\mathrm{i}}} = -\frac{R_5(R_2 + R_3)}{R_2 R_4}$$

放大电路的输入电阻为无穷大，输出电阻近似为零。

【例 5.3.3】　图 5.3.2 为两级放大器，第一级是场效应管差分放大器，第二级为由集成运放组成的反相放大器。设 $R_1 = 1\mathrm{k}\Omega$，$R_{\mathrm{F}1} = R_{\mathrm{F}2} = 20\mathrm{k}\Omega$。要求：

(1) 为了提高输出电压的稳定度，应如何引入反馈？

(2) 求开环电压放大倍数 $\dot{A}_{\mathrm{u}} = \dfrac{\dot{U}_{\mathrm{o}}}{\dot{U}_{\mathrm{i}}}$；

(3) 计算闭环电压放大倍数 $\dot{A}_{\mathrm{uf}} = \dfrac{\dot{U}_{\mathrm{o}}}{\dot{U}_{\mathrm{i}}}$；

(4) 如果指定要求引入电压并联负反馈，电路又应如何连接？

解：(1) 由于需要提高输出电压的稳定度，则应引入电压负反馈。如图 5.3.2 中虚线所示，可有两种连接方式：一种将反馈引到 T_1 管栅极（开关 K 与 b 点连接）构成并联反馈，另一种是将反馈引到 T_2 管栅极（开关 K 与 a 点连接）构成串联反馈。用瞬时极性判别法进行分析，可知，开关 K 与 b 点连接时构成了正反馈，而开关 K 连接 a 点时引入了负反馈。因此，开关 K 应与 a 点连接，引入电压串联负反馈。

(2) 在没有负反馈时（开关 K 与 c 点连接），有

$$\dot{A}_{\mathrm{u}} = \frac{\dot{U}_{\mathrm{o}}}{\dot{U}_{\mathrm{i}}} = \frac{\dot{U}_{\mathrm{o}1}}{\dot{U}_{\mathrm{i}}} \cdot \frac{\dot{U}_{\mathrm{o}}}{\dot{U}_{\mathrm{o}1}} = \dot{A}_{\mathrm{u}1} \dot{A}_{\mathrm{u}2}$$

其中，$\dot{A}_{\mathrm{u}1} = \dfrac{\dot{U}_{\mathrm{o}1}}{\dot{U}_{\mathrm{i}}} = -0.5 g_{\mathrm{m}}(R_{\mathrm{D}} // R_3)$，$\dot{A}_{\mathrm{u}2} = \dfrac{\dot{U}_{\mathrm{o}}}{\dot{U}_{\mathrm{o}1}} = -\dfrac{R_4}{R_3}$。

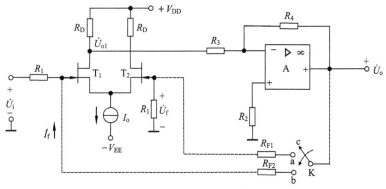

图 5.3.2　例 5.3.3 电路

(3)开关 K 连接 a 点时，电压串联负反馈的闭环电压放大倍数为

$$\dot{A}_{uf} = \frac{\dot{U}_o}{\dot{U}_i} = 1 + \frac{R_{F1}}{R_1} = 1 + \frac{20k\Omega}{1k\Omega} = 21$$

(4)由于必须引入电压并联负反馈，最简单的方法是将第一级场效应管放大器的输出由 T_1 管漏极改为 T_2 管的漏极，然后把开关 K 与 b 点连接即可。

由以上分析可知，在深度负反馈条件下，负反馈放大电路的闭环电压放大倍数的估算比较简单。

思考题

5.3.1　在负反馈放大电路中，虚短和虚断的物理意义是什么？在什么情况下可以用于负反馈电路放大倍数的分析计算？

5.4　负反馈放大电路稳定性分析

5.4.1　自激振荡与稳定条件分析

1. 产生自激振荡的原因与条件

在中频区，负反馈放大器中反馈信号 $\dot{X}_f$ 与原输入信号 $\dot{X}_i$ 的相位相同，$\dot{X}_f$ 将抵消一部分的原输入信号 $\dot{X}_i$，则有 $|\dot{X}_i' = \dot{X}_i - \dot{X}_f| < |\dot{X}_i|$。这样，负反馈使放大器的输出信号 $\dot{X}_o = \dot{A}\dot{X}_i'$ 减小。

在高频和低频情况下，由于基本放大电路 $\dot{A}$(有时反馈网络 $\dot{F}$)中存在电容元件，使得 $\dot{A}\dot{F}$ 会产生附加相移。假设在某一频率下，$\dot{A}\dot{F}$ 附加相移达到 180°，则 $\dot{X}_f$ 和 $\dot{X}_i' = \dot{X}_i - \dot{X}_f$ 必然由中频时的反相变为同相。在这种情况下，$\dot{X}_i'$ 将是 $|\dot{X}_i|$ 和 $\dot{X}_f$ 的代数和，必有 $|\dot{X}_i'| > |\dot{X}_i|$，导致 $|\dot{X}_o|$ 增大，原来的负反馈变成了正反馈。这时，即使没有外加信号(如 $\dot{X}_i = 0$)，$\dot{X}_o$ 经过反馈网络 $\dot{F}$ 和求和电路后，得到 $\dot{X}_i' = 0 - \dot{X}_f = -\dot{F}\dot{X}_o$，送到放大器 $\dot{A}$ 的输入端再放大后，得到一个增强的信号 $(-\dot{A}\dot{F}\dot{X}_o)$，如果这个信号正好等于 $\dot{X}_o$，则负反馈放大器将可能产生自激振荡，这种现象如图 5.4.1 所示。

由此可知，负反馈放大电路产生自激振荡的根本原因之一是 $\dot{A}\dot{F}$ 的附加相移。

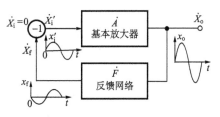

图 5.4.1　负反馈放大器的自激振荡现象

当负反馈放大电路发生(等幅度)自激振荡时，必然有

$$\dot{A}\dot{F} = -1 \tag{5.4.1}$$

式(5.4.1)可以分别用模和相角表示为

$$|\dot{A}\dot{F}| = 1 \tag{5.4.2}$$

$$\varphi_{AF} = \varphi_A + \varphi_F = \pm(2n+1)\pi, \quad n = 0,1,2,\cdots \tag{5.4.3}$$

式(5.4.2)和式(5.4.3)分别表示负反馈放大电路产生自激振荡的**幅度**条件和**相位**条件。

2. 自激振荡的判断方法

在自激振荡的条件中，当相位条件满足时，若相应有 $|\dot{A}\dot{F}| \geqslant 1$，则负反馈放大器将产生自激振荡。当 $|\dot{A}\dot{F}| \geqslant 1$ 时，输入信号经过放大和反馈环节，其输出正弦波的幅度要逐步增大，直到由电路元件的非线性限定的某个幅值为止，从而维持等幅自激振荡。为了判断负反馈放大电路是否振荡，可利用其环路增益 $\dot{A}\dot{F}$ 的伯德图，综合分析 $\dot{A}\dot{F}$ 的幅频响应特性和相频响应特性，判断是否同时满足自激振荡的幅度条件和相位条件。

下面以有三个极点频率的多级放大电路频率响应为例进行分析。设反馈网络为电阻网络，则 $\dot{F}$ 为与频率无关的实数，即 $|\dot{F}|$ 为常数、$\varphi_F = 0$ 或180°。假设基本放大电路放大倍数 $\dot{A}$ 的表达式为

$$\dot{A} = \frac{-10^5}{\left(1 + j\dfrac{f}{0.2}\right)\left(1 + j\dfrac{f}{1}\right)\left(1 + j\dfrac{f}{5}\right)}$$

式中，f 的单位是 MHz。根据上述表达式可画出相应的伯德图，如图 5.4.2 所示。

放大器自
激振荡
判断

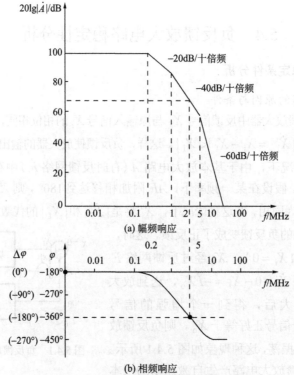

图 5.4.2　某多级放大电路的频率响应特性

从图 5.4.2 中相频响应特性中可以看到：当信号频率约为 2.5 MHz 时，输入与输出信号的相移 φ 是 $-360°$，或者说附加相移 $\Delta\varphi$ 是 $-180°$。而在与它对应的幅频响应特性中，放大倍数约为 68.5dB（即 2661 倍左右）。那么，若反馈系数 $|\dot{F}| \geqslant \dfrac{1}{2661}$，则能满足 $|\dot{A}\dot{F}| > 1$。这样对于 2.5 MHz 的信号就满足自激振荡的条件，将会产生自激振荡。例如，若某集成运放的频率响应如上所述，用该集成运放组成如图 5.1.2(b) 所示的负反馈放大电路。当取 $R_3 = 1\text{k}\Omega$、$R_2 = 10\text{k}\Omega$ 时，有 $\dot{F} = \dfrac{R_3}{R_3 + R_2} = \dfrac{1}{11}$，$|\dot{A}\dot{F}| = 2661 \times \dfrac{1}{11} \approx 242 \gg 1$，则该负反馈放大电路就会产生自激振荡。

由以上分析可知，当负反馈放大电路的 φ_{AF} 为 $\pm180°$ 时，若所对应的 $20\lg|\dot{A}| + 20\lg|\dot{F}| \geqslant 0\text{dB}$，则有可能会产生自激振荡；若 $20\lg|\dot{A}| + 20\lg|\dot{F}| < 0\text{dB}$，则不会产生自激振荡。对于具有图 5.4.2 所示频率响应特性的多级放大电路，在组成负反馈电路时，反馈系数 $|\dot{F}|$ 越大，产生自激振荡的可能性就越大。

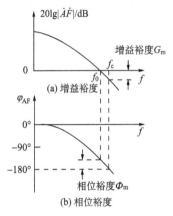

图 5.4.3　增益裕度和相位裕度示意图

3. 负反馈放大电路的稳定裕度

为了使设计的负反馈放大电路能稳定可靠地工作，不但要求它在预定的工作条件下不产生自激振荡，而且当环境温度、电路参数及电源电压等因素在一定的范围内发生变化时也能满足稳定条件，为此要求放大电路要有一定的**稳定裕度**。稳定裕度是指放大电路远离自激振荡的程度。通常采用**增益裕度**（也称幅度裕度）或**相位裕度**指标作为衡量的标准。现在结合图 5.4.3 来加以说明。

1）增益裕度 G_{m}

由图 5.4.3(a) 可见，当 $f = f_{\text{c}}$ 时，$\varphi_{\text{AF}} = -180°$，此时 $20\lg|\dot{A}\dot{F}| < 0$，因此负反馈放大电路是稳定的。通常将 $\varphi_{\text{AF}} = -180°$ 时的 $20\lg|\dot{A}\dot{F}|$ 小于 0dB（即 $|\dot{A}\dot{F}| = 1$）的数值定义为增益裕度 G_{m}，即

$$G_{\text{m}} = 0 - 20\lg|\dot{A}\dot{F}|\big|_{f=f_{\text{c}}} (\text{dB}) = -20\lg|\dot{A}\dot{F}|\big|_{f=f_{\text{c}}} (\text{dB}) \tag{5.4.4}$$

对于稳定的负反馈放大电路，其 G_{m} 应为正值。G_{m} 值越大，表示负反馈放大电路越稳定。一般的负反馈放大电路要求 $G_{\text{m}} \geqslant 10\text{dB}$。

2）相位裕度 Φ_{m}

也可以从另一个角度来描述负反馈放大电路的稳定裕度。由图 5.4.3(b) 可见，当 $f = f_0$ 时，$20\lg|\dot{A}\dot{F}| = 0$，此时相应有 $|\varphi_{\text{AF}}| < 180°$，说明负反馈放大电路是稳定的。通常将 $|\dot{A}\dot{F}| = 1$ 时，$|\varphi_{\text{AF}}|$ 偏离 180° 的数值定义为相位裕度 Φ_{m}，即

$$\Phi_{\text{m}} = 180° - |\varphi_{\text{AF}}|\big|_{f=f_0} \tag{5.4.5}$$

对于稳定的负反馈放大电路，$|\varphi_{\text{AF}}|\big|_{f=f_0} < 180°$，因此 Φ_{m} 是正值。Φ_{m} 越大，表示负反馈放大电路越稳定。对于负反馈放大电路，一般要求 $\Phi_{\text{m}} \geqslant 45°$。

相位裕度 Φ_m 和增益裕度 G_m 都可用来表示放大电路远离自激振荡的程度，两者是等价的。

5.4.2　常用的频率补偿方法

前面利用伯德图法分析了具有什么样频率特性的电路可能会产生自激振荡。从分析中可以看出，负反馈越强(即 $|\dot{F}|$ 值越大)，相应 $|\dot{A}\dot{F}|$ 越大，放大电路就越容易产生自激振荡。若为了使放大器稳定就要尽量减小 $|\dot{F}|$ 值，但是这样做会使反馈深度不够，对放大电路性能的改善就不利。能否在加强负反馈深度时又能保证所需的增益裕度和相位裕度呢？常用的方法是**频率(或相位)补偿法**。

频率(或相位)补偿法的根本思想就是在基本放大器或反馈网络中添加一些元件来改变反馈放大电路的开环频率特性(主要是把高频时最小极点频率与其相近的极点频率的间距拉大)，破坏自激振荡条件，以保证闭环稳定工作，并满足要求的稳定裕度。在实际工作中经常采用的方法是在基本放大器中接入由电容或 RC 元件组成的补偿电路来消除自激振荡。

1. 电容补偿法

电容补偿法是在放大电路中时间常数最大的节点(也称为**主极点节点**)上并接电容，使它的时间常数更大(即主极点频率变低)的一种补偿方法。由于这种补偿使放大器的相位滞后，因此属于**滞后补偿**。其连线及等效电路如图 5.4.4 所示。

在图 5.4.4 中，R_{o1} 为前级放大器的输出电阻，R_{i2} 和 C_{i2} 为后级放大器的输入电阻和输入电容。补偿电容 C 接在两级放大电路之间。假设未补偿前这个节

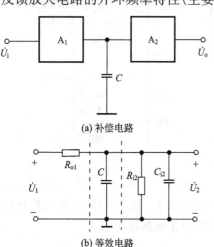

(a) 补偿电路

(b) 等效电路

图 5.4.4　电容补偿电路

点所对应的频率为

$$f_1 = \frac{1}{2\pi(R_{o1}//R_{i2})C_{i2}} \tag{5.4.6}$$

式中，f_1 是起主要作用的转折点频率，则补偿后变成

$$f_1' = \frac{1}{2\pi(R_{o1}//R_{i2})(C + C_{i2})} \tag{5.4.7}$$

选择合适的补偿电容 C，使幅频特性中 $-20\,\text{dB}/$ 十倍频段加长，直至与原来的 f_2 (次小的转折点频率)相交于幅值为 0dB，如图 5.4.5 所示。从而使得 0dB 点以上只存在一个转折点。同时，对应 f_2 时的附加相移约为 $-90° + (-45°) = -135°$，尚有 45° 的相位裕度。

以图 5.4.2 所示的频率特性为例。根据上述原则，$f_2 = 10^6\,\text{Hz}$，在图 5.4.5 中按 $-20\,\text{dB}/$ 十倍频的斜率上移并且交于幅频特性的平坦部分 $f = 10\,\text{Hz}$(即 f_1' 值)处，由式(5.4.7)即可确定 C。此时放大倍数为

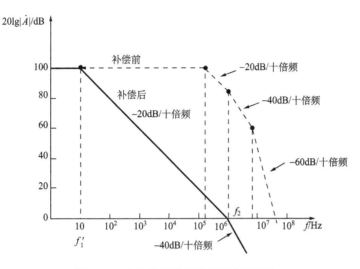

图 5.4.5 电容补偿前后的幅频响应特性

$$\dot{A} = \frac{-10^5}{\left(1+\mathrm{j}\dfrac{f}{10}\right)\left(1+\mathrm{j}\dfrac{f}{10^6}\right)\left(1+\mathrm{j}\dfrac{f}{5\times10^6}\right)}$$

虽然频率响应中有三个转折点,但 0dB 以上只有一个转折点。因此,即使在接成电压跟随器时,电路也是稳定的。

这种电容补偿方法简易可行,然而却使得放大电路的通频带变窄了。

2. RC 补偿法

RC 补偿的基本思路是设法在 $\dot{A}$ 的表达式的分子中引入一个零点,与其分母中的一个极点相抵消,从而使频带尽量宽一些,这种方法常称为**零极点抵消补偿法**,如图 5.4.6(a) 所示。它与图 5.4.4(a) 相比,用 RC 代替 C 构成了补偿电路,等效电路如图 5.4.6(b) 所示。

注意到图(5.4.6)中只有 R、C 两个元件值待定,因此只需要两个条件就能唯一确定,即一个与零点对应的频率相联系,另一个与最小极点(常称为**主极点**)f_1' 相联系。选择 $C\gg C_{\mathrm{i}2}$,$R\ll\left(R_{\mathrm{o}1}//R_{\mathrm{i}2}\right)$,则传递系数为

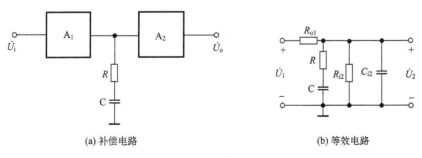

(a) 补偿电路   (b) 等效电路

图 5.4.6 RC 补偿电路

$$\dot{A}_{RC} = \frac{\dot{U}_2}{\dot{U}_1'} \approx \frac{R + \dfrac{1}{j\omega C}}{R' + R + \dfrac{1}{j\omega C}} = \frac{1 + j\omega RC}{1 + j\omega(R' + R)C}$$

式中　　　　　$R' = R_{o1}//R_{i2}$,　$f_2' \approx \dfrac{1}{2\pi RC}$,　$f_1' \approx \dfrac{1}{2\pi(R + R_{o1}//R_{i2})C} \approx \dfrac{1}{2\pi(R_{o1}//R_{i2})C}$

$$f_1'' \approx \frac{1}{2\pi(R//R_{o1}//R_{i2})C_{i2}} \approx \frac{1}{2\pi RC_{i2}}$$

显然有 $f_1' < f_2'$，$f_1' \ll f_1$，$f_1'' \gg f_1$，$f_1'' \gg f_2'$，故在 f_1'、f_2' 附近，可忽略 f_1'' 的影响。

设未经补偿的放大电路的放大倍数表达式为

$$\dot{A} = \frac{A_m}{\left(1 + j\dfrac{f}{f_1}\right)\left(1 + j\dfrac{f}{f_2}\right)\left(1 + j\dfrac{f}{f_3}\right)}$$

因加入补偿电路使主极点由 f_1 改为 f_1'。并引入一个零点，其对应频率为 f_2'，则有

$$\dot{A} = \frac{A_m\left(1 + j\dfrac{f}{f_2'}\right)}{\left(1 + j\dfrac{f}{f_1'}\right)\left(1 + j\dfrac{f}{f_2}\right)\left(1 + j\dfrac{f}{f_3}\right)}$$

如果选择合适的 RC，使 $f_2' = f_2$，则可将式中含 f_2 的因式消去，代替 f_2 的是比它大的 f_3。因此，选择 f_1' 进行补偿时，是以 f_3 所对应的幅值下降到 0dB 为准。这样就使通频带带宽有所改善（由于 $f_1' < f_2'$，这是可能实现的）。现在仍然以前面的例子来说明：若 $f_2' = f_2 = 1\text{MHz}$，则图 5.4.7 中，由 $f_3 = 5 \times 10^6\text{Hz}$ 与 0dB 的交点按 $-20\text{dB}/$十倍频的斜率向上与 100dB 相交在 50Hz（即 f_1'）。此时 $\dot{A}$ 的表达式为

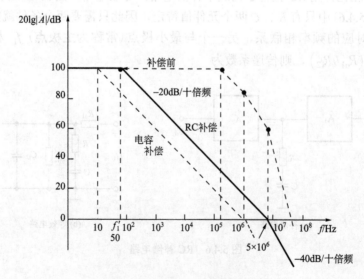

图 5.4.7　RC 补偿前后的幅频响应特性

$$\dot{A} = \frac{-10^5}{\left(1 + \mathrm{j}\dfrac{f}{50}\right)\left(1 + \mathrm{j}\dfrac{f}{5 \times 10^6}\right)}$$

可见，RC 补偿法比电容补偿法在频带宽度方面有所改善。

在实际工作中，应先从集成运放的幅频响应特性中找出第二个转折点频率 f_2，然后选择 $RC = \dfrac{1}{2\pi f_2}$，并且在满足 $C \gg C_{i2}$、$R \ll R_{o1} /\!/ R_{i2}$ 的条件下，可分别确定 R、C 的值。

RC 补偿电路应加在时间常数最大(对应主极点频率)的放大级。通常可接在前级输出电阻与后级输入电阻都比较高的地方。

3. 密勒效应补偿法

前面两种补偿方法所需的电容、电阻值一般都比较大，不便于系统集成。实际工作中常常利用密勒效应，将补偿电路跨接在放大电路中，如图 5.4.8 所示。这样折合到 A_2 输入端的等效阻抗就会减小约 $|A_{u2}|$ 倍，即实际所需的电容量可大大减小。例如，集成运放 F007 中的相位补偿就是采用这种方式，在中间级跨接一个 30pF 的电容。若 $|A_{u2}|$ 为 1000，则相当于在中间级的输入端对地之间并联了一个 30000pF 的电容，补偿效果比较好。

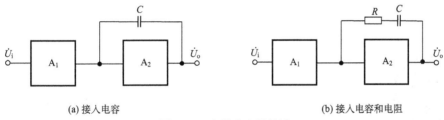

(a) 接入电容　　　　　　　　　　　　　　(b) 接入电容和电阻

图 5.4.8　密勒电容补偿法

除了以上介绍的补偿方法外，还有很多其他的补偿方法，读者可参考有关文献。

思考题
5.4.1　什么是放大器自激振荡？负反馈放大电路在什么情况下会产生自激振荡？
5.4.2　什么是增益裕度和相位裕度？
5.4.3　什么是相位补偿？说明利用相位补偿来消除负反馈放大电路自激振荡的物理含义？

5.5　负反馈放大电路 Multisim 仿真

【例 5.5.1】　负反馈放大电路如图 5.5.1 所示，集成运算放大器型号为 LM358AD，直流电源电压均为 ±12V。$R_1 = R_2 = R_4 = 1\mathrm{k}\Omega$，$R_3 = 20\mathrm{k}\Omega$，$R_6 = 10\mathrm{k}\Omega$，$R_f = 19\mathrm{k}\Omega$。设输入信号为 $u_i = \sin(2\pi \times 100t)$（mV），用 Multisim 进行电路仿真。要求：

（1）假定集成运放为理想的，求放大电路的开环和闭环电压放大倍数；

（2）当 R_5 值分别为 $10\mathrm{k}\Omega$ 和 $100\mathrm{k}\Omega$ 时，仿

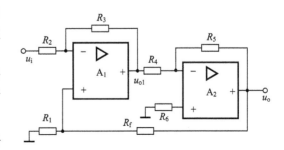

图 5.5.1　例 5.5.1 的负反馈放大电路

真分析放大电路开环和闭环电压放大倍数；

(3)设 $R_5=2\text{k}\Omega$，测试放大电路在开环和闭环时的电压放大倍数频率响应与通频带。

解：(1)采用理想集成运放进行近似估算分析，在电路开环时，A_1 和 A_2 构成的两级放大电路的电压放大倍数分别为 $A_{u1}=-R_3/R_2=-20$，$A_{u2}=-R_5/R_4=-10$，则放大电路的开环电压放大倍数为 $A_u=A_{u1}A_{u2}=200$。

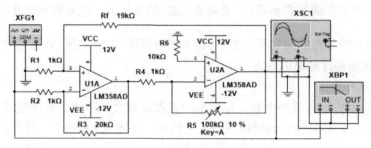

图 5.5.2　例 5.5.1 负反馈放大电路的仿真电路

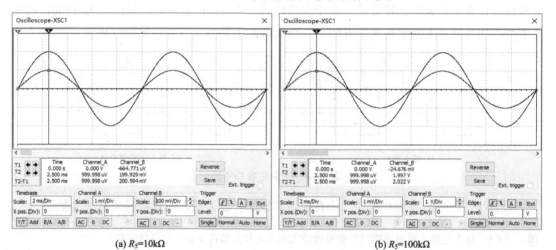

(a) $R_5=10\text{k}\Omega$　　　　　　　　　　　　(b) $R_5=100\text{k}\Omega$

图 5.5.3　放大电路开环时的输入电压和输出电压的波形

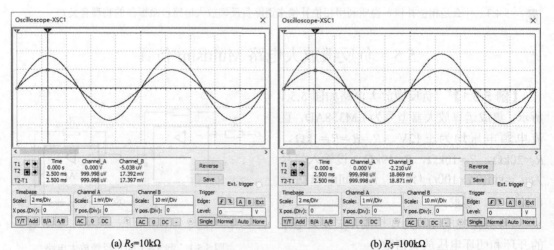

(a) $R_5=10\text{k}\Omega$　　　　　　　　　　　　(b) $R_5=100\text{k}\Omega$

图 5.5.4　放大电路闭环时的输入电压和输出电压的波形

在放大电路闭环时，整个电路引入了级间电压串联负反馈，利用理想集成运放的特点，可得放大电路的闭环电压放大倍数为 $A_{uf} = 1 + \dfrac{R_f}{R_1} = 20$ 。

（2）仿真电路如图 5.5.2 所示。仿真结果如图 5.5.3 和图 5.5.4 所示。

测试数据和相关计算结果见表 5.5.1。

表 5.5.1 R_5 分别为 10kΩ 和 100kΩ 时反馈放大电路的开环、闭环电压放大倍数

u_i峰值 $U_{im}/\mu V$	反馈电阻 $R_5/k\Omega$	闭环时 U2A 输出电压峰值 U_{om}/mV	闭环电压放大倍数 A_{uf}	开环时 U2A 输出电压峰值 U_{om}/mV	开环电压放大倍数 A_u
999.998	10	17.392	17.392	199.929	199.929
999.998	100	18.869	18.869	1997	1997

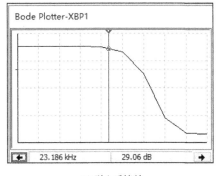
(a) 引入反馈前

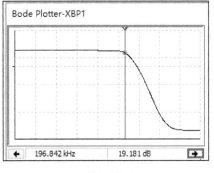
(b) 引入反馈后

图 5.5.5 引入负反馈前、后的电路电压放大倍数的幅频响应曲线

由表 5.5.1 可知，当 R_5 从 10kΩ 变为 100kΩ 时：

①放大电路的开环电压放大倍数显著增大，闭环电压放大倍数略有增加，而负反馈使得电压放大倍数减小；

②放大电路开环电压放大倍数的相对变化量为 $\Delta A_u / A_u = (199.929 - 1997)/1997 \approx -0.9$，闭环电压放大倍数的相对变化量为 $\Delta A_{uf} / A_{uf} = (17.392 - 18.869)/18.869 \approx -0.08$，远小于开环时的数值，可见引入负反馈提高了电压放大倍数的稳定性。

（3）将 R_5 的值改为 2kΩ，用伯德图仪测试电路的电压放大倍数对数幅频响应，如图 5.5.5 所示，从图中读出的数据如表 5.5.2 所示。

表 5.5.2 引入负反馈前、后的电路中频电压放大倍数和通频带

电路有无反馈	中频电压放大倍数	通频带
没有引入反馈	32.039dB	23.2kHz
引入反馈后	22.214dB	196.8kHz

由表 5.5.2 可知，引入负反馈后，放大电路的电压放大倍数下降，通频带明显展宽。

本 章 小 结

1. 反馈是将放大电路输出信号中的一部分或全部按一定的方式回送到输入回路并影响输入量的连接方式。若电路中除放大通路之外还存在信号反向传输的通路，则称为反馈放大电路(闭环)。反之，则称为基本放大电路(开环)。

采用瞬时极性法进行反馈极性判断。若反馈引入后削弱了原输入信号，使得放大电路的输出信号减小，则为负反馈。反之，则为正反馈；若反馈只对交流信号起作用(即反馈量中仅包含交流成分)，则为交流反馈。若反馈只对直流信号起作用(即反馈量中仅包含直流成分)，则为直流反馈。

根据负反馈信号在放大电路输出端采样方式，以及在输入回路中求和形式的不同，共有四种类型或组态。

(1)电压串联负反馈：反馈信号与输出电压成比例，与原输入信号以电压形式求和。

(2)电压并联负反馈：反馈信号与输出电压成比例，与原输入信号以电流形式求和。

(3)电流串联负反馈：反馈信号与输出电流成比例，与原输入信号以电压形式求和。

(4)电流并联负反馈：反馈信号与输出电流成比例，与原输入信号以电流形式求和。

2. 反馈对放大电路的性能有影响。正反馈会使放大电路的放大倍数增大，容易引起放大电路自激振荡，常用于正弦波振荡器中，但在一般放大电路中很少应用；负反馈能够改善放大电路性能，在一般放大电路中常常引入负反馈。其中直流负反馈用于稳定放大电路的静态工作点，而交流负反馈则用于改善放大电路的动态性能指标。虽然交流负反馈减小了放大倍数，但能提高放大倍数稳定性、减小非线性失真、扩展通频带、改变输入与输出电阻等。

不同组态的负反馈对放大电路的输入电阻和输出电阻将有不同的影响：电压负反馈能稳定输出电压，同时降低输出电阻。电流负反馈能稳定输出电流，同时提高输出电阻；串联负反馈可提高放大电路的输入电阻，而并联负反馈则降低输入电阻。

3. 应当根据实际的电路设计需要，来引入合适的负反馈组态。

(1)要稳定直流量(如静态工作点)，则应引入直流负反馈。

(2)要改善放大电路交流性能(如稳定放大倍数、展宽通频带等)，则应引入交流负反馈。

(3)在负载 R_L 变化时，若想使输出电压稳定，则应引入电压负反馈。若想使输出电流稳定，则应引入电流负反馈。

(4)若需要提高放大电路的输入电阻 R_i，则应引入串联负反馈。若要减小放大电路的输入电阻 R_i，则应引入并联负反馈。

4. 常用的负反馈放大电路分析方法主要有等效电路法、方框图法、深度负反馈条件下的近似估算法。实际负反馈放大电路中一般都满足深度负反馈条件，因此工程上常常采用近似估算法来分析负反馈放大器的性能。

深度负反馈放大电路电压放大倍数的估算方法：

(1)对于电压串联负反馈放大电路，可利用关系式 $A_{uf} \approx 1/F_u$ 直接估算。

（2）对于其他三种组态的负反馈放大电路，均可利用关系式 $\dot{X}_f \approx \dot{X}_i$ 来估算电压放大倍数。

5. 负反馈放大电路自激振荡的产生原因是：在高频和低频情况下，环路增益 $\dot{A}\dot{F}$ 会产生附加相移。当附加相移为180°时，负反馈就变成了正反馈，就可能产生自激振荡。因此，自激振荡的条件为 $\dot{A}\dot{F} = -1$；要判断负反馈放大电路是否可能振荡，一般是利用环路增益 $\dot{A}\dot{F}$ 的伯德图，综合分析 $\dot{A}\dot{F}$ 的幅频响应和相频响应特性，判断是否同时满足自激振荡的幅度条件和相位条件；为了使设计的负反馈放大电路能够稳定可靠工作，要求放大电路有一定的稳定裕度。通常采用增益裕度或者相位裕度指标作为衡量的标准。

为保证负反馈放大电路有一定的稳定裕度，常采用的频率补偿方法有电容补偿、RC 补偿和密勒效应补偿。

习 题

5.1 判断题图 5.1 所示的各电路中的级间反馈，哪些是负反馈？哪些是正反馈？哪些是交流反馈？

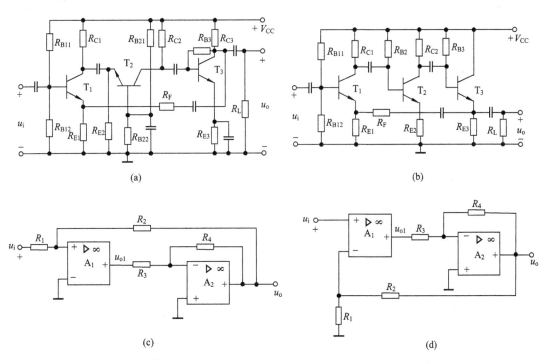

题图 5.1

5.2 试判断题图 5.2 所示的各电路中反馈的极性，并分析负反馈的组态。

5.3 有两个放大器 A_1、A_2 工作在线性区，其电压传输特性分别如题图 5.3(a)、(b)所示。对工作在线性区的两个放大器分别加反馈，其方框图示于题图 5.3(c)～(f)。试判别这些接法的反馈是正反馈还是负反馈。

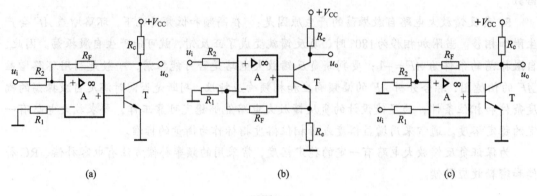

题图 5.2

5.4　电路如题图 5.4 所示。要求：

(1) 当负载发生变化时，要保证放大倍数稳定；

(2) 当信号输入后，电路输入端从信号源索取的电流小；

(3) 引入负反馈后，需保证各级电路的静态工作点不变。

试说明需引入何种类型的负反馈，才能满足以上设计要求。并画出反馈支路。

5.5　题图 5.5 所示的两个负反馈放大电路都不能正常工作，试指出其错误并在原有基础上予以改正，且三极管不能更换，其他元件不能增加。要求改正后的电路：(1) 能正常放大交流信号；(2) 存在级间的交流并联负反馈；(3) 能稳定各级静态工作点。

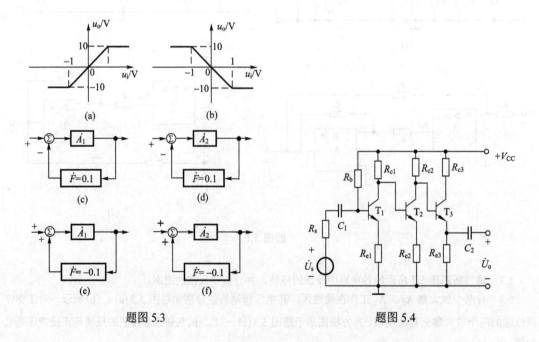

题图 5.3　　　　　　　　　　题图 5.4

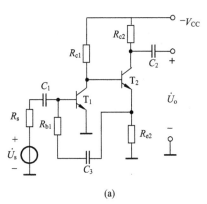
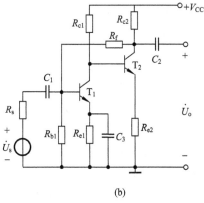

(a)　　　　　　　　　　　　　　　　(b)

题图 5.5

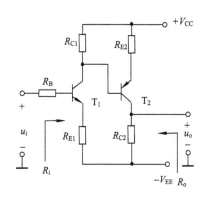

题图 5.6

5.6　在题图 5.6 所示的放大电路中，已知 $R_B = 5\text{k}\Omega$，$R_{C1} = 10\text{k}\Omega$，$R_{C2} = 3\text{k}\Omega$，$R_{E1} = R_{E2} = 100\Omega$，两个三极管的 β 均为 100，r_{be} 均为 $4\text{k}\Omega$。要求：

（1）求 $A_u = \dfrac{u_o}{u_i}$、R_i 和 R_o；

（2）为了在 R_{C2} 变化时仍能得到稳定的输出电流 $\dot{I}_o$（$\dot{I}_o$ 是 T_2 集电极到发射极的电流），应如何引入一个级间反馈电阻 R_F（在图中画出）且引入的反馈电阻不能影响电路静态工作点？

（3）若 $R_F = 10\text{k}\Omega$，则引入深度负反馈后的电压放大倍数 $\dot{A}_{uf}$、输入电阻 R_{if} 和输出电阻 R_{of} 是多少？

5.7　电路如题图 5.7 所示。已知 $V_{CC} = V_{EE} = 12\text{V}$，$\beta_1 = \beta_2 = 100$，$R_{B1} = R_{B2} = 1\text{k}\Omega$，$R_{C1} = R_{C2} = 20\text{k}\Omega$。要求：

（1）设 $U_{BE1} = U_{BE2} \approx 0.7\text{V}$。计算在未接入 T_3 且 $u_i = 0$ 时，T_1 管的 U_{C1} 和 U_E；

（2）计算当 $u_i = +5\text{mV}$ 时，u_{C1}、u_{C2} 各是多少？设 $r_{be} \approx 10.8\text{k}\Omega$；

（3）如接入 T_3 并通过 C_3 经 R_F 反馈到 B_2，说明 B_3 应与 C_1 还是 C_2 相连才能实现负反馈；

（4）在上述负反馈情况下，若满足 $|\dot{A}F| \gg 1$，计算 R_F 应是多少才能使引入负反馈后的电压放大倍数 $\dot{A}_{uf} = 10$？

5.8　由差动放大电路和集成运算放大器组成的反馈放大电路如题图 5.8 所示。已知 $V_{CC} = V_{EE} = 15\text{V}$，$R_{B1} = R_{B2} = 2\text{k}\Omega$，$R_{C1} = R_{C2} = 20\text{k}\Omega$，$R_1 = 24\text{k}\Omega$，$R_2 = 6\text{k}\Omega$，$R_{E3} = 5.3\text{k}\Omega$，$R_F = 18\text{k}\Omega$。试求：

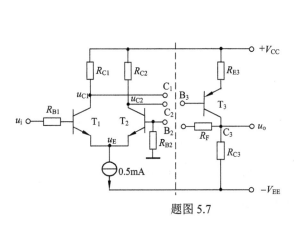

题图 5.7

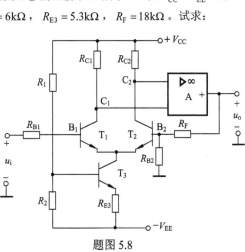

题图 5.8

(1) 设 $U_{BE} = 0.7 \text{ V}$，当 $u_i = 0$ 时，求 U_{C1}、U_{C2}；

(2) 要使由 u_o 到 B_2 的反馈为电压串联负反馈，则 C_1 和 C_2 应分别接至集成运放 A 的哪个输入端(在图中用 +、−标出)？

(3) 引入电压串联负反馈后，闭环电压放大倍数 $A_{uf} = \dfrac{u_o}{u_i}$ 是多少？设 A 为理想集成运放；

(4) 若要引入电压并联负反馈，则 C_1、C_2 又应分别接至集成运放 A 的哪个输入端(在图中标出)？ R_F 应接到何处？若 R_F、R_B 数值不变，则 A_{uf} 是多少？

5.9　在图 5.1.2(b) 所示的电压串联负反馈放大电路中，假设集成运放的开环差模电压放大倍数 $\dot{A}_{ud} = 10^5$，$R_3 = 2 \text{k}\Omega$，$R_2 = 18 \text{k}\Omega$。要求：

(1) 试估算反馈系数 $\dot{F}$、反馈深度 $1 + \dot{A}_{ud}\dot{F}$；

(2) 试估算放大电路的闭环电压放大倍数 $\dot{A}_{uf}$；

(3) 若开环差模电压放大倍数 $\dot{A}_{ud}$ 的相对变化量为 ±10%，则闭环电压放大倍数 A_{uf} 的相对变化量等于多少？

5.10　某放大电路的频率特性如题图 5.10 所示。要求：

(1) 试求该放大电路的下限截止频率 f_L，上限截止频率 f_H，中频电压放大倍数 $\dot{A}_{um}$；

(2) 若希望通过电压串联负反馈使通频带宽为 1Hz～50MHz，问所需的反馈深度为多少？求反馈系数 $\dot{F}_u$，中频闭环电压增益 $\dot{A}_{umf}$。

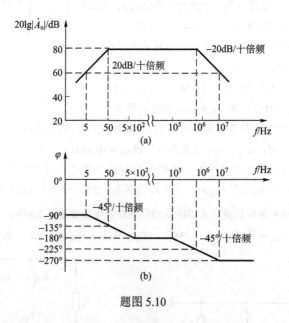

题图 5.10

5.11　某基本放大电路电压放大倍数的频率响应如题图 5.11 所示。要求：

(1) 写出基本放大电路的电压放大倍数 $\dot{A}_u$ 的表达式；

(2) 若在该电路中引入电压串联负反馈，且反馈系数 $\dot{F}_u = 0.01$，判断闭环后负反馈放大电路是否能稳定工作？若能稳定，则写出相位裕度；若产生自激，则分析在 45° 相位裕度下的 $\dot{F}_u$。

5.12　题图 5.12(a) 所示放大电路在低频时的电压放大倍数为 $\dot{A}_u = \dfrac{\dot{U}_o}{\dot{U}_i} = -10$。要求：

(1) 假设集成运算放大器 A 具有理想的特性，求电阻 R_1 的值；

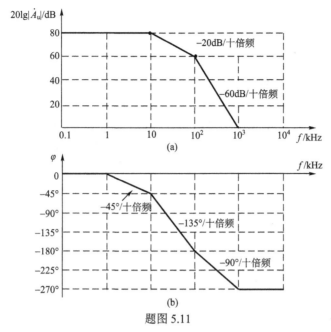

(a)

(b)

题图 5.11

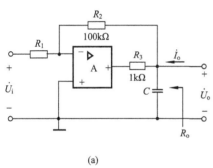

(a)

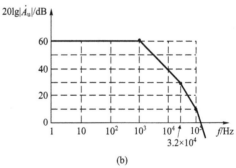

(b)

题图 5.12

(2) 假设集成运算放大器 A 的电压放大倍数具有如题图 5.12(b) 所示的频率特性，其他性能仍是理想的。现在希望通过 R_3、C 组成的校正环节使放大电路具有约 45°的相位裕度而稳定工作，问放大电路校正后的幅频特性是什么样子？电阻 R_3 的值为多少？

(3) 在由 R_3、C 组成的校正环节中，电容 C 的数值应为多大？

(4) 在低频 $f =1\text{Hz}$ 时，放大电路的输出电阻 R_o 大约是多大？

5.13　反馈放大电路如题图 5.13 所示。已知 T_1、T_2、T_4、

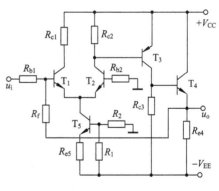

题图 5.13

T_5 型号为 2N3904，T_3 型号为 2N3905。$R_{b1}=R_{b2}=1\text{k}\Omega$，$R_{c1}=R_{c2}=10\text{k}\Omega$，$R_{c3}=R_{e4}=5\text{k}\Omega$，$R_f =10\text{k}\Omega$，$R_{e5}=1.9\text{k}\Omega$，$R_1=1.1\text{k}\Omega$，$R_2=11\text{k}\Omega$，$V_{CC}=V_{EE}=12\text{V}$。用 Multisim 进行电路仿真。要求：

(1) 设输入信号为 $u_i = \sin(2\pi\times100t)\ (\text{mV})$，仿真分析电路的开环和闭环电压放大倍数，并将闭环电压放大倍数的仿真结果与理论估算结果进行比较；

(2) 分别测试电路在开环和闭环时的电压放大倍数幅频响应特性和上限截止频率。

第6章 信号产生电路

【内容提要】 首先介绍正弦波振荡电路的基本工作原理和各种类型的正弦波振荡电路，包括 RC 振荡电路、LC 振荡电路和石英晶体振荡电路。其次介绍由集成运放组成的矩形波、三角波、锯齿波发生器和压控振荡器。最后以 5G8038 为例介绍集成多功能信号发生器的组成原理及典型应用。

在电子系统中，经常需要各种信号产生电路，如通信、广播、电视系统中的射频载波以及高频加热设备等，均要求提供频率准确、幅值稳定的正弦波。在电子测量设备、数字电子系统及自动控制系统中，也经常需要方波、三角波、锯齿波等非正弦波信号。

信号产生电路的作用是在没有输入信号控制的前提下，将直流稳压电源的能量转化成具有一定频率和幅值的波形信号。

6.1 正弦波振荡电路

6.1.1 正弦波振荡电路的基本工作原理

由负反馈放大电路的频率响应和稳定性分析可知，环路增益在低频段或高频段会产生附加相移。若环路增益在某频率 f_0 时的附加相移达到 $-180°$，则负反馈将变成正反馈，若同时满足一定的幅值条件，将会产生自激振荡。因此，正反馈是产生正弦波振荡的必要条件。在负反馈放大电路中，自激振荡是有害的，然而在正弦波振荡电路中，恰恰需要利用自激振荡从无到有地产生正弦波信号。

正弦波振荡器必须包含放大电路、正反馈网络，以及选频网络(选中频率为 f_0 的信号)。下面讨论正弦波振荡电路的振荡条件、类型和分析方法。

1. 产生正弦波振荡的条件

1)正弦波振荡电路的组成框图和平衡条件

从电路组成结构上看，正弦波振荡器是一个未加输入信号的正反馈放大电路，如图 6.1.1(a) 所示。当输入信号 $\dot{X}_i = 0$ 时，放大器 $\dot{A}$ 的净输入信号 $\dot{X}_i'$ 等于反馈信号 $\dot{X}_f$，如图 6.1.1(b) 所示。

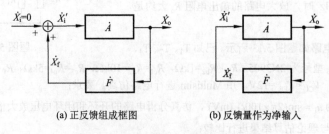

(a) 正反馈组成框图   (b) 反馈量作为净输入

图 6.1.1 正弦波振荡电路的组成框图

图 6.1.1(a) 所示电路中，在电路通电瞬间 (如开关合闸通电)，出现的电路噪声和瞬态干扰等将包含幅值很小、各种频率的信号分量。对某种频率为 f_0 的输出 $\dot{X}_0$，经反馈网络 $\dot{F}$ 和基本放大器 $\dot{A}$ 一个循环后所得到的输出为 $\dot{A}\dot{F}\dot{X}_0$，假设有 $\dot{A}\dot{F}\dot{X}_0 = \dot{X}_0$，则该信号将持续稳定地存在。因此，电路维持正弦波振荡的条件，即平衡条件为

$$\dot{A}\dot{F}\dot{X}_0 = \dot{X}_0$$

即

$$\dot{A}\dot{F} = 1 \tag{6.1.1}$$

式 (6.1.1) 也可分解为模和相角的形式，其中幅值平衡条件为

$$|\dot{A}\dot{F}| = 1 \tag{6.1.2a}$$

相位平衡条件为

$$\varphi_A + \varphi_F = 2n\pi \ (n \ 为整数) \tag{6.1.2b}$$

在正弦波振荡的平衡条件中，相位平衡条件是必要条件，应该确保正弦波振荡电路仅对特定频率 (f_0) 信号能满足相位平衡条件，即电路振荡频率 f_0 由式 (6.1.2b) 的相位平衡条件确定。而幅值平衡条件是充分条件，以保证电路能够起动正弦波振荡。

2) 正弦波振荡的起振和稳幅

由电路噪声或干扰产生的初始输出信号一般幅值很小，且包含丰富的频谱成分。为得到特定频率、幅值稳定的振荡正弦波信号，首先需由一个选频网络将特定频率 f_0 分量从初始输出信号中挑选出来，使其满足相位平衡条件；其次，要求环路增益的模大于 1，即

$$\dot{A}\dot{F} > 1 \tag{6.1.3}$$

由此，电路正弦波振荡才能从无到有、从小到大建立起来。

式 (6.1.3) 称为正弦波振荡的起振条件，可以分解为模和相角的形式，其中起振幅值条件为

$$|\dot{A}\dot{F}| > 1 \tag{6.1.4a}$$

起振相位条件为

$$\varphi_A + \varphi_F = 2n\pi \ (n \ 为整数) \tag{6.1.4b}$$

在电路正弦波振荡建立后，振荡的正弦波信号从小到大不断增大，当幅值达到一定的数值时，还必须采取稳幅措施使正弦波信号幅值稳定，不再增加。常用的稳幅措施有两种：一是通过外接非线性元件实现，称为外稳幅；二是利用放大电路中晶体管的非线性实现，称为内稳幅。

2. 正弦波振荡电路的分类

由以上分析可知，一个正弦波振荡电路必须具备 3 个基本环节：放大电路、正反馈网络和选频网络。另外，为使输出的正弦波信号幅值稳定，还需要稳幅环节 (非线性环节)。

在正弦波振荡电路中，选频网络和反馈网络往往 "合二为一"。对于由分立元件组成的基本放大电路，稳幅环节常采用晶体管的非线性实现，而不必再增加稳幅电路。

一般根据选频网络所采用元件的类型来分类和命名正弦波振荡电路。根据选频网络的不同，正弦波振荡电路可分为 RC 正弦波振荡电路、LC 正弦波振荡电路和石英晶体振荡电路三种类型。

3. 正弦波振荡电路的分析方法

判断正弦波振荡电路能否正常工作的过程如下。

(1)检查振荡电路组成。检查振荡电路是否包含放大电路、选频网络和反馈网络三个基本组成部分。

(2)判断放大电路能否正常工作。检查放大电路的静态工作点是否合适、动态信号能否正常输入和输出等。

(3)判断振荡电路是否满足相位平衡条件,并估算振荡频率。由于相位平衡条件的实质是正反馈,因此可用瞬时极性法判断电路是否满足相位平衡条件。且相位平衡条件仅对特定频率(f_0)信号满足,故只需判断电路对频率为 f_0 的信号是否存在正反馈。若满足则可能起振,并可求出振荡频率 f_0。

(4)分析振荡电路的起振幅值条件。根据具体电路分别求出 $\dot{A}$ 和 $\dot{F}$,然后判断 $|\dot{A}\dot{F}|>1$ 是否成立。

(5)分析稳幅环节。稳幅环节保证电路维持一定幅值的正弦波振荡,使得振荡正弦波信号基本不失真。

6.1.2　RC 正弦波振荡电路

RC 正弦波振荡电路包括 RC 串并联式、移相式和双 T 网络等类型,这里重点讨论应用最广的 RC 串并联式正弦波振荡电路。

1. 电路原理图

RC 串并联式正弦波振荡电路原理如图 6.1.2(a)所示,包括由 R_f、R_3 和集成运放 A 组成的同相放大电路(即带负反馈的同相放大器),由虚线框所示 Z_1、Z_2 组成的 RC 串并联选频网络,而 RC 串并联网络同时也是正反馈网络。

2. RC 串并联网络的选频特性

图 6.1.2(a)所示 RC 串并联网络中,经常取 $R_1=R_2=R$,$C_1=C_2=C$,此时 $Z_1=R+\dfrac{1}{j\omega C}$,

$Z_2=R//\dfrac{1}{j\omega C}$,该网络引入的正反馈的反馈系数为

$$\dot{F}=\frac{\dot{U}_f}{\dot{U}_o}=\frac{Z_2}{Z_1+Z_2}=\frac{R//\dfrac{1}{j\omega C}}{R+\dfrac{1}{j\omega C}+R//\dfrac{1}{j\omega C}}=\frac{1}{3+j\left(\omega RC-\dfrac{1}{\omega RC}\right)} \tag{6.1.5}$$

在式(6.1.5)中,若令 $\omega_0=\dfrac{1}{RC}$,则有

$$\dot{F}=\frac{1}{3+j\left(\dfrac{\omega}{\omega_0}-\dfrac{\omega_0}{\omega}\right)} \tag{6.1.6}$$

其幅频特性为

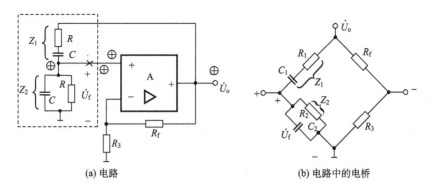

图 6.1.2 RC 串并联正弦波振荡电路

$$F = \frac{1}{\sqrt{3^2 + \left(\dfrac{\omega}{\omega_0} - \dfrac{\omega_0}{\omega}\right)^2}} \qquad (6.1.7)$$

相频特性为

$$\varphi_F = -\arctan\frac{\dfrac{\omega}{\omega_0} - \dfrac{\omega_0}{\omega}}{3} \qquad (6.1.8)$$

文氏电桥
振荡器起
振和稳幅

由式(6.1.7)和式(6.1.8)可得到 RC 串并联网络的幅频特性和相频特性伯德图,如图 6.1.3 所示。

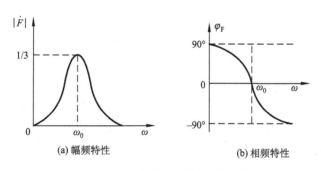

图 6.1.3 RC 串并联网络的频率特性

由图 6.1.3 可知, RC 串并联选频网络在 $\omega = \omega_0$ 处发生谐振, 表现为纯阻性, $\varphi_F = 0$, 无移相, 此时反馈系数最大, 为 $|\dot{F}| = 1/3$, 即 $\dot{U}_f = \dot{U}_o/3$; 当 $\omega < \omega_0$ 时, 选频网络表现为感性, $\omega > \omega_0$ 时表现为容性, 而且反馈系数 $\dot{F}|$ 迅速下降。

3. RC 串并联正弦波振荡电路的分析

在图 6.1.2(a)中, 由于 Z_1、Z_2、R_f 和 R_3 形成一个四臂电桥, 如图 6.1.2(b)所示, 故又称文氏电桥振荡器或桥式振荡器。文氏电桥振荡器由同相放大器和 RC 串并联选频网络(也是正反馈网络)组成。

1) 相位平衡条件及振荡频率

用瞬时极性法, 将图 6.1.2(a)中集成运放的同相端断开, 若加入瞬时极性为正的信号, 则集成运放的输出端也得到一个正极性的信号。对频率为 f_0 的信号, RC 串并联选频网络呈纯阻性，故经该网络反馈回集成运放同相端一个正极性的信号。因此，对频率为 f_0 的信号，选频网络的反馈为正反馈，满足相位平衡条件，且振荡信号角频率为 $\omega_0 = 1/(RC)$，故正弦波振荡信号频率为

$$f_0 = \frac{\omega_0}{2\pi} = \frac{1}{2\pi RC} \tag{6.1.9}$$

若 R、C 确定，即可求得 f_0。当改变 R 或 C 的值时，可方便地调节振荡频率。

2）起振幅值条件

图 6.1.2 所示振荡电路中，放大器是由 R_f、R_3 和集成运放 A 组成的同相放大电路，RC 串并联选频网络（正反馈网络）的反馈电压作为放大器的输入。同相放大电路的电压放大倍数为

$$A = 1 + \frac{R_f}{R_3}$$

根据正弦波振荡相位平衡条件，得正反馈网络的反馈系数为 $|\dot{F}| = 1/3$，则起振幅值条件为

$$|\dot{A}\dot{F}| = \left(1 + \frac{R_f}{R_3}\right) \times \frac{1}{3} \geqslant 1$$

即

$$R_f \geqslant 2R_3$$

通常 R_f 取值要略大于 $2R_3$。

3）正弦波振荡的稳幅环节

在图 6.1.2(a) 所示的 RC 串并联正弦波振荡电路中，若没有稳幅环节，则随着振荡正弦波信号幅值的增大，集成运放会进入非线性工作状态，引起输出正弦波信号波形产生严重的非线性失真。为了减小输出正弦波信号波形失真，需要采用外稳幅措施。例如，图 6.1.2(a) 中 R_f 可用温度系数为负的热敏电阻替代。在正弦波振荡起振开始时，有 $|\dot{A}\dot{F}| > 1$，随着输出电压 $|\dot{U}_o|$ 增加，反馈回路的电流 $|\dot{I}_f|$ 将随之增加，结果使热敏电阻的阻值 R_f 减小，负反馈增强，引起放大器的放大倍数减小，从而使 $|\dot{A}\dot{F}|$ 减小。当输出电压 $|\dot{U}_o|$ 达到某个数值时，有 $|\dot{A}\dot{F}| = 1$，将保持等幅正弦波振荡。

此外，还可以采取在 R_f 支路中串联两个并联的二极管，或者利用场效应管工作在可变电阻区等措施进行稳幅，这里不再赘述。

【例 6.1.1】 文氏电桥振荡器如图 6.1.4(a) 所示，设耦合电容很大，可视为交流短路。试问：

（1）为使图示电路产生正弦波振荡，图中①~⑨各端点应如何连接？

（2）电路振荡信号频率是多少？

（3）要满足起振条件，R_f 应如何选取？

（4）若电路接线正确且静态工作点正常，但不能产生正弦波振荡，可能是什么原因？应调整电路中哪个参数最为合适？如何调整？

（5）若输出电压波形严重失真，可能是什么原因？应调整电路中哪个参数最为合适？如何调整？

(6)为了实现稳幅，电路中哪个电阻可采用热敏电阻？其温度系数如何？

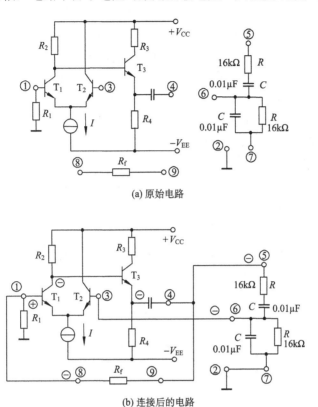

(a) 原始电路

(b) 连接后的电路

图 6.1.4　文氏电桥振荡器

解：(1)为使电路产生正弦波振荡，应使频率为 f_0 的信号满足相位平衡条件。用瞬时极性法，假设在 T_1 的基极加入一正极性的信号，则电路中各节点的瞬时极性如图 6.1.4(b)所示。由于在 RC 串并联正弦波振荡电路中，放大器一般为带负反馈的同相放大器，选频网络兼作正反馈网络，故应由 R_f 引入负反馈，RC 串并联选频网络引入正反馈。图中放大电路为二级放大电路，第一级为由 T_1、T_2 及其偏置电路组成的恒流源差分放大电路，第二级为由 T_3 及其偏置电路构成的射极跟随器。欲使 R_f 反馈支路引入负反馈，需将⑨端接④端，⑧端接①端。对选频网络支路，为保证该反馈为正反馈，应将⑤端接④端、⑦端接②端、⑥端接③端。连接后的 RC 振荡电路如图 6.1.4(b)所示。

(2)电路振荡的正弦波信号频率为

$$f_0 = \frac{1}{2\pi RC} = \frac{1}{2 \times 3.14 \times 16 \times 10^3 \times 0.01 \times 10^{-6}} \approx 1(\text{kHz})$$

(3)由 T_1、T_2、T_3 及 R_f 组成的放大器的电压放大倍数为

$$A = 1 + \frac{R_f}{R_1}$$

对于频率为 f_0 的信号，由选频网络引入的正反馈系数为 $F = 1/3$，为满足起振条件，要求放大器的放大倍数 $|A| > 3$，故应使 $R_f > 2R_1$。

(4)接线正确说明电路满足相位平衡条件，若静态工作点也正常但不能产生正弦波振荡，则可能是由于起振幅度条件未满足。由于对频率为 f_0 的振荡信号，RC 串并联网络的正反馈系数是固定的，故应将 R_f 调大来减少负反馈，以增大基本放大器的放大倍数。

(5)若输出电压波形严重失真，一般是放大器的放大倍数太大，导致起振时环路增益 $|\dot A \dot F|$ 远大于 1，使得输出电压超过了放大器的最大不失真线性范围。故在不影响电路起振的前提下，应该减小 R_f 以减小基本放大器的电压放大倍数。

(6)为了实现稳幅，电路中 R_f 可选用温度系数为负的热敏电阻。

【例 6.1.2】　图 6.1.5 所示为 RC 移相式振荡电路，简述其工作原理。

解：在图 6.1.5 中，放大器为由 R、R_f 和集成运放 A 组成的反相放大器，即 $\varphi_A = -180°$。选频网络由三节 RC 高通电路组成。由 RC 高通电路的频率响应可知，每节 RC 高通电路最多可移相 90°，故三节 RC 高通电路的最大相移可达 270°。这样，对某一特定频率 f_0，可以实现 RC 选频网络的附加相移 $\varphi_F = 180°$，从而有 $\varphi_A + \varphi_F = 0°$，满足相位平衡条件。在此基础上，通过调整放大器的电压放大倍数，使之满足起振幅值条件，即可产生正弦波振荡。

对图 6.1.5 所示 RC 移相式正弦波振荡器，其振荡信号频率为

$$f_0 \approx \frac{1}{2\pi\sqrt{6}RC} \tag{6.1.10}$$

RC 移相式振荡电路结构简单，但选频效果不好，输出电压波形较差，且频率调节不方便，一般仅用于对振荡频率要求不高的场合。

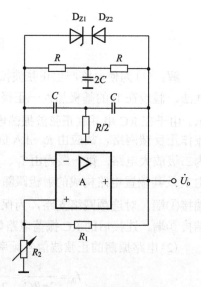

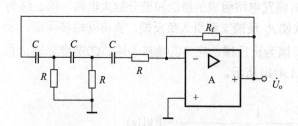

图 6.1.5　RC 移相式振荡电路　　　　　　　图 6.1.6　双 T 正弦波振荡电路

【例 6.1.3】　图 6.1.6 所示为双 T 正弦波振荡电路，简述其工作原理。

解：该振荡电路中，R_1 和 R_2 构成正反馈网络，(同相)放大器由集成运放和双 T 网络组成。双 T 网络为选频网络，接在负反馈支路中。D_{Z1} 和 D_{Z2} 为稳幅环节。

由于双 T 网络具有带阻特性,在频率 $f_0 = \dfrac{1}{2\pi RC}$ 处表现为纯阻性,且负反馈的反馈系数最小,使得同相放大器的电压放大倍数最大、相移为零。若频率偏离 f_0,则负反馈的反馈系数迅速增大。因此,只有频率为 f_0 的正弦波信号满足电路振荡的相位平衡条件(对应负反馈最弱)。若再调整 R_2 改变正反馈系数的大小,使之满足电路起振条件,即可产生正弦波振荡。

当振荡电路输出正弦波信号的电压幅值接近或超过 D_{Z1}、D_{Z2} 的稳压值后,D_{Z1}、D_{Z2} 的导通电流将逐步增大,从而由 D_{Z1}、D_{Z2} 引入了额外的负反馈,导致同相放大器的电压放大倍数下降,最终达到电路振荡的幅值平衡条件,实现电路振荡的稳幅。

双 T 振荡电路的选频特性较好,但是频率调节困难,故一般用于固定频率的场合。

📖 **价值观:理想与奋斗**

自激振荡在负反馈放大电路中是有害的,然而在正弦波振荡电路中却可以从无到有地产生正弦波信号。要产生正弦波振荡,首先需要利用选频网络选定特定频率的信号分量,使之满足相位平衡条件。其次需要使该信号满足起振幅值条件,这样信号幅值经放大电路和反馈网络一周后才能有所增大;通过反复迭代不断放大积累后,便能逐渐达到期望的幅值。

"尺有所短,寸有所长"。在人生的道路上,每个人都不能妄自菲薄,要坚信"天生我材必有用"。首先要把个人理想和建设中国特色社会主义的伟大事业相结合,找到适合自己特长的奋斗目标,做到"咬定青山不放松"。其次要为实现该目标而不懈努力。不积跬步,无以至千里;不积小流,无以成江海。实现伟大理想需要"不待扬鞭自奋蹄",持之以恒地辛勤耕耘,顽强拼搏,使每日的付出能够对目标的实现形成正反馈;每天进步一点点,日积月累方能达到理想的彼岸。

由于 RC 正弦波振荡电路的振荡频率与 R 和 C 的乘积成反比,若需要获得较高的振荡频率,必须选择较小的 R 和 C。例如,对于文氏电桥振荡器,若 $R = 1\text{k}\Omega$, $C = 200\text{pF}$,则振荡频率为 $f_0 = \dfrac{1}{2\pi RC} \approx 796\text{kHz}$。若希望获得更高的振荡频率,则应进一步减小 R 和 C 的值。然而,电路中的导线电阻及其分布电容会影响 R 和 C 的数值,导致振荡频率不可能很高和不稳定。

实际工程中,RC 正弦波振荡电路的振荡频率一般不超过 1MHz。若需获得更高的振荡频率,应该选用 LC 正弦波振荡电路。

6.1.3 LC 正弦波振荡电路

LC 正弦波振荡电路一般使用 LC 并联谐振回路作为选频网络,可产生频率高达 100MHz 以上的正弦波。由于高频集成运放频带较窄、价格较贵,故 LC 正弦波振荡电路常使用分立元件构成放大电路。

1. LC 并联谐振回路的选频特性

LC 并联谐振回路是 L、C 元件组成,如图 6.1.7(a)所示。其中,R 表示电感回路损耗的等效电阻,阻值较小;$\dot{I}$ 是输入电流,$\dot{I}_L$ 和 $\dot{I}_C$ 是 R、L、C 回路的电流。

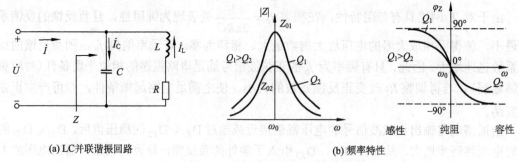

(a) LC并联谐振回路   (b) 频率特性

图 6.1.7   LC 并联谐振回路及其频率特性

1) 谐振频率

由图 6.1.7(a) 可知，该电路的复数导纳为

$$Y = \mathrm{j}\omega C + \frac{1}{R + \mathrm{j}\omega L} = \frac{R}{R^2 + (\omega L)^2} + \mathrm{j}\left(\omega C - \frac{\omega L}{R^2 + (\omega L)^2}\right) \tag{6.1.11}$$

设 $\omega = \omega_0$ 时发生并联谐振，式 (6.1.11) 的虚部为零，则有

$$\omega_0 C - \frac{\omega_0 L}{R^2 + (\omega_0 L)^2} = 0 \tag{6.1.12}$$

由式 (6.1.12) 可得

$$\omega_0 = \frac{1}{\sqrt{\left(\dfrac{R}{\omega_0 L}\right)^2 + 1}} \cdot \frac{1}{\sqrt{LC}} = \frac{1}{\sqrt{\left(\dfrac{1}{Q}\right)^2 + 1}} \cdot \frac{1}{\sqrt{LC}} \tag{6.1.13}$$

式中，$Q = \omega_0 L / R = 1/(\omega_0 RC) = (1/R) \cdot \sqrt{L/C}$，称为谐振回路的品质因素，是用来评价 LC 并联回路损耗大小的重要指标。对于一般的 LC 并联回路，$Q \gg 1$（几十～几百），则式 (6.1.13) 可简化为

$$\omega_0 \approx \frac{1}{\sqrt{LC}} \tag{6.1.14}$$

故谐振频率为

$$f_0 = \frac{\omega_0}{2\pi} \approx \frac{1}{2\pi\sqrt{LC}} \tag{6.1.15}$$

2) 谐振时的输入阻抗

由式 (6.1.11) 可得，LC 并联回路谐振时的阻抗为

$$Z_0 = \frac{1}{Y_0} = \frac{R^2 + (\omega_0 L)^2}{R} \tag{6.1.16}$$

又由式 (6.1.12) 可得

$$(\omega_0 L)^2 = \frac{L}{C} - R^2 \tag{6.1.17}$$

将式 (6.1.17) 代入式 (6.1.16) 可得

$$Z_0 = \frac{L}{RC} = \frac{Q}{\omega_0 C} = Q\omega_0 L = Q\sqrt{\frac{L}{C}} \tag{6.1.18}$$

由式(6.1.18)可知，Q 越大，Z_0 越大。

3) 选频特性

由式(6.1.11)可知

$$Z = \frac{1}{Y} = \frac{1}{j\omega C + \dfrac{1}{R + j\omega L}} \tag{6.1.19}$$

在 ω_0 附近，近似有

$$Z \approx \frac{Z_0}{1 + jQ\left(1 - j\dfrac{\omega_0^2}{\omega^2}\right)} \tag{6.1.20}$$

由式(6.1.20)可得到 LC 并联谐振回路的幅频和相频特性曲线，如图 6.1.7(b)所示。由图 6.1.7(b)可知，LC 并联谐振回路具有如下选频特性：

(1) 若 Q 值一定，$\omega = \omega_0$ 时，谐振回路相当于纯电阻，且等效阻抗最大；$\omega < \omega_0$ 时谐振回路呈感性，$\omega > \omega_0$ 时谐振回路呈容性，且谐振回路等效阻抗均迅速减小。

(2) Q 值越大，幅频特性越尖锐，相频特性越陡，等效阻抗也越大，选频特性越好。

另外，谐振频率也与 Q 有关，$Q \gg 1$ 时，有 $f_0 \approx \dfrac{1}{2\pi\sqrt{LC}}$。

4) 输入电流与回路电流的关系

谐振时，LC 并联回路的输入电流为

$$\dot{I} = \frac{\dot{U}}{Z_0} \tag{6.1.21}$$

并联回路中流过电容 C 的电流为

$$\dot{I}_C = j\omega C\dot{U} = j\frac{Q}{Z_0}\dot{U} = jQ\frac{\dot{U}}{Z_0} = jQ\dot{I} \tag{6.1.22}$$

因此有

$$|\dot{I}_C| = Q|\dot{I}| \tag{6.1.23}$$

当 $Q \gg 1$ 时，有 $|\dot{I}_C| \approx |\dot{I}_L| \gg |\dot{I}|$。可见谐振时，LC 并联回路中电流比输入电流大得多，即输入电流对谐振回路的影响可以忽略不计。该结论对分析 LC 正弦波振荡电路的相位关系十分有用。

2. LC 选频放大器

若以 LC 选频网络作为共发射极放大器集电极的负载，如图 6.1.8 所示，则该电路的电压放大倍数为

$$\dot{A}_u = -\frac{\beta Z}{r_{be}} \tag{6.1.24}$$

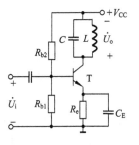

图 6.1.8　选频放大器

根据 LC 并联回路的选频特性可知，当 $f = f_0$ 时，$|\dot{A}_u|$ 最大，且无附加相移；当 f 偏离

f_0 时，$\dot{A}_{\mathrm{u}}$ 不但数值减小，而且有附加相移。该放大电路具有选频特性，故称选频放大器。

在选频放大器中，若能引入正反馈取代输入信号，则可能产生正弦波振荡。根据引入正反馈方式的不同，LC 正弦波振荡电路可分为变压器反馈式、电感反馈式和电容反馈式三种不同形式。

3. 变压器反馈式正弦波振荡电路

1）电路组成

变压器反馈式振荡电路起振和稳幅

在图 6.1.8 所示选频放大器中，通过变压器引入正反馈到三极管基极，取代原输入信号，

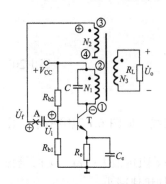

图 6.1.9 变压器反馈式振荡电路

即构成图 6.1.9 所示的变压器反馈式振荡电路。其中，放大电路为共发射极放大电路，LC 并联谐振回路作为选频网络兼作集电极负载，正反馈从变压器副边绕组 N_2 引回，具备三个基本环节。

2）相位条件及振荡频率

用瞬时极性法分析电路对 LC 谐振时频率为 f_0 的信号是否满足相位平衡条件。假设在图 6.1.9 中的三极管的基极（反馈引入端）加入一个瞬时极性为 ⊕ 的信号，则集电极（即绕组 N_1 的①端）将得到一个 ⊖ 极性的信号，又因绕组 N_2 的③端与绕组 N_1 的①端为异名端，故③端将得到一个瞬时极性

为 ⊕ 的信号，因此反馈到基极的也是一个 ⊕ 极性的信号。反馈信号与输入信号加在同一输入端且同相，故对频率为 f_0 的信号存在正反馈，满足相位平衡条件，振荡频率为

$$f_0 \approx \frac{1}{2\pi\sqrt{LC}}。$$

3）振荡起振和稳幅

在图 6.1.9 所示电路中，只要三极管的 β 较大，增加变压器原副边耦合程度，或者改变原副边的变比，使反馈信号足够大，很容易满足起振幅值条件。

另外，由于 LC 并联谐振回路的选频特性较好，LC 正弦波振荡电路一般采用内稳幅，无须外加稳幅电路。LC 振荡电路的内稳幅机制为：电路起振时必须有 $\dot{A}_{\mathrm{u}}\dot{F}_{\mathrm{u}}>1$，当电路振荡正弦波信号幅值逐步增加时，三极管输入回路的正弦波信号 u_{be} 电压幅值增大，基极电流和集电极电流的变化幅值也逐渐增大，并很快进入饱和区或截止区，从而使得放大电路的电压放大倍数 $|\dot{A}_{\mathrm{u}}|$ 下降，直至 $\dot{A}_{\mathrm{u}}\dot{F}_{\mathrm{u}}=1$，振荡趋于稳定。由于三极管的非线性，基极电流和集电极电流的变化幅值在增大到一定程度后并非正弦波，正负半周波形不对称，存在较大失真；但由于集电极负载 LC 选频网络的选频特性较好，所以输出波形还是正弦波。

4）电路特点

变压器反馈式振荡电路易产生振荡，应用比较广泛。但受变压器绕组匝间分布电容和三极管极间电容的影响，f_0 不能太高，其 f_0 范围在几兆赫～十几兆赫。

在变压器反馈式振荡电路中，反馈电压与输出电压靠磁路耦合，会有漏磁，且损耗较大。另外，变压器同名端的确定和线圈的绕制均较麻烦。为克服这些缺点，可采用自耦变压器构成电感反馈式振荡电路。

4. 电感反馈式振荡电路

将图 6.1.9 中的 N_1 和 N_2 合为一个线圈, 并将 N_1 接电源端和 N_2 接地端相连作为中心抽头, 即可构成如图 6.1.10(a) 所示的电感反馈式振荡电路, 其交流通路(略去偏置电路)如图 6.1.10(b) 所示。图 6.1.10(b) 中, 反馈信号取自电感 L_2, LC 选频网络的三个端点分别连接到三极管的三个电极。因此图 6.1.10(a) 所示电路称为电感反馈式振荡电路, 也称电感三点式振荡电路, 或称哈特莱振荡器。

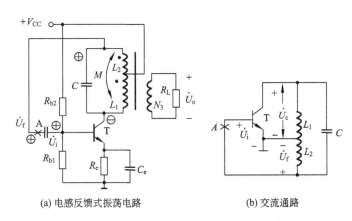

(a) 电感反馈式振荡电路   (b) 交流通路

图 6.1.10 电感反馈式振荡电路及其交流通路

1) 电路组成

图 6.1.10(a) 中, 三极管及其偏置电阻组成共发射极放大电路, 电感 L_1、L_2 和电容 C 组成的 LC 并联谐振回路作为选频网络兼作集电极负载, 电感 L_2 上的交流电压作为反馈信号对频率为 f_0 的信号构成正反馈, 具备三个基本环节。

2) 相位条件与振荡频率

在图 6.1.10(a) 所示的电路中, 断开反馈, 加瞬时极性为正、频率为 f_0 的信号, 则三极管 T 集电极将得到一个瞬时极性为负的信号; 由于对频率为 f_0 的信号, LC 并联回路相当于纯电阻, 故经 L_2 上端反馈回基极一个瞬时极性为正的反馈信号。由于反馈信号和输入信号加在同一端且同相, 因此为正反馈, 满足相位平衡条件。振荡频率为

$$f_0 = \frac{1}{2\pi\sqrt{LC}} = \frac{1}{2\pi\sqrt{(L_1 + L_2 + 2M)C}} \tag{6.1.25}$$

3) 起振幅值条件

由于图 6.1.10(a) 所示共发射极电路的电压放大倍数较大, 只要改变电感线圈抽头的位置适当调整反馈信号的大小, 即可满足幅值起振条件。通常情况下, L_2 线圈匝数占整个线圈匝数的 1/2～1/4。

4) 电路特点

电感反馈式振荡电路具有以下特点:

(1) L_1 与 L_2 之间耦合紧, 振幅大。

(2) C 采用可变电容, 可以方便地调节振荡频率(频率范围为几百千赫～几十兆赫)。

(3) 由于反馈信号取自电感, 对高频信号具有较大的阻抗, 故谐振回路中高次谐波分量

较大，输出波形不理想。因此电感反馈式振荡电路一般用于对输出波形要求不高的设备，如高频加热器。

5. 电容反馈式振荡电路

为了获得较好的输出波形，可将图 6.1.10(a) 中的电感 L_1 和 L_2 换成对高次谐波阻抗较低的电容 C_1 和 C_2，同时将电容 C 换成电感 L，即可得到电容反馈式振荡电路，也称电容三点式振荡电路，或称考毕兹(Colpitts)振荡电路，如图 6.1.11(a) 所示；为使放大电路具有合适的直流静态工作点，电路中增加了电阻 R_c。其交流通路(略去偏置电阻)如图 6.1.11(b) 所示。

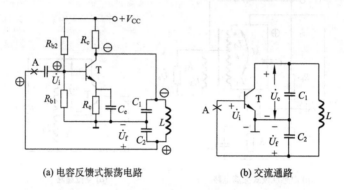

(a) 电容反馈式振荡电路　　　　　　　　　　(b) 交流通路

图 6.1.11　电容反馈式振荡电路及其交流通路

1) 电路组成

图 6.1.11(a) 中，三极管及偏置电阻组成共发射极放大电路，电容 C_1、C_2 和电感 L 组成的 LC 并联谐振回路作为选频网络，由 C_2 引出反馈信号对频率为 f_0 的信号构成正反馈，具备三个基本环节。

2) 相位平衡条件及振荡频率

将图 6.1.11(a) 中的反馈断开，加入瞬时极性为正的信号，则三极管集电极将得到瞬时极性为负的信号。由于对频率为 f_0 的信号 LC 并联谐振回路相当于纯电阻，故经 C_2 反馈回三极管基极的信号的瞬时极性为正，与所加信号瞬时极性一致，故该反馈为正反馈，满足相位平衡条件。振荡频率为

$$f_0 = \frac{1}{2\pi\sqrt{LC}} = \frac{1}{2\pi\sqrt{L\dfrac{C_1 C_2}{C_1 + C_2}}} \tag{6.1.26}$$

3) 起振幅值条件

只要电路静态工作点合适，三极管 β 较大使得共发射极放大器的电压放大倍数大，通过调节 C_2 / C_1 的比例，很容易满足幅值起振条件。

4) 电路特点

(1) 由于反馈信号取自电容，能较好地滤除高次谐波，故输出波形较好。

(2) 由于 C_1、C_2 可选得较小，故具有较高的振荡频率(可达 100MHz 以上)。

(3) 由于调节 C_1、C_2 改变振荡频率的同时会影响起振条件，而电感调节较为困难，故这种电路适合用于固定频率的场合。

(4)若需改变振荡频率，可在电感两端并联一个可调电容。但由于固定电容 C_1、C_2 的影响，频率调节范围较窄。这种电路通常用于调幅和调频接收机中，利用同轴电容器来调节频率。

由图 6.1.10(b)和图 6.1.11(b)所示的电感三点式和电容三点式振荡电路的交流通路可见，其 LC 并联谐振回路均由三个电抗元件构成，三个电抗元件连接点分别引出三个端点，且并联谐振回路与三极管相连时具有以下特点：①谐振回路的三个端点分别连接到三极管的三个电极；②连接到发射极(同相输入端)的是两个相同性质的电抗；③相连到基极(反相端)和集电极(输出端)的是性质相反的电抗。可以证明，凡按照该规定连接的三点式振荡电路均满足相位平衡条件。因此，也可以利用这三个特点来判断三点式振荡电路是否满足相位平衡条件。

【例 6.1.4】　分析图 6.1.12(a)所示正弦波振荡电路，回答以下问题：

(1)试用三点式振荡电路的组成法则判断该电路是否满足相位平衡条件；

(2)试写出振荡频率 f_0 的表达式；

(3)若 $C \ll C_1$ 且 $C \ll C_2$，试写出 f_0 的近似表达式；

(4)试分析该电路的优点。

解：(1)该电路的交流通路如图 6.1.12(b)所示(略去了偏置电路)。由图中可以看出，与三极管发射极相连的均为电容，只要集电极和基极间 L 和 C 串联支路的电抗 X_{bc} 对 f_0 信号呈感性，即满足相位条件。由于

$$X_{bc} = j\omega L + \frac{1}{j\omega C} = j\left(\omega L - \frac{1}{\omega C}\right) = j\frac{1}{\omega}\left(\omega^2 L - \frac{1}{C}\right) \tag{6.1.27}$$

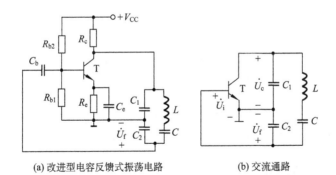

(a) 改进型电容反馈式振荡电路　　　(b) 交流通路

图 6.1.12　改进型电容反馈式振荡电路及其交流通路

又因频率为 f_0 信号的角频率为 $\omega_0 = \dfrac{1}{\sqrt{L\dfrac{1}{\dfrac{1}{C_1}+\dfrac{1}{C_2}+\dfrac{1}{C}}}}$，代入式(6.1.27)，得

$$X_{bc} = j\frac{1}{\omega_0}\left(\omega_0^2 L - \frac{1}{C}\right) = j\frac{1}{\omega_0}\left(\cfrac{L}{L\cfrac{1}{\cfrac{1}{C_1}+\cfrac{1}{C_2}+\cfrac{1}{C}}} - \frac{1}{C}\right) \tag{6.1.28}$$

$$= j\frac{1}{\omega_0}\left(\frac{1}{C_1}+\frac{1}{C_2}+\frac{1}{C}-\frac{1}{C}\right) = j\frac{1}{\omega_0}\left(\frac{1}{C_1}+\frac{1}{C_2}\right)$$

可见对频率为 f_0 的信号, X_{bc} 为感性, 满足相位平衡条件。且该电路本质上是一种电容反馈式振荡电路, 也称改进型电容三点式振荡电路, 或称克拉泼(Clapp)振荡电路。

(2)振荡频率为

$$f_0 = \frac{\omega_0}{2\pi} = \cfrac{1}{2\pi\sqrt{L\cfrac{1}{\cfrac{1}{C_1}+\cfrac{1}{C_2}+\cfrac{1}{C}}}} \tag{6.1.29}$$

(3)若 $C \ll C_1$, 且 $C \ll C_2$, 有 $\dfrac{1}{C_1}+\dfrac{1}{C_2}+\dfrac{1}{C} \approx \dfrac{1}{C}$, 故

$$f_0 = \frac{\omega_0}{2\pi} \approx \frac{1}{2\pi\sqrt{LC}} \tag{6.1.30}$$

可见谐振频率 f_0 由 L 和 C 确定, 基本上与 C_1 和 C_2 无关。

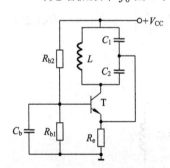

图 6.1.13　共基正弦波振荡电路

(4)图 6.1.12(a)和图 6.1.11(a)所示电路均为电容三点式振荡电路, 但是前者较后者具有更高频率稳定度和振荡频率。原因在于图 6.1.11(a)中, 电容 C_1、C_2 分别并联在三极管 b-e 和 c-e 之间, 当 C_1、C_2 较小时, 易受三极管极间电容 C_μ、C_π 影响而导致谐振频率不稳定。图 6.1.12(a)所示改进型电容三点式振荡电路中, 振荡频率基本与 C_1、C_2 无关, 故受极间电容影响较小, 且 C 可以取得较小, 以获得较高的振荡频率。若要求获得 100MHz 以上的振荡频率, 可采用图 6.1.13 所示的由共基极放大器构成的正弦波振荡电路。

6.1.4　石英晶体正弦波振荡电路

1. LC 正弦波振荡电路的频率稳定度

在一些特殊应用场合(如通信系统中的射频振荡器、数字系统中的时钟发生器), 要求振荡电路具有较高的频率稳定度, 即要求频率的相对变化量 $\Delta f / f_0$ (其中 f_0 为振荡频率, Δf 为频率偏移)尽可能小。

LC 振荡电路的频率稳定度主要取决于 Q 值的大小, Q 越大, 频率稳定度越高。由 $Q = \dfrac{1}{R}\sqrt{\dfrac{L}{C}}$ 可知, 为提高 Q 值, 应尽可能减小 R、C 或增大 L。但等效损耗 R 不可能无限减小, 而 L 太大将增大体积, C 太小则易受分布电容和杂散电容影响。故 LC 振荡电路的频率

稳定度很难突破 10^{-5} 数量级。要获得 10^{-6} 以上的频率稳定度，应选用石英晶体作为选频网络组成石英晶体正弦波振荡电路。

2. 石英晶体谐振器及其特性

1) 石英晶体谐振器的结构

石英晶体谐振器是利用石英晶体（SiO_2 的结晶体）的压电效应制成的谐振器件，其结构如图 6.1.14(a) 所示，是从石英晶体上按一定方位角切下薄片，并在两个对应表面上涂敷银电极、加引线并封装外壳形成的。其等效电路符号如图 6.1.14(b) 所示。

若在石英晶体的两个电极上外加电场，晶片会产生机械形变；反之，若在晶片两侧外加机械压力，晶片的相应方向上将产生电场，这种物理现象称为压电效应。当外加电场的频率与晶体的固有频率一致时，振幅达到最大，这种现象称为压电谐振。

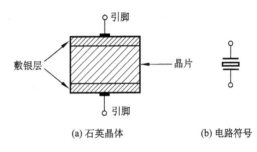

(a) 石英晶体　　　　(b) 电路符号

图 6.1.14　石英晶体及其电路符号

石英晶体的压电谐振与 LC 并联谐振回路的谐振现象十分相似，故可用图 6.1.15(a) 所示的 LC 并联谐振回路等效。其中 C_0 为静态电容，其大小与晶片的几何尺寸、电极面积有关，一般为几皮法～几十皮法；电感 L 用来等效机械振动的惯性，一般为几十毫亨～几百毫亨；电容 C 用来等效晶片的惯性，一般为 $0.02\sim0.1\text{pF}$；电阻 R 用来等效晶片振动摩擦造成的损耗，约为 100Ω。由于晶片 L 很大、C 很小、R 也小，故等效品质因素 Q 很大（$10^6\sim10^8$），因而用石英晶体作为选频网络的振荡电路可获得较高的频率稳定度。

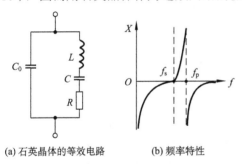

(a) 石英晶体的等效电路　　(b) 频率特性

图 6.1.15　石英晶体的等效电路及其频率特性

2) 石英晶体的电抗-频率特性

根据石英晶体的等效电路，可画出其电抗-频率特性，如图 6.1.15(b) 所示。由图 6.1.15(b) 可见，它有两个谐振频率：串联谐振频率 f_s 和并联谐振频率 f_p。

(1) 串联谐振频率 f_s。

当 L、C、R 支路发生串联谐振时，其等效阻抗等于 R；同时由于 C_0 很小，有 $|X_{C_0}| = \left|\dfrac{1}{\mathrm{j}\omega C_0}\right| \gg R$，因此整个谐振回路对串联谐振频率 f_s 呈纯阻性，且阻抗很小（约等于 R）。串联谐振频率为

$$f_s = \frac{1}{2\pi\sqrt{LC}} \tag{6.1.31}$$

(2) 并联谐振频率 f_p。

当整个并联回路发生谐振时，称为并联谐振，其谐振频率为

$$f_p \approx \frac{1}{2\pi\sqrt{L\dfrac{CC_0}{C+C_0}}} \approx f_s\left(1+\frac{C}{C_0}\right) \tag{6.1.32}$$

由于 $C \ll C_0$，因此 f_p 和 f_s 非常接近。

由图 6.1.15(b)可见，当频率 $f = f_s$ 时，石英晶体呈纯阻性；频率 $f < f_s$ 或 $f > f_p$ 时，石英晶体均呈容性；仅在 $f_s < f < f_p$ 范围内，石英晶体呈感性。

3. 典型石英晶体正弦波振荡电路

1）串联型石英晶体正弦波振荡电路

利用石英晶体在 $f = f_s$ 时呈纯阻性的特性，可以构成图 6.1.16(a)所示的串联型石英晶体正弦波振荡电路。图 6.1.16(a)中 T_1 组成共基极放大器，T_2 组成射极跟随器，石英晶体接在反馈支路中，对频率为 f_s 的信号构成正反馈，满足相位平衡条件；适当调节 R_5 的大小，可以满足起振幅值条件。

2）并联型石英晶体正弦波振荡电路

利用石英晶体在 $f_s < f < f_p$ 极窄范围内呈感性的特点，用石英晶体取代电容三点式振荡电路选频网络中的电感 L，可得如图 6.1.16(b)所示的并联型石英晶体正弦波振荡电路。

石英晶体
选频特性
与振荡
电路

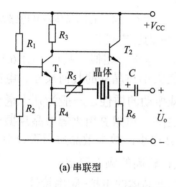

(a) 串联型

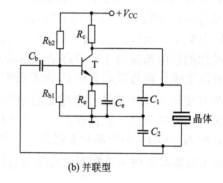

(b) 并联型

图 6.1.16　石英晶体正弦波振荡电路

思
考
题

6.1.1　正弦波振荡电路的振荡条件是什么？该条件与负反馈的自激振荡条件是否一致？为什么？

6.1.2　在正弦波振荡条件中，幅值平衡条件和相位平衡条件哪个是必要条件，哪个是充分条件？

6.1.3　正弦波振荡器的三个基本组成部分是什么？各部分分别起什么作用？

6.1.4　正弦波振荡的起振条件是什么？与平衡条件相比有何不同？为什么？

6.1.5　正弦波振荡电路的输出信号是如何从无到有、从小到大逐步建立并稳定下来的？

6.1.6　正弦波振荡电路的选频网络一般有哪几种？各种选频网络的选频特性如何？

6.1.7　简述正弦波振荡电路的一般分析步骤。

6.1.8　RC 正弦波振荡器和 LC 正弦波振荡器一般采用内稳幅还是外稳幅？为什么？

6.1.9　为什么 RC 正弦波振荡器一般用来产生低频振荡信号？

6.1.10　为什么 LC 正弦波振荡器一般采用分立元件而不是集成运放组成放大电路？

6.1.11　为什么电容反馈式振荡电路比电感反馈式振荡电路的输出波形好？

6.1.12　为什么石英晶体具有较高的频率稳定度？

6.1.13　串联型和并联型石英晶体正弦波振荡器中，石英晶体分别起什么作用？

6.2　非正弦波信号发生器

在模拟电路中，除正弦波信号外，还广泛应用矩形波、三角波、锯齿波等非正弦波信号，本节将讨论这些非正弦波信号的产生方法。

6.2.1 矩形波信号发生器

矩形波信号发生器是构成其他非正弦波信号发生器的基础。由于矩形波信号中包含丰富的谐波，故矩形波发生器也称多谐振荡器。产生矩形波的电路形式很多，但一般由三部分组成：①具有开关特性的电路或器件（如迟滞比较器、集成门电路或者集成定时器），用来实现高电平和低电平两种状态；②实现时间延迟的延时环节（一般由 RC 电路组成），用来使高、低电平的状态维持一定的时间；③反馈网络，用于将输出电压反馈到开关器件的输入端，使其输出状态发生改变。

本节仅讨论由迟滞比较器组成的矩形波发生器，其基本电路如图 6.2.1(a) 所示，是在反相输入迟滞比较器的基础上，增加了由 R、C 组成的充放电电路，将输出电压反馈到集成运放 A 的反相输入端。

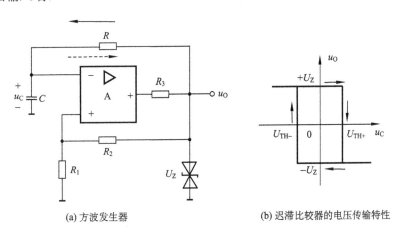

(a) 方波发生器　　　　　　　　(b) 迟滞比较器的电压传输特性

图 6.2.1　迟滞比较器组成的方波发生器

1. 工作原理

图 6.2.1(a) 中，迟滞比较器的输出电压为 $\pm U_Z$，门限电平为

$$U_{TH+} = -U_{TH-} = \frac{R_1}{R_1 + R_2} U_Z \tag{6.2.1}$$

其电压传输特性如图 6.2.1(b) 所示。

(1) 设 $t = 0$ 时，$u_C = 0$，$u_O = +U_Z$，则集成运放同相输入端电位为 $u_+ = U_{TH+}$，u_O 经 R 向 C 充电（正向充电，如图 6.2.1(a) 中实线箭头所示），u_C 呈指数规律增加。当 $t = t_1$ 时，$u_C = U_{TH+}$，u_O 由 $+U_Z$ 跳变为 $-U_Z$。

(2) 当 u_O 跳变为 $-U_Z$ 后，集成运放同相端电位 $u_+ = -\dfrac{R_1}{R_1 + R_2} U_Z$（即 U_{TH-}）。因为 $u_C > u_O$，故 u_C 经 R 向 u_O 放电（反向充电，如图 6.2.1(a) 中虚线箭头所示），u_C 呈指数规律减小。当 $t = t_2$ 时，$u_C = u_+ = U_{TH-}$，u_O 又由 $-U_Z$ 跳变为 $+U_Z$，接着 u_O 又经 R 向 C 正向充电。

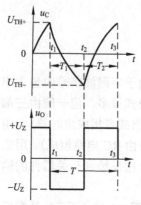

图 6.2.2　方波发生器工作波形

如此周而复始，即可在集成运放输出端得到幅值为 U_Z 的矩形波，如图 6.2.2 所示。

2. 波形周期与频率

图 6.2.2 所示的工作波形中，u_O 高、低电平持续的时间分别对应电容 C 的充、放电过程，故只需求出电容 C 充、放电时间 T_2 和 T_1，即可得到波形周期。

在充电期间（$t_2 \sim t_3$），电容 C 上起始电压为 $u_C(0_+) = U_{TH-}$，终止电压为 $u_C(\infty) = +U_Z$，由三要素法可知电容 C 充电到 $u_C(t) = U_{TH+}$ 所需时间为

$$T_2 = \tau_{充} \ln \frac{u_C(\infty) - u_C(0_+)}{u_C(\infty) - u_C(t)} = \tau_{充} \ln \frac{U_Z - U_{TH-}}{U_Z - U_{TH+}} = \tau_{充} \ln \frac{U_Z + \dfrac{R_1}{R_1 + R_2} U_Z}{U_Z - \dfrac{R_1}{R_1 + R_2} U_Z} \qquad (6.2.2)$$

$$= \tau_{充} \ln\left(1 + \frac{2R_1}{R_2}\right) = RC \ln\left(1 + \frac{2R_1}{R_2}\right)$$

在放电期间（$t_1 \sim t_2$），电容 C 上起始电压为 $u_C(0_+) = U_{TH+}$，终止电压为 $u_C(\infty) = -U_Z$，由三要素法可知电容 C 放电到 $u_C(t) = U_{TH-}$ 所需时间为

$$T_1 = \tau_{放} \ln \frac{u_C(\infty) - u_C(0_+)}{u_C(\infty) - u_C(t)} = \tau_{放} \ln \frac{-U_Z - U_{TH+}}{-U_Z - U_{TH-}} = \tau_{放} \ln \frac{-U_Z - \dfrac{R_1}{R_1 + R_2} U_Z}{-U_Z + \dfrac{R_1}{R_1 + R_2} U_Z} \qquad (6.2.3)$$

$$= \tau_{放} \ln\left(1 + \frac{2R_1}{R_2}\right) = RC \ln\left(1 + \frac{2R_1}{R_2}\right)$$

故波形周期为

$$T = T_1 + T_2 = (\tau_{放} + \tau_{充}) \ln\left(1 + \frac{2R_1}{R_2}\right) = 2RC \ln\left(1 + \frac{2R_1}{R_2}\right) \qquad (6.2.4)$$

波形频率为

$$f = \frac{1}{T} = \frac{1}{2RC \ln\left(1 + \dfrac{2R_1}{R_2}\right)} \qquad (6.2.5)$$

由式（6.2.2）和式（6.2.3）可见，由于电容充、放电时间相等，故 u_O 为高、低电平的时间相等，即输出波形的占空比为 50%，这种矩形波也称方波。改变图 6.2.1(a) 方波发生器中 RC 电路的充、放电时间常数，即可得到不同占空比的矩形波。

【例 6.2.1】　分析图 6.2.3 所示矩形波发生电路，要求：

(1) 试分别写出电路输出波形幅值和频率的表达式；

(2) 说明调节 R_W 改变输出波形占空比时，输出波形频率是否改变；

(3) 若 $R_1 = R_2 = 25\text{k}\Omega$ ，$R_3 = 5\text{k}\Omega$ ，$R_W = 100\text{k}\Omega$ ，$R = 5\text{k}\Omega$ ，$C = 0.1\mu\text{F}$ ，$\pm U_Z = \pm 8\text{V}$ ，试计算输出波形幅值和频率；

(4) 条件同(3)，求占空比的调节范围约为多少？

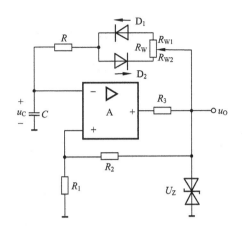

图 6.2.3 矩形波发生器

解：(1) 输出电压幅值为 $\pm U_Z$ 。

在 $u_O = +U_Z$ 期间，二极管 D_1 导通，u_O 经 R_{W1} 、D_1 和 R 向电容 C 充电(正向充电)，若忽略二极管导通电阻，充电时间常数为 $\tau_{充} \approx (R_{W1} + R)C$ ；在 $u_O = -U_Z$ 期间，二极管 D_2 导通，电容 C 经 R_{W2} 、D_2 和 R 向 u_O 放电(反向充电)，若忽略二极管导通电阻，放电时间常数为 $\tau_{放} \approx (R_{W2} + R)C$ 。利用三要素法可得 u_O 为高电平的时间 T_2 (充电时间)和低电平的时间 T_1 (放电时间)分别为

$$T_2 = \tau_{充} \ln\left(1 + \frac{2R_1}{R_2}\right) = (R_{W1} + R)C \ln\left(1 + \frac{2R_1}{R_2}\right) \qquad (6.2.6a)$$

$$T_1 = \tau_{放} \ln\left(1 + \frac{2R_1}{R_2}\right) = (R_{W2} + R)C \ln\left(1 + \frac{2R_1}{R_2}\right) \qquad (6.2.6b)$$

从而可得波形周期为

$$T = T_1 + T_2 = \left(\tau_{放} + \tau_{充}\right) \ln\left(1 + \frac{2R_1}{R_2}\right) = (R_{W1} + R + R_{W2} + R)C \ln\left(1 + \frac{2R_1}{R_2}\right)$$

$$= (R_W + 2R)C \ln\left(1 + \frac{2R_1}{R_2}\right) \qquad (6.2.7)$$

波形频率为

$$f = \frac{1}{T} \qquad (6.2.8)$$

(2) 波形占空比为

$$q = \frac{T_2}{T} = \frac{(R_{W1} + R)C \ln\left(1 + \dfrac{2R_1}{R_2}\right)}{(R_W + 2R)C \ln\left(1 + \dfrac{2R_1}{R_2}\right)} = \frac{R_{W1} + R}{R_W + 2R} \qquad (6.2.9)$$

由式(6.2.9)和式(6.2.7)可见，当调节 R_W 使 R_{W1} 发生变化时，占空比 q 会发生变化，但周期不会改变，故频率也不会改变。

(3) 当 $\pm U_Z = \pm 8\text{V}$ 时，波形幅值为 $u_O = \pm 8\text{V}$ 。

由式(6.2.7)可得振荡周期为

$$T = (R_W + 2R)C \ln\left(1 + \frac{2R_1}{R_2}\right) = (100 + 2 \times 5) \times 10^3 \times 0.1 \times 10^{-6} \ln\left(1 + \frac{2 \times 25}{25}\right) \tag{6.2.10}$$

$$\approx 12.1 \times 10^{-3}(s) = 12.1(ms)$$

波形频率为

$$f = \frac{1}{T} = \frac{1}{12.1 \times 10^{-3}} \approx 82.6(Hz) \tag{6.2.11}$$

(4) 将 R_{W1} 的最小值 0 代入式(6.2.9)，可得 q 的最小值为

$$q = \frac{R_{W1} + R}{R_W + 2R} = \frac{R}{R_W + 2R} = \frac{5}{100 + 2 \times 5} \approx 4.5\% \tag{6.2.12}$$

将 R_{W1} 的最大值 R_W 代入式(6.2.9)，可得 q 的最大值为

$$q = \frac{R_{W1} + R}{R_W + 2R} = \frac{R_W + R}{R_W + 2R} = \frac{100 + 5}{100 + 2 \times 5} \approx 95.5\% \tag{6.2.13}$$

所以，q 的调节范围为 4.5%~95.5%。

6.2.2 三角波信号发生器

在图 6.2.1(a)所示的方波信号发生器中，集成运放输出为方波，电容 C 两端电压为近似三角波(按指数规律变化)；若将 RC 充放电电路换成由集成运放组成的积分运算电路，即可得到按线性规律变化的三角波，如图 6.2.4(a)所示。图中，用积分运算电路取代 RC 电路作为延时环节，同时作为方波-三角波变换电路；迟滞比较器和积分电路的输出分别作为对方的输入；另外，为满足正反馈极性要求，积分电路的输出改接到迟滞比较器的同相端。

1. 工作原理

图 6.2.4(a)所示的三角波发生器由同相输入的迟滞比较器 A_1(虚线左侧)和积分运算电路 A_2 组成。其中迟滞比较器 A_1 的输出电压 $u_{o1} = \pm U_Z$，其输入是积分电路的输出 u_o。A_1 同相端电压为

$$u_{1+} = \frac{R_2}{R_2 + R_1}u_o + \frac{R_1}{R_2 + R_1}u_{o1} \tag{6.2.14}$$

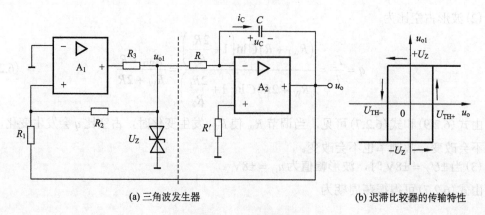

(a) 三角波发生器   (b) 迟滞比较器的传输特性

图 6.2.4 三角波发生器

A_1 反相端电压 $u_{1-}=0$，令 $u_{1+}=u_{1-}$，可得上、下门限电平分别为

$$U_{TH+} = \frac{R_1}{R_2}U_Z$$

$$U_{TH-} = -\frac{R_1}{R_2}U_Z \qquad (6.2.15)$$

因此，迟滞比较器的电压传输特性如图 6.2.4(b) 所示。

积分电路的输入电压是迟滞比较器的输出电压 u_{o1}，且在一定时间段内，u_{o1} 为 $+U_Z$，或为 $-U_Z$，故积分电路输出电压 u_o 的表达式为

$$u_o = -\frac{1}{RC}\int_{-\infty}^{t} u_{o1}\mathrm{d}t = -\frac{u_{o1}}{RC}(t-t_0) + u_o(t_0) \qquad (6.2.16)$$

设 $t=0$ 时，$u_o(0)=u_C(0)=0$，$u_{o1}=+U_Z$，则积分电路反向积分，u_o 随时间线性下降，且

$$u_o = -\frac{U_Z}{RC}t \qquad (6.2.17)$$

当 u_o 下降到略小于 U_{TH-} 时（$t=t_1$），u_{o1} 由 $+U_Z$ 跳变为 $-U_Z$，如图 6.2.5 所示。

当 u_{o1} 跳变为 $-U_Z$ 后，积分电路正向积分，u_o 随时间线性上升，且

$$u_o = \frac{U_Z}{RC}(t-t_1) + u_o(t_1) = \frac{U_Z}{RC}(t-t_1) - \frac{R_1}{R_2}U_Z \quad (6.2.18)$$

当 u_o 上升到略大于 U_{TH+}（$t=t_2$）时，u_{o1} 由 $-U_Z$ 跳变为 $+U_Z$，积分电路又开始反向积分，且

$$u_o = -\frac{U_Z}{RC}(t-t_2) + u_o(t_2) = -\frac{U_Z}{RC}(t-t_2) + \frac{R_1}{R_2}U_Z \quad (6.2.19)$$

如此周而复始，可在输出端得到幅值为 $U_Z R_1/R_2$ 的三角波信号 u_o。

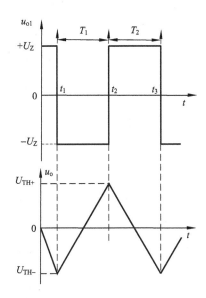

图 6.2.5 三角波发生器的工作波形

2. 周期和频率

由图 6.2.5 可见，三角波上升段时间（正向积分时间）为

$$T_1 = t_2 - t_1 = \frac{u_o(t_2) - u_o(t_1)}{\dfrac{U_Z}{RC}} = \frac{\dfrac{R_1}{R_2}U_Z - \left(-\dfrac{R_1}{R_2}U_Z\right)}{\dfrac{U_Z}{RC}} = 2RC\frac{R_1}{R_2} \qquad (6.2.20)$$

三角波下降段时间（反向积分时间）为

$$T_2 = t_3 - t_2 = \frac{u_o(t_3) - u_o(t_2)}{-\dfrac{U_Z}{RC}} = \frac{-\dfrac{R_1}{R_2}U_Z - \dfrac{R_1}{R_2}U_Z}{-\dfrac{U_Z}{RC}} = 2RC\frac{R_1}{R_2} \qquad (6.2.21)$$

因此，波形周期为

$$T = T_1 + T_2 = 4RC\frac{R_1}{R_2} \tag{6.2.22}$$

波形频率为

$$f = \frac{1}{T} = \frac{R_2}{4RCR_1} \tag{6.2.23}$$

因此，调节电路中 R_1、R_2 和 R 的阻值及电容 C 的容量，即可改变振荡信号频率；调节 R_1 和 R_2 的阻值，可以改变输出波形幅值。

6.2.3 锯齿波信号发生器

在图 6.2.4(a) 所示的三角波信号发生器中，只要改变正、反向积分通路使正向积分时间常数远远大于反向积分时间常数，即可使 u_o 下降时间远远小于上升时间，得到近似的锯齿波，如图 6.2.6 所示。

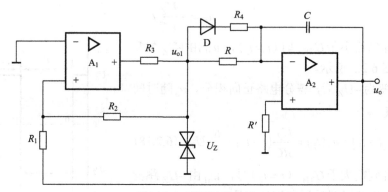

图 6.2.6　锯齿波发生器

图 6.2.6 中，正向积分的时间常数为 $\tau_{充} = RC$，反向积分的时间常数为 $\tau_{放} = (R_4 /\!/ R)C$。由于 $R_4 \ll R$，故有 $\tau_{放} \ll \tau_{充}$，故 u_o 下降时间远远小于上升时间，如图 6.2.7 所示。

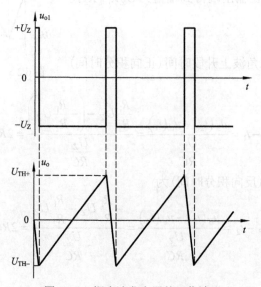

图 6.2.7　锯齿波发生器的工作波形

📖 **方法论：理清脉络，化繁为简**

　　非正弦波信号发生器虽然种类较多，结构各不相同，但均由迟滞比较器、反馈网络和 RC 电路组成：迟滞比较器输出方波（矩形波）；以不同方式改变 RC 电路的充放电时间常数，即可改变波形的周期、频率和占空比。若 RC 电路采用无源的 RC 充放电电路，则只能输出矩形波；若 RC 电路采用由集成运放组成的积分电路，则可同时输出三角波（锯齿波）。世界万物纷繁复杂，千差万别，但总有规律可循。只有反复实践，探究其内在规律，理清脉络，化繁为简，处理起来才能得心应手，运用自如。正如庖丁解牛，虽然牛体复杂庞大，每头牛形体亦迥然相异，但是只要反复探究牛体的天然生理结构，理清其脉络，即可游刃有余地分解。

6.2.4　压控振荡器

　　若将图 6.2.4(a) 所示三角波发生器中积分电路的输入接在开关 S 的固定端，开关 S 的另两个端点分别与外接电压 $\pm U_i$ 相连，如图 6.2.8 所示；并使开关 S 在 $+U_i$ 和 $-U_i$ 之间的转换时间受控于迟滞比较器的输出电压（$u_{o1} = +U_Z$ 时接 $+U_i$，$u_{o1} = -U_Z$ 时接 $-U_i$）。则该电路输出波形与图 6.2.5 一样，即积分器输出三角波，迟滞比较器输出方波；但此时的振荡频率受外接电压 $\pm U_i$ 控制，故这种电路称为压控振荡器。

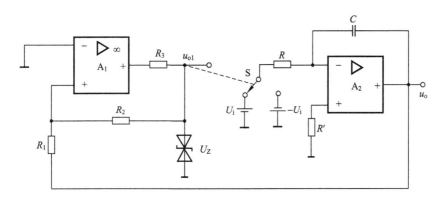

图 6.2.8　压控振荡器原理图

开关 S 接 $-U_i$ 时，该电路正向积分，此时 u_o 的表达式为

$$u_o = \frac{U_i}{RC}(t - t_1) + u_o(t_1) \tag{6.2.24}$$

正向积分时间为

$$T_1 = t_2 - t_1 = \frac{u_o(t_2) - u_o(t_1)}{\dfrac{U_i}{RC}} = \frac{\dfrac{R_1}{R_2}U_Z - \left(-\dfrac{R_1}{R_2}U_Z\right)}{\dfrac{U_i}{RC}} = 2RC\frac{R_1 U_Z}{R_2 U_i} \tag{6.2.25}$$

由于正向积分和反向积分时间相等，故振荡周期为

$$T = 2T_1 = 4RC\frac{R_1 U_Z}{R_2 U_i} \tag{6.2.26}$$

相应的振荡频率为

$$f = \frac{1}{T} = \frac{R_2 U_i}{4RCR_1 U_Z} \tag{6.2.27}$$

由式 (6.2.27) 可见，U_i 改变时，振荡频率 f 随 U_i 成正比增加，但不影响三角波和方波的幅值。若 U_i 为直流电压，则电路振荡频率与 U_i 成正比；若 U_i 为缓变的锯齿波，则 f 也按同样规律变化，从而可获得扫频波；若 U_i 为频率小于 f 的正弦波信号，则压控振荡器变成调频振荡器，输出抗干扰能力很强的调频波。

压控振荡器的一种实现方案如图 6.2.9 所示。其中 A_3 和 A_4 各自组成反相器，将输入信号 u_i 转变成一对大小相等、相位相反的输出 u_{o3} 和 u_{o4}，取代图 6.2.8 中的 $\pm U_i$。二极管 D_1 和 D_2 实现积分电路的输入信号在 u_{o3} 和 u_{o4} 之间的切换：当 A_2 输出高电平时，D_1 截止、D_2 导通，将 $u_{o4} = u_i$ 接入；当 A_2 输出低电平时，D_2 截止、D_1 导通，将 $u_{o3} = -u_i$ 接入。

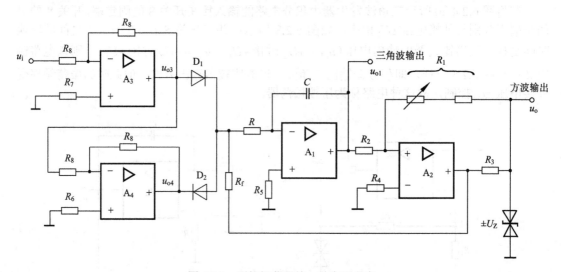

图 6.2.9　压控振荡器的一种实现方案

6.2.1　矩形波发生器为什么又称为多谐振荡器？

6.2.2　矩形波发生器由哪三部分组成？各部分的作用是什么？

6.2.3　为什么说矩形波发生器是构成其他非正弦波信号发生器的基础？

6.2.4　RC 电路在恒压充电和恒流充电时电容上电压随时间变化有何不同？

6.3　集成多功能信号发生器

在电子工程、通信工程、遥测遥控、测量仪器等技术领域，经常需要用到各种各样的信号波形发生器。随着大规模集成电路的迅速发展，专用集成化的多功能信号发生器得到推广应用，如国产的 5G8038 单片波形发生器，可以产生精度较高的正弦波、方波、矩形波、锯齿波等多种信号。该产品与国外的 ICL8038 功能相同，其各种信号频率可通过调节外接电阻和电容的参数值进行调节，可方便地得到多种波形信号。本节以 5G8038 为例，说明集成多功能信号发生器的工作原理及典型应用。

1. 5G8038 的工作原理

5G8038 的内部原理电路框图和芯片引脚排列分别如图 6.3.1 和图 6.3.2 所示，其中 13、14 脚为空脚，其他各引脚功能说明如表 6.3.1 所示。由图 6.3.1 可见，5G8038 主要由两个电压比较器 A_1、A_2，两个缓冲器 A_3、A_4，两个恒流源 I_1、I_2，一个 RS 触发器 FF，一个正弦波变换器及一些辅助电路组成，电容 C 需要外接。其中比较器 A_1、A_2 的门限电平分别为 $U_{T1} = (2V_{CC} - V_{EE})/3$ 和 $U_{T2} = (V_{CC} - 2V_{EE})/3$，其输出分别接触发器 FF 的 R、S 输入端；电流源 I_1 和 I_2 用来为外接电容 C 充放电，其大小可通过外接电阻调节，且 I_2 必须大于 I_1；触发器输出 Q 用来控制开关 S 的闭合。

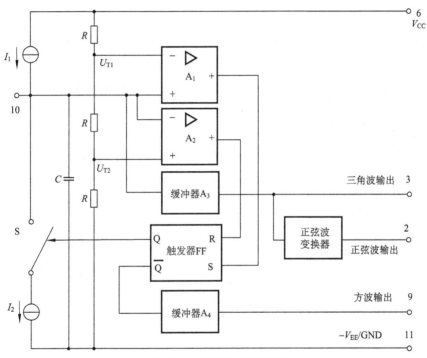

图 6.3.1　5G8038 原理框图

5G8038 的基本工作原理为：当触发器 FF 的 Q 端输出低电平时，开关 S 使电流源 I_2 断开，电流源 I_1 向外接电容 C 充电，u_C 随时间线性上升，当 $u_C \geqslant U_{T1}$ 时，比较器 A_1 输出跳变为高电平，使触发器输出 Q 端由低电平跳变为高电平。Q 为高后，开关 S 使电流源 I_2 接通；由于 $I_2 > I_1$，故电容 C 放电，u_C 随时间线性下降。当 $u_C \leqslant U_{T2}$ 时，比较器 A_2 输出跳变为高电平，Q 又由高电平变为低电平，I_2 再次断开，I_1 再次向 C 充电，u_C 又随时间线性上升。

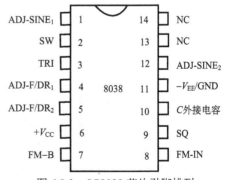

图 6.3.2　5G8038 芯片引脚排列

如此周而复始，产生振荡：Q 交替高低电平，u_C 交替上升和下降。若 $I_2 = 2I_1$，u_C 上升时间与下降时间相等，则产生三角波，经缓冲器 A_3 输出到引脚 3。触发器输出的方波，经缓冲器 A_4 输出到引脚 9。三角波经正弦波变换器变成正弦波后由引脚 2 输出。当 $I_1 < I_2 < 2I_1$

时，u_C 的上升时间与下降时间不相等，引脚 3 和引脚 9 分别输出锯齿波和矩形波。因此，5G8038 能输出方波、三角波、正弦波和锯齿波等不同波形。

表 6.3.1　5G8038 芯片引脚功能说明

引脚	功能	引脚	功能	引脚	功能	引脚	功能
1	正弦波失真度调节	4	恒流源 I_1 调节	7	调频偏置电压	10	外接电容
2	正弦波输出	5	恒流源 I_2 调节	8	调频控制输入端	11	负电源或接地
3	三角波输出	6	正电源	9	方波输出	12	正弦波失真度调节

2. 5G8038 的典型应用

由图 6.3.2 可见，5G8038 的引脚 2、3 和 9 分别为正弦波、三角波（锯齿波）和方波（矩形波）的输出端。输出波形的频率与调频电压（引脚 6 和引脚 8 之间的电压）成正比。引脚 7 为调频偏置电压输出，可作为引脚 8 的输入。同时，由于引脚 9 为集电极开路形式，使用时一般需使用一个 10kΩ 左右的上拉电阻 R_L 接正电源，如图 6.3.3(a)所示。图 6.3.3(a)中，引脚 7 和引脚 8 短接，当电位器 R_{p1} 动端在中间位置时，引脚 2、3、9 分别输出正弦波、三角波、方波。电路的振荡频率 f 约为 $0.3/\left[C\left(R_1 + R_{p1}/2\right)\right]$。调节 R_{p1}、R_{p2} 可使正弦波的失真达到较理想的程度。

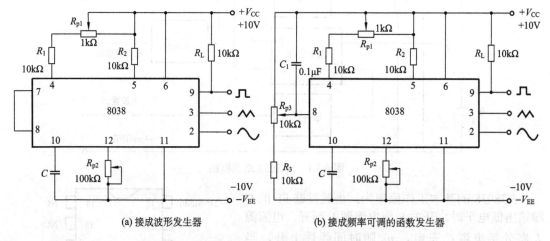

(a) 接成波形发生器　　　　　　　　　(b) 接成频率可调的函数发生器

图 6.3.3　典型 5G8038 应用电路

图 6.3.3(a)中，若保持 R_{p1} 动端在中间位置，断开引脚 8 与引脚 7 之间的连线，并在 $+V_{CC}$ 与 $-V_{EE}$ 之间接一个电位器 R_{p3}，使其动端与引脚 8 相连，如图 6.3.3(b)所示。调节 R_{p3} 可改变正电源 $+V_{CC}$ 与引脚 8 之间的控制电压（即调频电压），从而使振荡频率随之变化，构成频率可调的函数发生器。若控制电压按一定规律变化，则可构成扫频式函数发生器。

6.4　信号产生电路 Multisim 仿真

【例 6.4.1】　RC 串并联正弦波振荡器电路如图 6.4.1 所示，集成运放型号为 LM324AJ，其直流电源电压为±15V，$R_1=R_2=51\text{k}\Omega$，$R_3=20\text{k}\Omega$，$R_f=20\text{k}\Omega$，$R_W=50\text{k}\Omega$，$C_1=C_2=0.01\mu\text{F}$，电容上初始电压为 0。用 Multisim 对电路进行仿真，要求：

(1)调节 R_W 的滑动端，使电路产生正弦波振荡，观察电路的起振过程；

(2)电路稳定输出后，调节 R_W 的阻值为 20kΩ，测量电路稳定输出后的输出电压和振荡频率，并将振荡频率与理论值进行比较；

(3)改变 R_W 的阻值为 22kΩ，电路稳定输出后的输出电压波形和总谐波失真有何变化？

解：(1)RC 串并联正弦波振荡器的仿真电路如图 6.4.2 所示，其中示波器 XSC1 用于显示电路输出电压波形，频率仪 XFC1 用于显示输出电压信号的频率，失真度分析仪 XDA1 用于显示输出电压信号的总谐波失真。

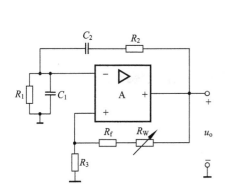

图 6.4.1　RC 串并联正弦波振荡电路

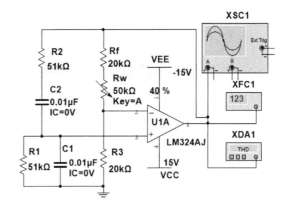

图 6.4.2　RC 串并联正弦波振荡器仿真电路

启动仿真，当 R_W 比较小时，电路不会产生振荡。调节 R_W 的阻值，增大 R_W 为 21kΩ 时，电路的起振和稳定振荡波形如图 6.4.3 所示。

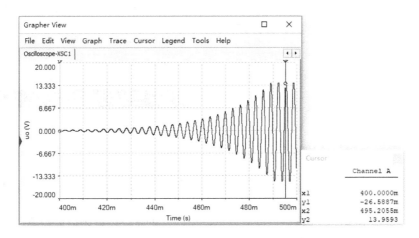

图 6.4.3　RC 串并联正弦波振荡电路起振时的输出电压波形

(2)调整 $R_W=20\text{k}\Omega$，电路稳定输出后，用游标在输出电压波形上测得输出电压的峰值为 13.7925V，如图 6.4.4 所示；输出电压信号频率为 311.471Hz，输出电压的总谐波失真 THD 为 0.128%，如图 6.4.5 所示。根据理论计算，该电路的振荡频率为

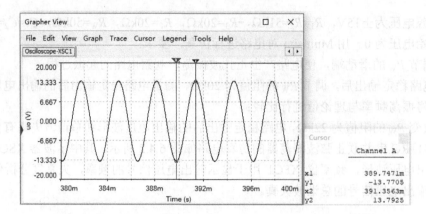

图 6.4.4　RC 串并联正弦波振荡电路输出电压信号稳定后的波形

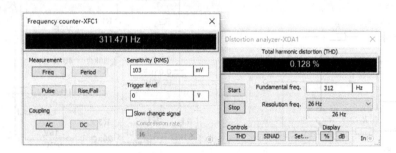

图 6.4.5　RC 串并联正弦波振荡电路输出电压信号的频率及总谐波失真

$$f = \frac{1}{2\pi R_1 C_1} = \frac{1}{2 \times 3.14 \times 51 \times 10^3 \times 0.01 \times 10^{-6}} \approx 312.2 (\text{Hz})$$

可见，电路振荡频率的仿真结果与理论计算值很接近。

(3)改变 $R_\text{W}=22\text{k}\Omega$，电路稳定输出后，仿真结果如图 6.4.6 所示。可见输出电压波形失真比较严重，其总谐波失真达到 5.853%。

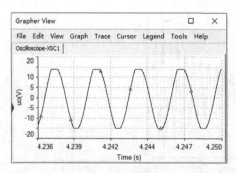

(a) 输出电压波形

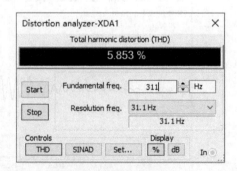

(b) 输出电压信号的总谐波失真

图 6.4.6　RC 串并联正弦波振荡电路仿真结果($R_\text{W}=22\text{k}\Omega$ 时)

【例 6.4.2】　图 6.2.4(a)所示三角波信号发生器中，设集成运放型号为 LM358AD，直流电源电压为 ±12V，稳压管型号为 ZPD6.8、稳压值 $U_Z=6.929\text{V}$，其他有关电路参数为：$R=R_1=R_2=R_4=10\text{k}\Omega$，$R_3=1\text{k}\Omega$，$C=0.1\mu\text{F}$。用 Multisim 进行电路仿真，要求：

(1)观察电路中的电压 u_{o1} 和 u_o 的波形，测量其幅值及频率；

(2)分别改变 R 和 R_2 的阻值为 15kΩ，电压 u_{o1} 和 u_o 的幅值和频率有何变化？

解：(1)三角波信号发生器仿真电路如图 6.4.7 所示，仿真结果如图 6.4.8 所示。由图可知，集成运放 U1A 的输出是方波，集成运放 U1B 的输出是三角波，输出信号幅值及频率见表 6.4.1。

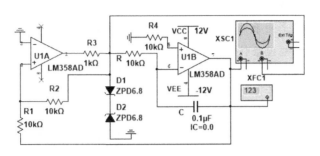

图 6.4.7　三角波信号发生器仿真电路

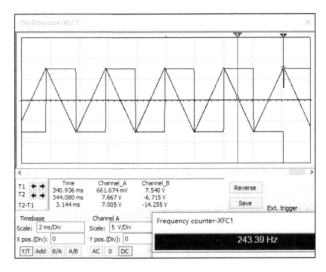

图 6.4.8　三角波信号发生器中电压 u_{o1} 和 u_o 波形及频率

表 6.4.1　三角波信号发生器中电压 u_{o1} 和 u_o 在不同阻值下的幅值及频率

电阻/kΩ	u_{o1} 幅值/V	u_o 幅值/V	输出信号频率 f/Hz
$R=R_2=10$	约 7.54	约 7.67	约 243.4
$R=10$，$R_2=15$	约 7.54	约 5.16	约 359.8
$R=15$，$R_2=10$	约 7.54	约 7.67	约 163.6

(2)分别改变 R 和 R_2 的阻值为 15kΩ，电压 u_{o1} 和 u_o 的幅值及频率见表 6.4.1，可见改变 R_2 可以调整输出信号 u_o 的频率和幅值，而改变 R 可以调整输出信号 u_o 的频率，但是其幅值不受影响。

本 章 小 结

1. 正弦波振荡器一般包括三个基本组成部分：放大电路、选频网络和正反馈网络。此外，为稳定输出波形幅值，一般还需要有稳幅环节。

正弦波振荡的幅值平衡条件为 $|\dot{A}\dot{F}|=1$，相位平衡条件为 $\varphi_A+\varphi_F=2n\pi$（$n$ 为整数），而产生正弦波振荡的起振幅值条件为 $|\dot{A}\dot{F}|>1$。

分析正弦波振荡电路时，首先检查电路是否具备三个基本组成部分；其次用瞬时极性法判断电路是否满足相位平衡条件，即判断电路对谐振频率为 f_0 的信号是否存在正反馈，并估算振荡频率；然后判断电路是否满足起振幅值条件；最后分析电路的稳幅环节。

2. 根据选频网络的不同，正弦波振荡电路可分为 RC 正弦波振荡电路、LC 正弦波振荡电路和石英晶体正弦波振荡电路。

RC 正弦波振荡电路又分为 RC 串并联式、RC 移相式和双 T 网络等类型，其中 RC 串并联式应用最广。其振荡频率与 RC 的乘积成反比，一般用于产生几十赫～几百千赫的正弦波信号。

LC 正弦波振荡电路又分为变压器反馈式、电感反馈式和电容反馈式三种。其振荡频率较高，可达 100MHz 以上。且选频特性与 LC 谐振回路的品质因素 Q 有关，Q 越高，选频特性越好。

石英晶体正弦波振荡电路相当于 Q 值很高的 LC 正弦波振荡电路，具有很高的频率稳定度。石英晶体正弦波振荡电路有串联型和并联型两种形式。

3. 非正弦波信号发生器通常由迟滞比较器、反馈网络和 RC 电路组成，主要有矩形波信号发生器、三角波信号发生器、锯齿波信号发生器和压控振荡器等。分析非正弦波信号发生器时，往往首先根据电路的开关特性和充放电特性画出波形图，然后分析波形周期和频率。

习　　题

6.1　试用相位平衡条件，判断题图 6.1 所示电路是否可能振荡，并简述理由。

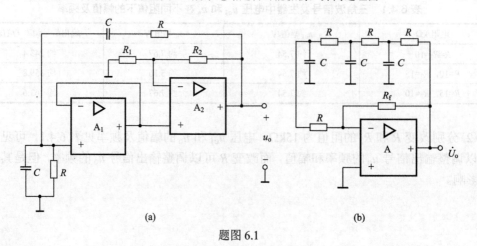

(a)　　　　　　　　　　　　　　　(b)

题图 6.1

6.2 电路如题图 6.2 所示。试解答下列问题：

(1)试用相位平衡条件，判断该电路是否有可能产生正弦波振荡；

(2)估算该电路的振荡频率；

(3)若电阻 R_{E1} 的阻值为 1.5kΩ，R_f 应如何选择才能使电路起振？

(4)若用一热敏电阻 R_t 取代 R_f 以稳定输出振幅，该热敏电阻应具有正温度系数还是负温度系数？若 R_t 取代 R_{E1}，R_t 的温度系数又应如何选择？

(5)当 R_f 短路和开路时，分别将对电路产生什么影响？

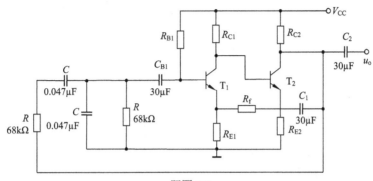

题图 6.2

6.3 某同学连接了一个如题图 6.3 所示的文氏电桥振荡器，但电路不振荡。要求：

(1)请你帮他指出错误，并在图中加以改正；

(2)若设计振荡频率为 480kHz，试确定 R 的阻值。

6.4 正弦波振荡电路如题图 6.4 所示，试解答下列问题：

(1)为满足振荡条件，集成运放 A 的两个输入端应如何连接？请在图中用＋、－标出；

(2)为使电路起振，R_f 和 R_2 两个阻值之和应大于何值？

(3)估算该电路的振荡频率 f_0；

(4)若 R_f 减到 0，试求稳定振荡时输出电压峰值 U_{om}；

(5)若 R_f 不等于 0，试求稳定振荡时输出电压峰值 U_{om}；

(6)若 R_f 开路，电路会出现什么现象？

(7)若 R_1 开路，电路会出现什么现象？

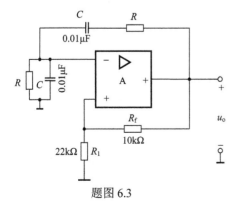

题图 6.3

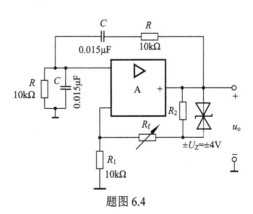

题图 6.4

6.5 试用相位平衡条件，判断题图 6.5 所示各电路是否可能产生正弦波振荡。

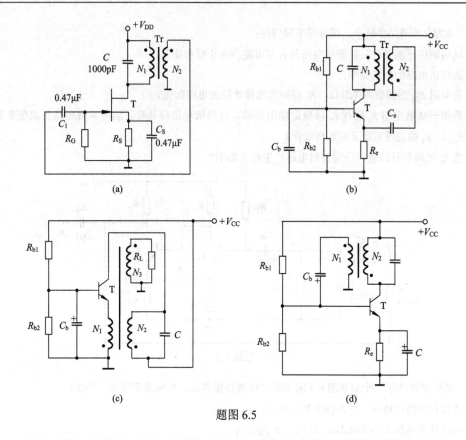

题图 6.5

6.6　试标出题图 6.6 所示各电路中变压器的同名端，使之满足正弦波振荡的相位平衡条件。

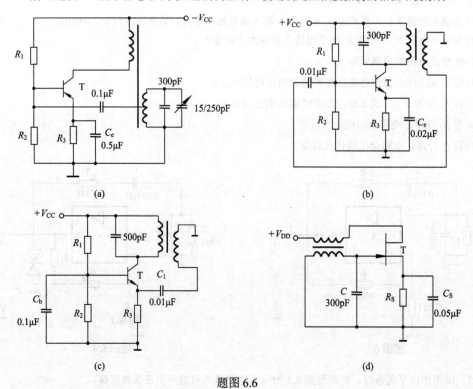

题图 6.6

6.7　试将题图 6.7 各电路中 j、k、m、n 各点正确连接，使之满足正弦波振荡的相位平衡条件，并指出它们分别属于哪种正弦波振荡电路。

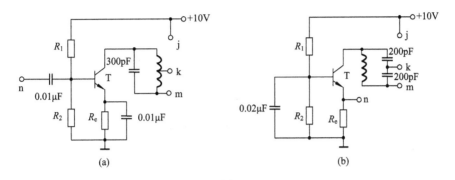

题图 6.7

6.8　试用相位平衡条件判断题图 6.8 所示电路是否可能产生正弦波振荡。若能振荡，请指出它们属于串联型还是并联型石英晶体振荡器；若不能振荡，请加以改正。

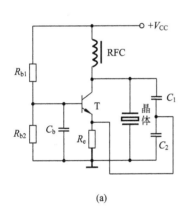 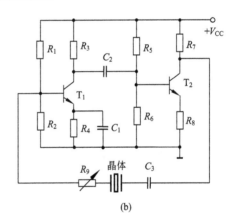

题图 6.8

6.9　方波发生器电路如题图 6.9 所示，试分析：

(1) 指出图中的 3 个错误，并加以改正；

(2) 画出改正后电路的工作波形；

(3) 求改正后方波发生器输出波形的幅值和频率；

(4) 为了使改正后方波发生器的输出电压峰-峰值为 12V，频率为 500Hz，应如何选择 U_Z、R、R_1 和 R_2 的数值？限定 $C = 0.01\mu F$，$R_1 / R_2 = 2$。

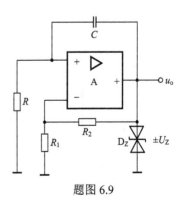

题图 6.9

6.10　三角波发生器电路如 6.2.4(a) 所示。要求：

(1) 求 A_1 组成的迟滞比较器的上、下限门限电平；

(2) 画出 u_{o1} 和 u_o 的波形；

(3) 写出电路振荡频率 f 的表达式；

(4) 说明电路如何调频和调幅。

6.11 三角波-方波发生电路如题图 6.11 所示。要求:

(1) 说明 A_1、A_2 和 A_3 分别组成什么功能的电路;

(2) 画出 u_{o1}、u_{o2} 和 u_o 的波形;

(3) 求电路振荡频率 f 的表达式。

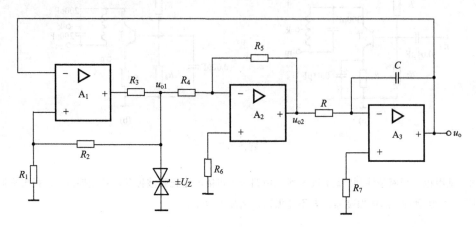

题图 6.11

6.12 题图 6.11 所示三角波-方波发生电路中,设集成运放型号为 LM358AD,其直流电源电压为 ±12V,稳压管型号为 ZPD8.2,其他电路参数为:$R=R_1=R_2=R_4=R_5=R_7=10k\Omega$,$R_6=5k\Omega$,$R_3=1k\Omega$,$C=0.1\mu F$。用 Multisim 进行电路仿真,观察电路中电压 u_{o1}、u_{o2} 和 u_o 的波形并测量其幅值,并测量电压信号 u_o 的频率。

6.13 分析题图 6.13 所示信号发生器电路(假设图中各稳压管的导通电阻和正向导通压降均可忽略不计),解答下列问题:

可调频多
功能信号
发生器

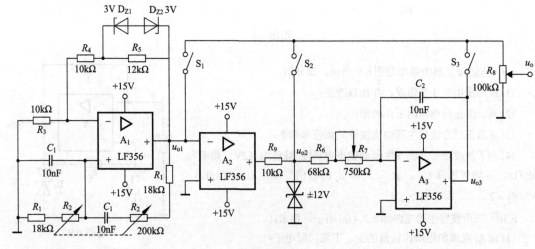

题图 6.13

(1)说明集成运放 A_1、A_2 和 A_3 分别组成什么功能的电路，其输出 u_{o1}、u_{o2} 和 u_{o3} 分别为什么波形；

(2)若电阻器 R_2 和 R_7 各自调节到中点位置，求稳定振荡时 u_{o1}、u_{o2} 和 u_{o3} 的峰-峰值；

(3)说明若需改变 u_{o1}、u_{o2} 和 u_{o3} 的信号频率，分别应调节哪个电阻器，并计算对应信号频率的调节范围；

(4)当开关 S_1、S_2 和 S_3 分别闭合时，其输出 u_o 分别为什么波形？若希望进一步改变 u_o 波形的峰-峰值，应调节哪个电位器？

(5)若希望 u_{o3} 输出频率为 500Hz、峰-峰值为 4V 的信号波形，应如何调节电路中各电阻器？

(6)若希望 u_o 输出频率为 100Hz、峰-峰值为 6V 的正弦信号，应闭合哪个开关？电路中各电阻器应如何调节？

(7)若希望 u_o 输出频率为 800Hz、峰-峰值为 9V 的方波信号，应闭合哪个开关？电路中各电阻器应如何调节？

(8)若希望将 u_{o1}、u_{o2} 和 u_{o3} 信号频率的调节范围扩展到 1Hz～80kHz，可以采取什么措施？

第7章 功率放大电路

【内容提要】 首先阐述乙类 OCL 功率放大电路的组成、工作原理与参数估算方法。其次分析各种甲乙类功率放大电路,包括 OCL、OTL、复合管准互补、变压器耦合推挽功率放大电路。然后介绍集成功率放大器的工作原理与典型应用。最后介绍功率器件的使用保护。

前面各章所述的放大电路均属于小信号放大电路,主要用于增强电压或电流的幅度,相应地称为电压或电流放大电路。在实际应用中,往往需要放大电路的末级(即输出级)输出一定的功率,以驱动负载(如电视机中的扬声器、继电器中的电感线圈和自动记录仪中的电动机等)。能够向负载提供足够信号功率的放大电路称为功率放大电路,简称功放。

7.1 功率放大电路的一般问题

7.1.1 功率放大电路的特点

从能量转换的观点来看,功率放大电路和电压放大电路没有本质区别,只不过它们所要完成的任务不同。电压放大电路的主要任务是不失真地提高信号的电压幅度,故讨论的主要指标是电压放大倍数、输入电阻和输出电阻等。而功率放大电路主要任务是在保证信号失真在允许范围的前提下,输出足够大的功率,同时具有较高的效率。功放电路通常工作在大信号情况下,与电压放大电路相比,有其自身的特点。

(1)要求输出尽可能大的功率。

为获得大的功率输出,要求功放电路的输出电压和电流均有足够大的幅度,故功放晶体管往往在接近极限运用状态下工作。

(2)效率要高。

功放电路的输出功率由直流电源供给的直流能量转换而来。由于输出功率大,直流电源消耗功率也大,故能量转换效率非常重要。效率定义为负载得到的信号功率 P_o 与电源提供的直流功率 P_V 的比值,即

$$\eta = \frac{P_o}{P_V} \tag{7.1.1}$$

式中

$$P_V = P_o + P_T \tag{7.1.2}$$

其中,P_T 为耗散在功率晶体管上的功率,称为管耗。

(3)非线性失真要小。

由于功放晶体管工作在大信号状态,故不可避免地存在非线性失真;且对同一功放晶体管,电路输出功率越大,输出信号的非线性失真往往越严重,这使输出功率和非线性失

真成为功放电路的一对主要矛盾。实践中，需根据非线性失真的要求获得最大的输出功率。

(4) 要考虑功放管的散热和保护问题。

功放晶体管工作在大信号极限状态，其 u_{CE} 最大值接近 $U_{(BR)CEO}$，i_C 最大值接近 I_{CM}，管耗最大值接近 P_{CM}。因此，选择功放晶体管时，需特别注意极限参数的选择，应考虑过电压和过电流保护措施。同时，为避免输出较大功率时集电结结温过高而损坏功放晶体管，还需要考虑其散热问题。

(5) 分析方法采用图解法。

在大信号情况下，晶体管的小信号模型已不适用，因此，必须采用图解法进行功放电路分析。

综上所述，对于功率放大电路，应在保证功放晶体管安全工作和信号失真允许的前提下，尽可能输出大的功率，同时减小管耗，以提高效率。

7.1.2　提高功放电路效率的主要途径

当直流电源电压确定后，在满足失真度指标前提下，输出尽可能大的功率和提高转换效率始终是功率放大电路要研究的主要问题。由式(7.1.1)和式(7.1.2)可知，要提高功放电路的效率，必须在获得相同输出功率 P_o 的同时，降低管耗 P_T。那么，如何降低管耗呢？由于管耗是晶体管在一个正弦波信号周期内消耗的平均功率，显然，一个周期内晶体管导通的时间越短，相应的管耗越小，效率也就越高。根据有信号输入时晶体管在一个周期内导通时间(或集电极电流波形)的不同，功率放大电路可以分为甲类(A 类)、乙类(B 类)、甲乙类(AB 类)、丙类(C 类)、丁类(D 类)等。

前几章讲述的电压放大电路中，当输入正弦波时，由于晶体管的静态电流大于信号电流幅值，在输入正弦信号的整个周期内均有电流流过晶体管，如图 7.1.1(a)所示，即晶体管在一个周期内均导通，这种工作方式通常称为甲类放大。在甲类放大电路中，直流电源始终不断地输出功率。在无信号输入时，直流电源功率全部消耗在晶体管(和电阻)上，并转换成热量的形式耗散出去。在有信号输入时，直流电源功率的一部分转化为有用的输出功率，且信号越大，输出功率也越大。可以证明，甲类放大电路的效率最高只能达到 50%。

【例 7.1.1】　射极跟随器具有较小的输出阻抗，经常用于多级放大器的输出级。图 7.1.2(a)所示为变压器耦合的射极跟随器功率放大电路，试求其最大输出功率和效率。

解：图 7.1.2(a)所示电路的直流负载线和交流负载线如图 7.1.2(b)所示。由于变压器原边线圈的直流电阻很小，故直流负载线近似垂直于横轴且过 $(V_{CC}, 0)$ 点。若忽略晶体管基极回路的损耗，则直流电源供给的功率为

$$P_V = I_{CQ}V_{CC}$$

静态(无输入信号)时，直流电源供给的功率全部消耗在晶体管上。

从变压器原边向副边方向看的交流等效电阻为

$$R_L' = \left(\frac{N_1}{N_2}\right)^2 R_L$$

交流负载线的斜率为 $-1/R_L'$，且过 Q 点。通过调整变压器原、副边的变比 N_1/N_2，使得 Q 平分交流负载线(此时交流负载线与横轴的交点约为 $(2V_{CC}, 0)$)，则在充分的输入信号

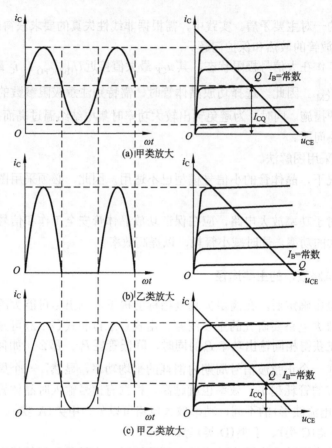

图 7.1.1　　三种不同类型的功率放大电路静态工作点的位置及集电极电流随时间变化的波形

激励情况下，可获得最大的输出电压，从而负载 R_L 上得到最大输出功率。此时，图 7.1.2(b)
中交流负载 R_L' 中交流电流的最大幅值约为 I_{CQ}，交流电压的最大幅值约为 V_{CC}，因此，在
理想变压器的情况下，最大输出功率为

$$P_o = \frac{I_{CQ}}{\sqrt{2}} \cdot \frac{V_{CC}}{\sqrt{2}} = \frac{1}{2} I_{CQ} V_{CC}$$

因此，最大效率为

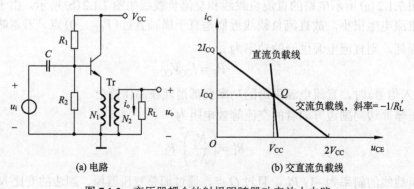

图 7.1.2　变压器耦合的射极跟随器功率放大电路

$$\eta = \frac{P_o}{P_V} = \frac{\frac{1}{2} I_{CQ} V_{CC}}{I_{CQ} V_{CC}} = 50\%$$

在甲类放大电路中，直流电源供给的功率不变。因此，无信号输入时，直流电源功率全部消耗在晶体管上，效率为零；有信号输入时，直流电源功率的一部分转化为有用的输出功率，且信号越大，输出功率越大，从而转换效率也越高。然而，即使在极限工作状态时，其最高效率也仅为 50%。因此，管耗(尤其是静态管耗)是造成甲类放大电路效率低下的根本原因。

那么，怎样才能使直流电源供给的功率大部分转化为有用的信号输出功率呢？如果把静态工作点 Q 向下移动，使电路处于乙类放大或甲乙类放大状态，如图 7.1.1(b)、(c)所示，将使输入信号为零时直流电源输出的功率也等于零或很小；而当信号增大时，直流电源供给的功率随之增大，即可降低管耗，从而改变甲类放大电路效率低下的状况。在图 7.1.1(b)中，晶体管在一个正弦信号周期内导通半个周期，称为乙类放大；在图 7.1.1(c)中，晶体管在一个正弦信号周期内导通半个以上周期，称为甲乙类放大。

这里以双极型三极管为例给出了功率放大电路的分类，该分类方法同样适用于由场效应管组成的功率放大电路的分类。因此，前面章节中介绍的共射、共基和共集放大电路，以及共源、共漏和共栅放大电路均属甲类放大器。

对于甲乙类和乙类的放大电路，虽然效率较高，但输出波形失真严重，故实用的甲乙类或乙类功率放大电路必须在电路结构上采取措施，以妥善解决效率和失真的矛盾。

思考题 7.1.1　与小信号放大电路相比，功率放大电路有什么特点？

7.1.2　在甲类、乙类和甲乙类的放大电路中，功放晶体管的导通角分别等于多少？哪一类放大电路的信号失真最小？哪一类放大电路的效率最高？

7.2　互补推挽功率放大电路

7.2.1　乙类互补对称功率放大电路

1. 电路组成

工作在乙类的放大电路虽然效率较高，但存在严重失真，对应输入正弦信号只有半个周期的输出波形。如果用两个晶体管，使之均工作在乙类放大状态，但一个在正半周工作，另一个在负半周工作，同时使这两个晶体管的输出信号均能在负载上输出，从而在负载上得到一个完整的正弦波形，即可解决电路效率与信号失真的矛盾。

采用双极型三极管构成的乙类互补推挽功率放大电路如图 7.2.1(a)所示，其中 NPN 管 T_1 和 PNP 管 T_2 的基极连接在一起，接输入信号 u_i；发射极连接在一起，接负载 R_L；且正负直流电源的大小相等。若忽略三极管的死区电压和导通压降，则两个三极管均工作在乙类放大状态。当输入正弦波激励时，对应 u_i 正半周时 T_2 截止，T_1 承担放大任务，有电流流过负载 R_L，此时的等效电路如图 7.2.1(b)所示；对应 u_i 负半周时 T_1 截止，T_2 承担放大任务，仍有电流流过负载 R_L，此时的等效电路如图 7.2.1(c)所示。这样，图 7.2.1(a)所示电路在静态时，T_1、T_2 均不导通；而在有信号输入时，T_1、T_2 轮流导通，输出完整的正弦波。

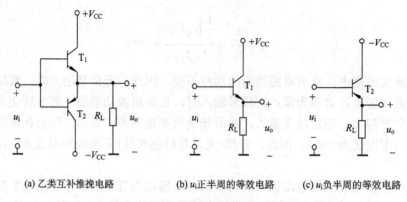

(a) 乙类互补推挽电路　　　(b) u_i正半周的等效电路　　　(c) u_i负半周的等效电路

图 7.2.1　乙类互补推挽功率放大电路

由于图 7.2.1 中两个三极管互补，轮流导通，对应 u_i 正半周时由 NPN 管 T_1 推（push）电流进入负载，而对应 u_i 负半周时由 PNP 管 T_2 从负载拉（pull）出电流，故该电路称为互补推挽电路，或称互补对称电路。又因为该电路输出端无输出耦合电容，也称无输出电容（Output Capacitorless，OCL）电路。

2. 参数估算

图 7.2.1（a）所示电路，若忽略三极管的饱和压降 $U_{CE(sat)}$，则两个三极管的静态工作点分别为 Q_1（$U_{CE1}=V_{CC}$，$I_{C1}=0$）和 Q_2（$U_{CE2}=-V_{CC}$，$I_{C2}=0$）。且 T_1 和 T_2 完全对称，分别轮流导通半个周期。为了便于分析，将 T_2 的输出特性曲线倒置在 T_1 输出特性曲线的右下方，并令二者的 Q 点重合，即可得到 T_1 和 T_2 的组合输出特性曲线，如图 7.2.2 所示。由于 T_1、T_2 的交流负载线斜率均为 $-1/R_L$，且均过 Q 点，故二者重合为一条直线。

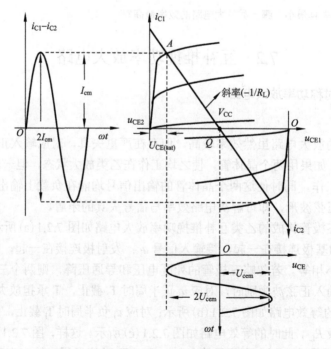

图 7.2.2　乙类互补对称功率放大电路图解法分析

设输入正弦信号的电压幅值为 U_{im}，输出正弦信号的电压幅值为 U_{om}、电流幅值为 I_{om}，T_1、T_2 上的正弦交流电压和电流幅值分别为 U_{cem} 和 I_{cm}，则有 $U_{om} = U_{cem} \approx U_{im}$，$I_{om} = I_{cm}$。且由图 7.2.2 可知，$U_{om}$ 的最大值为 $U_{om(max)} = V_{CC} - |U_{CE(sat)}|$；若忽略三极管的饱和压降 $U_{CE(sat)}$，则有 $U_{om(max)} \approx V_{CC}$，从而可得 I_{om} 的最大值为 $I_{om(max)} = U_{om(max)} / R_L \approx V_{CC} / R_L$。

根据以上分析，可求出该电路的输出功率、管耗、直流电源提供的直流功率和效率等主要参数。

1）输出功率 P_o

$$P_o = I_o U_o = \frac{I_{om}}{\sqrt{2}} \cdot \frac{U_{om}}{\sqrt{2}} = \frac{I_{om} U_{om}}{2} = \frac{U_{om}^2}{2 R_L} \tag{7.2.1}$$

将 U_{om} 的最大值代入，可得最大输出功率为

$$P_{omax} = \frac{U_{om(max)}^2}{2 R_L} = \frac{\left(V_{CC} - |U_{CE(sat)}|\right)^2}{2 R_L} \tag{7.2.2}$$

2）直流电源供给的功率 P_V

由于电路对称，正负直流电源供给的直流功率相等，故直流电源供给的功率为单个电源供给的功率的两倍，即

$$P_V = 2 \cdot \frac{1}{2\pi} \int_0^{2\pi} V_{CC} i_{C1} \mathrm{d}(\omega t) = \frac{1}{\pi} \int_0^{\pi} V_{CC} I_{cm} \sin \omega t \, \mathrm{d}(\omega t) = \frac{2 I_{cm} V_{CC}}{\pi} = \frac{2 U_{om} V_{CC}}{\pi R_L} \tag{7.2.3}$$

由式（7.2.3）可知，乙类功放中直流电源供给的功率与信号的大小 U_{om} 成正比：静态时，其值为零；信号越大，其值越大。将 U_{om} 的最大值代入，可得直流电源供给功率的最大值为

$$P_{Vmax} = \frac{2 U_{om(max)} V_{CC}}{\pi R_L} = \frac{2\left(V_{CC} - |U_{CE(sat)}|\right) V_{CC}}{\pi R_L} \tag{7.2.4}$$

3）效率 η

将式（7.2.1）和式（7.2.3）代入式（7.1.1），可得效率为

$$\eta = \frac{P_o}{P_V} = \frac{\dfrac{U_{om}^2}{2 R_L}}{\dfrac{2 U_{om} V_{CC}}{\pi R_L}} = \frac{\pi U_{om}}{4 V_{CC}} \tag{7.2.5}$$

由式（7.2.5）可知，效率也与 U_{om} 成正比。将 U_{om} 的最大值代入，可得效率的最大值为

$$\eta_{max} = \frac{\pi U_{om(max)}}{4 V_{CC}} = \frac{\pi\left(V_{CC} - |U_{CE(sat)}|\right)}{4 V_{CC}} \tag{7.2.6}$$

若忽略三极管的饱和压降 $U_{CE(sat)}$，则由式（7.2.6）可得 η_{max} 的近似上限 $\eta_{max}' \approx \dfrac{\pi V_{CC}}{4 V_{CC}} = \dfrac{\pi}{4} \approx 78.5\%$；实际效率往往低于 78.5%。

4) 管耗 P_T

乙类互补对称功放中，由于直流电源供给的功率一部分转化为负载上的输出功率，其余部分全部消耗在三极管上，故 T_1、T_2 上的总管耗为

$$P_T = P_V - P_o = \frac{2U_{om}V_{CC}}{\pi R_L} - \frac{U_{om}^2}{2R_L} = \frac{2}{R_L}\left(\frac{U_{om}V_{CC}}{\pi} - \frac{U_{om}^2}{4}\right) \tag{7.2.7}$$

由式(7.2.7)可知，乙类功放的管耗 P_T 是输出信号幅值 U_{om} 的二次函数。若令 P_T 对 U_{om} 的导数等于零，即

$$\frac{\mathrm{d}P_T}{\mathrm{d}U_{om}} = \frac{2}{R_L}\left(\frac{V_{CC}}{\pi} - \frac{U_{om}}{2}\right) = 0 \tag{7.2.8}$$

可得，当 $U_{om} = 2V_{CC}/\pi \approx 0.64V_{CC}$ 时，P_T 最大，且 P_T 的最大值为

$$P_{Tmax} = \frac{2}{R_L}\left(\frac{2V_{CC}^2}{\pi^2} - \frac{V_{CC}^2}{\pi^2}\right) \approx 0.4 \times \frac{V_{CC}^2}{2R_L} \tag{7.2.9}$$

由此可见，最大管耗并不发生在最大输出功率时。又由于 T_1、T_2 的管耗相等，因此单管的管耗为

$$P_{T1} = P_{T2} = 0.5P_T \tag{7.2.10}$$

单管管耗的最大值为

$$P_{T1max} = P_{T2max} = 0.5P_{Tmax} \approx 0.2 \times \frac{V_{CC}^2}{2R_L} \tag{7.2.11}$$

3. 功放管参数的选择

1) P_{CM} 的选择

由式(7.2.11)可知，功放三极管的 P_{CM} 必须满足：

$$P_{CM} > 0.2 \times \frac{V_{CC}^2}{2R_L} \tag{7.2.12}$$

2) I_{CM} 的选择

由 $I_{cm(max)} = I_{om(max)} = U_{om(max)}/R_L = \left(V_{CC} - |U_{CE(sat)}|\right)/R_L$，可得 I_{CM} 必须满足：

$$I_{CM} > \frac{V_{CC} - |U_{CE(sat)}|}{R_L} \tag{7.2.13}$$

3) $U_{(BR)CEO}$ 的选择

图 7.2.1(a)所示电路中，T_2 导通时 T_1 截止，T_1 所承受的最大反向压降为 $2V_{CC} - |U_{CE(sat)}|$；同理，可得 T_2 所承受的最大反向压降也为 $2V_{CC} - |U_{CE(sat)}|$，故 $U_{(BR)CEO}$ 必须满足：

$$U_{(BR)CEO} > 2V_{CC} - |U_{CE(sat)}| \tag{7.2.14}$$

实际选择大功率三极管时，应在式(7.2.12)～式(7.2.14)基础上留有一定的余量。

【例 7.2.1】 图 7.2.1(a)所示的 OCL 电路中，设电源电压 $V_{CC} = 20\text{V}$，负载 $R_L = 8\Omega$，输入 u_i 为正弦信号。要求：

(1)若输入信号有效值 $U_i = 10\text{V}$，求电路的输出功率、直流电源供给的功率和效率及单

管管耗；

(2)若 $U_{CE(sat)} \approx 0$ V，在 u_i 的幅值足够大的情况下，求负载可能得到的最大输出功率和效率；

(3)若 $U_{CE(sat)} \approx 0$ V，求每个功放三极管的 $U_{(BR)CEO}$、I_{CM} 和 P_{CM} 分别至少应为多少？

(4)若 $|U_{CE(sat)}| = 2$V，在 u_i 的幅值足够大的情况下，求负载可能得到的最大输出功率和效率。

解：(1)若 $U_i = 10$V，则 $U_{im} = 10\sqrt{2} \approx 14.1$V $< V_{CC}$，故 $U_{om} \approx U_{im} = 10\sqrt{2}$V，$P_o$、$P_V$、$\eta$ 和 P_T 可分别用式(7.2.1)、式(7.2.3)、式(7.2.5)和式(7.2.10)计算，则有

$$P_o = \frac{U_{om}^2}{2R_L} = \frac{\left(10\sqrt{2}\right)^2}{2 \times 8} = 12.5(\text{W})$$

$$P_V = \frac{2U_{om}V_{CC}}{\pi R_L} = \frac{2 \times 10\sqrt{2} \times 20}{3.14 \times 8} \approx 22.5(\text{W})$$

$$\eta = \frac{P_o}{P_V} = \frac{12.5}{22.5} \approx 55.6\%$$

$$P_{T1} = P_{T2} = 0.5\left(P_V - P_o\right) = 0.5 \times \left(22.5 - 12.5\right) = 5(\text{W})$$

(2)在充分的输入信号激励情况下，且当 $U_{CE(sat)} \approx 0$ V 时，P_o 和 η 可分别由式(7.2.2)和式(7.2.6)计算，则有

$$P_{omax} = \frac{V_{CC}^2}{2R_L} = \frac{(20)^2}{2 \times 8} = 25(\text{W})$$

$$\eta_{max} = \frac{\pi}{4} \approx 78.5\%$$

(3)若 $U_{CE(sat)} \approx 0$ V，由式(7.2.12)～式(7.2.14)可得，功放三极管的极限参数分别为

$$P_{CM} > 0.2 \times \frac{V_{CC}^2}{2R_L} = 0.2 \times 25 = 5(\text{W})$$

$$I_{CM} > \frac{V_{CC}}{R_L} = \frac{20}{8} = 2.5(\text{A})$$

$$U_{(BR)CEO} > 2V_{CC} = 2 \times 20 = 40(\text{V})$$

(4)在充分的输入信号激励的情况下，且当 $|U_{CE(sat)}| = 2$V 时，有

$$U_{om(max)} = V_{CC} - |U_{CE(sat)}| = 20 - 2 = 18(\text{V})$$

将 $U_{om(max)}$ 代入式(7.2.2)、式(7.2.4)和式(7.2.6)，可得

$$P_{omax} = \frac{U_{om(max)}^2}{2R_L} = \frac{(18)^2}{2 \times 8} = 20.25(\text{W})$$

$$P_{Vmax} = \frac{2U_{om(max)}V_{CC}}{\pi R_L} = \frac{2 \times 18 \times 20}{3.14 \times 8} \approx 28.66(W)$$

$$\eta_{max} = \frac{P_{omax}}{P_{Vmax}} = \frac{20.25}{28.66} \approx 70.7\%$$

【例 7.2.2】 试设计一个能为 8Ω 的负载提供 20W 输出功率的乙类 OCL 功率放大电路。要求直流电源电压 V_{CC} 比最大的正弦输出电压峰值高 5V，以避免功放三极管饱和及减小非线性失真。要求：

(1) 试确定直流电源电压；

(2) 计算直流电源输出的最大峰值电流、直流电源供给的总功率及转换效率、单管管耗；

(3) 计算功放三极管的极限参数，并选择具体的三极管型号。

解：(1) 由 $P_{omax} = \dfrac{U_{om(max)}^2}{2R_L}$ 可得最大的正弦输出电压峰值为

$$U_{om(max)} = \sqrt{2 \times P_{omax} \times R_L} = \sqrt{2 \times 20 \times 8} \approx 17.9(V)$$

因为要求直流电源电压 V_{CC} 比最大的正弦输出电压峰值高 5V，所以

$$V_{CC} = U_{om(max)} + 5 = 17.9 + 5 \approx 23(V)$$

(2) 每路直流电源提供的峰值电流为

$$I_{o(max)} = \frac{U_{om(max)}}{R_L} = \frac{17.9}{8} \approx 2.24(A)$$

每路直流电源提供的平均功率为

$$P_{V1} = \frac{U_{om(max)}V_{CC}}{\pi R_L} = \frac{17.9 \times 23}{3.14 \times 8} \approx 16.4(W)$$

直流电源供给的总功率为

$$P_V = 2P_{V1} = 2 \times 16.4 = 32.8(W)$$

直流电源的转换效率为

$$\eta = \frac{P_o}{P_V} = \frac{20}{32.8} \approx 61\%$$

单管的管耗为

$$P_{T1} = 0.5(P_V - P_o) = 0.5 \times (32.8 - 20) = 6.4(W)$$

(3) 选择功放三极管时，为了留有充分余量，设 $U_{CE(sat)} \approx 0$ V，由式(7.2.12)～式(7.2.14)可得其极限参数分别为

$$P_{CM} > 0.2 \times \frac{V_{CC}^2}{2R_L} = 0.2 \times \frac{23^2}{2 \times 8} = 6.6125(W)$$

$$I_{CM} > \frac{V_{CC}}{R_L} = \frac{23}{8} = 2.875(A)$$

$$U_{(BR)CEO} > 2V_{CC} = 2 \times 23 = 46(V)$$

可以选择意法半导体公司的 NPN 型功率晶体管 MJD3055 和 PNP 型功率晶体管 MJD2955，它们的 $P_{CM} = 20W$，$I_{CM} = 10A$，$U_{(BR)CEO} = 60V$。

4. 交越失真及消除方法

图 7.2.1(a) 所示乙类互补推挽电路的传输特性如图 7.2.3(a) 所示。由于没有静态工作点电流(或直流偏置)，当输入电压 u_i 小于三极管 b-e 间的死区电压(图 7.2.3(b))时，T_1 和 T_2 均处于截止状态，i_{C1} 和 i_{C2} 基本为零，负载 R_L 上无电流通过，出现一段"死区"，如图 7.2.3(c) 所示，这种现象称为"交越失真"。

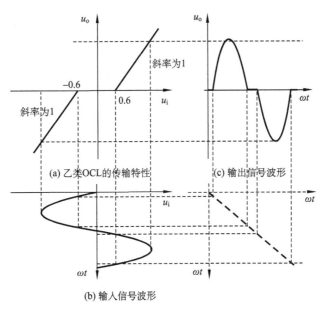

图 7.2.3 乙类互补推挽功率放大电路的传输特性与交越失真

那么，应如何减小和避免交越失真呢？常采用的方法有：一种措施是引入深度负反馈，另一种措施是使功放三极管工作于甲乙类放大状态。

通过负反馈可以减小非线性失真，如图 7.2.4 所示，采用高增益集成运放构成深度负反馈来有效减小互补对称功放电路的交越失真。大功率三极管的 ±0.6V 的死区电压可以被减小到 $\pm 0.6/A_0$V，这里 A_0 为集成运放 A 的差模电压放大倍数。然而，集成运放的转换速率将限制功放三极管的开关速度，尤其是在高频应用中。因此

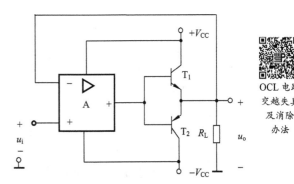

图 7.2.4 使用运放和负反馈减小交越失真

OCL 电路
交越失真
及消除
办法

减小和避免交越失真的最好办法是采用下面将介绍的甲乙类互补对称功率放大电路。

7.2.2　甲乙类互补对称功率放大电路

为避免和减小交越失真，必须为 T_1 和 T_2 施加合适的静态偏置，使它们处于临界导通或者微导通状态；这样当输入信号作用时，即可保证至少有一只三极管导通，如图 7.2.5(a) 所示。

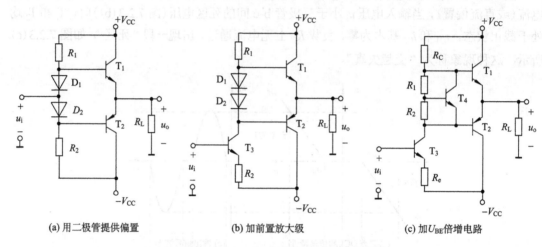

(a) 用二极管提供偏置　　　　　　　(b) 加前置放大级　　　　　　　(c) 加 U_{BE} 倍增电路

图 7.2.5　甲乙类互补推挽功率放大电路

图 7.2.5(a) 所示电路中，静态时，从正直流电源经 R_1、D_1、D_2、R_2 到负直流电源形成直流通路，D_1 和 D_2 上产生的压降为 T_1 和 T_2 提供了一个合适的偏压，使得 T_1 和 T_2 均处于微导通状态。但由于电路对称，故 $i_{C1} = i_{C2}$，$i_L = 0$，$u_o = 0$。当输入信号按正弦规律变化时，由于 D_1 和 D_2 的交流电阻很小，可以近似认为 T_1 和 T_2 的基极动态电位相等，且均约等于 u_i。此时，由于电路工作在甲乙类，即使 u_i 很小，基本上也可以线性地进行放大。

在输入信号正半周，有 $u_{BE1} \uparrow \rightarrow i_{B1} \uparrow \rightarrow i_{C1} \uparrow$，且 $u_{EB2} \downarrow \rightarrow i_{B2} \downarrow \rightarrow i_{C2} \downarrow$，故 $i_L \uparrow = i_{C1} \uparrow - i_{C2} \downarrow$，形成信号的正半周；当 u_i 上升到一定值后，T_2 截止。在信号负半周，$u_{EB2} \uparrow \rightarrow i_{B2} \uparrow \rightarrow i_{C2} \uparrow$，同时 $u_{BE1} \downarrow \rightarrow i_{B1} \downarrow \rightarrow i_{C1} \downarrow$，所以 $i_L \uparrow = i_{C2} \uparrow - i_{C1} \downarrow$，形成信号的负半周；当 $|u_i|$ 上升到一定值后，T_1 截止。由此可见，T_1 和 T_2 在信号的一个周期内导通的时间比半个周期稍微多一些，即工作在甲乙类放大状态；但是由于非常接近于乙类，故其参数可近似按乙类估算。

在实际应用中，图 7.2.5(a) 所示电路往往还要加前置电压放大级，如图 7.2.5(b) 所示，T_3 构成的共发射极电路起电压放大作用。另外，在图 7.2.5(b) 所示电路中，T_1 和 T_2 的静态偏置由 D_1 和 D_2 的导通压降提供。在集成电路中，经常使用 U_{BE} 倍增电路来取代 D_1 和 D_2，如图 7.2.5(c) 所示。其基本原理为：当 T_4 工作在放大区时，其发射结电压 U_{BE4} 近似为一定值，若使其基极电流远远小于 R_1 和 R_2 上的电流，则有 $U_{CE4} = U_{BE4}(R_1 + R_2)/R_2$，调整 R_1 和 R_2 的值即可方便地调整 T_1 和 T_2 的静态偏置，而且该电路还具有一定的温度补偿作用。

📖 **价值观：节能、高效、创新**

　　功率放大电路将节约能源和提高效率作为第一要务，并围绕该目标采取各种创新举措。为提高效率，选择失真高达半个周期的乙类放大电路，并使用两个功放晶体管实现互补推挽放大来克服该失真；同时通过为功放晶体管施加静态偏置，进一步消除交越失真。

　　近几年，在发展社会经济和疫情防控的过程中，党和政府领导全国人民，充分发挥社会主义制度的优越性，秉承集中力量办大事的节能、高效、创新精神，展现出的中国速度和中国效率令世界人民叹为观止。每个青年学生也应把自己有限的生命投入到实现中华民族伟大复兴的事业中。既需要闻鸡起舞、手不释卷和韦编三绝的勤勉，又需要当机立断、庭无留事和事半功倍的效率；同时不应墨守成规，要敢于标新立异、革故鼎新和继往开来。

7.2.3　准互补对称功率放大电路

　　互补推挽功率放大电路中的两个三极管分别是 NPN 型和 PNP 型，为保证输出波形对称，要求两个三极管的特性尽可能对称。但是，由于工艺上的原因，NPN 型和 PNP 型的大功率管难以做到特性完全对称；另外，当输出电流较大时功率三极管的电流放大系数一般较小，对前置放大级输出的电流驱动能力要求较高。因此，在大输出功率的功放电路中，经常采用复合管组成准互补对称功率放大电路。

1. 复合管

　　复合管的概念是由达林顿首先提出的，也称达林顿管。复合管是指由两个或两个以上相同或不同类型的三极管按照一定的方式连接形成的等效三极管，如图 7.2.6 所示，其中图(a)和(b)由相同类型的三极管组成，图(c)和(d)由不同类型的三极管组成。由图中的电流关系可知，它们等效的三极管的类型和电极性质均与第一个三极管相同。下面以图 7.2.6(a)为例，讨论复合管的电流放大系数 β 与 T_1、T_2 的电流放大系数 β_1、β_2 的关系。图(a)中，复合管的集电极电流

$$i_C = i_{C1} + i_{C2} = \beta_1 i_{B1} + \beta_2 i_{B2} = \beta_1 i_{B1} + \beta_2 i_{E1} = \beta_1 i_{B1} + \beta_2 \left[(1+\beta_1) i_{B1}\right] \tag{7.2.15}$$

　　又因为复合管的基极电流 $i_B = i_{B1}$，所以其电流放大系数为

$$\beta = \frac{i_C}{i_B} = \frac{\beta_1 i_{B1} + \beta_2 \left[(1+\beta_1) i_{B1}\right]}{i_{B1}} = \beta_1 + (1+\beta_1)\beta_2 \tag{7.2.16}$$

　　当 β_1、$\beta_2 \gg 1$ 时，有

$$\beta \approx \beta_1 \beta_2 \tag{7.2.17}$$

同理可得图 7.2.6(b)～(d)所示复合管均有 $\beta \approx \beta_1 \beta_2$。

　　综上所述，复合管的特点为：①等效三极管的类型和电极性质分别与第一个三极管相同；②复合管的电流放大系数为 $\beta \approx \beta_1 \beta_2$。

2. 由复合管构成的准互补对称功率放大电路

　　将图 7.2.5(a)所示 OCL 电路中 NPN 型管 T_1 和 PNP 型管 T_2 分别用图 7.2.6(a)、(d)所示的复合管取代，即可得到如图 7.2.7 所示的准互补推挽功率放大电路。

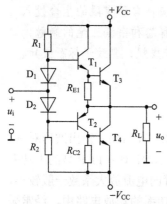

图 7.2.6　典型复合管

图 7.2.7 中 T_1 和 T_2 互补，T_3 和 T_4 类型相同，用于实现对称。电阻 R_{E1} 和 R_{C2} 用来为 T_1 和 T_2 的穿透电流 I_{CEO} 提供泄放回路，以免其进一步被输出级放大，影响输出电流的稳定性。

7.2.4　单电源互补对称功率放大电路

OCL 互补对称电路由双直流电源供电，在某些只能由单直流电源供电的场合，可采用图 7.2.8(a) 所示的无输出变压器 (Output Transformerless，OTL) 电路。该电路与图 7.2.5(b) 所示 OCL 电路的不同在于，取消了负直流电源 $-V_{CC}$，同时在输出管的发射极与负载 R_L 之间串联了一个大容量的隔直电容 C。

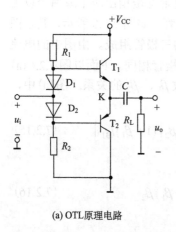

图 7.2.7　由复合管组成的准互补推挽功率放大电路

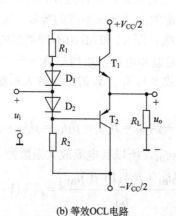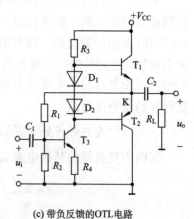

(a) OTL 原理电路　　　　　　　(b) 等效 OCL 电路　　　　　　　(c) 带负反馈的 OTL 电路

图 7.2.8　单电源供电的 OTL 功率放大电路

OTL 功率放大电路

在图 7.2.8(a) 所示的 OTL 电路中，静态时 T_1 和 T_2 导通，V_{CC} 经 $T_1 \rightarrow C \rightarrow R_L$ 对电容 C 充电，由于 T_1 和 T_2 对称，故电容 C 上有 $V_{CC}/2$ 的直流电压降。

在动态时，T_1 导通的正弦信号半个周期内对电容 C 充电，T_2 导通的正弦信号半个周期内电容 C 放电。若 $R_L C \gg T$（T 为输入信号 u_i 的周期），则可近似认为 C 对信号短路。因此 T_1 工作的半个周期相当于 $V_{CC} - V_{CC}/2 = V_{CC}/2$ 的直流电源供电，T_2 导通的半个周期相当于 $-V_{CC}/2$ 的直流电源供电，故图 7.2.8(a) 所示的 OTL 电路，可等效为如图 7.2.8(b) 所示的由

$\pm V_{CC}/2$ 电源供电的 OCL 电路，其参数也可按照图 7.2.8(b) 所示的 OCL 电路估算。

由于 OTL 电路中，电容 C 上 $V_{CC}/2$ 的直流压降在信号负半周起着 OCL 电路中负直流电源的作用，因此要求该直流压降保持稳定，即要求图 7.2.8(a) 电路中 K 点的静态电位保持稳定。因此，为了稳定静态工作点和改善交流性能，OTL 电路中经常需要引入负反馈。具有前置放大级和负反馈的 OTL 电路如图 7.2.8(c) 所示，电路中 T_3 构成了前置电压放大级，通过电阻 R_1 和 R_2 引入了电压并联交直流负反馈。

7.2.5　变压器耦合推挽功率放大电路

在 OCL 和 OTL 电路中，要求负载电阻大小必须限制在一定范围内。当负载过大或过小时，为实现阻抗匹配，可采用图 7.2.9 所示的变压器耦合推挽功率放大电路。图 7.2.9 中，静态时通过调整基极偏置电路使 T_1 和 T_2 处于微导通状态，且 I_{C1} 和 I_{C2} 的大小相等，方向相反，变压器 Tr_2 的铁心内无直流磁通，$i_L = 0$，无功率输出。当输入正弦信号电压 u_i 时，通过输入变压器 Tr_1 使 T_1 和 T_2 基极得到一对大小相等而极性相反的信号电压 u_{i1} 和 u_{i2}。u_i 正半周时，T_1 由微导通转入导通状态，T_2 将逐渐截止，变压器 Tr_2 的原边电流为 i_{C1}，如图中实线所示；u_i 负半周时，T_2 由微导通转入导通状态，T_1 将逐渐截止，Tr_2 原边电流为 i_{C2}，如图中虚线所示。故在正弦信号一个周期内，T_1 和 T_2 轮流导通；i_{C1} 和 i_{C2} 交替通过 Tr_2 原边的上、下两个绕组，大小相等，方向相反，因此在 Tr_2 的副边得到一个接近正弦波的负载电流 i_L。

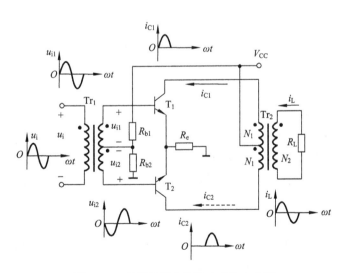

图 7.2.9　变压器耦合推挽功率放大电路

图 7.2.9 中，T_1 和 T_2 工作在甲乙类放大状态，其参数可参照 OCL 电路估算，只不过计算转换效率时，需要将变压器的效率考虑进去。

变压器耦合推挽功率放大电路虽然解决了负载与放大电路之间的阻抗匹配问题，但变压器具有体积大、笨重、频带窄和不便于集成等缺点，限制了其使用范围。

7.2.1　在甲类放大电路和乙类放大电路中，功放管消耗的功率在什么情况下达到最大？

7.2.2　在乙类 OCL 功放电路中，输出功率 P_o、直流电源供给的功率 P_V、效率 η 和管耗 P_T 分别如何计算？它们取得最大值的条件一样吗？

7.2.3　乙类 OCL 中，功放晶体管的极限参数如何选择？

7.2.4　乙类功率放大电路为什么会产生交越失真？如何消除交越失真？

7.2.5　单电源供电的 OTL 功率放大电路的输出端为什么要加一个大电容？其电路参数如何估算？

7.2.6　复合管的组成原则是什么？其等效管型、电极位置分别如何确定？其电流放大系数及功耗与组成它的各三极管的相应参数有何关系？

7.3　典型集成功率放大器

集成功率放大器具有失真度小、效率高、有保护功能、外接元件少、易于安装使用等特点，其输出功率一般为几百毫瓦到上百瓦不等。集成功率放大器在音响设备、电视设备及自动控制设备中得到了广泛的应用。

集成功率放大器一般由高增益的小信号前置放大电路和甲乙类功放电路组成。一些集成功放芯片内有深度负反馈，具有固定的闭环电压增益。下面以通用型集成功率放大器 LM386 为例，分析其电路组成、性能指标与应用。

1. LM386 的电路组成

LM386 为 OTL 集成功率放大器，其原理电路如图 7.3.1(a)所示。同集成运放类似，其电路也包括输入级、中间级和输出级三大部分。其中输入级是由复合管 T_1、T_2 和 T_3、T_4 组成的差动放大电路；T_5 和 T_6 构成镜像电流源作为差放的有源负载，可使差放单端输出的增益近似等于双端输出的增益；T_7 组成的共射放大电路作为中间驱动级；T_8、T_9 组成的复合管与 T_{10} 共同组成单电源互补对称功率输出级，D_1 和 D_2 用来为输出级提供静态偏置，消除交越失真。电阻 R_f 引入了交直流电压负反馈，可稳定静态工作点，并改善交流性能。

LM386 的芯片引脚排列如图 7.3.1(b)所示。LM386 有 8 个引脚，其中引脚 4 和引脚 6 分别为地和电源，引脚 2 和引脚 3 分别为反相和同相输入端，引脚 5 为输出端(使用时隔直电容要外接)；引脚 1 和引脚 8 为增益设定端，外接不同阻值的电阻时，可使电压放大倍数在 20～200 范围内调节。

2. LM386 的主要性能指标

集成功率放大器的主要技术指标包括最大输出功率、电压增益、输入阻抗、电源电压范围、电源静态电流、频带宽度和总谐波失真等。

LM386-1 和 LM386-3 的直流电源电压范围为 4～12V，LM386-4 的直流电源电压范围为 5～18V。因此，对于同一负载，当供电直流电源不同时，其最大输出功率也不同。当然，当供电直流电源固定时，最大输出功率也与负载大小有关。例如，当直流电源电压为 9V，负载电阻为 8Ω 时，最大输出功率为 1.3W；当直流电源电压为 16V，负载电阻为 16Ω 时，最大输出功率为 1.6W。另外，也可根据直流电源静态电流和负载电流最大值求出直流电源供给的总功率，并进一步求出转换效率。

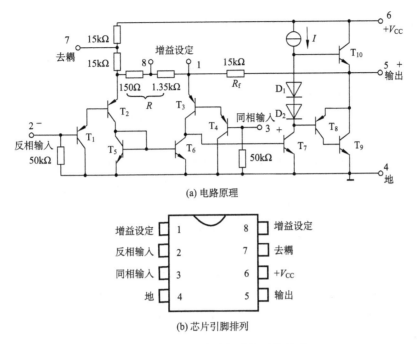

(a) 电路原理

(b) 芯片引脚排列

图 7.3.1　LM386 电路组成与引脚排列

3. LM386 的典型应用

LM386 的一般用法如图 7.3.2(a)所示。图中，输出端经隔直电容 C_1 接扬声器负载；R_1 和 C_2 组成容性负载，用于对感性扬声器负载进行相位补偿；R_2 用来调整电路增益，C_3 的作

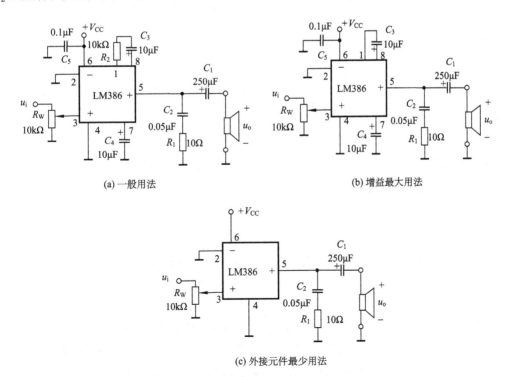

(a) 一般用法

(b) 增益最大用法

(c) 外接元件最少用法

图 7.3.2　LM386 的典型应用电路

用是隔断直流；C_4 为耦合电容，用于防止电路发生自激振荡；C_5 为去耦电容，用于滤掉电源的高频交流成分。

　　静态时输出电容 C_1 上电压为 $V_{CC} / 2$，LM386 的最大输出电压幅值 $U_{om(max)} \approx V_{CC} / 2$。设负载电阻为 R_L，则最大输出功率表达式为

$$P_{omax} = \frac{U_{om(max)}^2}{2R_L} \approx \frac{(V_{CC} / 2)^2}{2R_L} \tag{7.3.1}$$

　　当 R_2 为零时可得图 7.3.2(b) 所示的电压增益最大用法，此时电压放大倍数为 200；当 R_2、C_3 支路开路时，可得如图 7.3.2(c) 所示的外接元件最少用法，此时电压放大倍数为 20。

7.4　功率器件的使用和保护

　　由于大功率晶体管工作在高电压、大电流下，故选择功放晶体管时要注意其极限参数，并需在工作过程中采取必要的保护措施。常用的功率放大器件包括双极型功率管 BJT、功率 MOSFET 和 IGBT 功率模块。本节以双极型功率管 BJT 为例，介绍功率放大器件的散热、二次击穿及安全使用和保护。

1. 功率 BJT 的散热问题

　　大部分功率放大电路中，双极型功放管均要消耗一部分功率，结果将使功放管发热，结温上升；当结温上升到一定程度(如硅管约为 200℃，锗管约为 100℃)之后，将会使功放管永久损坏。输出功率受功放管 P_{CM} 的限制，而 P_{CM} 与功放管的散热情况密切相关。因此，功放管一般需要安装散热片，必要时还可采用风冷、水冷或油冷等方法来散热。下面讨论 P_{CM} 与功放管散热条件和环境温度的关系。

　　当双极型功放管的集电结消耗功率 P_C 时，结温上升，热量从管芯向外传递。与电流在物体中传输时会受到阻力(电阻)类似，热在传导过程中也会受到阻力，该阻力称为热阻，用 R_T 表示。设管芯温度为 T_j，环境温度为 T_a，则管芯与环境温度的温差 ΔT 等于 P_C 和 R_T 的乘积，即

$$\Delta T = T_j - T_a = P_C R_T \tag{7.4.1}$$

　　当集电结温度达到最大允许值 T_{jM} 时，P_C 也达到最大允许值 P_{CM}，因此由式 (7.4.1) 可知，P_{CM} 与 T_{jM}、T_a 和 R_T 的关系为

$$P_{CM} = \frac{T_{jM} - T_a}{R_T} \tag{7.4.2}$$

　　由式 (7.4.2) 可知，P_{CM} 与 T_{jM} 和 T_a 的差成正比，与 R_T 成反比。若 T_{jM} 固定，当 R_T 一定时，T_a 越高，P_{CM} 越小；当 T_a 一定时，减小 R_T 可有效增大 P_{CM}。

　　为减小热阻 R_T，大部分功率管均装有散热装置，典型功率 BJT 的外形如图 7.4.1 所示。

　　功率 BJT 在散热片上的散热情况如图 7.4.2(a) 所示，其散热等效热路如图 7.4.2(b) 所示。图 7.4.2(b) 中：R_{Tj} 为内热阻，表示管芯到管壳的热阻，一般可由手册查到；R_{Tfo} 为管壳到空间的热阻；R_{Tc} 为管壳到散热片的热阻；R_{Tf} 为散热片到空间的热阻。

图 7.4.1　典型功率 BJT 的外形

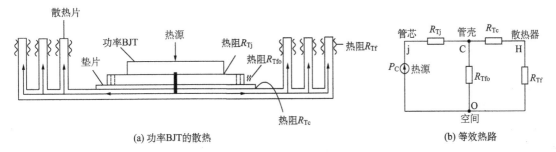

(a) 功率BJT的散热　　　　　　　　　　(b) 等效热路

图 7.4.2　功率 BJT 的散热和等效热路

由图 7.4.2 可见，不加散热片时，总热阻为

$$R_{To} = R_{Tj} + R_{Tfo} \tag{7.4.3}$$

由于 R_{Tfo} 很大，因此 R_{To} 也很大。加散热片后，总热阻为

$$R_T = R_{Tj} + R_{Tfo} // (R_{Tc} + R_{Tf}) \tag{7.4.4}$$

由于 $R_{Tc} + R_{Tf} \ll R_{Tfo}$，因此有

$$R_T \approx R_{Tj} + R_{Tc} + R_{Tf} \ll R_{To} \tag{7.4.5}$$

2. 功率 BJT 的二次击穿

功率 BJT 在工作过程中功耗不能超过 P_{CM}。但在实际工作中，经常发现 BJT 的功耗并未超过 P_{CM}，管身也并不烫，但功率 BJT 却突然失效，或者性能显著下降。这种损坏不少是由二次击穿造成的。

二次击穿是相对于一次击穿而言的，可用图 7.4.3(a) 所示 BJT 的输出特性曲线来说明。在图 7.4.3(a) 中，当 u_{CE} 较小时，i_C 基本不变；当 u_{CE} 增大到一定值时，i_C 会急剧上升，如图中 AB 段所示，这是一次击穿，是正常的雪崩击穿；此时只要限制 i_C 使其功率不超过 P_{CM}，功率 BJT 并不会损坏，若将 u_{CE} 减小，功率 BJT 仍可正常工作。但是，一次击穿之后，若 i_C 继续增大到某一数值，功率 BJT 的工作状态将以毫秒级甚至微秒级的速度移向低电压、高电流区，如图 7.4.3(a)BC 段所示；此时，称功率 BJT 发生了二次击穿。二次击穿发生后，功率 BJT 将永久性损坏，因此二次击穿是不可逆的。由于对不同的 i_B，二次击穿点不同，因此通常将这些点连起来，称为二次击穿临界曲线，如图 7.4.3(b) 所示。

二次击穿发生的机理目前尚不十分明确，一般认为与流过 PN 结面的电流不均匀、造成结面局部过热(称为热斑)有关。

考虑到二次击穿，功率 BJT 的实际安全工作区将会减小，如图 7.4.3(c) 所示。图中，功率 BJT 的安全工作区不仅受 I_{CM}、P_{CM} 和 $U_{(BR)CEO}$ 的限制，而且还受二次击穿临界曲线的限制。

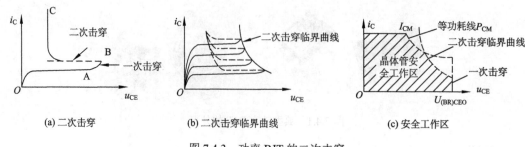

图 7.4.3　功率 BJT 的二次击穿

3. 功率 BJT 的安全使用和保护

1）功率 BJT 的安全使用

使用功率 BJT 时，一定要使其工作在安全工作区，且必须留有充分的余量。在最坏条件下，功率 BJT 的工作电压和工作电流不应超过其极限值的 80%，工作功耗不应超过其最高工作环境温度下最大允许功耗的 50%；结温不应超过其最高允许结温的 70%～80%。

功率 BJT 使用过程中，还要尽量减小其产生过压或过流的可能性。例如，不要将负载开路、短路或过载，不要突然施加强信号，同时应避免电源电压有较大的波动。

2）功率 BJT 的保护

功率 BJT 在使用过程中，为了防止其产生过压或过流现象，可以进行适当的保护。常用的保护措施如下。

（1）为了防止由于感性负载而使功率 BJT 产生过压或过流现象，可以在感性负载两端并联容性负载。如图 7.3.2 中，R_1 和 C_2 组成的容性负载，可以抵消感性扬声器负载的不利影响。

（2）为了防止功率 BJT 工作电流过大，可以加入适当的过流保护电路。图 7.4.4 所示为某功放机输出级的电路，其中功率 BJT T_1、T_3 和 T_2、T_4 构成复合管准互补推挽功率放大电路，电阻 R_9、R_{10}、R_{11} 和 R_{12} 分别用于为 T_1、T_2、T_3 和 T_4 的穿透电流 I_{CEO} 提供泄放回路；晶体管 T_6 和电阻 R_5、R_6 组成的 U_{BE} 倍增电路用于为功放管提供静态偏置，使其工作在甲乙类工作状态；晶体管 T_5 和电阻 R_8，以及晶体管 T_7 和电阻 R_7 分别组成共发射极放大电路，作为前置放大级。图 7.4.4(a) 中虚线框所示电路为由晶体管 T_9、二极管 D_1、电阻 R_1 和 R_2，以及晶体管 T_8、二极管 D_2、电阻 R_3 和 R_4 等元件组成的过流保护电路。正常工作时，由于电阻 R_{11} 和 R_{12} 的阻值很小（0.22Ω），输出电流在其上的压降较小，晶体管 T_9 和 T_8 不导通，对信号没有分流作用。如果由于输入信号增大或负载阻抗减小导致输出电流增大，则电阻 R_{11} 和 R_{12} 上的压降增大，晶体管 T_9 和 T_8 将会导通。晶体管 T_9 导通时，流向复合管输入端 T_1 基极的部分电流信号经二极管 D_1、三极管 T_9 分流，导致 T_1 基极的净输入电流减小，从而使输出电流维持不变。同理，晶体管 T_8 导通时，复合管输入端 T_2 基极的电流信号也会被分流，使输出电流稳定。这时无论增大输入信号幅度还是减小负载，输出电流均不增大。

（3）为了防止功率 BJT 工作电压过大，可以在其输入端和输出端并联保护二极管或稳压二极管。图 7.4.4(b) 所示为具有过压保护电路的甲乙类 OCL 电路。图中 T_1 和 T_2 为功率 BJT，二极管 D_1 和 D_2 用于为其提供静态偏置，使其工作在甲乙类工作状态；晶体管 T_3 和电阻 R_2 组成共发射极放大电路，作为前置放大级。稳压管 D_{Z3} 和 D_{Z4} 分别接在 T_1 和 T_2 的输入端，D_{Z1}

和 D_{Z2} 分别接在 T_1 和 T_2 的输出端，其作用是保护 T_1 和 T_2 不被突然升高的电源电压或扬声器产生的浪涌电压击穿。D_{Z1}、D_{Z2}、D_{Z3} 和 D_{Z4} 也可选用普通二极管，其击穿电压应略高于电源电压。

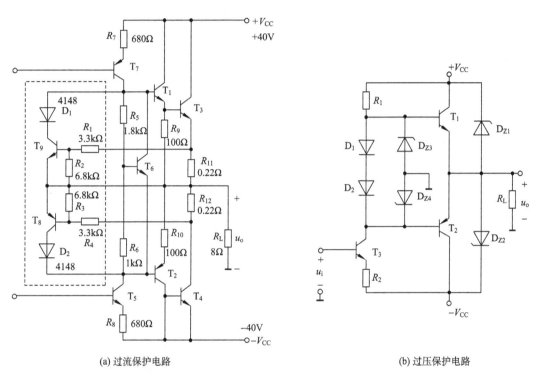

(a) 过流保护电路　　　　　　　　　　　　(b) 过压保护电路

图 7.4.4　功率 BJT 的保护电路

思考题

7.4.1　功率器件为什么要使用散热片？什么是功率 BJT 的二次击穿？

7.4.2　常用的功率器件安全保护措施有哪些？它们各有什么特点？

7.5　功率放大电路 Multisim 仿真

【例 7.5.1】　乙类互补对称功率放大电路如图 7.2.1(a) 所示，三极管 T_1 型号为 BD243B，T_2 型号为 BD244B，其主要参数为：$I_{CM}=6A$，$P_{CM}=65W$，$U_{(BR)CEO}=80V$，$|U_{CE(sat)}|=1.5V$；直流电源电压为 ±9V。设输入信号 $u_i = 5\sqrt{2}\sin(2\pi \times 1000t)\,V$，负载 $R_L=16\Omega$。用 Multisim 进行电路仿真，要求：

(1) 观察输出电压波形的交越失真，并求交越失真对应的输入电压范围。

(2) 测量电路的电源供给总功率、输出功率，并计算电路的效率。

(3) 为克服交越失真，引入甲乙类互补对称功率放大电路，如图 7.5.1 所示，三极管型号同上，二极管型

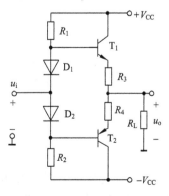

图 7.5.1　甲乙类互补对称功率放大电路

号为 1N4149，$R_1=R_2=100\Omega$，$R_3=R_4=5\Omega$，$R_L=16\Omega$。观察输出电压 u_o 的波形是否还存在交越失真？画出该电路的输入-输出直流电压传输特性，并确定输出电压 u_o 的动态范围。

（4）在图 7.5.1 所示的电路中，将 R_L 由 16Ω 改为 48Ω，求此时输出电压 u_o 的动态范围。

解：（1）乙类互补对称功率放大电路的仿真电路如图 7.5.2（a）所示，其输出电压仿真波形如图 7.5.2（b）所示。由图 7.5.2（b）可见，在输入正弦信号过零前后，输出电压波形存在交越失真。

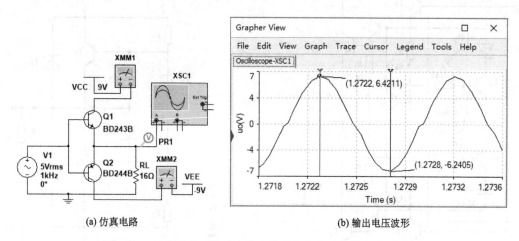

(a) 仿真电路　　　　　　　　　　　　　(b) 输出电压波形

图 7.5.2　乙类互补对称功率放大电路仿真电路及输出电压波形

在 Analyses and Simulation 仿真分析界面打开"直流扫描（DC Sweep）"对话框，将信号源 V1 的扫描范围设置为 $-1\sim1V$，扫描增量设为 0.01V，得到如图 7.5.3 所示的电路直流电压传输特性。由图 7.5.3 可以看出，当输入电压在 $-0.39\sim+0.40V$ 范围内时，输出电压几乎为零，出现了交越失真。

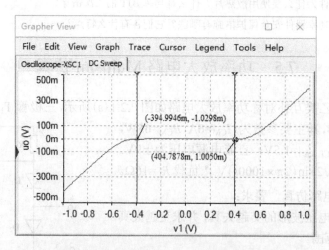

图 7.5.3　乙类互补对称功率放大电路的直流电压传输特性

（2）仿真电路中万用表 XMM1 和 XMM2 设为直流电流挡，分别用于测量正、负电源的输出平均电流，结果如图 7.5.4 所示。由万用表示数可得 $I_{C1}=118.58mA$，$I_{C2}=118.967mA$，

则电源供给的总功率为

$$P_V = (I_{C1} + I_{C2})V_{CC} \approx 2.14\text{W}$$

电路输出电压正、负向峰值如图 7.5.2(b)中游标所示，$+U_{om} \approx 6.42\text{V}$，$-U_{om} \approx -6.24\text{V}$，则电路的输出功率为

$$P_o = \left(\frac{U_{om} + |-U_{om}|}{2}\right)^2 \bigg/ (2R_L) \approx 1.25\text{W}$$

(a) 正电源输出平均电流　　　　　　(b) 负电源输出平均电流

图 7.5.4　乙类互补对称功率放大电路电源输出平均电流

电路的效率为

$$\eta = P_{om}/P_V \approx 58.4\%$$

由理论计算可得电源供给的总功率为

$$P_V = \frac{2}{\pi R_L}\left(\frac{U_{om} + |-U_{om}|}{2}\right)V_{CC} \approx 2.27\text{W}$$

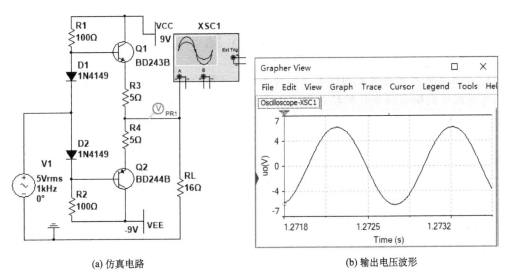

(a) 仿真电路　　　　　　　　　　　(b) 输出电压波形

图 7.5.5　甲乙类互补对称功率放大电路仿真电路及输出电压波形

理论计算数据大于仿真结果，产生误差的原因是输出信号存在交越失真和非对称性失真。

（3）为克服交越失真，引入图 7.5.1 所示的甲乙类互补对称功率放大电路，其仿真电路如图 7.5.5(a) 所示。在三极管的发射极接入电阻 R_3、R_4，引入直流负反馈，可以改善功率放大电路的性能。仿真结果如图 7.5.5(b) 所示，可以看出，输出电压波形已经没有交越失真。

进行直流扫描分析，将信号源 V1 扫描范围设置为–11～11V，扫描增量设为 0.01V，得到如图 7.5.6(a) 所示的电路直流电压传输特性，可得电路的最大输出电压范围为–5.95～+5.96V。

（4）将 R_L 的值改为 48Ω，重复直流扫描分析的步骤，可得电路的直流传输特性如图 7.5.6(b) 所示，可见电路的最大输出电压范围为–7.32～+7.35V，且随着负载增大，u_o 的动态范围增大。

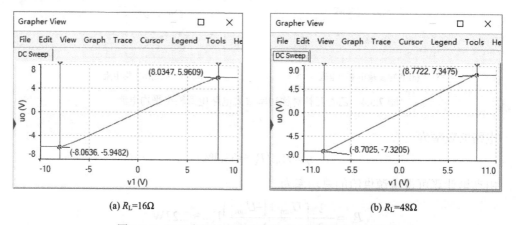

(a) $R_L=16Ω$ (b) $R_L=48Ω$

图 7.5.6 甲乙类互补对称功率放大电路的直流传输特性

本 章 小 结

1. 在直流电源电压确定的情况下，功率放大电路的组成原则是在信号失真允许的范围内尽可能地提高输出功率和转换效率。由于功放管工作在大信号极限状态，通常采用图解法分析。

低频功放管常见的工作状态有甲类(A类)、乙类(B类)和甲乙类(AB类)。其中乙类的转换效率比甲类高。

2. 互补推挽功率放大电路常见的电路形式有 OCL、OTL 和变压器耦合推挽功率放大器。

在乙类 OCL 中，若已知输入电压幅值为 U_{im}，则输出电压幅值 $U_{om} \approx U_{im}$，电路的输出功率 P_o、电源供给的功率 P_V、效率 η 和管耗 P_T 分别为：$P_o = \dfrac{U_{om}^2}{2R_L}$、$P_V = \dfrac{2U_{om}V_{CC}}{\pi R_L}$、$\eta = \dfrac{P_o}{P_V} \times 100\%$、$P_T = P_V - P_o$。

若输入信号 U_{im} 足够大，则在保证信号失真在允许范围的前提下，电路的最大输出电压幅值为 $U_{om(max)} = V_{CC} - |U_{CE(sat)}|$，电路的最大输出功率 P_{omax}、电源提供的最大功率 P_{Vmax} 和最大转换效率 η_{max} 分别为：$P_{omax} = \dfrac{U_{om(max)}^2}{2R_L}$、$P_V = \dfrac{2U_{om(max)}V_{CC}}{\pi R_L}$、$\eta_{max} = \dfrac{P_{omax}}{P_{Vmax}} \times 100\%$；当忽略功放管的饱和压降时，电路的最大输出功率 P_{omax} 和转换效率 η_{max} 分别为：$P_{omax} \approx \dfrac{V_{CC}^2}{2R_L}$、$\eta_{max} \approx 78.5\%$。

功放三极管的极限参数应满足：$P_{CM} > 0.2 \times \dfrac{V_{CC}^2}{2R_L}$、$I_{CM} > \dfrac{V_{CC} - |U_{CE(sat)}|}{R_L}$、$U_{(BR)CEO} > 2V_{CC} - |U_{CE(sat)}|$。

由于功率 BJT 的输入特性存在死区电压，工作在乙类的 OCL 电路存在交越失真。克服的方法是使三极管工作在甲乙类(尽量接近乙类)，但参数估算仍按乙类的有关公式。

在单电源供电的 OTL 电路中，参数估算仍然可用乙类 OCL 的公式，但需用 $V_{CC}/2$ 代替原公式中的 V_{CC}。

3. 集成功率放大器具有失真度小、效率高、有保护功能、外接元件少、易于安装使用等特点，在音响设备、电视设备及自动控制设备中得到了广泛的应用。

4. 功率放大器件工作在高电压与大电流下，必须正确设计选择功率管极限参数，并采取安全保护措施。

习　　题

7.1　在图 7.2.1(a) 所示的 OCL 电路中，电源电压 $V_{CC} = 20\text{V}$，负载电阻 $R_L = 8\Omega$，u_i 为正弦信号，试计算：

(1) 若输入信号的峰值 $U_{im} = 10\text{V}$，求电路的输出功率、管耗、直流电源供给的功率和效率；

(2) 若功放三极管的饱和压降 $|U_{CE(sat)}| = 3\text{V}$，在 u_i 幅值足够大的情况下，求电路的最大输出功率、直流电源供给的功率、效率和管耗；

(3) 若功放三极管的饱和压降 $U_{CE(sat)} = 0\text{V}$，要使功放三极管安全工作，其极限参数应该满足什么条件？

7.2　在图 7.2.5(a) 所示的 OCL 电路中，$R_L = 8\Omega$，u_i 为正弦信号，功放三极管的饱和压降 $U_{CE(sat)} \approx 0$ V。试计算：

(1) 若最大输出功率为 $P_{omax} = 9\text{W}$，试计算正负直流电源 V_{CC} 的最小值；

(2) 求输出功率最大时，直流电源供给的功率和效率，及此时输入电压的有效值；

(3) 若输出 u_o 为峰值为 4V 的正弦信号，计算电路的输出功率、每路直流电源供给的平均功率和效率；

(4) 条件同(3)，若功放三极管 $\beta = 50$，计算输入信号提供的峰值电流。

7.3　OCL 电路如题图 7.3(a) 所示，其中 T_1 和 T_2 的特性完全对称，试分析：

(1) 静态时，输出电压 u_o 应为多少？调整哪一参数可以满足这一要求？

(2) 静态时，流过负载电阻 R_L 的电流有多大？

(3) R_1、R_2、R_W、D_1 和 D_2 各起什么作用？

(4) 动态时, 若输出电压波形如题图 7.3(b) 所示, 请问出现了什么失真? 应调整哪个电阻? 如何调整?

(5) 设 $V_{CC} = 10V$, $R_W = R_2 = 2k\Omega$, 晶体管 $|U_{BE}| = 0.7V$, $\beta = 50$, $P_{CM} = 200mW$, 若 R_1、D_1 和 D_2 三个元件中有一个出现开路, 将会产生什么后果?

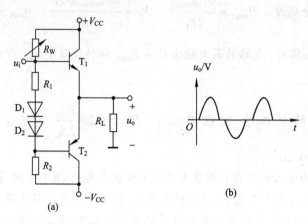

题图 7.3

7.4　题图 7.4 所示功率放大电路中, 集成运放 A 的最大输出电压为 ±10V, 最大输出电流为 ±10mA, 晶体管 T_1 和 T_2 的 $|U_{BE}| = 0.7V$。试分析:

(1) 为了得到尽可能大的输出功率, T_1 和 T_2 管的 β 至少为多大?

(2) 若 T_1 和 T_2 的饱和压降可以忽略, 功放电路的最大输出功率为多少?

(3) 输出功率最大时, 输出级功放电路的效率为多少? 单管的管耗为多少?

(4) 指出电路中的级间反馈通路, 判断反馈组态, 并计算深度负反馈下的闭环电压放大倍数。

(5) 求负载上得到最大输出功率时, 所需输入正弦信号电压的有效值。

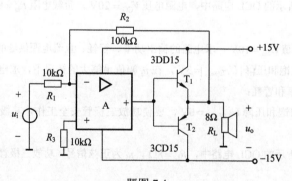

题图 7.4

7.5　功率放大电路如题图 7.5 所示。试分析:

(1) T_4、R_5 和 R_6 组成什么电路? 在电路中起什么作用?

(2) 若要使电路的输出电压 u_o 保持稳定, 应引入什么组态的反馈? 请在图中画出反馈支路;

(3) 若在输入信号幅值 $U_{im} = 140mV$ 时, 负载 R_L 上能得到最大输出功率, 则反馈元件如何取值? 设 T_2 和 T_3 的 $|U_{CE(sat)}| = 1V$。

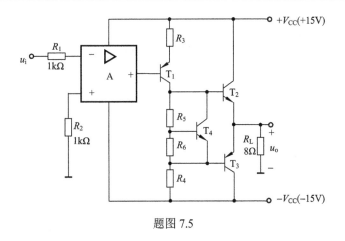

题图 7.5

7.6　OTL 电路如题图 7.6 所示，设 T_1、T_2 的特性完全对称，　$V_{CC} = 20V$，$R_L = 16\Omega$，u_i 为正弦信号，试分析：

(1)静态时，电容 C_2 两端的电压为多少？调整哪一个参数可以满足这一要求？

(2)动态时，若输出波形出现交越失真，应调整哪个电阻？如何调整？

(3)若流过负载的电流为 $i_o = 0.45\cos\omega t$ (A)，试求负载上得到的输出功率 P_o、直流电源供给的功率 P_V和单管管耗 P_{T1}。

(4)若功放三极管的饱和压降 $|U_{CE(sat)}| = 2V$，在 u_i 幅值足够大的情况下，求电路的输出功率、直流电源供给的功率、效率和管耗。

7.7　OTL 电路如题图 7.7 所示，若晶体管的饱和压降可以忽略，且电路的最大输出功率为 6.25W。试计算：

(1)直流电源电压 V_{CC} 至少应取多大？

(2)T_2 和 T_3 管的 P_{CM} 至少应选多大？

(3)若输出波形出现交越失真，应调节哪个电阻？

(4)若输出波形一边出现削峰失真，应调节哪个电阻？

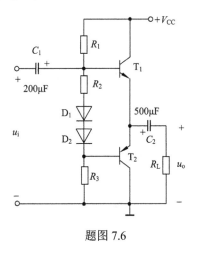

题图 7.6

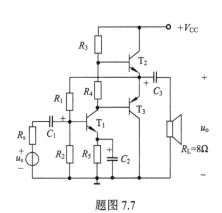

题图 7.7

7.8　OTL 准互补推挽电路如题图 7.8 所示。要求：

(1) 请在图中标出三极管 $T_1 \sim T_4$ 的类型，并说明该电路为什么称为准互补推挽 OTL 电路；

(2) 静态时输出电容 C 两侧的电压应为多大？若不合适，一般应调节哪个元件来实现？

(3) 电阻 R_2 的作用是什么？

(4) 电阻 R_4 和 R_5 的作用是什么？

(5) 电阻 R_6 和 R_7 有什么作用？

(6) 已知 T_3 和 T_4 的饱和压降为 $|U_{CE(sat)}| = 3V$，$R_6 = R_7 = 0.5\Omega$，$R_L = 8\Omega$。若电源电压 $V_{CC} = 20V$，求负载 R_L 上得到的最大输出功率。

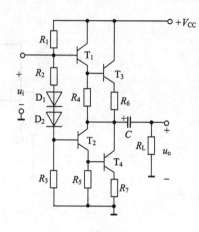

题图 7.8

7.9　图 7.2.9 所示变压器耦合推挽功率放大电路中，$V_{CC} = 12V$，$R_L = 4\Omega$。设晶体管 T_1 和 T_2 的饱和压降 $U_{CE(sat)} \approx 0$，穿透电流 $I_{CEO} \approx 0$，电阻 R_e 上的压降可以忽略不计，输出变压器的效率 $\eta_T = 1$，变比 $n = N_1/N_2 = 2$，试计算：

(1) 负载 R_L 上能得到的最大输出功率 P_{omax}；

(2) 电源供给的直流功率 P_V（不考虑偏置电阻上的损耗）；

(3) 放大电路的效率 η；

(4) 晶体管 T_1 和 T_2 的极限参数应该如何选择？

7.10　题图 7.10 所示单电源互补对称功率放大电路中，三极管 T_1 的型号为 BD243B，T_2 的型号为 BD244B。已知 $R_1 = R_2 = 1.2k\Omega$，$R_3 = R_4 = 70\Omega$，$R_L = 32\Omega$，$V_{CC} = 20V$，$C_2 = 1mF$，$C_1 = 10\mu F$，输入电压 $u_i = 10\sin(2\pi \times 1000t)V$。用 Multisim 进行电路仿真，要求：

(1) 观察三极管 T_1 和 T_2 发射极电流波形及输出电压和电流波形；

(2) 测量电路的电源供给功率 P_V 和输出功率 P_o，并计算电路的效率 η。

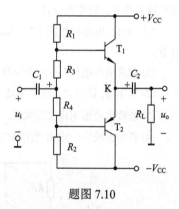

题图 7.10

7.11　题图 7.11 所示手持式扩音机电路中，各晶体管 $|U_{BE}| = 0.7V$，晶体管 T_1 和 T_2 的 $\beta = 200$，电容 C 对交流信号可视为短路。要求：

(1) 说明电路中前置电压放大级和功率放大级分别由哪些电路组成，并说明该电路实现音量调节的原理；

(2) 说明电容 $C_1 \sim C_6$ 在电路中分别起什么作用；

(3) 说明二极管 $D_1 \sim D_4$ 在电路中起什么作用；

(4) 估算晶体管 T_1 的静态工作点 I_{C1Q} 和发射结导通电阻 r_{e1}，以及晶体管 T_2 的静态工作点 I_{C2Q} 和发射结导通电阻 r_{e2}；

(5) 写出由晶体管 T_1 构成的共基极放大电路的中频电压放大倍数 A_{u1} 的近似表达式，并估算调节电位器 R_9 时其变化范围；

(6) 写出由晶体管 T_2 构成的共发射极放大电路的中频电压放大倍数 A_{u2} 的近似表达式，并估算调节电位器 R_9 时其变化范围；

(7) 说明该电路的输出级为 OCL 还是 OTL 形式，静态时电容 C_6 上的压降应该为多少？

(8) 若功放晶体管 T_4 和 T_6 的饱和压降可以忽略，求该电路的最大输出功率 P_{omax}；

(9) 求输出功率最大时，直流电源供给的功率及效率。

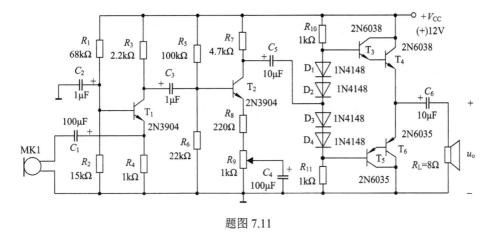

题图 7.11

第8章 直流稳压电源

【内容提要】 首先介绍直流电源的组成，桥式整流电路的工作原理及参数计算。其次分析常用的小功率滤波电路的工作原理，包括电容滤波电路、电感滤波电路和复合型滤波电路。然后阐述串联型线性直流稳压电路的组成与工作原理，以及典型三端线性集成稳压器及其应用电路。

各种电子电路及系统均需直流电源供电，除蓄电池外，大多数直流电源都是利用电网的交流电源经过变换而获得的。对于一般直流电源，其特点是需要给出允许最大输出功率、额定输出直流电压和电流，并提供与应用要求相适应的稳定度、精度和效率。

直流电源的组成如图 8.1.1 所示。

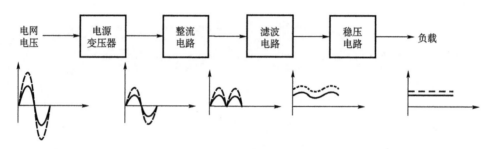

图 8.1.1 直流电源的组成

（1）电源变压器。地面供电电网提供的交流电一般是频率为 50Hz、有效值为 220V（或三相 380V），而各种电子设备所需直流电压的大小常不相同。因此，一般需要将电网电压先经过电源变压器，然后将变换以后的副边电压再经过整流、滤波和稳压环节，最后得到所需要的直流电压值。

（2）整流电路。整流电路的作用是将正负交替变化的正弦交流电压整流成为单向脉动电压。但是，这种单向脉动电压往往包含着很大的脉动成分，距离理想的直流电压还差得很远。

（3）滤波电路。滤波电路一般由电容、电感等储能元件组成，其作用是尽可能地将单向脉动电压的脉动成分滤除，使得输出电压成为比较平滑的直流电压。但是当电网电压或负载电流发生变化时，滤波电路的输出直流电压值也会随之而变化，在需要高质量的直流电源供电的电子设备中，这种情况不符合要求。

（4）稳压电路。稳压电路的作用是将整流滤波电路输出的不稳定直流电压（如电网电压波动、负载变化等引起）变换成符合要求的稳定直流电压。

8.1　整流与滤波电路

8.1.1　整流电路

二极管具有单向导电性，利用二极管组成的整流电路能将交流电压变换为单向脉动电压。在中小功率直流电源(例如，输出功率 5W、100W)中，有单相半波、单相全波、单相桥式和倍压整流电路之分，常用的主要为单相桥式整流电路。

整流电路的主要技术指标如下。

(1)输出直流电压平均值 $U_{O(AV)}$。$U_{O(AV)}$ 定义为整流电路输出电压 u_O 在一个周期内的平均值，即

$$U_{O(AV)} = \frac{1}{2\pi} \int_0^{2\pi} u_O \mathrm{d}(\omega t) \tag{8.1.1}$$

(2)输出电压纹波系数 K_r。K_r 定义为整流电路输出电压 u_O 的谐波分量总有效值 U_{or} 与平均值 $U_{O(AV)}$ 之比，即

$$K_r = U_{or} / U_{O(AV)} \tag{8.1.2}$$

(3)整流二极管正向平均电流 $I_{D(AV)}$。定义为在一个电压变化周期内通过整流二极管的平均电流。

(4)最大反向峰值电压 U_{RM}。指整流二极管截止时所能承受的最大反向电压。

下面以目前工程应用广泛的桥式整流电路为例来分析整流电路的性能，为简化分析过程，把整流二极管视作理想的开关元件。

1. 桥式整流电路工作原理

图 8.1.2 为单相桥式整流电路。电路中采用了四个二极管，接成电桥形式，故称为**桥式整流电路**。

由图 8.1.2 可见，在 u_2 的正半周内，二极管 D_1、D_3 导电，D_2、D_4 截止；u_2 负半周时，D_2、D_4 导电，D_1、D_3 截止。正、负半周均有电流流过负载电阻 R_L，而且无论在正半周还是负半周，流过 R_L 的电流方向是一致的，因而使输出电压的直流成分得到提高，脉冲成分被降低。桥式整流电路的波形见图 8.1.3 所示。

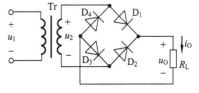

图 8.1.2　单相桥式整流电路

2. 桥式整流电路参数计算

用傅里叶级数对图 8.1.3 中 u_O 的波形进行分解，可得

$$u_O = \sqrt{2}U_2\left(\frac{2}{\pi} + \frac{4}{3\pi}\cos(2\omega t) - \frac{4}{15\pi}\cos(4\omega t) + \frac{4}{35\pi}\cos(6\omega t) - \cdots\right) \tag{8.1.3}$$

式中，U_2 为变压器次级电压 u_2 的有效值；ω 为电源电压角频率(由民用电网供电时 $\omega = (2\pi \times 50)\mathrm{rad/s}$)。可得整流电路输出电压平均值为

$$U_{O(AV)} = \frac{2\sqrt{2}U_2}{\pi} \approx 0.9U_2 \tag{8.1.4}$$

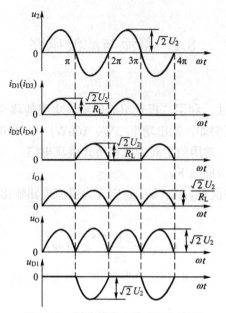

图 8.1.3　桥式整流电路的工作波形

由式(8.1.3)看出，最低次谐波分量的幅值 U_{o2m} 为 $4\sqrt{2}U_2/3\pi$、角频率为电源频率的两倍(即 2ω)。其他谐波分量的角频率为 4ω、6ω 等偶次谐波分量。这些谐波分量总称为**纹波**。谐波电压的总有效值 U_{or} 为

$$U_{\mathrm{or}} = \sqrt{U_2^2 - U_{\mathrm{O(AV)}}^2} = \sqrt{U_{\mathrm{o2}}^2 + U_{\mathrm{o4}}^2 + \cdots} \qquad (8.1.5)$$

整流电路输出电压的纹波系数 K_{r} 为

$$K_{\mathrm{r}} = \frac{U_{\mathrm{or}}}{U_{\mathrm{O(AV)}}} \approx 0.48 \qquad (8.1.6)$$

整流电路输出的平均电流 $I_{\mathrm{O(AV)}}$ 为

$$I_{\mathrm{O(AV)}} = \frac{U_{\mathrm{O(AV)}}}{R_{\mathrm{L}}} = 0.9\frac{U_2}{R_{\mathrm{L}}} \qquad (8.1.7)$$

因二极管 D_1、D_3 和 D_2、D_4 是两两轮流导通的，故流过每个二极管的平均电流为

$$I_{\mathrm{D(AV)}} = 0.5I_{\mathrm{O(AV)}} \qquad (8.1.8)$$

整流二极管在截止时管子两端承受的最大反向电压 U_{RM} 就是 u_2 的最大值，即

$$U_{\mathrm{RM}} = \sqrt{2}U_2 \qquad (8.1.9)$$

桥式整流电路的优点是输出电压高、纹波电压小、管子承受的最大反向电压较低，同时电源变压器的利用率较高。但是电路中需用四个整流二极管。桥式整流电路目前已做成模块(常称为**整流桥**)，其输出电流、耐反压等指标有系列标称值可选用。

8.1.2　滤波电路

根据滤波元件类型及电路组成，滤波电路常分为电容滤波电路、电感滤波电路和复合型滤波电路。可以根据具体应用设计要求来选择合适的滤波电路。

1. 电容滤波电路

图 8.1.4(a) 为**单相桥式整流电容滤波电路**，图中 T_r 为电源变压器，二极管 $D_1 \sim D_4$ 组成桥式全波整流电路，电容 C 组成滤波电路。

在分析电容滤波电路时，要特别注意电容器 C 两端电压 u_C 对整流元件导电的影响，**整流元件 $D_1 \sim D_4$ 只有受正向电压作用时才导通，否则便截止**。

负载 R_L 未接入(开关 S 断开)时的情况：设电容器 C 两端初始电压为零，接入交流电源后，当 u_2 为正半周时，u_2 通过 D_1、D_3 向电容器 C 充电；u_2 为负半周时，经 D_2、D_4 向电容器 C 充电，充电时间常数为

$$\tau = R_{int} C \tag{8.1.10}$$

式中，R_{int} 包括变压器副边绕组的直流电阻和二极管 D 的正向电阻。由于 R_{int} 一般很小，电容器很快就充电到交流电压 u_2 的最大值 $\sqrt{2}U_2$，极性如图 8.1.4(a) 所示。因电容器无放电回路，故输出电压(即电容器 C 两端的电压 u_C)保持在 $\sqrt{2}U_2$ 上。如图 8.1.4(b) 中 $\omega t < 0$ 部分所示。

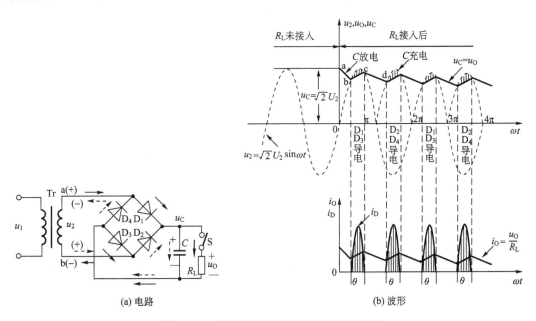

图 8.1.4　容性负载下桥式整流电路与波形

接入负载(开关 S 合上)的情况：设变压器副边电压 u_2 从 0 开始上升(即正半周开始)时接入负载 R_L，由于电容器在负载未接入前已经充电，故刚接入负载时 $u_2 < u_C$，二极管受反向电压作用截止，电容器 C 经 R_L 放电，放电的时间常数为

$$\tau_d = R_L C \tag{8.1.11}$$

因 τ_d 一般较大，故电容两端的电压 u_C 按指数规律慢慢下降。其输出电压 $u_O = u_C$，如图 8.1.4(b) 的 ab 段所示。与此同时，交流电压 u_2 按正弦规律上升；当 $u_2 > u_C$ 时，二极管 D_1、D_3 受正向电压作用而导通，此时 u_2 经二极管 D_1、D_3 向负载 R_L 提供电流，并向电容器 C 充电，u_C 将如图 8.1.4(b) 的 bc 段所示，图中 bc 段上的阴影部分为电路中的电流在整流器内

阻 R_{int} 上产生的电压降。接入负载时的充电时间常数 $\tau_c = (R_L // R_{int})C \approx R_{int}C$ 很小。u_C 随着交流电压 u_2 升高到略低于最大值 $\sqrt{2}U_2$。然后，u_2 又按正弦规律下降；当 $u_2 < u_C$ 时，二极管受反向电压作用而截止，电容器 C 又经 R_L 放电，u_C 波形如图 8.1.4(b) 中的 cd 段所示。电容器 C 如此周而复始地进行充放电，负载 R_L 上便得到如图 8.1.4(b) 所示的一个近似锯齿状波动的电压 $u_O = u_C$，电容 C 使负载电压的波动大为减小。

通过以上分析，可得容性负载下整流电路的特点如下。

(1) 二极管的导通角 $\theta < \pi$，流过二极管的瞬时电流很大，如图 8.1.4(b) 所示。电流的有效值和平均值的关系与波形有关，在平均值相同的情况下，波形越尖，有效值越大。在纯电阻负载时(指没有电容 C)，变压器副边电流的有效值 $I_2 \approx 1.11I_{O(AV)}$；而有电容滤波时

$$I_2 \approx (1.5 \sim 2)I_{O(AV)} \tag{8.1.12}$$

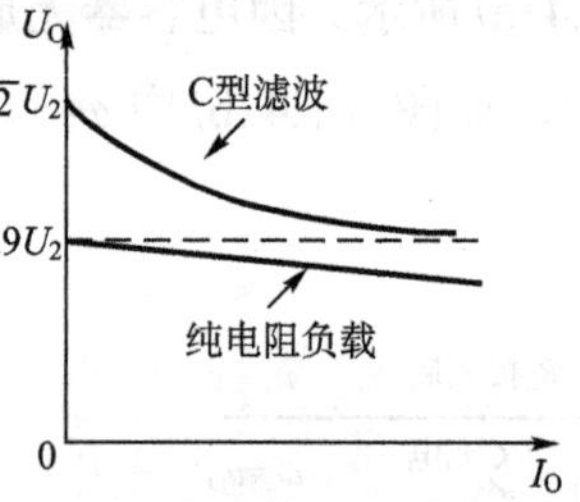

(2) 负载平均电压 U_O(或 $U_{O(AV)}$)升高，纹波(交流成份)减小，且 $R_L C$ 越大，电容 C 放电速率越慢，则负载电压中的纹波成份越小，负载平均电压越高。

为了得到平滑的负载电压，一般选取

$$\tau_d = R_L C \geqslant (3 \sim 5)\frac{T}{2} \tag{8.1.13}$$

式中，T 为电源交流电压的周期，对于 50Hz 的民用电网，有 $T=20ms$。

图 8.1.5 容性负载桥式整流电路的输出特性

(3) 负载直流电压 U_O 随负载平均电流 I_O 增加而减小。U_O 随 I_O 的变化关系称为输出特性或外特性。图 8.1.5 为纯电阻负载和容性负载桥式整流电路的输出特性。

C 值一定，当 $R_L = \infty$(即空载)时，负载直流电压 $U_O = \sqrt{2}U_2 \approx 1.4U_2$。

当 $C = 0$(即无电容)时，负载直流电压为

$$U_O = 0.9U_2 \tag{8.1.14}$$

在整流电路的内阻不太大(几欧姆)和放电时间常数满足式(8.1.13)的关系时，容性负载下整流电路的输出直流电压估计值为

$$U_O \approx (1.1 \sim 1.2)U_2 \tag{8.1.15}$$

容性负载下整流电路的优点是电路简单、负载直流电压 U_O 较高、纹波较小等，它的缺点是输出特性较差，故适用于负载电压较高、负载变动不大的场合。

2. 电感滤波电路

电感具有阻止电流变化的特点，如在负载回路中串联一个电感，将使流过负载上电流的波形较为平滑；或者，从另一个角度来分析，因为电感对直流分量的电阻很小(理想时等于零)，而对交流分量感抗很大，所以能够得到较好的滤波效果而直流电压损失很小。

在图 8.1.6 所示的电感滤波电路中，L 串联在 R_L 回路中。根据电感的特点，当输出电流发生变化时，L 中

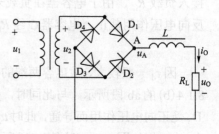

图 8.1.6　电感滤波电路

将感应出一个反电势，其方向将阻止电流发生变化。在半波整流电路中，这个反电势将使整流管的导电角大于 180°。但是，在桥式整流电路中，虽然 L 上的反电势有延长整流管导电角的趋势，但是 D_1、D_3 不能与 D_2、D_4 同时导电。例如，当 u_2 的极性由正变负（图 8.1.6）后，L 上的反电势有助于 D_1、D_3 继续导电，但由于此时 D_2、D_4 导电，变压器副边电压 u_2 全部加到 D_1、D_3 两端，其极性将使 D_1、D_3 反向偏置，因而 D_1、D_3 截止。在桥式整流电路中，虽然采用电感滤波，但整流二极管仍然每管导电 180°，图中 A 点的电压波形就是桥式整流的输出波形，与纯电阻负载时相同。

　　由于电感的直流电阻很小、交流阻抗很大，因此直流分量经过电感后基本上没有损失，但是对于交流分量，在 $j\omega L$ 和 R_L 上分压以后，大部分交流分量降落在电感 L 上，因而降低了输出电压中的脉动成分。L 越大、R_L 越小，则滤波效果越好，所以电感滤波电路适用于负载电流比较大的场合。采用电感滤波以后，有延长整流管导电角的趋势，因此电流波形比较平滑，避免了过大的冲击电流。

　　3. 复合滤波电路

　　为了进一步改善滤波效果，降低输出电压 u_O 中的纹波，可以采用复合滤波电路，如图 8.1.7 所示。图 8.1.7(a) 为 RC-Π 型滤波电路，其性能和应用场合与电容滤波电路相似。图 8.1.7(b)、(c) 分别为 LC 滤波电路和 LC-Π 型滤波电路，它们的性能和应用场合与电感滤波电路相似。若需要得到更好的滤波效果，可再将这些滤波电路串接使用。

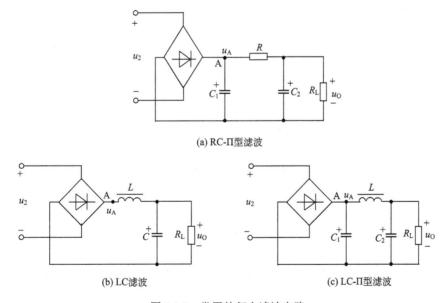

(a) RC-Π型滤波

(b) LC滤波　　　　　　　　　　　　(c) LC-Π型滤波

图 8.1.7　常用的复合滤波电路

8.1.1　在桥式整流电路中，若有一只整流二极管开路或短路，试分析整流电路的工作情况。另外，若整流二极管不是理想开关（即二极管反向电阻不是很大、正向电阻又较大），此时整流效果如何？

8.1.2　滤波电路的作用是什么？对于桥式整流电容滤波电路，若负载电流增大，则输出电压如何变化？分析电容滤波电路和电感滤波电路对桥式整流电路的影响情况，比较两种滤波电路的特点与应用场合。

电容与电感滤波对比

8.2　线性直流稳压电路

经过整流、滤波后的直流电压，还是容易受到电网电压波动和负载电流变化的影响，因此必须进一步通过稳压电路来获得稳定的直流电压。

常用的稳压电路有稳压管直流稳压电路、串联型线性直流稳压电路和开关型直流稳压电路。这里主要分析串联型线性直流稳压电路，这种直流稳压电路的质量指标好，广泛用于小功率电子设备的直流电源中。

直流稳压电路的技术指标分为两种：一种是特性指标，包括允许的输入电压、输出电压、输出电流及输出电压调节范围等；另一种是质量指标，用来衡量输出直流电压的稳定程度，包括稳压系数、输出电阻、温度系数及纹波电压等。以下介绍常用的直流稳压电路六个基本技术指标。

(1)输出电压 U_O 或输出电压可调范围 $U_{Omin} \sim U_{Omax}$。指稳压电路在正常运行下的额定输出电压 U_O，若为可调式稳压电路，则为可调输出额定电压的范围 $U_{Omin} \sim U_{Omax}$。

(2)最大输出电流 I_{OM}。 I_{OM} 是指直流稳压电路在规定最小负载情况下的最大输出电流值。

(3)稳压系数 S_r。 S_r 定义为：当环境温度 T (℃)与负载 R_L 不变时，在规定输入电压变化范围内，且满载条件下，输出电压 U_O 的相对变化量与输入电压 U_I 的相对变化量之比，即

$$S_r = \left. \frac{\Delta U_O/U_O}{\Delta U_I/U_I} \right|_{\substack{\Delta T=0 \\ \Delta R_L=0}} = \left. \frac{\Delta U_O}{\Delta U_I} \cdot \frac{U_I}{U_O} \right|_{\substack{\Delta T=0 \\ \Delta R_L=0}} \tag{8.2.1}$$

S_r 的大小反映了一个稳压电路克服输入电压变化影响的能力。显然 S_r 越小，即在同样输入电压条件下，输出电压变化越小，也就是说其稳定性越好。

在工程中，稳压系数 S_r 又称为电压调整率，用 S_u 表示，因此有 $S_r = S_u$。

(4)纹波抑制比 S_{rip}。 S_{rip} 定义为输入纹波电压(峰峰值 U_{IMM})与输出纹波电压(峰峰值 U_{OMM})之比(取对数)，即

$$S_{rip} = \left. 20 \lg \frac{U_{IMM}}{U_{OMM}} \right|_{\substack{\Delta T=0 \\ \Delta R_L=0}} \tag{8.2.2}$$

显然，S_{rip} 越大，表明稳压电路对纹波的抑制能力越强，即输出纹波越小，稳定性也越好。

(5)输出电阻 R_o。在规定输入电压及环境温度不变时， R_o 为输出电压的变化量与输出电流变化量之比，即

$$R_o = \left. \frac{\Delta U_O}{\Delta I_O} \right|_{\substack{\Delta T=0 \\ \Delta U_I=0}} \tag{8.2.3}$$

R_o 反映了负载变动时，输出电压 U_O 维持稳定的能力。显然 R_o 越小，则当 I_O 变化时，输出电压变化也越小，即越稳定。

对于稳压电路的输出电阻 R_O，在工程中还常用负载调整率 S_R 或电流调整率 S_I 来表示。S_I 则用输出电流 I_O 由零变到最大额定值时，输出电压的相对变化量来表征，称为**电流调整率**，即

$$S_I = \frac{\Delta U_O}{U_O}\bigg|_{\substack{\Delta T=0 \\ \Delta U_I=0}} \times 100\% \tag{8.2.4}$$

通常，$S_I \leqslant 1\%$，而 R_O 常为 $1\,\Omega$ 以下。

(6)效率 η。对于串联型线性稳压电路，由于输出电流 I_O 全部通过调整管，则调整管会产生功耗。而且，调整管的压差(即管压降 U_{CE})越大，管耗也就越大。因此，稳压电路存在一个效率指标。在工程中，在规定输入电压、输出电压、满载的情况下，用输出功率与输入功率的比值来表示效率，即

$$\eta = \frac{P_O}{P_I} = \frac{U_O I_O}{U_I I_I} \times 100\% \approx \frac{U_O}{U_I} \times 100\% \tag{8.2.5}$$

对于串联型稳压电路，输入电流 I_I 为调整管的 I_C(或 I_E)，输出电流 I_O 为调整管的 I_C(或 I_E)，所以有 $I_O \approx I_I$。

通常串联型线性稳压电路的效率 $\eta > 40\%$，而改进措施或恒压差设计的稳压电路可超过 50%。

8.2.1　串联型线性直流稳压电路

1. 电路组成和工作原理

串联型线性直流稳压电路原理方框图如图 8.2.1 所示，电路组成包括采样电路、调整管 T、基准电压 U_{REF} 与误差放大电路。

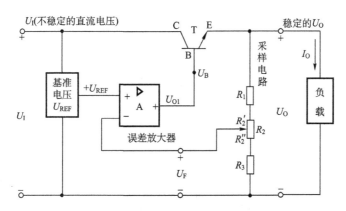

图 8.2.1　串联型线性直流稳压电路的组成

1)采样电路

由电阻 R_1、R_2 和 R_3 组成。取出 U_O 的一部分 U_F 送到误差放大电路的反相输入端。

2)基准电压和误差放大电路

基准电压 U_{REF} 接到误差放大电路的同相输入端。采样电压 U_F 与基准电压 U_{REF} 进行比较后，再由放大电路将二者的差值进行放大。

误差放大电路 A 的作用是将基准电压与采样电压之差 $(U_{REF} - U_F)$ 进行放大，然后送到调整管的基极。如果误差放大电路的放大倍数比较大，则只要输出电压 U_O 产生一点微小的变化，即能引起调整管的基极电压 U_B 发生较大的变化，提高了稳压效果。因此，误差放大电路 A 的放大倍数越大，则输出电压 U_O 的稳定性越高。

3）调整管

调整管 T 接在输入直流电压 U_I 和输出端负载电阻 R_L 之间。在基极电压 U_B 作用下，调整管的集-射电压 U_{CE} 将发生相应的变化，最终调整输出电压 $U_O = U_I - U_{CE}$ 使之基本保持稳定。因调整管 T 与负载 R_L 串联，且调整管工作在放大状态，故称为串联型线性直流稳压电路。

现在分析串联型线性直流稳压电路的稳压原理。在图 8.2.1 中，假设由于 U_I 增大（或假定 I_O 减小）而导致输出电压 U_O 增大，则通过采样后反馈到误差放大电路反相输入端的电压 U_F 也按比例增大，但其同相输入端的电压 U_{REF} 保持不变，故放大电路 A 的差模输入电压 $U_{Id} = U_{REF} - U_F$ 将减小，于是放大电路 A 的输出电压 U_{O1} 减小，使调整管的基极电压 $U_B = U_{O1}$ 减小，从而引起调整管的 $U_{BE} = U_B - U_O$ 减小、I_C 减小、U_{CE} 增大，结果阻止输出电压 $U_O = U_I - U_{CE}$ 增大。

以上稳压过程可简明表示为

$$U_I \uparrow 或 I_O \downarrow \rightarrow U_O \uparrow \rightarrow U_F \uparrow \rightarrow U_{Id} \downarrow \rightarrow U_B \downarrow \rightarrow I_C \downarrow \rightarrow U_{CE} \uparrow \rightarrow U_O \downarrow$$

由此可以看出，串联型线性直流稳压电路稳压的过程，实质上是通过电压负反馈使输出电压 U_O 保持基本稳定的过程，故这种稳压电路也称为**串联反馈式直流稳压电路**。

2. 输出电压的调节范围

串联型线性直流稳压电路的一个优点是允许输出电压在一定范围内进行调节。这种调节可以通过改变采样电阻中电位器 R_2 的滑动端位置来实现。

在图 8.2.1 中，$u_+ = U_{REF}$、$u_- = U_F$，故当 $U_F = U_{REF}$ 时，稳压电路达到稳定状态，假设输出电压为 U_O，则有

$$U_F = \frac{R_2'' + R_3}{R_1 + R_2 + R_3} \cdot U_O = U_{REF}$$

因而，可得

$$U_O = \frac{R_1 + R_2 + R_3}{R_2'' + R_3} \cdot U_{REF} \tag{8.2.6}$$

当 R_2 的滑动端调至最上端时，$R_2' = 0$，$R_2'' = R_2$，U_O 达到最小值，可得

$$U_{Omin} = \frac{R_1 + R_2 + R_3}{R_2 + R_3} \cdot U_{REF} \tag{8.2.7}$$

当 R_2 的滑动端调至最下端时，$R_2' = R_2$，$R_2'' = 0$，U_O 达到最大值，可得

$$U_{Omax} = \frac{R_1 + R_2 + R_3}{R_3} \cdot U_{REF} \tag{8.2.8}$$

3. 调整管的选择

调整管是串联反馈式直流稳压电路的重要组成部分，工作在放大区担负着调整输出电压的重任。它不仅需要根据外界条件的变化，随时调整本身的管压降，以保持输出电压稳

定，而且还要提供负载所要求的全部电流，因此调整管的功耗比较大，通常采用大功率的双极型三极管。为了保证调整管的安全，一般都需加保护电路。电路设计中选择调整管型号时，需对主要参数进行估算。

1）集电极最大允许电流 I_{CM}

流过调整管集电极的电流，除负载电流 I_{O} 以外，还有流入采样电阻的电流。假设流过采样电阻的电流为 I_{R}，则调整管集电极的最大允许电流为

$$I_{\mathrm{CM}} \geqslant I_{\mathrm{Omax}} + I_{\mathrm{R}} \tag{8.2.9}$$

式中，I_{Omax} 是负载电流的最大值。

2）集电极和发射极之间的反向击穿电压 $U_{\mathrm{(BR)CEO}}$

稳压电路正常工作时，调整管 C-E 电压降约为几伏。若负载短路，则整流滤波电路的输出电压即稳压电路的输入电压 U_{I} 将全部加在调整管两端。电容滤波电路输出电压的最大值可能接近于变压器副边电压的峰值（即 $U_{\mathrm{I}} \approx \sqrt{2} U_2$），再考虑电网电压可能有 ±10% 波动，应选择 $U_{\mathrm{(BR)CEO}}$ 参数为

$$U_{\mathrm{(BR)CEO}} \geqslant U'_{\mathrm{Imax}} = 1.1 \times \sqrt{2} U_2 \tag{8.2.10}$$

式中，U'_{Imax} 是空载时整流滤波电路的最大输出电压。

3）集电极最大允许耗散功率 P_{CM}

调整管两端的电压 $U_{\mathrm{CE}} = U_{\mathrm{I}} - U_{\mathrm{O}}$，则调整管的功耗为 $P_{\mathrm{C}} = U_{\mathrm{CE}} I_{\mathrm{C}} = (U_{\mathrm{I}} - U_{\mathrm{O}}) I_{\mathrm{C}}$。当电网电压达到最大值、输出电压达到最小值、负载电流也达到最大值时，调整管的功耗将最大。所以，应根据下式来选择调整管的参数 P_{CM}：

$$P_{\mathrm{CM}} \geqslant (U_{\mathrm{Imax}} - U_{\mathrm{Omin}}) I_{\mathrm{Cmax}} \approx (1.1 \times 1.2 U_2 - U_{\mathrm{Omin}}) I_{\mathrm{Cmax}} \tag{8.2.11}$$

式中，U_{Imax} 是满载时整流滤波电路的最大输出电压，而电容滤波电路的额定输出电压约为 $1.2 U_2$。

调整管选定以后，为了保证调整管工作在放大区，管子两端的电压降也不宜太小，通常使 $U_{\mathrm{CE}} = 3 \sim 8\mathrm{V}$。由于 $U_{\mathrm{CE}} = U_{\mathrm{I}} - U_{\mathrm{O}}$，则稳压电路的输入直流电压为

$$U_{\mathrm{I}} = U_{\mathrm{Omax}} + (3 \sim 8)\mathrm{V} \tag{8.2.12}$$

如果是容性负载全波桥式整流电路，其输出电压 U_{I} 与变压器副边电压 U_2 之间的关系近似为 $U_{\mathrm{I}} \approx 1.2 U_2$。考虑到电网电压可能有 10% 的波动，故要求变压器副边电压为

$$U_2 \approx 1.1 \times \frac{U_{\mathrm{I}}}{1.2} \tag{8.2.13}$$

【例 8.2.1】 一种串联线性直流稳压电源电路如图 8.2.2 所示，要求输出电压可调 $U_{\mathrm{O}} = 10 \sim 15\mathrm{V}$，负载电流 $I_{\mathrm{O}} = 0 \sim 100\ \mathrm{mA}$。已选定基准电压的稳压管为 2CW14，其稳定电压 $U_{\mathrm{Z}} = 7\mathrm{V}$，最小电流 $I_{\mathrm{Zmin}} = 5\mathrm{mA}$，最大电流 $I_{\mathrm{Zmax}} = 33\mathrm{mA}$。初步确定调整管选用 3DD2C，其主要参数为 $I_{\mathrm{CM}} = 0.5\mathrm{A}$、$U_{\mathrm{(BR)CEO}} = 45\mathrm{V}$、$P_{\mathrm{CM}} = 3\mathrm{W}$。误差电压放大器 A 能够正常工作。要求：

(1) 假设采样电路总的阻值选定为 2kΩ 左右，则 R_1、R_2 和 R_3 三个电阻分别为多大?

(2) 估算电源变压器副边电压的有效值 U_2；

(3) 估算基准稳压管的限流电阻 R 的阻值；

(4) 分析稳压电路中的调整管是否安全。

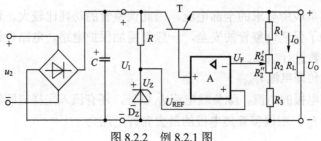

图 8.2.2 例 8.2.1 图

解：（1）由式（8.2.8）可知

$$U_{Omax} \approx \frac{R_1 + R_2 + R_3}{R_3} U_Z$$

$$R_3 \approx \frac{R_1 + R_2 + R_3}{U_{Omax}} U_Z = \left(\frac{2}{15} \times 7\right) k\Omega = 0.93 k\Omega$$

取 $R_3 = 910\,\Omega$，由式（8.2.7）可知

$$U_{Omin} \approx \frac{R_1 + R_2 + R_3}{R_2 + R_3} U_Z$$

故有

$$R_2 + R_3 \approx \frac{R_1 + R_2 + R_3}{U_{Omin}} \cdot U_Z = \left(\frac{2}{10} \times 7\right) k\Omega = 1.4 k\Omega$$

则得

$$R_2 = (1.4 - 0.91)\ k\Omega = 0.49 k\Omega$$

取 $R_2 = 510\,\Omega$（电位器），则得

$$R_1 = (2 - 0.91 - 0.51)\ k\Omega = 0.58 k\Omega$$

取 $R_1 = 560\,\Omega$。

在确定了采样电阻 R_1、R_2 和 R_3 阻值以后，再来验算输出电压的变化范围是否符合要求，可有

$$U_{Omax} \approx \left(\frac{0.56 + 0.51 + 0.91}{0.91} \times 7\right) V = 15.23 V$$

$$U_{Omin} \approx \left(\frac{0.56 + 0.51 + 0.91}{0.51 + 0.91} \times 7\right) V = 9.76 V$$

输出电压的实际变化范围为 $U_O = (9.76 \sim 15.23)V$，符合给定的设计要求。

（2）串联线性稳压电路的直流输入电压应为

$$U_I = U_{Omax} + (3 \sim 8)V = 15V + (3 \sim 8)V = (18 \sim 23)V$$

取 $U_I = 23V$，则变压器副边电压的有效值为

$$U_2 = 1.1 \times \frac{U_I}{1.2} = \left(1.1 \times \frac{23}{1.2}\right) V = 21V$$

（3）基准电压支路中电阻 R 的作用是保证稳压管 D_Z 工作在稳压区，为此通常取稳压管中的电流略大于其最小参考电流值 I_{Zmin}。在图 8.2.2 中，可认为

$$I_{Zmin} = \frac{U_I - U_Z}{R}$$

故基准稳压管 D_Z 的限流电阻应为（应考虑电网电压波动 $\pm 10\%$ ）

$$R \leqslant \frac{U_{\text{Imin}} - U_Z}{I_{\text{Zmin}}} = \left(\frac{0.9 \times 23 - 7}{5} \right) \text{k}\Omega = 2.74 \text{k}\Omega$$

另外，稳压管正常工作时电流值不能超过 I_{Zmax}，即有

$$R > \frac{U_{\text{Imax}} - U_Z}{I_{\text{Zmax}}} = \left(\frac{1.1 \times 23 - 7}{33} \right) \text{k}\Omega = 0.55 \text{k}\Omega$$

选取 $R = 2\text{k}\Omega$。

（4）根据直流稳压电路的各项参数，可知调整管的主要技术指标应为

$$I_{\text{CM}} \geqslant I_{\text{Imax}} + I_R = \left(100 + \frac{15.23}{0.56 + 0.51 + 0.91} \right) \text{mA} = 108\text{mA}$$

$$U_{\text{(BR)CEO}} \geqslant 1.1 \times \sqrt{2} U_2 = (1.1 \times \sqrt{2} \times 21)\text{V} = 32.7\text{V}$$

$$P_{\text{CM}} \geqslant (1.1 \times 1.2 U_2 - U_{\text{Omin}}) I_{\text{Cmax}} = [(1.32 \times 21 - 9.76) \times 0.108]\text{W} = 1.94\text{W}$$

已知低频大功率三极管 3DD2C 的 $I_{\text{CM}} = 0.5\text{A}$、$U_{\text{(BR)CEO}} = 45\text{V}$、$P_{\text{CM}} = 3\text{W}$，可见调整管的参数符合安全使用的要求，而且还留有一定的余地。

4. 高精度基准电源

基准电源是直流稳压电路中的电压基准，十分重要。除直流稳压电路外，还广泛用作标准电池、仪器表头的刻度标准和精密电流源等。要求基准电源几乎没有纹波，且当电源电压波动或负载电流变化时，基准电源保持不变。特别是基准电源的温度系数要很小。这里仅介绍两种基准电源电路。

1）简单温度补偿基准电源

图 8.2.3 所示电路为具有温度补偿的简单基准电源，下面分析其工作原理。

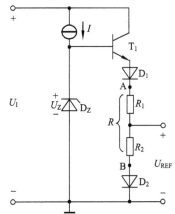

图 8.2.3　具有温度补偿的简单基准电源

利用稳压管 U_Z 的正温度系数与三极管的 U_{BE} 和二极管正向压降的负温度系数特点来达到温度补偿作用。在图 8.2.3 中，D_Z 为普通稳压管，设计 U_Z 的温度系数为正（$+2\text{mV/}^\circ\text{C}$）。$T_1$ 管的 U_{BE1} 和 D_1 正向压降随温度变化，使 U_A 的温度系数为 $+6\text{mV/}^\circ\text{C}$。同理，$D_2$ 正向压降随温度变化使三极管 T_1 的发射极电压 U_E 的温度系数为 $-2\text{mV/}^\circ\text{C}$，这样在 A、B 之间串联电阻中的某一点电压的温度系数应为零。找出零温漂点作基准电压 U_{REF}，因不受温度影响，故相当稳定。由图 8.2.3 可得

$$U_{\text{REF}} = U_{\text{D2}} + \left(\frac{U_Z - U_{\text{BE}} - U_{\text{D1}} - U_{\text{D2}}}{R_1 + R_2} \right) R_2 \tag{8.2.14}$$

当 $U_{\text{BE}} = U_{\text{D1}} = U_{\text{D2}}$ 时，式（8.2.14）简化为

$$U_{\text{REF}} = \frac{R_2 U_Z + (R_1 - 2R_2) U_{\text{BE}}}{R_1 + R_2} \tag{8.2.15}$$

设置电阻比值满足

$$\frac{R_1 - 2R_2}{R_2} = -\frac{\partial U_Z}{\partial T} \Big/ \frac{\partial U_{BE}}{\partial T} \tag{8.2.16}$$

则U_{REF}电压温度系数可补偿到$0.005\%/℃$（即$50\,\mathrm{ppm}/℃$）。

2）精密基准电压源

目前市场上有各种集成基准电压源，其中LM199、LM299和LM399的电压温度系数很低，属于高稳定性的精密基准电压源。它们均为四端器件，可取代普通的齐纳稳压管，用于模拟/数字转换器、精密直流稳压电源、精密电流源和电压比较器中。

LM199、LM299和LM399的结构相似，差别主要在于适用温度范围不同。常用的LM399内部电路有两部分：基准电压源和恒温电路。图8.2.4(a)、(b)为其结构框图及电路符号。图中1、2引脚分别为基准电压源的正、负极，3、4引脚之间接9～40V的直流电压，而图中H表示恒温器。LM399电压温度系数的典型值为$0.3\times10^{-6}\mathrm{V}/℃$，最大值为$1\times10^{-6}\mathrm{V}/℃$，只相当于普通基准电压源的1/10，其动态阻抗为$0.5\Omega$，能在0.5～10mA的工作电流范围内保持基准电压和温度系数不变。噪声电压的有效值为$7\,\mu\mathrm{V}$，25℃的功耗为300mV。

LM399的基准电压由隐埋齐纳管提供，这种新型稳压管是采用次表面隐埋技术制成的，具有长期稳定性好、噪声电压低等特性。恒温器电路能把芯片温度自动调节在90℃，只要环境温度不超过90℃，就能消除温度变化对基准电压的影响。故LM399的电压温度系数可降至$1\times10^{-6}\mathrm{V}/℃$以下，这是其他一般基准电压源所难以达到的指标。

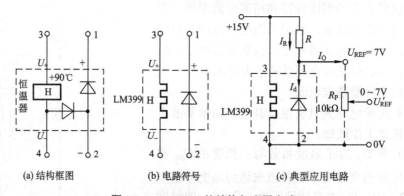

(a) 结构框图　　　　(b) 电路符号　　　　(c) 典型应用电路

图8.2.4　　LM399的结构与应用电路

LM399的基准电压实际上是由次表面稳压管的稳定电压U_Z（6.3V）与硅晶体管的发射结压降U_{BE}（0.65V）叠加而成的。输出的基准电压为

$$U_{REF} = U_Z + U_{BE} = 6.3\mathrm{V} + 0.65\mathrm{V} \approx 7\mathrm{V} \tag{8.2.17}$$

图8.2.4(c)为LM399的典型应用电路，R为限流电阻。通常负载电流$I_O \ll I_d$（可忽略不计），故$I_d \approx I_R$，限流电阻R值由式(8.2.18)确定，即

$$R = \frac{U_I - U_{REF}}{I_R} \tag{8.2.18}$$

式中，取值U_I=9～40V，U_{REF}=7V，I_R=0.5～10mA。例如，当U_I=20V、选择I_R为2mA时，由式(8.2.18)计算可得R=7.5kΩ。

若需要获得在0～7V以内的非标称基准电压，可在图8.2.4(c)的输出端并联一只10kΩ

的多圈电位器 R_p（如图中虚线所示）。适当调节滑动触头的位置，即可获得 0～7V 范围内的任意电压值。

8.2.2　线性集成稳压器

线性集成直流稳压器早期开始出现的是多端集成稳压器（如 μA723 等），而后出现了三端集成稳压器。目前工程中应用以三端集成稳压器为主，三端集成稳压器常分为固定（电压）输出式和可调（电压）输出式两大类，其中每类又有正电压输出和负电压输出之分。此外，高效率低压差集成稳压器，也分为固定输出式（如 LM2940C、LM2990）和可调输出式（如 LM2931、LM2991）两大类，低压差集成稳压器也可作为高效 DC/DC 电源转换器使用。以下主要分析典型三端集成稳压器的工作原理。

1. 三端集成稳压器的工作原理

1）三端固定输出式集成稳压器

以常用的正输出电压 CW78L00 型器件为例来分析三端固定输出式集成稳压器的工作原理。电路如图 8.2.5 所示，它由启动电路、基准电压电路、采样及误差放大电路、调整与保护电路等组成。

(1) 基准电压。

在图 8.2.5 中，有温度补偿特性的基准电压源由 R_4、T_4、T_5、T_3、D_{Z2}、R_3、R_2、R_1、T_2、T_1 诸元件构成。先暂时假设 T_4 已经导通，并向 D_{Z2} 提供一定的电流使之击穿，以得到一个稳定的电压 U_{Z2}，U_{Z2} 经 T_3、R_3、R_2 在 R_1、T_2、T_1 上产生基准电压 U_{REF}。

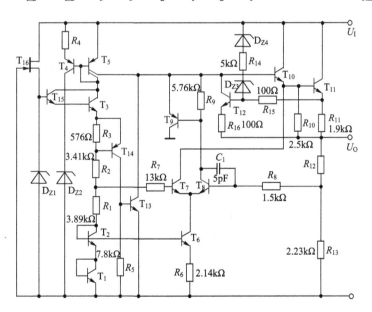

图 8.2.5　CW78L00 型三端集成稳压器原理电路

此外，T_4、T_5、R_4 构成微电流源，为 T_4 提供稳定的集电极电流，从而使输入电压 U_I 的变化对 U_{Z2}、U_{REF} 的影响减到了最低程度。

(2) 启动电路。

　　上述的基准电压电路，虽可以使 T_4 产生一个稳定的集电极电流，但这个电路在接通电源时并不能自行启动。这是因为 T_4 的导通是以 T_3 导通为条件的，而 T_3 的导通又以 T_4 导通为条件，即两管的导通互相依赖。因此，在刚接通电源时，T_3 和 T_4 都无法自行导通工作。

　　由 T_{16}、D_{Z1} 和 T_{15} 组成的**启动电路**，可以使 T_3 和 T_4 能**自行启动**。在接通电源时，T_{16} 首先导通，再推动 T_{15} 导通，T_{15} 又推动 T_3 导通，从而使 T_4 导通，则基准电压电路就可启动工作。

　　由于两个稳压管 D_{Z1} 和 D_{Z2} 的击穿电压 U_{Z1} 与 U_{Z2} 相同，所以一旦启动后，T_{15} 便截止，将基准电压电路与启动电路切断联系。

　　(3) 采样及误差放大电路。

　　R_{12} 和 R_{13} 为采样电阻，T_6、T_7 和 T_8 组成了差动放大电路(作为**误差放大器**)，T_4、T_5 组成的电流源作为差动放大电路的有源负载，电流源 T_6 为差动放大电路提供偏置电流。T_9 和 R_9 组成**缓冲电路**，当 I_{C8} 增大到其在 R_9 的电压降 $U_{R9} > 0.6V$ 时，T_9 导通起分流作用。这样就减小了 I_{C8} 的变化范围，从而保证差动放大电路能正常工作。

　　(4) 调整与保护电路。

　　T_{10} 和 T_{11} 组成复合调整管。T_{12}、R_{11} 和 R_{15} 组成**限流保护电路**。当出现过流时，电阻 R_{11} 上的电压升高，使得 T_{12} 导通，以对 T_{10} 的基极进行分流，阻止了 T_{10} 基极的额外驱动，从而达到限制输出电流的目的。

　　当出现过电压时，由于输入与输出电压之间的差值大于稳压管 D_{Z3}、D_{Z4} 的击穿电压，穿过 D_{Z3}、D_{Z4}、R_{14} 且与差值电压成比例的电流驱动 T_{12}，使 T_{12} 在比限流电流值更小的时候就导通。这种情况下等效于稳压器的限流值减小，从而保证调整管能运行在安全工作区。

　　调整管的功率损耗以热能形式传递到芯片上，为了防止芯片因过热而损坏，除了设计便于散热的器件外形结构之外，器件内部芯片上也设计有**过热保护电路**，它由 R_3、T_{14}、T_{13} 组成。电阻 R_3 两端电压设置在约 0.4V，常温下 T_{14} 与 T_{13} 都处于截止状态。由于 T_{14} 发射结的导通电压为负温度系数(−2mV/℃)，当温度升高时所需的导通电压值将减小，在降到 0.4V 后，T_{14} 就导通，以驱动 T_{13} 导通，从而将调整管的基极电流分流。

　　对于负输出电压的 79L00 型集成稳压器，其电路组成与工作原理类似于 78L00 型集成稳压器。

　　2) 三端可调输出式集成稳压器

　　三端可调输出式集成稳压器 LM317(正电压输出)和 LM337(负电压输出)是一种悬浮式串联调整型稳压器，它的三个接线端分别称为输入端、输出端和调整端。

　　这里以 LM317 为例，其电路组成和外接元件如图 8.2.6 所示。LM317 的内部电路(如放大器、偏置电路等)的公共端被改接到输出端，即它们都在输入和输出电压的差值电压下工作，LM317 器件本身无接地端，所消耗的电流都从输出端流出，内部的基准电压 U_{REF} (约1.2V)接在误差放大器的同相端和调整端之间。若将 LM317 的调整端接地就是一个输出电压恒定的三端输出固定式稳压器。

　　在图 8.2.6 中，在接上外部的调压电阻 R_1 与 R_2 后，则输出电压为

$$U_O = U_{REF} + \left(\frac{U_{REF}}{R_1} + I_{ADJ} \right) R_2 \tag{8.2.19}$$

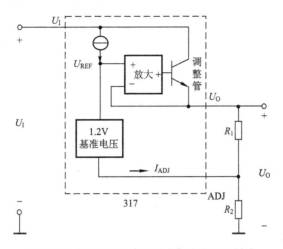

图 8.2.6　LM317 三端可调式集成稳压器组成

式中，I_{ADJ} 为基准电压电路等的工作电流。在使用 LM317 时需要注意：$U_I - U_O$ 应满足 $I_O(U_I - U_O) \leqslant P_{max}$。

LM337 是与 LM317 相对应的负电压输出的三端可调输出式集成稳压器，它的电路组成及工作原理类似于 LM317。

2. 三端集成稳压器的技术指标

三端集成稳压器具有体积小、性能好、成本低、可靠性高、使用简便等优点，被广泛应用于仪器仪表与电子设备中。

1）三端固定输出式集成稳压器的技术指标

美国仙童公司于 20 世纪 70 年代首先推出了三端固定输出式集成稳压器，这种集成稳压器只有输入端、输出端和公共端三个引出端，并具有较完善的过流、过压和过热保护功能。三端固定输出式线性集成稳压器分正压输出（7800 系列）、负压输出（7900 系列）两大类。

7800 大类的最大输出电流有 8 种规格：0.1A（78L00 系列）、0.25A（78DL00 系列）、0.3A（78N00 系列）、0.5A（78M00 系列）、1.5A（7800 系列）、3A（78T00 系列）、5A（78H00 系列）、10A（78P00 系列）。每个子系列又分别有多种输出电压规格（对应在+5V～+24V 的不同输出电压值）。

7900 大类的最大输出电流有 4 种规格：0.1A（79L00 系列）、0.3A（79N00 系列）、0.5A（79M00 系列）、1.5A（7900 系列），每个子系列也分别有 8 种输出电压规格（对应在-24～-5V 之间的不同输出电压值）。

三端固定输出式集成稳压器使用方便，不需要进行任何调整，外围电路简单、工作安全可靠，适于制作通用型标称值电压的直流稳压电源。其缺点是输出电压不能调整，无法直接获得非标称直流电压（如 7.5V、13V 等），且输出电压的稳定度还不够高。

典型三端固定输出集成稳压器的主要技术指标见表 8.2.1。

（1）国外生产厂家：如 LM（美国国家半导体公司 NSC）、KA（美国仙童公司 FC）、TA（日本东芝）、UPC（日电 NEC）、HA（日立）、MC（美国 MOTOROLA 公司）、L（意法半导体有限公司 SGS-THOMSON）。

表 8.2.1　典型三端固定输出式集成稳压器的主要技术指标

指标名称	器件型号					
	7805	7812	7824	7905	7912	7924
输出电压 U_O/V	5±5%	12±5%	24±5%	−5±5%	−12±5%	−24±5%
最大输出电流 I_{Omax}/A	1.5	1.5	1.5	1.5	1.5	1.5
电压调整率 S_u/(%/V)（取最大值）	0.0455	0.0455	0.0455	0.0455	0.0455	0.0455
电流调整率 S_I/%（取最大值）	1.6	1.17	1.0	1.6	1.17	1.0
纹波抑制比 S_{rip}/dB（取典型值）	68	61	56	54	54	54
最小输入电压 U_{Imin}/V	7.5	14.5	26.5	−7	−14	−26
最大输入电压 U_{Imax}/V	35	35	40	−35	−35	−40

(2) 冠以 CW 的为国标产品。在国产型号中，正输出电压有 CW78L00、CW78M00、CW7800、CW78T00、CW78H00 系列，负输出电压有 CW79L00、CW79M00、CW7900 系列。CW7800 系列中没有 7V、8V、10V 这 3 种规格。

(3) 不同厂家生产的三端集成稳压器的输出电压和最大输出电流应符合标准规定（即应属于某个规格型号或子系列），但其他技术指标和具体电路可能有些差别。

2) 三端可调输出式集成稳压器的技术指标

可调输出式集成稳压器是 20 世纪 80 年代初发展起来的产品，它既保留了三端固定输出式集成稳压器结构简单的优点，又克服了其电压不可调整的缺点，并且在电压稳定度上也比固定输出式集成稳压器大为提高（如电压调整率可达到 0.02%），输出电压可在一定范围内调整。这类产品被誉为第二代三端集成稳压器，最适合于制作实验室电源及多种供电方式的直流电源。三端可调输出式集成稳压器有正、负电压输出两大类。

典型的正电压输出的可调输出式集成稳压器如 LM117/LM217/LM317 系列，其输出电压一般在 1.25～37V 范围内连续可调，对应不同的最大输出电流有 3 种规格型号，分别为 0.1A（LM117L）、0.5A（LM117M）、1.5A（LM117 和 LM117HV），而 LM117HV/217HV/317HV 的输出电压在 1.25～57V 范围内连续可调。其他常用的正电压输出的可调输出式集成稳压器有：LM150/250/350 的输出电压为 1.2～33V、最大输出电流为 3A，LM138/238/338 的输出电压为 1.2～33V、最大输出电流为 5A，LM196/296/396 的输出电压为 1.25～15V、最大输出电流为 10A。

典型的负电压输出的可调输出式集成稳压器如 LM137/237/337 系列，其输出电压在 −37～−1.2V 范围内连续可调，对应其不同的最大输出电流也有 3 种规格型号：0.1A（LM137L）、0.5A（LM137M）、1.5A（LM137）。

三端可调输出式集成稳压器还可作为悬浮式集成稳压器使用，能获得 100～200V 的高压输出。需要指出，如果把调整元件用固定电阻代替，则三端可调输出式稳压器就等效成为三端固定输出式稳压器，但此时其性能指标仍远优于一般的三端固定输出式集成稳压器。

典型的可调输出式集成稳压器的主要技术指标见表 8.2.2。

表 8.2.2　典型三端可调输出式集成稳压器的主要技术指标

指标名称	测试条件	器件型号			
		117/217	317	137/237	337
电压调整率 S_u/(%/V) (取典型值)	$3\,\mathrm{V} \leqslant \lvert U_I - U_O \rvert \leqslant 40\,\mathrm{V}$	0.02	0.02	0.02	0.02
电流调整率 S_I/% (取典型值)	$10\,\mathrm{mA} \leqslant I_O \leqslant I_{O\mathrm{max}}$	0.3	0.3	0.3	0.3
调整端电流 I_A/μA (取最大值)		100	100	100	100
最小负载电流 $I_{O\mathrm{min}}$/mA (取典型值)	$\lvert U_I - U_O \rvert = 40\,\mathrm{V}$	3.5	3.5	3.5	3.5
纹波抑制比 S_{rip}/dB (取典型值)		80	80	70	76
输出电压 U_O/V		1.25～37	1.25～37	−37～−1.2	−37～−1.2
最大输出电流 $I_{O\mathrm{max}}$/A	$\lvert U_I - U_O \rvert \leqslant 15\,\mathrm{V}$	≥1.5	≥1.5	≥1.5	≥1.5
(取典型值)	$\lvert U_I - U_O \rvert \leqslant 40\,\mathrm{V}$	0.4	0.4	0.4	0.4

　　以上介绍的固定输出式、可调输出式三端集成稳压器均属于**串联调整式**，即内部调整管与负载串联，且调整管工作在线性区域，故也称作**线性集成稳压器**。这种线性集成稳压器的优点是稳压性能好、输出纹波电压小、成本低，其主要缺点是内部调整管的压降大、功耗高、稳压电源的转换效率较低(一般只有 50% 左右)。为了进一步提高直流电源的转换效率，可选择的途径有：一采用低压差(线性)集成稳压器；二采用开关型直流稳压电路。

3. 三端集成稳压器应用电路

1) 三端固定输出式集成稳压器应用举例

(1) 基本应用电路。

　　三端固定输出式集成稳压器的基本应用电路如图 8.2.7 所示，经过整流滤波后所得到的直流输入电压 U_I 接在集成稳压器的输入端和公共端之间，在输出端即可得到稳定的输出电压 U_O。电路中常在输入端接入电容 C_I (一般取 0.33μF)，目的是抵消输入引线感抗，消除自激。同时，在输出端也接上电容 C_O (一般取 0.1μF)，其作用是消除集成稳压器的输出噪声，特别是高频噪声。两个电容 C_I、C_O 应直接接在集成稳压器的引脚处，而且应采用片状无感电容。

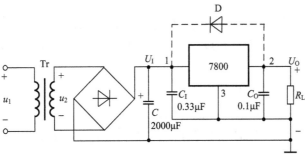

图 8.2.7　三端固定输出式集成稳压器基本应用电路

若输出电压 U_O 比较高，则应在输入端与输出端之间跨接保护二极管 D（如图中的虚线所示）。其作用是在输入端 U_I 短路时，使负载电容可通过二极管 D 放电，以便保护集成稳压器内部的调整管。输入直流电压 U_I 应至少比 U_O 高 2V。

（2）同时输出正、负电压的稳压电路。

采用一块 78×× 和一块 79×× 三端集成稳压器可方便地组成同时输出正、负电压的直流稳压电源，电路如图 8.2.8 所示。

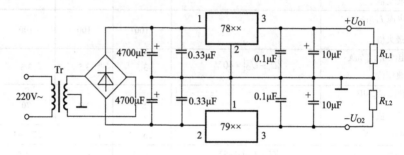

图 8.2.8　同时输出正、负电压的稳压电路

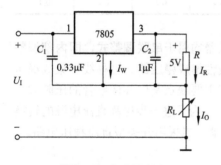

图 8.2.9　电流源电路

（3）电流源电路。

用稳压电路组成电流源电路，如图 8.2.9 所示。因电阻器 R 两端的电压已知而且稳定，所以 $I_R = \dfrac{5V}{R}$ 也稳定。这个电路的输出直流电流为 $I_O = I_R + I_W$，I_W 是稳压电路的静态电流（典型值约为 4.3 mA）。当 $I_R \gg I_W$ 时，电路的恒流特性比较好。当 R_L 变化时，稳压器通过改变 1、3 两端的电位差来维持恒流。

2）三端可调输出式集成稳压器应用举例

三端可调输出式集成稳压器是依靠外接电阻来给定输出电压的，因此应选择高精度的电阻，以保证输出电压的精确和稳定。电阻连接应紧靠集成稳压器，以防止在输出较大电流时由于连线电阻的存在而产生一定的误差。下面介绍基于 CW317 和 CW337 的可调输出式集成稳压器典型应用电路。

（1）输出可调电压。

图 8.2.10（a）、（b）分别是输出正、负可调电压的直流稳压电路，其中 CW317 和 CW337 的内部工作电流都要从输出端流出，该电流构成稳压器的最小负载电流（一般情况下，该电流小于 5 mA）。考虑到输出端与调整端之间电压 U_{REF} 为 1.2V，为保证空载情况下输出电压也能恒定，R_1 的取值不宜高于 240 Ω，否则由于稳压器内部工作电流不能从输出端流出，稳压器不能正常工作。

以图 8.2.10（a）为例，输出电压为

$$U_O = U_{REF} + (I_{ADJ} + U_{REF} / R_1) R_2$$
$$= 1.2(1 + R_2/R_1) + I_{ADJ}R_2 \approx 1.2(1 + R_2 / R_1) \tag{8.2.20}$$

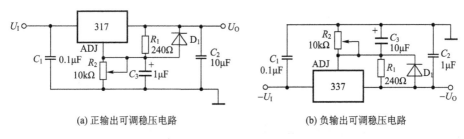

(a) 正输出可调稳压电路　　　　　　　(b) 负输出可调稳压电路

图 8.2.10　可调输出式稳压电路

式中，因 I_{ADJ} 很小，故 $I_{ADJ}R_2$ 可忽略不计。调节 R_2 可以获得 1.2～37V 的输出电压。

电容 C_1、C_2 用于防止自激、滤除高频噪声。电容 C_3 用来减小输出电压的纹波。D_1 是保护二极管，防止发生输出端短路时电容 C_3 储存的电荷通过稳压器的调整端泄放而损坏稳压器。当输出电压 U_O 较低(一般小于 7V)或 C_3 电容值较小(一般小于 1μF)时，则可以不接 D_1。

图 8.2.10(b) 为 CW337 组成的负电压输出可调式稳压电源(调整范围为−37～−1.2V)，其工作原理与图 8.2.10(a) 相同。

(2) 高输出电压稳压电路。

一般类型的集成稳压器因受耐压限制，只适用于输出电压在 30V 以下的场合。而对 CW317 (CW337) 而言，因其采用悬浮式稳压原理，可以实现高输出电压的稳压。图 8.2.11 为输出达 100V 的高输出电压稳压电路。

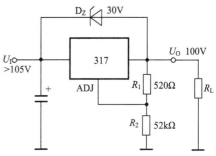

图 8.2.11　高输出电压稳压电路

图 8.2.11 中 CW317 并未承受高电压，高电压降主要落在 R_2 上。为防止电路启动时集成稳压器可能承受过高电压，接入了稳压管 D_Z，D_Z 的稳压值必须小于 CW317 能承受的电压值。

(3) 高稳定稳压电源。

当要求直流稳压电源的稳定性很高时，单块集成稳压器往往难以胜任。如果用两块 CW317 接成图 8.2.12 所示的具有跟踪预调整能力的直流稳压电路将可获得特别稳定的输出电压。

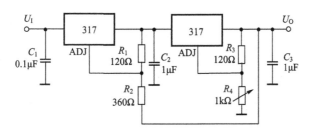

图 8.2.12　具有跟踪预测调整能力的高稳定稳压电源电路

该电路工作原理是利用第一级 CW317 的调整端使得第一级输出电压能跟踪第二级输出电压的变化，即进行了**预调整**。因第一级稳压器的调整端通过 R_2 接到第二级稳压器的输出

端，这就限定了第二级稳压器的输入与输出电压之间的差值，在图 8.2.12 中电路参数下，该电压差为

$$U_d = U_{REF} + (U_{REF} / R_1 + I_{ADJ})R_2$$
$$= 1.2\,\text{V} + (1.2\,\text{V}/0.12\text{k}\Omega + 0.05\text{mA}) \times 0.36\text{k}\Omega = 4.818\,\text{V}$$

当调节 R_4 改变输出电压 U_O 时，第一级稳压器的跟踪作用使得该电压差 U_d 保持不变，从而使第二级稳压器在固定电压差条件下工作，以获得极高稳定的直流电压输出。

（4）可调高稳定电流源。

利用可调输出式三端集成稳压器，可以组成可调式高稳定电流源。在图 8.2.13（a）所示电路中，可得到输出电流大于 10 mA 的高稳定电流源，其中电阻 R 的取值为 0.8～12 Ω；如果再使用另一个 CW317 来分流，如图 8.2.13（b）所示，则可实现 0～1.5A 输出电流可调。接负载时，负载 R_L 上的最大压降为 36 V。

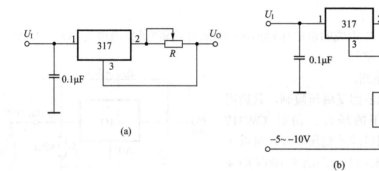

图 8.2.13　可调高稳定电流源电路

8.2.1　直流稳压电路的作用是什么？其主要技术指标有哪些？

8.2.2　串联型线性直流稳压电路由哪几部分组成？每部分的作用是什么？分别讨论当输入直流电压增大、负载电流增大时，直流稳压电路的稳压过程。

多路直流
集成稳压
电源

8.2.3　串联型线性直流稳压电路也称为串联反馈式直流稳压电路，试找出稳定输出电压的负反馈电路。说明负反馈是如何减小输出电压波动的？并分析负反馈深度对输出电压的稳定性有何影响？

8.2.4　CW78L00 型三端集成稳压器电路中，试分析过流、过热保护电路的工作原理。

📖 **价值观：合作共赢**

实现各种功能的电子电路或电子系统工作都离不开高性能的直流稳压电源，各种功能的电子电路依靠直流稳压电源供给能量，通过各个电路模块的恰当连接协作，确保整个电子系统的正常运行。合作共赢，是指交易双方或共事双方或多方在完成一项商品交易活动或共担一项任务的过程中互惠互利、相得益彰，能够同时实现双方或多方的合适收益。无论个人、团队还是企业，应该避免损人利己或损人不利己的自私自利行为，合作才能发展，合作才能共赢，合作才能提高。在这个竞争激烈的互联网与市场经济时代，很多事情的成功在于合作，合作共赢是 1+1，而且是大于 2，合作能使双方携手共进，共克艰难，共赢时机，提振信心，共同发展。

8.3　线性直流稳压电源 Multisim 仿真

【例 8.3.1】　　线性直流稳压电源电路如图 8.3.1 所示。已知二极管 $D_1 \sim D_4$ 的型号为 1N5391，三极管 T 的型号为 BCX38B，集成运放的型号为 3554AM，稳压管 D_Z 的型号为 1N4733A，稳定电压 U_Z =5.1V。R=300Ω，C=500μF，R_1=560Ω，R_3=910Ω，电位器 R_2 的阻值为 510Ω，其滑动端处于中间位置。设变压器副边电压 u_2 为幅值 18V、频率 50Hz 的正弦波，用 Multisim 进行电路仿真。要求：

(1)若负载 R_L 分别为 12Ω 和 96Ω，观察电容电压 u_C、输出电压 u_O 的波形，并分别求出相应纹波电压的峰-峰值；

(2)若负载 R_L 分别为 12Ω 和 96Ω，观察分析二极管 D_1 和 D_2 的端电压及工作电流的波形；

(3)令 R_L=32Ω，当变压器副边电压 u_2 的幅值变化±10%时，观察电容电压 u_C、输出电压 u_O 的变化情况；

(4)求直流稳压电路输出电压的调节范围。

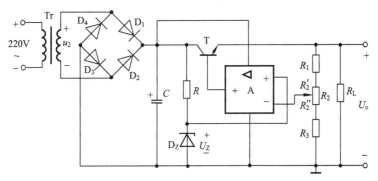

图 8.3.1　线性直流稳压电源电路

解： (1)线性直流稳压电源的仿真电路如图 8.3.2 所示，用信号源 V 模拟变压器副边电压，示波器 XSC1 的 A、B 通道分别显示输出电压 u_O 和电容电压 u_C 的波形，示波器 XSC2 的 A、B、C、D 通道分别显示 D_1 电流波形、D_1 端电压波形、D_2 电流波形、D_2 端电压波形。

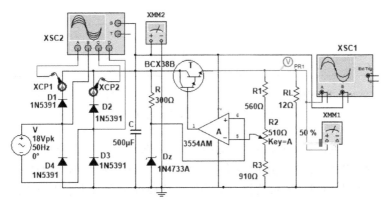

图 8.3.2　线性直流稳压电源的仿真电路

在"参数扫描(Parameter Sweep)"对话框的分析参数设置选项卡中，设置扫描元件为负载 R_L，扫描参数设为电阻值，扫描起始值为 12 Ω，终止值为 96Ω，扫描点数为 2；在输出选项卡中，设置输出变量为 V(PR1)。将电压探针 V(PR1)分别置于电容电压 u_C、输出电压 u_O 输出位置，参数扫描输出结果分别如图 8.3.3 和图 8.3.4 所示。纹波电压是指叠加在直流电压上的交流分量，常用峰-峰值来表示。调整 Grapher View 窗口中坐标，得到纹波电压测量结果如图 8.3.3(b)和图 8.3.4(b)所示。

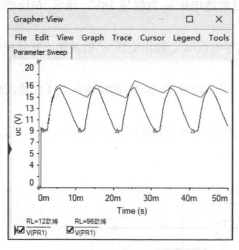
(a) u_C从建立到稳定的波形

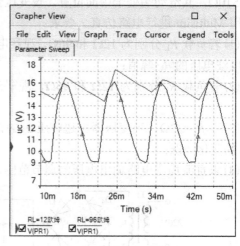
(b) u_C的纹波电压波形

图 8.3.3　不同负载时电容电压 u_C 的波形

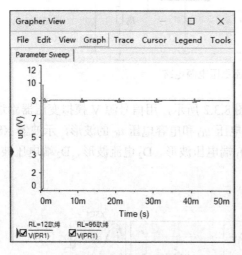

(a) u_O从建立到稳定的波形

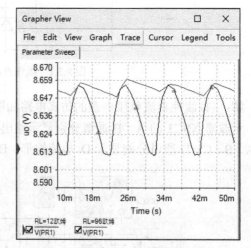
(b) u_O的纹波电压波形

图 8.3.4　不同负载时输出电压 u_O 的波形

不同负载时电容电压 u_C 和输出电压 u_O 的仿真结果如表 8.3.1 所示。当负载 R_L 增大时，电容电压 u_C 和输出电压 u_O 的纹波电压均会减小，电容直流电压 U_C 会增大，而输出直流电压 U_O 增加很少。由此可见，通过线性直流稳压电路能够大大减小输出电压的纹波分量，并保持输出电压稳定。

表 8.3.1　不同负载时电容电压 u_C 和输出电压 u_O 的仿真结果

R_L/Ω	电容电压 u_C/V				输出电压 u_O/V			
	最大值	最小值	峰-峰值	直流电压表 XMM2 读数 U_C	最大值	最小值	峰-峰值	直流电压表 XMM1 读数 U_O
12	16.0828	9.1137	6.9691	12.524	8.6555	8.6113	0.0443	8.636
96	17.1270	14.3995	2.7275	15.625	8.6595	8.6483	0.0112	8.653

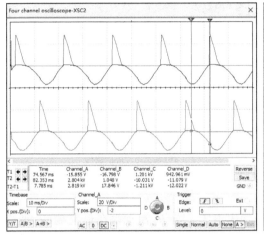 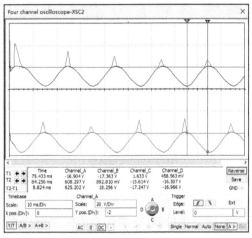

(a) 负载 R_L 为 12Ω 时　　　　　　　　　　　(b) 负载 R_L 为 96Ω 时

图 8.3.5　二极管 D_1、D_2 的端电压和电流波形

（2）当负载 R_L 分别为 12Ω 和 96Ω 时，二极管 D_1、D_2 的端电压和电流波形如图 8.3.5 所示，虚拟示波器 XSC2 所示波形从上至下依次为 D_1 电流波形、D_1 端电压波形、D_2 电流波形、D_2 端电压波形。

由图 8.3.5 可见，二极管 D_1、D_2 在一个周期内轮流导通，而由于电容滤波的存在，二极管的电流波形是脉冲波，瞬时电流很大，瞬时电流随负载变大而减小。不同负载时测得二极管 D_1 上的仿真结果如表 8.3.2 所示。由此可见，二极管的电流导通角、导通最大电流、最大正向端电压均随负载增大而减小，二极管的最大反向端电压随负载增大而增大。

表 8.3.2　不同负载时二极管 D_1 的仿真结果

R_L/Ω	电流导通角/(°)	最大电流/A	正向最大端电压/V	反向最大端电压/V
12	≈81	≈2.8	≈1.05	≈−16.80
96	≈40	≈2.2	≈0.89	≈−17.36

（3）在"参数扫描（Parameter Sweep）"对话框的分析参数设置选项卡中，设置扫描元件为输入信号源 V，扫描参数为 acmag，变压器副边电压 u_2 变化±10%，则设置扫描起始值为 16.2V，终止值为 19.8V，扫描点数为 2。输出电压稳定后，输出结果如图 8.3.6 所示。由图可见，当输入电压 u_2 变化时，对应的电容电压 u_C 和输出电压 u_O 的波形均基本重合，可

见该电路的直流稳压性能是非常好的。

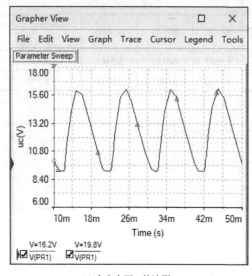

(a) 电容电压u_C的波形

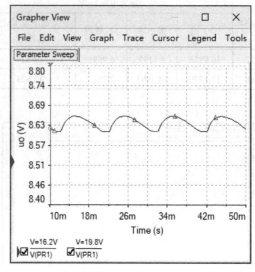

(b) 输出电压u_O的波形

图 8.3.6　变压器副边电压 u_2 变化时电容电压 u_C 和输出电压 u_O 的波形

(4) 改变电位器 R_2 滑动端的位置可以调节输出电压。当 R_2 滑动端在最上端 (R_2 调节到 100%) 时输出电压最小,直流电压表测得输出电压 U_O 约为 7.1V;当 R_2 滑动端在最下端 (R_2 调节到 0%) 时输出电压最大,直流电压表测得输出电压 U_O 约为 11.1V,故输出电压 U_O 的变化范围为 7.1～11.1V。

本 章 小 结

1. 一般电子设备中的直流电源,通常是由地面电网提供的 220V/50Hz 交流电经过整流、滤波和稳压过程后得到的。对于直流电源的主要要求是:输出电压的幅值稳定、平滑,变换效率高。

(1) 利用二极管的单向导电性可以组成整流电路,实现将交流电转换为单向脉动的直流电。其中,单相桥式全波整流电路的优点为输出直流电压较高、输出波形的脉动成分相对较低、整流管承受的反向峰值电压不高,且电源变压器的利用率较高,因而应用较广泛。

(2) 滤波电路主要用于抑制直流电压中的交流分量(即纹波),一般由电容、电感等储能元件组成。通常整流电路后接滤波电路,电容滤波电路对整流二极管的导通时间有影响。电容滤波适用于小负载电流,而电感滤波适用于大负载电流。

2. 当电网电压、负载和温度的变化引起输出直流电压波动时,直流稳压电路能够保证输出直流电压稳定。常用的中小功率直流稳压电路包括:

(1) 硅稳压管稳压电路。这种稳压电路最简单,仅适用于输出电压固定、稳定性要求不高,且负载电流较小的场合。

(2) 串联型线性直流稳压电路。这种直流稳压电路主要包括调整管、采样电阻、放大电路和基准电压源四个组成部分,稳压原理是基于电压负反馈来控制调整管的管压降以实现输出电压的自动调节。在稳压电路正常工作范围内,调整管必须工作在放大区,否则无法实现稳压调节过程。

　　线性直流稳压电路输出电压的稳定性好,且可以在一定范围内进行调节。但是,由于调整管工作在放大区,稳压电路的效率不高,故这种稳压电路一般仅用于中小功率的直流稳压电源中。对于大功率直流电源应用场合,需要采用开关型直流稳压电路(读者可以参阅相关专业书籍)。

　　线性集成稳压器具有体积小、可靠性高、温度特性好、使用方便等优点,在工程中得到广泛应用,特别是三端线性集成稳压器,因只有三个引出端,使用更加简单。

习　题

8.1　在题图 8.1 所示电路中,设电容 C 值比较大,且满足 $R_LC \geqslant (1.5\sim2.5)T$,其中 T 为交流电源的周期。已知 $u_{21}=u_{22}=10\sqrt{2}\sin(100\pi t)$ (V)。试求:

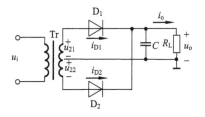

题图 8.1

　　(1) 估算输出电压平均值 $U_{O(AV)}$,并求二极管反向峰值电压 U_{RM};

　　(2) 设 $R_L = 0.2\text{k}\Omega$,试选取电容 C 的容量及耐压;

　　(3) 如果变压器次级中心抽头脱焊,这时有输出电压吗?

　　(4) 若有一个整流二极管脱焊,得到的 $U_{O(AV)}$ 是否等于正常情况下的一半?

　　(5) 如果有一个整流二极管短路,会出现什么问题?

　　(6) 如果二极管 D_2 的极性接反,会出现什么问题?

　　(7) 如果 D_1、D_2 的极性都接反,u_o 又会有什么变化?

8.2　单相桥式整流电容滤波电路如题图 8.2 所示。已知电源变压器次级电压 u_2 的有效值为 U_2,试求:

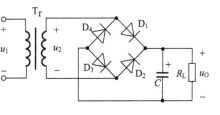

整流滤波
电路器件
故障

题图 8.2

　　(1) 当滤波电容 C 开路时,电路的输出平均电压 $U_{O(AV)}$ 等于多少?

　　(2) 当负载电阻 R_L 开路时,电路的输出平均电压 $U_{O(AV)}$ 等于多少?

　　(3) 当其中一只二极管开路时,电路的输出平均电压 $U_{O(AV)}$ 等于多少?

　　(4) 当其中一只二极管短路时,会发生什么现象?

8.3　一种整流、滤波和线性直流稳压电路如题图 8.3 所示。已知稳压管稳压值 $U_Z = 5.3\text{V}$,三极管 $U_{BE} \approx 0.7\text{V}$,$U_{CES} \approx 2\text{V}$,$R_1 = R_2 = R_W = 300\Omega$,且 $U_P = 24\text{V}$。试求:

　　(1) 分析线性直流稳压电路组成与工作原理,T_1、T_2 各起什么作用?从负反馈放大器的角度来看哪个是输入量?哪个是反馈量?

　　(2) 计算 U_O 的可调范围。

　　(3) 计算变压器次绕组的电压有效值大约是多少?

　　(4) 若 R_1 改为 600Ω,调节 R_W 时输出电压 U_O 的最大值是多少?

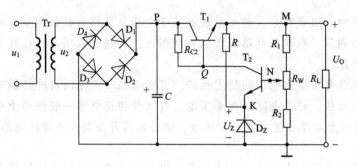

题图 8.3

8.4　指出题图 8.4 所示电路哪些能正常工作,哪些有错误。请在原图的基础上改正过来。

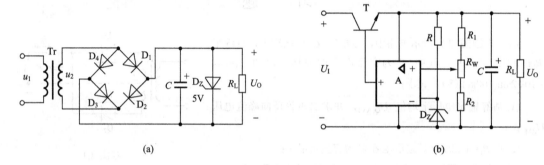

(a)　　　　　　　　　　　　　　　　　(b)

题图 8.4

8.5　如题图 8.5 所示为两个用三端集成稳压器组成的电路,设电流 $I_W = 5$mA。试求:

(1)写出题图 8.5(a)中 I_O 的表达式,并算出其具体数值;

(2)写出题图 8.5(b)中 U_O 的表达式,并算出当 $R_2 = 5$ Ω 时的 U_O 值;

(3)指出这两个电路分别具有什么功能。

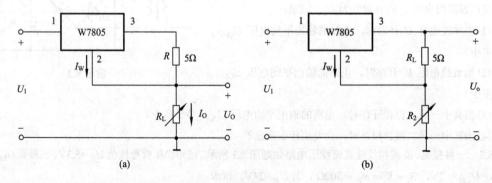

(a)　　　　　　　　　　　　　　　　　(b)

题图 8.5

8.6　三端集成稳压器 W7815 组成如题图 8.6 所示的线性直流稳压电路。已知 W7815 的 $I_{Omax} = 1.5$A, $U_O = 15$V;稳压管的 $U_Z = +5$V, $I_{Zmax} = 60$ mA , $I_{Zmin} = 10$ mA ;且 $U_{Imax} \leqslant 40$V。试求:

(1)要使 $U_I = 30$V,求变压器副边电压有效值 U_2;

(2)计算限流电阻 R 的取值范围;

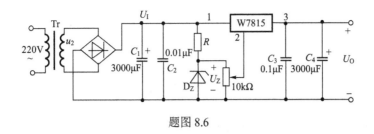

题图 8.6

(3) 计算输出电压 U_O 的调节范围；

(4) 计算三端集成稳压器的最大功耗 P_{CM}。

8.7　由三端集成稳压器组成的线性直流电源电路如题图 8.7 所示。三端集成稳压器型号为 LM7812CT，二极管 $D_1 \sim D_4$ 型号为 1N4148。$C = 500\mu F$，$C_1 = 330nF$，$C_2 = 100\mu F$，且各电容初始电压为零，$R_L = 16\Omega$。设变压器副边电压为 $u_2 = 20\sqrt{2}\sin(2\pi \times 50t)$（V），用 Multisim 对电路进行仿真。要求：

(1) 观察输出电压 u_O 的波形，并求输出电压稳定后的纹波电压峰-峰值；

(2) 观察电容电压 u_C 的波形，并求 u_C 稳定后的纹波电压峰-峰值；

(3) 观察二极管 D_1 的端电压 u_{D1} 和电流波形 i_{D1}。

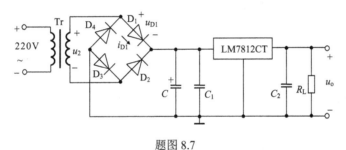

题图 8.7

参 考 文 献

丁珠玉, 2020. 电子工艺实习教程[M]. 北京: 科学出版社.

耿苏燕, 周正, 胡宴如, 2019. 模拟电子技术基础[M]. 3 版. 北京: 高等教育出版社.

GRAY P R, HURST P J, LEWIS S H, et al., 2005. 模拟集成电路的分析与设计[M]. 张晓林, 等译, 北京: 高等教育出版社.

胡向东, 等, 2021. 传感器与检测技术[M]. 4 版. 北京: 机械工业出版社.

华成英, 2006. 模拟电子技术基本教程[M]. 北京: 清华大学出版社.

华成英, 叶朝辉, 2006. 模拟电子技术基本教程习题解答[M]. 北京: 清华大学出版社.

黄丽亚, 杨恒新, 袁丰, 等, 2016. 模拟电子技术基础[M]. 3 版. 北京: 机械工业出版社.

康华光, 张林, 2021. 电子技术基础 模拟部分[M]. 7 版. 北京: 高等教育出版社.

李家星, 徐江, 2014. 电子技术基础(模拟部分·第六版)同步辅导及习题全解[M]. 北京: 中国水利水电出版社.

李学明, 2013. 模拟电子技术仿真实验教程[M]. 北京: 清华大学出版社.

林春景, 2009. 模拟电子线路[M]. 北京: 机械工业出版社.

刘海春, 2017. 电子技术[M]. 2 版. 北京: 科学出版社.

孙肖子, 2015. 《模拟电子电路及技术基础(第二版)》教、学指导书[M]. 西安: 西安电子科技大学出版社.

童诗白, 华成英, 2015. 模拟电子技术基础[M]. 5 版. 北京: 高等教育出版社.

王成华, 王友仁, 胡志忠, 等, 2015. 现代电子技术基础(模拟部分)[M]. 2 版. 北京: 北京航空航天大学出版社.

王勤, 刘海春, 翁晓光, 2020. 电工技术[M]. 北京: 科学出版社.

王淑娟, 蔡惟铮, 齐明, 2009. 模拟电子技术基础[M]. 北京: 高等教育出版社.

王英龙, 曹茂永, 刘玉, 等, 2020. 课程思政: 我们这样设计(理工类)[M]. 北京: 清华大学出版社.

王友仁, 李东新, 姚睿, 2011. 模拟电子技术基础教程[M]. 北京: 科学出版社.

王友仁, 李东新, 姚睿, 等, 2011. 模拟电子技术基础教程学习指导与习题解析[M]. 北京: 科学出版社.

王远, 2007. 模拟电子技术基础[M]. 3 版. 北京: 机械工业出版社.

王志功, 沈永朝, 等, 2016. 电路与电子线路基础 电子线路部分[M]. 2 版. 北京: 高等教育出版社.

网学天地, 2013. 模拟电子技术知识精要与考研真题详解[M]. 北京: 电子工业出版社.

吴根忠, 2020. 现代电工电子学[M]. 北京: 科学出版社.

谢松云, 刘艺, 杨雨奇, 2014. 模拟电子技术基础: 重点难点考点辅导与精析[M]. 西安: 西北工业大学出版社.

杨凌, 2019. 模拟电子线路学习指导与习题详解[M]. 2 版. 北京: 清华大学出版社.

杨素行, 2006. 模拟电子技术基础简明教程[M]. 3 版. 北京: 高等教育出版社.

杨欣, 胡文锦, 张延强, 2013. 实例解读模拟电子技术完全学习与应用[M]. 北京: 电子工业出版社.

张新喜, 2017. Multisim 14 电子系统仿真与设计[M]. 2 版. 北京: 机械工业出版社.

RASHID M H, 2002. Microelectronic circuits: analysis and design(英文影印版)[M]. 北京: 科学出版社.

SPENCER R R, GHAUSI M S, 2004. Introduction to electronic circuit design(英文版)[M]. 北京: 电子工业出版社.